“十二五”普通高等教育本科国家级规划教材

# 数学物理方程

第四版

谷超豪　李大潜　陈恕行　郑宋穆　谭永基

中国教育出版传媒集团
高等教育出版社·北京

内容简介

本书根据作者多年来的教学实践修订而成，大体保持第三版教材取材的范围、结构和深度。全书共分七章。第一、二、三章分别介绍波动方程、热传导方程与调和方程的基本定解问题的适定性、求解方法以及解的性质。在此基础上，第四、五、六、七章分别介绍二阶线性偏微分方程的分类与总结、一阶偏微分方程组、广义函数与广义解、偏微分方程的数值解等。在部分章节后附有扩展阅读内容，以帮助读者开阔视野与加深对正文内容的理解。此外，在每节后都安排了一定数量的习题，供读者进行练习。

本书可作为高等学校数学类专业本科生数学物理方程课程的教材或教学参考书。

**图书在版编目（CIP）数据**

数学物理方程 / 谷超豪等编著. -- 4版. -- 北京：高等教育出版社，2023. 8（2025.12 重印）

ISBN 978-7-04-060455-9

Ⅰ. ①数… Ⅱ. ①谷… Ⅲ. ①数学物理方程 - 高等学校 - 教材 Ⅳ. ① O175.24

中国国家版本馆 CIP 数据核字（2023）第 079845 号

Shuxue Wuli Fangcheng

策划编辑 兰莹莹　责任编辑 田　玲　封面设计 王凌波　李卫青　版式设计 杜微言
责任绘图 于　博　责任校对 窦丽娜　责任印制 张益豪

| | | | |
|---|---|---|---|
| 出版发行 | 高等教育出版社 | 网　址 | http://www.hep.edu.cn |
| 社　址 | 北京市西城区德外大街4号 | | http://www.hep.com.cn |
| 邮政编码 | 100120 | 网上订购 | http://www.hepmall.com.cn |
| 印　刷 | 北京中科印刷有限公司 | | http://www.hepmall.com |
| 开　本 | 787mm×1092mm　1/16 | | http://www.hepmall.cn |
| 印　张 | 17 | 版　次 | 1979年5月第1版 |
| 字　数 | 380千字 | | 2023年8月第4版 |
| 购书热线 | 010-58581118 | 印　次 | 2025年12月第4次印刷 |
| 咨询电话 | 400-810-0598 | 定　价 | 35.30元 |

本书如有缺页、倒页、脱页等质量问题，请到所购图书销售部门联系调换

物 料 号　60455-00

# 第四版序

本书第三版自 2012 年出版又有十年, 多年来一直被广泛使用于高等学校数学类专业本科生数学物理方程课程的教学。从使用情况来看, 作为数学与应用数学专业学生学习数学物理方程基础课的教材, 本书的取材范围、结构安排以及内容阐述是合适的。

依据这些年的教学实践以及有关教师的建议, 我们在第四版中作了进一步的修改。部分章节的正文后增加了扩展阅读的内容, 介绍数学物理方程有关内容的历史背景, 或正文中相关内容的拓展与深化, 包括一些较困难定理的证明等。这些材料将有助于学有余力的读者开阔视野与加深对正文内容的理解, 并可增强其独立阅读能力。扩展阅读有一定的独立性, 跳过它们并不会影响后续学习。学生只要能掌握正文中所介绍的内容, 就完全能达到数学物理方程基础课教学大纲的要求。此外, 在正文中我们也对部分内容与叙述作了一定的修改 (如关于极值原理、特征理论、先验估计等), 并补充了一些习题, 以利于提高教学质量。

全书共分七章: 波动方程, 热传导方程, 调和方程, 二阶线性偏微分方程的分类与总结, 一阶偏微分方程组, 广义函数与广义解, 偏微分方程的数值解。前四章基本内容的讲授可以用 50 或略多一些的学时完成, 后三章的内容可由教师根据具体情况进行选讲。

在第四版修订期间, 我们与在教学一线讲授数学物理方程课程的教师周忆、张永前、雷震、王志强、华波波、曲鹏、黄耿耿等进行了讨论, 得到他们关于本书修订的许多有益的建议, 在此谨表示衷心的感谢。鉴于我们的水平所限, 不妥与疏漏之处仍在所难免, 恳请专家和广大读者提出宝贵的意见。

作　者

2023 年 1 月

# 第三版序

本书第二版自 2002 年出版以来已有十年。从这些年的使用情况来看，本书作为高等学校数学类专业本科生数学物理方程课程的教材是合适的。依据这些年的教学实践以及有关教师与读者的意见和建议，我们在第三版中对部分内容与叙述作了一定的修改 (如第一章中对弦振动方程具有非齐次边界条件的初边值问题的讨论，第二章中对热传导方程具有第二类或第三类边界条件的初边值问题解的唯一性与稳定性的讨论，第五章中对广义柯西问题的讨论，等等)，并补充了一些习题，希望能够与时俱进，不断提高质量，更有利于今后的教学。

全书共七章：波动方程，热传导方程，调和方程，二阶线性偏微分方程的分类与总结，一阶偏微分方程组，广义解与广义函数解，偏微分方程的数值解；前四章基本内容的讲授可以用 50 或略多一些的学时完成，后三章内容教师可根据具体情况进行选讲。

限于编者的水平，不妥与疏漏之处仍在所难免，恳请专家和广大读者提出宝贵的意见。

编　者<br>2012 年 2 月

# 第二版序

本书是在 1979 年出版的《数学物理方程》第一版 (高等教育出版社出版) 的基础上, 经对内容和结构都作了较大改动后修订而成的, 可作为高等学校数学与应用数学专业学生学习数学物理方程基础课的教材。

本书第一版自出版以来已作为数学物理方程基础课的教材被许多学校使用。多年的教学实践说明, 本书第一版的取材深度、主要内容以及结构安排还是比较合适的, 为了进一步突出重点, 便于读者学习与掌握数学物理方程的基本内容和精神实质, 在这次修订中着重注意以下几个方面:

1. 更加突出三类典型的二阶线性偏微分方程的基本内容。波动方程、热传导方程和调和方程反映了三类不同的自然现象, 最具典型意义, 处理方法上也最具代表性。学好这三类典型方程, 理解并掌握其基本性质与求解方法是学好本课程的关键。这一点在教材内容的取舍与安排上都再次得到了强调, 从而使重点更加突出。

2. 在讲解基本理论与求解方法的同时, 注意突出处理问题的思想方法。为了使读者能更快地理解方法的实质, 在分解教材内容的难点、改进叙述方面也作了努力。此外, 我们还增加了波动方程与热传导方程解的衰减性、先验估计方法介绍等内容, 以便读者对数学物理方程的基本内容有一个较全面的了解。

3. 对于广义解与数值解这两部分内容的介绍将有利于读者开阔视野, 更深入地理解数学物理方程的基本内容。对它们的处理, 更注意与基本内容的配合与呼应, 同时, 也适当精简了篇幅, 使读者能把主要精力集中于三类典型方程的学习。

本书共分七章, 第一、二、三章分别介绍波动方程、热传导方程和调和方程的基本定解问题的适定性、求解方法及解的性质。在此基础上, 在第四章中对二阶线性偏微分方程作了分析和总结, 第五章主要介绍一阶双曲型偏微分方程组, 第六章介绍广义解与广义函数解, 第七章介绍偏微分方程的数值方法。为了便于掌握这些内容, 在每一节后都安排了一定数量的习题, 供读者进行练习。书中小部分内容以小字排印, 供有较充裕时间的读者选学, 跳过这些段落将不影响后面内容的学习。

学习本书主要用到数学分析、线性代数和常微分方程的知识, 有些段落也用到复变函数的知识, 在第一章 §6、第六章及第七章还用到一些泛函分析的知识。因此, 本课程以安排在第三学年为宜。本书前四章为数学物理方程课程的最基本内容, 可以用约五十学时的教学时间完成。全书的内容 (不包括小字与附录) 也可以在约七十学时的教学时间内完成, 在选用本书作为教材时可根据具体情况加以取舍。

限于编者的水平，不妥及疏漏之处在所难免，恳请专家和广大读者提出宝贵的意见。

编　者

2001 年 9 月

# 目录

# 引言

数学物理方程主要指从物理学及其他各门自然科学、技术科学中所产生的偏微分方程 (有时也包括和此相关的积分方程、微分积分方程等), 它们反映了有关的未知变量及其关于时间变量的导数和关于空间变量的导数之间的制约关系. 连续介质力学、电动力学、量子力学和量子场论等领域的基本方程都属于数学物理方程的范围.

微积分产生以后, 人们就开始把力学中的一些问题, 归结为偏微分方程进行研究. 早在 18 世纪中叶, 人们已经将弦线振动的问题归结为弦振动方程, 并探讨了它的解法. 随后, 人们又陆续了解了引力势的分布、热传导和扩散现象、波的传播、流体的运动、弹性体的平衡和振动、电磁相互作用、原子核和电子的相互作用、化学反应过程等自然现象的基本规律, 把它们写成偏微分方程的形式, 并且求出了典型问题的解答, 从而能通过实践, 验证这些基本规律的正确性, 显示了数学物理方程对于认识自然界基本规律的重要性.

有了基本规律, 人们还要利用这些基本规律来研究复杂的自然现象和解决复杂的工程技术问题, 这就需要求出数学物理方程中的许多特定问题的解答. 随着计算机的出现及计算技术的发展, 即使是相当复杂的问题, 也有可能计算出满足足够精度的数值解来, 这对于预测自然现象的变化 (如气象预报) 和进行各种工程设计 (如机械强度的计算) 都有着很重要的作用.

在研究数学物理方程的同时, 人们对偏微分方程的性质也了解得越来越多、越来越深入, 形成了数学中的一门重要的分支 —— 偏微分方程理论. 它既有悠久的历史, 又不断地更新着它的对象、内容和方法. 它直接联系着众多自然现象和实际问题, 不断地提出或产生需要解决的新课题和新方法. 它所面临的数学问题多样而复杂, 不断地促进着许多相关数学分支 (如泛函分析、复变函数、微分几何、计算数学等) 的发展, 并从它们之中引进许多有力的解决问题的工具. 因此, 数学物理方程又是纯粹数学的许多分支和自然科学各门类及工程技术等领域之间的一个重要的桥梁.

本门课程将介绍数学物理方程中一些最基本的内容.

# 第一章 波动方程

本章介绍最典型的双曲型方程 —— 波动方程, 它在研究波的传播及弹性体振动时常会遇到. §1 中导出了一维波动方程 (弦振动方程) 和定解条件 (初始条件、边界条件), 引进了定解问题适定性的概念. §2 中利用达朗贝尔 (d'Alembert) 解法, 导出了弦振动方程柯西问题解的表达式 (达朗贝尔公式), 而对于非齐次方程则运用齐次化原理得到了解的表达式. §3 中用分离变量法讨论了弦振动方程的初边值问题. 在这两节中也利用解的表达式对弦振动方程解的一些重要性质及相应的物理意义作了说明. §4 中首先用球平均函数法导出了三维波动方程柯西问题解的表达式 (泊松 (Poisson) 公式), 然后用降维法导出了二维波动方程相应的解的表达式. §5 中进一步讨论由波动方程的解所反映的波的传播与衰减等性质, 从中可以看到, 不同维数的波动方程的解的性质是有很大区别的. §6 中从能量守恒原理出发导出能量积分方法, 并利用此方法讨论了波动方程柯西问题及初边值问题解的唯一性及稳定性.

## §1 方程的导出、定解条件

**1. 弦振动方程的导出** 弦振动方程是在 18 世纪由达朗贝尔等人首先系统研究的, 它是一大类偏微分方程的典型代表. 下面先从物理问题出发来导出弦振动方程.

给定一根两端固定的拉紧的均匀柔软的弦, 其长为 $l$, 在外力作用下在平衡位置附近作微小的横振动, 求弦上各点的运动规律.

将实际问题归结为数学模型时, 必须作一些理想化的假设, 以便抓住问题的最本质的特征. 在考察弦振动问题时的基本假设有

(1) 弦是均匀的, 弦的截面直径与弦的长度相比可以忽略, 因此弦可以视为一曲线, 它的 (线) 密度 $\rho$ 是常数.

(2) 弦在某一平面内作微小横振动, 即弦的位置始终在一直线段附近, 而弦上各点均在同一平面内垂直于该直线的方向上作微小振动.

(3) 弦是柔软的, 它在形变时不抵抗弯曲, 弦上各质点间的张力方向与弦的切线方向一致, 且弦的伸长形变与张力的关系服从胡克 (Hooke) 定律, 即弦在各点的伸长形变与该点的张力成正比.

我们将在上述假定下来导出弦振动方程. 先讨论不受外力作用时弦振动的情形. 根据牛顿第二定律知

$$\text{作用在物体上的力} = \text{该物体的质量} \times \text{该物体的加速度},$$

于是在每一个时间段内

$$\text{作用在物体上的冲量} = \text{该物体的动量的变化}.$$

由于弦上各点的运动规律不同, 必须对弦的各个片段分别进行考察. 为此, 如图 1.1 选择坐标系, 将弦的两端固定在 $x$ 轴的 $O, L$ 两点上 ($OL$ 的长度为 $l$). 由基本假设, 可以用 $u(x,t)$ 表示弦上各点在时刻 $t$ 沿垂直于 $x$ 方向的位移. 当 $t$ 固定时 $u(x,t)$ 即表示弦在时刻 $t$ 所处的位置.

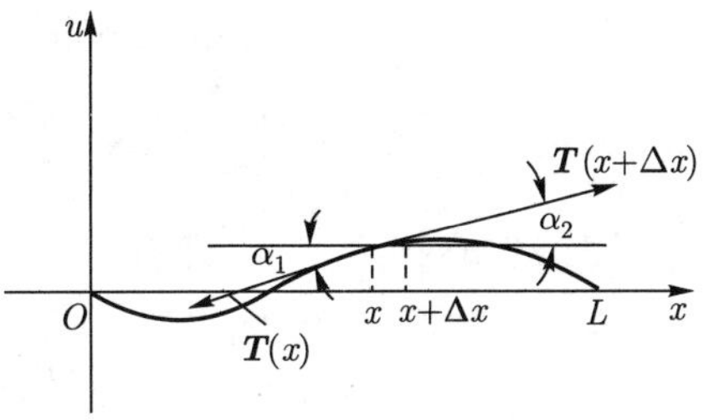


图 1.1

在这弦上任取一弦段 $(x, x+\Delta x)$, 它的弧长为

$$\Delta s = \int_x^{x+\Delta x} \sqrt{1+\left(\frac{\partial u}{\partial x}\right)^2} \mathrm{d}x, \tag{1.1}$$

由基本假设 (2) 知 $\dfrac{\partial u}{\partial x}$ 很小, 于是 $\left(\dfrac{\partial u}{\partial x}\right)^2$ 为高阶小量. 我们在以下的讨论中将导出 $u, \dfrac{\partial u}{\partial x}$ 等物理量的制约关系, 而高阶小量均可忽略不计. 在这样的约定下,

$$\Delta s \approx \int_x^{x+\Delta x} \mathrm{d}x = \Delta x.$$

这样, 可以认为这段弦在振动过程中并未伸长, 因此由胡克定律知道, 弦上每一点所受张力在运动过程中保持不变, 即张力与时间无关. 我们把在 $x$ 点处的张力记为 $\boldsymbol{T}(x)$, 其模长记为 $T(x)$. 于是在 $x$ 点处弦的左边部分对右边部分的拉力与弦的右边部分对左边部分的拉力大小均为 $T(x)$. 由基本假设 (3) 知, 张力 $\boldsymbol{T}(x)$ 的方向总是沿着弦在 $x$ 点处的切线方向.

如图 1.1 所示, 在 $x$ 点处作用于弦段 $(x, x+\Delta x)$ 的张力在 $x, u$ 两个方向上的分力分别为

$$-T(x)\cos\alpha_1, \qquad -T(x)\sin\alpha_1,$$

这里 $\alpha_1$ 是张力 $\boldsymbol{T}(x)$ 的方向与水平线的夹角, 负号表示力的方向取与坐标轴相反的方向. 在弦段的另一端 $x+\Delta x$ 点处作用于弦段 $(x, x+\Delta x)$ 的张力在 $x, u$ 两个方向的分力分别为

$$T(x+\Delta x)\cos\alpha_2, \qquad T(x+\Delta x)\sin\alpha_2,$$

其中 $\alpha_2$ 是张力 $\boldsymbol{T}(x+\Delta x)$ 与水平线的夹角.

因为弦只在 $x$ 轴的垂直方向作横振动, 所以水平方向的合力为零, 即

$$T(x+\Delta x)\cos\alpha_2 - T(x)\cos\alpha_1 = 0. \tag{1.2}$$

由于假设弦仅在平衡位置附近作微小振动, 故

$$\cos\alpha_1 = \frac{1}{\sqrt{1+\left[\dfrac{\partial u(x,t)}{\partial x}\right]^2}} \approx 1, \tag{1.3}$$

$$\cos\alpha_2 = \frac{1}{\sqrt{1+\left[\dfrac{\partial u(x+\Delta x,t)}{\partial x}\right]^2}} \approx 1, \tag{1.4}$$

于是, 若忽略高阶小量, 即有

$$T(x+\Delta x) - T(x) = 0, \tag{1.5}$$

故 $T(x+\Delta x) = T(x) = T$, 也就是说, 张力的模长 $T(x)$ 是一个不依赖于 $x$ 的常数 $T$. 又由基本假设 (2) 知

$$\sin\alpha_1 \approx \tan\alpha_1 = \frac{\partial u(x,t)}{\partial x}, \tag{1.6}$$

$$\sin\alpha_2 \approx \tan\alpha_2 = \frac{\partial u(x+\Delta x,t)}{\partial x}, \tag{1.7}$$

所以张力在 $x$ 轴的垂直方向的合力为

$$T\sin\alpha_2 - T\sin\alpha_1 = T\left[\frac{\partial u(x+\Delta x,t)}{\partial x} - \frac{\partial u(x,t)}{\partial x}\right],$$

从而在时间段 $(t, t+\Delta t)$ 内该合力产生的冲量为

$$\int_t^{t+\Delta t} T\left[\frac{\partial u(x+\Delta x,t)}{\partial x} - \frac{\partial u(x,t)}{\partial x}\right]\mathrm{d}t. \tag{1.8}$$

另一方面, 在时刻 $t$ 弦段 $(x, x+\Delta x)$ 的动量为

$$\int_x^{x+\Delta x} \rho\frac{\partial u(x,t)}{\partial t}\mathrm{d}x,$$

在时刻 $t+\Delta t$ 该弦段的动量为

$$\int_x^{x+\Delta x} \rho\frac{\partial u(x,t+\Delta t)}{\partial t}\mathrm{d}x,$$

所以从时刻 $t$ 到时刻 $t+\Delta t$, 弦段 $(x, x+\Delta x)$ 的动量增加量为

$$\int_x^{x+\Delta x} \rho\left[\frac{\partial u(x,t+\Delta t)}{\partial t} - \frac{\partial u(x,t)}{\partial t}\right]\mathrm{d}x. \tag{1.9}$$

由于在 $(t,t+\Delta t)$ 时间段内作用于该弦段的冲量应等于动量的增加, 故

$$\int_t^{t+\Delta t} T\left[\frac{\partial u(x+\Delta x,t)}{\partial x}-\frac{\partial u(x,t)}{\partial x}\right]\mathrm{d}t=\int_x^{x+\Delta x}\rho\left[\frac{\partial u(x,t+\Delta t)}{\partial t}-\frac{\partial u(x,t)}{\partial t}\right]\mathrm{d}x,$$

从而

$$\int_t^{t+\Delta t}\int_x^{x+\Delta x}\left[T\frac{\partial^2 u(x,t)}{\partial x^2}-\rho\frac{\partial^2 u(x,t)}{\partial t^2}\right]\mathrm{d}x\mathrm{d}t=0. \tag{1.10}$$

由 $\Delta x,\Delta t$ 的任意性可知 (1.10) 式中的被积函数必须为零, 从而得到

$$T\frac{\partial^2 u(x,t)}{\partial x^2}-\rho\frac{\partial^2 u(x,t)}{\partial t^2}=0.$$

记 $\dfrac{T}{\rho}$ 为 $a^2$, 就得到不受外力作用时弦振动所满足的方程

$$\frac{\partial^2 u}{\partial t^2}-a^2\frac{\partial^2 u}{\partial x^2}=0. \tag{1.11}$$

当存在外力作用时, 若在点 $x$ 处外力 (线) 密度为 $F(x,t)$, 其方向垂直于 $x$ 轴, 则小弦段 $(x,x+\Delta x)$ 内所受外力为

$$\int_x^{x+\Delta x}F(x,t)\mathrm{d}x,$$

它在时间段 $(t,t+\Delta t)$ 内所产生的冲量为

$$\int_t^{t+\Delta t}\int_x^{x+\Delta x}F(x,t)\mathrm{d}x\mathrm{d}t.$$

于是在方程 (1.10) 的左侧应添上这一项, 得到

$$\int_t^{t+\Delta t}\int_x^{x+\Delta x}\left[T\frac{\partial^2 u(x,t)}{\partial x^2}-\rho\frac{\partial^2 u(x,t)}{\partial t^2}+F(x,t)\right]\mathrm{d}x\mathrm{d}t=0. \tag{1.12}$$

仍由 $\Delta x,\Delta t$ 的任意性知

$$T\frac{\partial^2 u(x,t)}{\partial x^2}-\rho\frac{\partial^2 u(x,t)}{\partial t^2}=-F(x,t) \tag{1.13}$$

或

$$\frac{\partial^2 u}{\partial t^2}-a^2\frac{\partial^2 u}{\partial x^2}=f(x,t). \tag{1.14}$$

这就是外力作用下的**弦振动方程**, 其中 $f(x,t)=\dfrac{F(x,t)}{\rho}$ 表示单位质量在 $x$ 点处所受的外力.

弦振动方程描述的是弦的振动或波动现象, 它也称为**波动方程** (简称为**波方程**). 由于弦振动方程只含有两个自变量 $x,t$, 其中 $t$ 表示时间, $x$ 表示位置, 因而它又称为**一维**

**波动方程**. 同样, 通过对弹性体振动过程中的力学分析还可导出**二维波动方程** (例如薄膜振动) 和**三维波动方程** (例如电磁波、声波的传播), 它们的形式分别为

$$\frac{\partial^2 u}{\partial t^2}=a^2\left(\frac{\partial^2 u}{\partial x^2}+\frac{\partial^2 u}{\partial y^2}\right)+f(x,y,t), \tag{1.15}$$

$$\frac{\partial^2 u}{\partial t^2}=a^2\left(\frac{\partial^2 u}{\partial x^2}+\frac{\partial^2 u}{\partial y^2}+\frac{\partial^2 u}{\partial z^2}\right)+f(x,y,z,t). \tag{1.16}$$

**2. 定解条件**　上面所导出的弦振动方程 (1.14) 包含未知函数 $u(x,t)$ 和它的关于自变量的偏导数, 所以是**偏微分方程**. 对于一个偏微分方程来说, 如果有一个函数 $u(x,t)$ 具有方程中所需要的各阶连续偏导数, 且将它代入方程时能使方程成为恒等式, 就称这个函数为该方程的**解** (或**经典解**). 列出偏微分方程以后, 目的就是要求得该偏微分方程的解或研究解的性质. 例如, 为了了解弦的振动情况, 就应该设法求出相应的弦振动方程的解.

我们看到, 弦振动方程 (1.14) 描述了弦作微小横振动时位移函数 $u(x,t)$ 所应满足的一般规律, 但仅仅利用它还不能完全确定所考察弦的运动状况. 这是因为弦的运动还与其初始状态以及边界所处的状况有关, 因此还得给出一些其他条件方能完全确定弦的运动.

在上述弦振动问题中, 弦的两端被固定在 $x=0$ 及 $x=l$ 两点, 因此有

$$u(0,t)=0,\qquad u(l,t)=0, \tag{1.17}$$

称为**边界条件**. 此外, 设弦在初始时刻 $t=0$ 时的位置和速度为

$$u(x,0)=\varphi(x),\quad \frac{\partial u(x,0)}{\partial t}=\psi(x)\qquad (0\leqslant x\leqslant l), \tag{1.18}$$

称为**初始条件** (又称初值条件). 边界条件与初始条件总称为**定解条件**. 把弦振动方程 (1.14) 和定解条件(1.17)、(1.18) 结合起来, 就得到如下的定解问题:

$$\begin{cases}\dfrac{\partial^2 u}{\partial t^2}-a^2\dfrac{\partial^2 u}{\partial x^2}=f(x,t)\quad (t>0,0<x<l), & (1.19)\\ t=0: u=\varphi(x), \dfrac{\partial u}{\partial t}=\psi(x)\quad (0<x<l), & (1.20)\\ x=0: u=0\quad (t>0), & (1.21)\\ x=l: u=0\quad (t>0). & (1.22)\end{cases}$$

在区域 $(0\leqslant x\leqslant l, t\geqslant 0)$ 上 (见图 1.2), 求上述定解问题的解, 就是要寻求这样的连续函数 $u=u(x,t)$, 它在区域 $0<x<l, t>0$ 中满足弦振动方程 (1.19), 在 $x$ 轴 $(t=0)$ 的一段区间 $0\leqslant x\leqslant l$ 上满足初始条件 (1.20), 并在边界 $x=0$ 及 $x=l$ 上分别满足边界条件 (1.21) 及 (1.22).

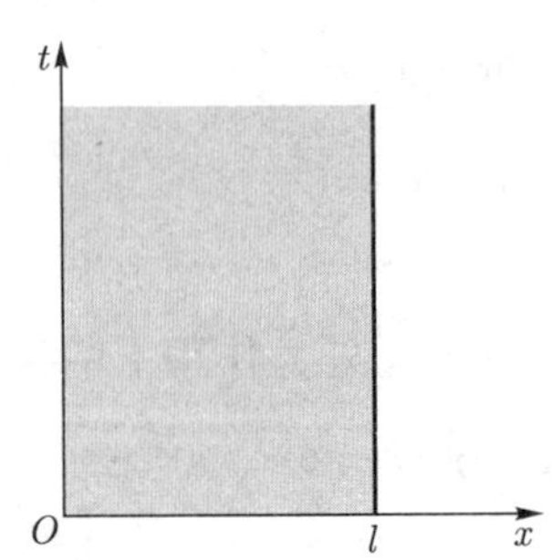

图 1.2

一般称形如 (1.17) 的边界条件为**第一类边界条件** (又称**狄利克雷** (Dirichlet) **边界条件**). 对于弦振动方程的边界条件通常还可以有以下两种:

(1) 弦的一端 (例如 $x=0$) 处于自由状态, 即可以在垂直于 $x$ 轴的直线上自由滑动, 未受到垂直方向外力. 在边界右端的张力的垂直方向分量是 $T\dfrac{\partial u}{\partial x}$, 由此得出在 $x=0$ 处应成立

$$\left.\frac{\partial u}{\partial x}\right|_{x=0}=0.$$

也可以考虑更普遍的边界条件

$$\left.\frac{\partial u}{\partial x}\right|_{x=0}=\mu(t),$$

其中 $\mu(t)$ 是 $t$ 的已知函数. 这种边界条件称为**第二类边界条件** (又称**诺伊曼** (Neumann) **边界条件**).

(2) 在应用上还会遇到另一种情形. 将弦的一端固定在弹性支承上, 也就是说此时支承的伸缩符合胡克定律. 如果支承原来的位置为 $u=0$, 则 $u$ 在端点的值表示支承在该点的伸长. 例如在 $x=l$ 的一端, 由胡克定律知弦对支承的拉力为 $ku$ (方向与 $u$ 的符号一致), 而据上一小节的分析知, 弦所受支承拉力的垂直分量为 $T\dfrac{\partial u}{\partial x}$ (方向与 $\dfrac{\partial u}{\partial x}$ 的符号相反). 这两个力绝对值相等, 符号相反, 故有

$$-T\left.\frac{\partial u}{\partial x}\right|_{x=l}=ku\Big|_{x=l},$$

其中 $k$ 为弹性系数. 因此在弹性支承的情形, 边界条件归结为

$$\left.\left(\frac{\partial u}{\partial x}+\sigma u\right)\right|_{x=l}=0,$$

其中 $\sigma=\dfrac{k}{T}$ 是已知正数. 同理, 当 $x=0$ 一端为弹性支承时, 边界条件为

$$\left.\left(-\frac{\partial u}{\partial x}+\sigma u\right)\right|_{x=0}=0.$$

在数学中还可以考虑更普遍的边界条件

$$\left.\left(\frac{\partial u}{\partial x}+\sigma u\right)\right|_{x=l}=v(t),$$

其中 $v(t)$ 是 $t$ 的已知函数. 这种边界条件称为**第三类边界条件** (又称**罗宾** (Robin) **边界条件**).

下面我们再介绍几个概念. 一个偏微分方程所含有的未知函数最高阶导数的阶数称为这个偏微分方程的**阶**, 例如弦振动方程 (1.14) 就是一个二阶偏微分方程. 若方程对未知函数及其各阶导数总体来说是线性的, 则称这个方程是**线性方程**, 否则称这个方程是**非线性方程**. 在非线性方程中, 若方程对未知函数的所有最高阶导数总体来说是线性的, 则称它为**拟线性方程**. 例如, 方程

$$\frac{\partial u}{\partial t}+u\frac{\partial u}{\partial x}=0 \tag{1.23}$$

是一阶拟线性方程. 若非线性方程中方程对未知函数的最高阶导数不是线性的, 则称它为**完全非线性方程**. 例如, 方程

$$\left(\frac{\partial u}{\partial x}\right)^2+\left(\frac{\partial u}{\partial y}\right)^2=u \tag{1.24}$$

就是一阶完全非线性方程.

我们看到, 方程 (1.14) 与 (1.11) 不同, 它有不含 $u$ 及其偏导数的项 $f(x,t)$ (称为**自由项**), 这样的方程称为**非齐次方程**. 相应地, 方程 (1.11) 称为**齐次方程**. 类似地, 边界条件 (1.21)、(1.22) 称为**齐次边界条件**, 相应地, 若边界条件为 $u|_{x=0}=\mu_1(t), u|_{x=l}=\mu_2(t)$, 则称为**非齐次边界条件**. 同样, 初始条件 (1.20) 称为**非齐次初始条件**, 而对应于 $\varphi\equiv\psi\equiv 0$ 的初始条件称为**齐次初始条件**.

**3. 定解问题适定性概念** 研究数学物理方程的中心内容是求各类定解问题的解并研究解的性质, 使我们对其所描述的自然现象或过程有更深入的认识. 这里首先遇到的一个问题是: 定解问题的提法是否合适? 例如, 这个定解问题的解是否一定存在? 这便是解的存在性问题. 这个定解问题的解是否只有一个? 这便是解的唯一性问题. 此外, 还要考虑解的稳定性问题 (或称为解对定解条件中出现的函数或方程右端的自由项的连续依赖性问题) , 即当定解条件中出现的函数或自由项作很小的变化时, 问题的解是否也作很小的变化.

定解问题的存在性、唯一性、稳定性统称为**定解问题的适定性**. 如果一个定解问题的解是存在的、唯一的, 而且是稳定的, 我们就称这个问题是**适定的**, 即认为这样的定解问题的提法是合适的.

在这里顺便说明, 对于决定性的现象来说, 一个基本上正确地 (但总是近似地) 描述所考察物理模型的偏微分方程定解问题, 其解通常应该是存在、唯一并稳定的. 这是因为, 所考察的物理模型在一定的条件下总具有唯一确定的状态, 因此, 相应的偏微分方程的定解问题通常也应该具有唯一的解, 即解应是存在的、唯一的; 同时, 因为测量中总有误差, 如果定解条件的微小误差会引起解的重大变化, 则所考察的定解问题实际上就不可能给出相应于所考察物理模型的近似解, 从而实际上不可能正确地描述所考察的物理模型, 以至失去任何实际的作用. 因此, 在求偏微分方程定解问题解的过程中, 对定解问题的适定性进行一定的分析, 可以帮助我们初步判定所归结的定解问题是否合理、所附加的定解条件是否适当以及对所考察的偏微分方程通常应该指定怎样的定解条件等, 并对求解起一定的指导作用. 但也必须指出, 有时一个定解问题尽管不满足适定性的要求, 在实际上仍需加以研究. 对此, 以后还会作比较详细的说明.

除了研究定解问题的适定性以外, 在数学物理方程中经常研究的问题还有解的正则性 (光滑性)、解的渐近性 (包括衰减性)、求解方法 (包括精确解、渐近解与数值解的求解方法) 等, 这些问题的研究构成了数学物理方程的丰富内容.

# 扩展阅读

当微积分理论逐渐成熟后, 数学家们就着眼于将微积分作为工具应用于一些令人关切的物理学、力学问题的研究. 特别, 达朗贝尔在其 1746 年的论文《张紧的弦振动时形成的曲线的研究》中研究了弦的振动, 归结出弦振动方程. 并且他在该论文中给出了弦振动方程通解的公式: 达朗贝尔公式 (见本书第一章 §2) . 此后欧拉 (Euler)、丹尼尔 · 伯努利 (D. Bernoulli) 等数学家也都参与了对弦振动方程的讨论. 此外, 基于牛顿、拉普拉斯 (Laplace)、拉格朗日 (Lagrange) 等数学家对于引力位势的研究, 位势方程 (拉普拉斯方程, 见本书第三章) 也得到建立与研究. 它们是最早被研究的一些偏微分方程. 基于这些数学家们的研究工作, 偏微分方程在 18 世纪中叶开始形成一个独立的数学分支. 所以, 偏微分方程从其出现开始就紧密地与物理学结合在一起, 即可以称之为数学物理方程. 本书从弦振动方程开始介绍数学物理方程, 也与其历史发展脉络相符.

为学习与掌握数学物理方程理论, 首先就得了解方程的导出, 它是物理现象的数量规律的描述, 这也是一个建立数学模型的问题. 为此, 先得对物理背景有清楚的了解. 在弦振动问题中基本的力学规律就是经典的牛顿运动定律. 于是为了能归结出正确的偏微分方程, 关键是如何将弦振动问题中周围的力学条件典型化, 即如何去除一些次要的因素而凸出最基本、最核心的因素从而获得基本的数量规律表述. 在 §1 正文中要求理想化的弦满足三个假定条件 (见第 2 页), 在这些条件下可以得到齐次弦振动方程的标准形式为 $\dfrac{\partial^2 u}{\partial t^2}=a^2\dfrac{\partial^2 u}{\partial x^2}$, 其中 $a$ 是常数. 若在这些假定条件中某个条件不成立, 则问题会不同程度地变得复杂. 例如:

若弦的密度不是常数, 则方程中的 $a$ 也不会是常数, 而且在方程中还会出现一阶导数项.

若弦所受的张力与伸长形变不成正比, 则我们将得到弦的非线性振动方程. 非线性方程的研究将要比线性方程的研究困难得多.

若弦不在一个平面内振动, 则至少得用两个位移量 $(u, v)$ 来刻画弦的振动, 这样就导致包含两个未知函数 $u, v$ 的方程组的研究.

若弦不是在一条直线附近作微小振动, 而是作大幅度振动, 则也必然要用非线性方程来刻画.

最后, 如果弦的粗细不可忽略, 那么就得将弦看成一个三维的弹性体. 这时所导出的方程将含有时间变量 $t$ 与空间变量 $x, y, z$. 显然, 它比仅含一个空间变量的弦振动方程复杂得多.

要将所有因素都考虑进去, 实际问题就更复杂. 在本节中我们将先集中力量研究仅含一个空间变量的弦振动方程, 就是先从简单的情形入手, 抓住问题的本质部分. 以后可以再在此基础上作更深入的研究. 这里需强调的是, 弦振动方程从具体的物理模型归结得来, 但已不同于具体的弦振动过程. 它是表述有关变量之变化规律的偏微分方程, 必须对其进行严格的分析与深入的研究, 方能将所得到的认识提升到理论的高度, 并在以后再将它应用于考察实际的弦振动过程. 此外, 弦振动方程也将成为一种数学工具, 在其他物理问题以及数学理论研究中发挥作用. 本书中将讨论的其他数学物理方程也是如此.

## 习　题

1. 细杆 (或弹簧) 受某种外界原因而产生纵振动, 以 $u(x,t)$ 表示静止时在 $x$ 点处的点在时刻 $t$ 离开原来位置的偏移. 假设振动过程中所产生的张力服从胡克定律, 试证明 $u(x,t)$ 满足方程

$$\frac{\partial}{\partial t}\left(\rho(x)\frac{\partial u}{\partial t}\right)=\frac{\partial}{\partial x}\left(E\frac{\partial u}{\partial x}\right),$$

其中 $\rho$ 为杆的密度, $E$ 为杨氏模量.

2. 在杆纵振动时, 假设 (1) 端点固定, (2) 端点自由, (3) 端点固定在弹性支承上, 试分别导出这三种情况下所对应的边界条件.

3. 试证: 圆锥形枢轴的纵振动方程为

$$E\frac{\partial}{\partial x}\left[\left(1-\frac{x}{h}\right)^2\frac{\partial u}{\partial x}\right]=\rho\left(1-\frac{x}{h}\right)^2\frac{\partial^2 u}{\partial t^2},$$

其中 $h$ 为圆锥的高 (图 1.3).

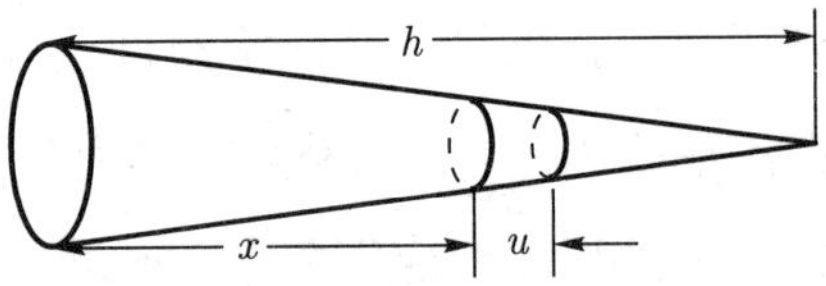


图 1.3

4. 长度为 $l$ 的均匀弹性杆被铅直地放置在自由下落的电梯内, 其上端刚性地固定在电梯的天花板上, 下端是自由端. 设电梯达到速度 $v_0$ 时突然停止, 试写出杆的微小纵振动所满足的初边值问题.

5. 在无阻尼的介质中, 一均匀弹性杆的一端刚性地固定着, 另一端受到一个与速度成正比的阻力的作用, 试写出杆的微小纵振动所满足的初边值问题.

6. 绝对柔软而均匀的弦线有一端固定, 在它本身重力的作用下, 此线处于铅垂的平衡位置, 试导出此线的微小横振动方程.

7. 一柔软均匀的细弦, 一端固定, 另一端是弹性支承. 设该弦在阻力与速度成正比的介质中作微小的横振动, 试写出弦的位移所满足的定解问题.

8. 若 $F(\xi),G(\xi)$ 均为其变元的二次连续可导函数, 验证 $F(x-at),G(x+at)$ 均满足弦振动方程 (1.11).

9. 验证

$$u(x,y,t)=\frac{1}{\sqrt{t^2-x^2-y^2}}$$

在锥 $t^2-x^2-y^2>0$ 中满足波动方程

$$\frac{\partial^2 u}{\partial t^2}=\frac{\partial^2 u}{\partial x^2}+\frac{\partial^2 u}{\partial y^2}.$$

10. 证明: 若 $u(x,t)$ 是方程 $u_{tt}-u_{xx}=0$ 的解, 则函数

$$v(x,t)=u\left(\frac{x}{x^2-t^2},\frac{t}{x^2-t^2}\right)$$

在 $x^2 \neq t^2$ 处也满足方程.

11. 证明: 若 $u(x,t)$ 是方程 $u_{tt}-u_{xx}=0$ 的解, 且 $u(x,t)$ 存在三阶连续偏导数, 则 $xu_x+tu_t$ 与 $u_x^2+u_t^2$ 也是该方程的解.

# §2 达朗贝尔公式、波的传播

**1. 叠加原理** 从本节开始我们讨论弦振动方程的各类定解问题. 在此之前, 先介绍叠加原理. 在物理学的研究中经常出现这样的现象: 几种不同原因的综合所产生的效果等于这些不同原因单独产生的效果 (即假设其他原因不存在时, 该原因所产生的效果) 的累加. 例如, 几个外力作用在一物体上所产生的加速度可以用单个外力各自单独作用在该物体上所产生的加速度相加而得出. 这个原理称为**叠加原理**, 它的适用范围非常广泛. 叠加原理对于用线性方程和线性定解条件描述的物理现象来说, 都是成立的. 例如, 对于弦振动方程 (1.14), 若 $u_1(x,t)$ 是方程

$$\frac{\partial^2 u}{\partial t^2}-a^2\frac{\partial^2 u}{\partial x^2}=f_1(x,t) \tag{2.1}$$

的解, 而 $u_2(x,t)$ 是方程

$$\frac{\partial^2 u}{\partial t^2}-a^2\frac{\partial^2 u}{\partial x^2}=f_2(x,t) \tag{2.2}$$

的解, 则对于任意的常数 $C_1, C_2$, 函数

$$u(x,t)=C_1u_1(x,t)+C_2u_2(x,t) \tag{2.3}$$

是方程

$$\frac{\partial^2 u}{\partial t^2}-a^2\frac{\partial^2 u}{\partial x^2}=C_1f_1(x,t)+C_2f_2(x,t) \tag{2.4}$$

的解. 在物理学中应用叠加原理的一个典型例子就是声学中把弦线振动时所发出的复杂的声音分解成各种单音的叠加. 早在 18 世纪, 丹尼尔 · 伯努利及以后的欧拉、拉格朗日都曾利用这个原理来研究弦振动方程的问题.

**2. 弦振动方程的达朗贝尔解法** 为了考察波动方程的定解问题, 先从最简单的情形入手, 即首先考察边界 (从而边界条件) 的影响可以忽略不计的情况. 如果所考察的物体 (如弦线) 长度很长, 而所需知道的又只是在较短时间内且离边界较远的一段物体的运动情况, 那么边界条件的影响就可以忽略, 并不妨把所考察物体的长度视为无限. 在这种考虑下, 定解问题可归结为如下的形式:

$$\begin{cases}\dfrac{\partial^2 u}{\partial t^2}-a^2\dfrac{\partial^2 u}{\partial x^2}=f(x,t) \quad (t>0, -\infty<x<\infty), & (2.5)\\ t=0: u=\varphi(x), \dfrac{\partial u}{\partial t}=\psi(x) \quad (-\infty<x<\infty). & (2.6)\end{cases}$$

在这个定解问题中,由于其定解条件只有初始条件,故通常称为**初值问题**(也称为**柯西**(Cauchy)**问题**).相应地,§1 中所列的定解问题 (1.19)—(1.22),由于既有初始条件,又有边界条件,称为**初边值问题**,或**混合问题**.

从 §1 中可见,方程 (2.5) 中的自由项 $f(x,t)$ 是由于振动中有外力作用而产生的,因此(2.5)中 $f\equiv 0$ 的情况对应于**自由振动**,而 $f\neq 0$ 的情况对应于**强迫振动**.

下面我们就可以看到,对于初值问题 (2.5),(2.6),不仅可以得到相当简单的求解公式,而且还可以由此清楚地看到波动传播的规律.

为了求解上述初值问题,我们首先注意到微分方程及定解条件都是线性的.对于这样的定解问题,同样成立叠加原理,即如果函数 $u_1(x,t)$ 和 $u_2(x,t)$ 分别是下述初值问题

$$
\text{(I)}\quad\begin{cases}\dfrac{\partial^2 u}{\partial t^2}-a^2\dfrac{\partial^2 u}{\partial x^2}=0 \quad (t>0,-\infty<x<\infty), & (2.7)\\[2ex] t=0: u=\varphi(x),\ \dfrac{\partial u}{\partial t}=\psi(x) \quad (-\infty<x<\infty) & (2.8)\end{cases}
$$

和

$$
\text{(II)}\quad\begin{cases}\dfrac{\partial^2 u}{\partial t^2}-a^2\dfrac{\partial^2 u}{\partial x^2}=f(x,t) \quad (t>0,-\infty<x<\infty), & (2.9)\\[2ex] t=0: u=0,\ \dfrac{\partial u}{\partial t}=0 \quad (-\infty<x<\infty) & (2.10)\end{cases}
$$

的解,那么 $u=u_1(x,t)+u_2(x,t)$ 就一定是原初值问题 (2.5),(2.6) 的解 (请读者直接验证).这表示:由 $f(x,t)$ 所代表的外力因素和由 $\varphi(x),\psi(x)$ 所表示的初始振动状态对整个振动过程所产生的综合影响,可以分解为单独只考虑外力因素 (初始位移及速度为零) 或只考虑初始振动状态 (外力为零) 对振动过程所产生的影响的叠加.

这样,为了求解初值问题 (2.5),(2.6),只要分别求解齐次方程带非齐次初始条件的初值问题 (I) 及非齐次方程带齐次初始条件的初值问题 (II) 即可.

首先,我们考察自由振动情况的初值问题 (I),它可以通过自变量变换的方法求解.

引入新自变量

$$
\xi=x-at,\quad \eta=x+at. \tag{2.11}
$$

利用复合函数求导数的法则,得到

$$
\frac{\partial u}{\partial x}=\frac{\partial u}{\partial \xi}\frac{\partial \xi}{\partial x}+\frac{\partial u}{\partial \eta}\frac{\partial \eta}{\partial x}=\frac{\partial u}{\partial \xi}+\frac{\partial u}{\partial \eta},
$$

$$
\frac{\partial^2 u}{\partial x^2}=\frac{\partial}{\partial \xi}\left(\frac{\partial u}{\partial x}\right)\frac{\partial \xi}{\partial x}+\frac{\partial}{\partial \eta}\left(\frac{\partial u}{\partial x}\right)\frac{\partial \eta}{\partial x}=\frac{\partial^2 u}{\partial \xi^2}+2\frac{\partial^2 u}{\partial \xi\partial \eta}+\frac{\partial^2 u}{\partial \eta^2},
$$

类似地,

$$
\frac{\partial u}{\partial t}=a\left(\frac{\partial u}{\partial \eta}-\frac{\partial u}{\partial \xi}\right),\quad \frac{\partial^2 u}{\partial t^2}=a^2\left(\frac{\partial^2 u}{\partial \xi^2}-2\frac{\partial^2 u}{\partial \xi\partial \eta}+\frac{\partial^2 u}{\partial \eta^2}\right).
$$

从而

$$
\frac{\partial^2 u}{\partial t^2}-a^2\frac{\partial^2 u}{\partial x^2}=-4a^2\frac{\partial^2 u}{\partial \xi\partial \eta}.
$$

由于 $a^2>0$, 因此, 采用 (2.11) 式所示的新自变量, 方程 (2.7) 就化为

$$\frac{\partial^2 u}{\partial\xi\partial\eta}=0. \tag{2.12}$$

方程 (2.12) 可以直接求解. 把它关于 $\eta$ 积分一次, 再关于 $\xi$ 积分一次, 就容易看出它的通解为

$$u(\xi,\eta)=F(\xi)+G(\eta), \tag{2.13}$$

其中 $F$ 和 $G$ 是任意两个可微分的单变量函数.

再代回到原来的自变量, 就可将方程 (2.7) 的通解表示为

$$u(x,t)=F(x-at)+G(x+at). \tag{2.14}$$

利用这个通解表达式, 就可以由初始条件 (2.8) 来决定函数 $F$ 和 $G$, 从而求出初值问题 (I) 的解.

把 (2.14) 式代入初始条件 (2.8), 得到

$$F(x)+G(x)=\varphi(x), \tag{2.15}$$

$$a[-F'(x)+G'(x)]=\psi(x). \tag{2.16}$$

再将 (2.16) 式两边积分, 得

$$a[-F(x)+G(x)]+C=\int_{x_0}^{x}\psi(\alpha)\mathrm{d}\alpha, \tag{2.17}$$

其中 $x_0$ 是任意一点, 而 $C$ 是积分常数.

由 (2.15) 式和 (2.17) 式, 就可以解出 $F$ 和 $G$:

$$\begin{cases} F(x)=\dfrac{1}{2}\varphi(x)-\dfrac{1}{2a}\displaystyle\int_{x_0}^{x}\psi(\alpha)\mathrm{d}\alpha+\dfrac{C}{2a}, \\ G(x)=\dfrac{1}{2}\varphi(x)+\dfrac{1}{2a}\displaystyle\int_{x_0}^{x}\psi(\alpha)\mathrm{d}\alpha-\dfrac{C}{2a}. \end{cases} \tag{2.18}$$

把它们代入 (2.14) 式, 就得到初值问题 (I) 的解

$$u(x,t)=\frac{\varphi(x-at)+\varphi(x+at)}{2}+\frac{1}{2a}\int_{x-at}^{x+at}\psi(\alpha)\mathrm{d}\alpha. \tag{2.19}$$

这个公式称为**达朗贝尔公式**.

可以看出, 如果初值问题 (I) 有解, 则解一定可以由初始条件用达朗贝尔公式 (2.19) 表示出来, 因此解一定是唯一的. 同时, 若 $k$ 是非负整数, 以记号 $C^k$ 表示在定义域中具有直至 $k$ 阶连续导数的函数 ($C^0$ 表示连续函数) 的集合, 则不难验证, 当 $\varphi(x)\in C^2,\psi(x)\in C^1$ 时, (2.19) 式的确给出初值问题 (I) 的解. 这样我们就得到

**定理 2.1** 设 $\varphi(x)\in C^2(\mathbf{R}),\psi(x)\in C^1(\mathbf{R})$, 那么初值问题 (2.7), (2.8) 存在唯一的解 $u(x,t)$, 它由达朗贝尔公式 (2.19) 给出.

解 $u(x,t)$ 关于初始条件的连续依赖性也可以从公式 (2.19) 中看出.

**3. 传播波 (行波)** 从 (2.14) 式可见, 自由振动情况下的波动方程的解, 可以表示成形如 $F(x-at)$ 和 $G(x+at)$ 的两个函数的和, 由此可以清楚地看出波动传播的性质, 现在讨论如下.

考察

$$\widetilde{u}(x,t)=F(x-at)\quad (a>0),\tag{2.20}$$

显然它是齐次波动方程的解. 给 $t$ 以不同的值, 就可以看出作一维自由振动的物体在各时刻位移的变化. 在 $t=0$ 时, $\widetilde{u}(x,0)=F(x)$, 它对应于初始的振动状态 (相当于弦在初始时刻各点位移状态), 如图 1.4 实线所示. 经过时刻 $t_0$ 后, $\widetilde{u}(x,t_0)=F(x-at_0)$, 在 $(x,u)$ 平面上, 它相当于原来的图形向右平移了一段距离 $at_0$, 如图 1.4 虚线所示. 随着时间的推移, 这图形还要不断地向右移动. 这说明当齐次波动方程的解具有 (2.20) 的形式时, 振动的波形以常速度 $a$ 向右传播. 因此, 齐次波动方程的形如 $F(x-at)$ 的解所描述的运动规律, 称为**右传播波**. 同样, 形如 $G(x+at)$ 的解, 称为**左传播波**, 其所描述的振动的波形以常速度 $a$ 向左传播. 由此可以知道, 方程 (2.5) 中出现的常数 $a$, 表示波动的传播速度. 上述这种把定解问题 (I) 的解表示为右传播波和左传播波相叠加的方法, 又称为**传播波法** (也称**行波法**).

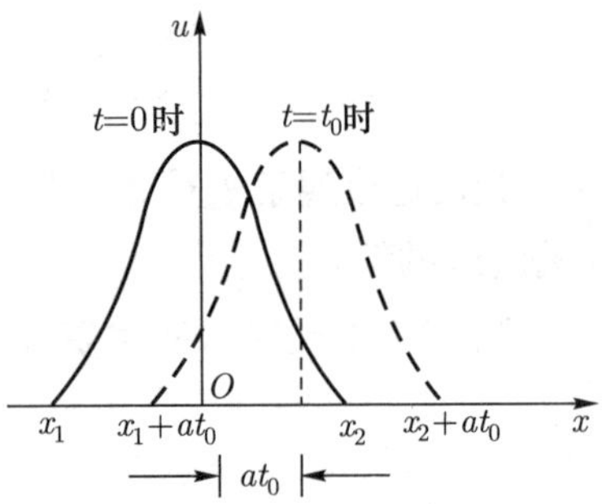


图 1.4

**4. 依赖区间、决定区域和影响区域** 从达朗贝尔公式 (2.19) 立即可以看出, 初值问题 (2.7), (2.8) 的解在上半平面 $t\geqslant 0$ 上点 $(x,t)$ 处的值 $u(x,t)$ 由初始资料 $\varphi(x)$ 及 $\psi(x)$ 在 $x$ 轴的区间 $[x-at,x+at]$ 上的值所唯一确定, 而与 $\varphi(x),\psi(x)$ 在该区间外的值无关. 这个区间称为点 $(x,t)$ 的**依赖区间**. 它是过 $(x,t)$ 点分别作斜率为 $\pm\dfrac{1}{a}$ 的直线与 $x$ 轴所交截而得到的闭区间 (见图 1.5).

对初始轴 $t=0$ 上的一个区间 $[x_1,x_2]$, 过点 $x_1$ 作斜率为 $\dfrac{1}{a}$ 的直线 $x=x_1+at$, 过点 $x_2$ 作斜率为 $-\dfrac{1}{a}$ 的直线 $x=x_2-at$, 它们和区间 $[x_1,x_2]$ 一起构成一个三角形区域 (图 1.6). 此三角形区域中任一点 $(x,t)$ 的依赖区间都落在区间 $[x_1,x_2]$ 内部, 因此, 初值问题的解在此三角形区域中的数值就完全由区间 $[x_1,x_2]$ 上的初始条件决定, 而与此区间外的初始条件无关. 这个区域就称为区间 $[x_1,x_2]$ 的**决定区域**. 给定区间 $[x_1,x_2]$ 上的初始条件, 就可以在其决定区域中完全决定初值问题的解.

另一方面, 如果在初始时刻 $t=0$, 初始资料 $\varphi(x)$ 与 $\psi(x)$ 的值在区间 $[x_1,x_2]$ 上有变动 (称为初始扰动), 那么, 经过时间 $t$ 后, 该扰动所传到的范围 (受初始扰动影响

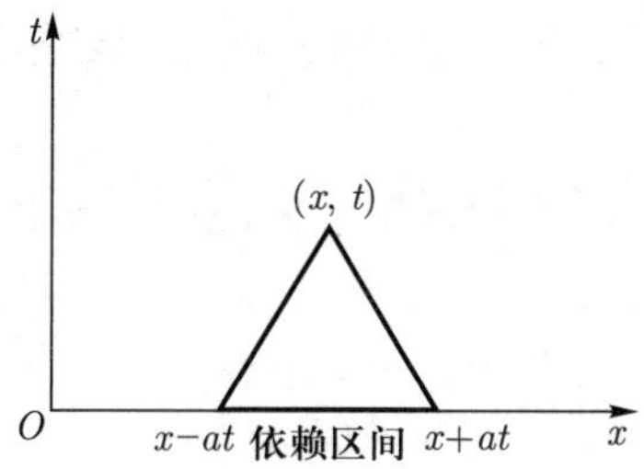


图 1.5

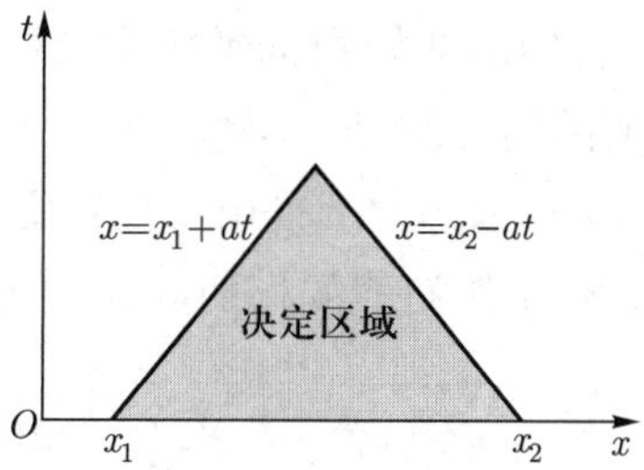


图 1.6

到的范围) 就由不等式

$$x_1 - at \leqslant x \leqslant x_2 + at \quad (t > 0) \tag{2.21}$$

所限定, 而在此范围外则不受影响, 仍处于原先的状态. 在 $(x,t)$ 平面上, (2.21) 式所表示的区域 (图 1.7) 称为区间 $[x_1,x_2]$ 的**影响区域**. 在这区域中, 初值问题的解 $u(x,t)$ 的数值是受到区间 $[x_1,x_2]$ 上初始条件的影响的; 而在此区域外, $u(x,t)$ 的数值则不受区间 $[x_1,x_2]$ 上初始条件的影响. 特别地, 将区间 $[x_1,x_2]$ 收缩为一点 $x_0$, 就可得一点 $x_0$ 的影响区域为过此点的两条斜率各为 $\pm\dfrac{1}{a}$ 的直线 $(x = x_0 \pm at)$ 所夹成的角状区域 (图 1.8).

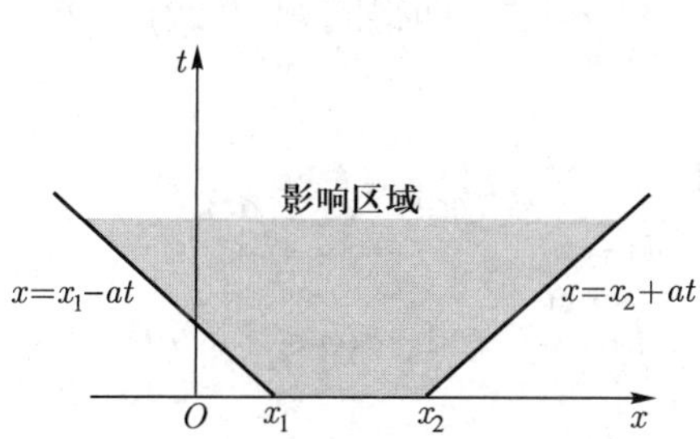


图 1.7

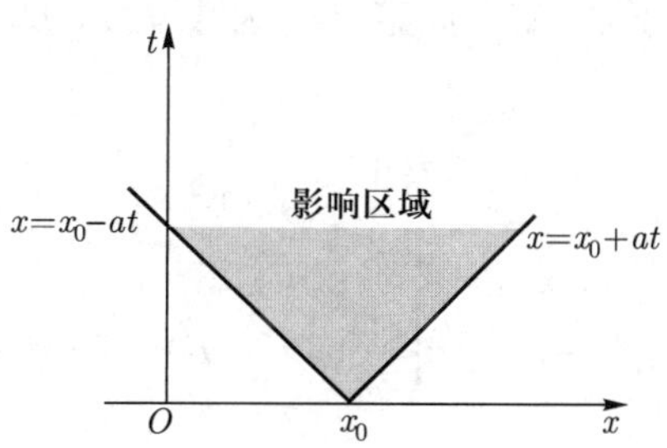


图 1.8

在上面的讨论中, 我们看到在 $(x,t)$ 平面上斜率为 $\pm\dfrac{1}{a}$ 的直线 $x = x_0 \pm at$ 对波动方程的研究起着重要的作用, 它们称为波动方程的**特征线**. 我们看到, 扰动实际上沿特征线传播. 扰动以**有限速度传播**, 是弦振动方程的一个重要特点.

**例** 现在利用传播波法来讨论一端固定的半无界弦的自由振动问题

$$\begin{cases} \dfrac{\partial^2 u}{\partial t^2} - a^2\dfrac{\partial^2 u}{\partial x^2} = 0 \quad (t>0, 0<x<\infty), & (2.22)\\ t=0: u=\varphi(x), \dfrac{\partial u}{\partial t} = \psi(x) \quad (0 \leqslant x < \infty), & (2.23)\\ x=0: u=0 \quad (t \geqslant 0). & (2.24) \end{cases}$$

为了求解此问题, 我们可以设想在 $x = 0$ 的左侧仍然有弦存在, 只是在振动的过程中 $x = 0$ 这一点始终保持不动. 这样新引进的一个无界弦的自由振动问题显然和原先所考虑的固定端点的半无界弦的自由振动问题是等价的. 于是问题化为: 如何将在

$x \geqslant 0$ 上已给的初始数据延拓为整个直线 $-\infty < x < \infty$ 上的函数, 使得用延拓后的函数作初值的柯西问题, 其解在 $x=0$ 处恒为零.

记 $\Phi(x)$ 及 $\Psi(x)$ 是由 $\varphi(x)$ 及 $\psi(x)$ 分别延拓而得的函数. 由达朗贝尔公式, 以 $\Phi(x)$ 及 $\Psi(x)$ 作初值的柯西问题的解为

$$U(x,t)=\frac{1}{2}[\Phi(x+at)+\Phi(x-at)]+\frac{1}{2a}\int_{x-at}^{x+at}\Psi(\xi)\mathrm{d}\xi. \tag{2.25}$$

因此, 要使 $U(x,t)$ 在 $x=0$ 处恒为零, 就应当成立

$$\frac{1}{2}[\Phi(at)+\Phi(-at)]+\frac{1}{2a}\int_{-at}^{at}\Psi(\xi)\mathrm{d}\xi=0.$$

为此, 只要将 $\varphi(x)$ 及 $\psi(x)$ 作奇延拓即可. 也就是说, 令

$$\Phi(x)=\begin{cases}\varphi(x) & (x\geqslant 0),\\ -\varphi(-x) & (x<0),\end{cases} \tag{2.26}$$

$$\Psi(x)=\begin{cases}\psi(x) & (x\geqslant 0),\\ -\psi(-x) & (x<0)\end{cases} \tag{2.27}$$

就可达到要求.

于是, 将上面定义的函数 $\Phi(x)$ 及 $\Psi(x)$ 代入 (2.25) 式, 即得问题 (2.22)—(2.24) 的解为

$$u(x,t)=\begin{cases}\dfrac{1}{2}[\varphi(x+at)+\varphi(x-at)]+\dfrac{1}{2a}\displaystyle\int_{x-at}^{x+at}\psi(\xi)\mathrm{d}\xi & (x\geqslant at),\\ \dfrac{1}{2}[\varphi(x+at)-\varphi(at-x)]+\dfrac{1}{2a}\displaystyle\int_{at-x}^{x+at}\psi(\xi)\mathrm{d}\xi & (0\leqslant x<at).\end{cases} \tag{2.28}$$

我们在此指出, 为了使 (2.28) 式所表示的函数 $u(x,t)$ 具有二阶连续偏导数, 函数 $\varphi(x)$ 与 $\psi(x)$ 还应当满足条件

$$\varphi(0)=\varphi''(0)=0,\quad \psi(0)=0. \tag{2.29}$$

它称为**相容性条件**.

**5. 齐次化原理** 现在我们考察强迫振动情形的初值问题

$$(\text{II})\quad \begin{cases}\dfrac{\partial^2 u}{\partial t^2}-a^2\dfrac{\partial^2 u}{\partial x^2}=f(x,t) \quad (t>0,-\infty<x<\infty), & (2.30)\\ t=0: u=0, \dfrac{\partial u}{\partial t}=0 \quad (-\infty<x<\infty). & (2.31)\end{cases}$$

为了求解此问题, 我们可以利用下述的齐次化原理, 把非齐次方程的求解问题化为相应的齐次方程的情况来处理, 从而可以直接利用前面有关齐次方程的结果.

由于所考察的定解问题来自于物理模型, 我们首先联系所考察的物理模型来作一些分析和说明.

从 §1 中导出弦振动方程的过程可知, 自由项 $f(x,t)$ 表示时刻 $t$ 时在位置 $x$ 处单位质量所受的外力, 而 $\dfrac{\partial u}{\partial t}$ 表示速度. 把时段 $[0,t]$ 分成若干小的时段 $\Delta t_j = t_{j+1} - t_j (j = 1,2,\cdots,l)$, 在每个小的时段 $\Delta t_j$ 中, $f(x,t)$ 可以看作与 $t$ 无关, 从而以 $f(x,t_j)$ 来表示. 由于 $f(x,t_j) = \dfrac{F(x,t_j)}{\rho}$, 而 $F(x,t_j)$ 表示外力, 所以在时段 $\Delta t_j$ 中自由项所产生的速度改变量为 $f(x,t_j)\Delta t_j$. 把这个速度改变量看作是在时刻 $t=t_j$ 时的初始速度, 它所产生的振动可以由下面的齐次方程带非齐次初始条件的初值问题来描述:

$$\begin{cases} \dfrac{\partial^2 \widetilde{W}}{\partial t^2} - a^2 \dfrac{\partial^2 \widetilde{W}}{\partial x^2} = 0 \quad (t > t_j, -\infty < x < \infty), \\ t = t_j : \widetilde{W} = 0, \dfrac{\partial \widetilde{W}}{\partial t} = f(x,t_j)\Delta t_j \quad (-\infty < x < \infty), \end{cases} \tag{2.32}$$

其解记为 $\widetilde{W}(x,t;t_j,\Delta t_j)$. 按照叠加原理, 自由项 $f(x,t)$ 所产生的总效果可以看成是无数个这种瞬时作用所产生的效果的叠加. 这样, 定解问题 (II) 的解 $u(x,t)$ 应表示成

$$u(x,t) = \lim_{\Delta t_j \to 0} \sum_{j=1}^{l} \widetilde{W}(x,t;t_j,\Delta t_j). \tag{2.33}$$

由于 (2.32) 式为线性方程, 所以 $\widetilde{W}$ 与 $\Delta t_j$ 成正比, 故如果记 $W(x,t;\tau)$ 为齐次方程的定解问题

$$\begin{cases} \dfrac{\partial^2 W}{\partial t^2} - a^2 \dfrac{\partial^2 W}{\partial x^2} = 0 \quad (t > \tau, -\infty < x < \infty), \\ t = \tau : W = 0, \dfrac{\partial W}{\partial t} = f(x,\tau) \quad (-\infty < x < \infty) \end{cases} \tag{2.34}$$

的解, 则

$$\widetilde{W}(x,t;t_j,\Delta t_j) = \Delta t_j W(x,t;t_j).$$

于是定解问题 (II) 的解可表示为

$$\begin{aligned} u(x,t) &= \lim_{\Delta t_j \to 0} \sum_{j=1}^{l} \widetilde{W}(x,t;t_j,\Delta t_j) = \lim_{\Delta t_j \to 0} \sum_{j=1}^{l} W(x,t;t_j)\Delta t_j \\ &= \int_0^t W(x,t;\tau)\mathrm{d}\tau. \end{aligned}$$

这样, 我们就得到如下的

**定理 2.2** 若 $W(x,t;\tau)$ 是初值问题 (2.34) 的解 (其中 $\tau$ 为参数), 则

$$u(x,t) = \int_0^t W(x,t;\tau)\mathrm{d}\tau \tag{2.35}$$

就是初值问题 (II) 的解.

定理 2.2 称为**齐次化原理** (或**杜阿梅尔** (Duhamel) **原理**).

为写出 $W(x,t;\tau)$ 的具体表达式, 在初值问题 (2.34) 中作变换 $t'=t-\tau$. 相应地, (2.34) 化为

$$\begin{cases} \dfrac{\partial^2 W}{\partial t'^2}-a^2\dfrac{\partial^2 W}{\partial x^2}=0 \quad (t'>0,-\infty<x<\infty), \\ t'=0: W=0, \dfrac{\partial W}{\partial t'}=f(x,\tau) \quad (-\infty<x<\infty) \end{cases} \tag{2.36}$$

的形式, 于是利用达朗贝尔公式 (2.19), 就得其解为

$$W(x,t;\tau)=\frac{1}{2a}\int_{x-at'}^{x+at'} f(\xi,\tau)\mathrm{d}\xi=\frac{1}{2a}\int_{x-a(t-\tau)}^{x+a(t-\tau)} f(\xi,\tau)\mathrm{d}\xi. \tag{2.37}$$

再代入 (2.35) 式就得到所考察的初值问题 (Ⅱ) 的解为

$$\begin{aligned} u(x,t)&=\frac{1}{2a}\int_0^t\int_{x-a(t-\tau)}^{x+a(t-\tau)} f(\xi,\tau)\mathrm{d}\xi\mathrm{d}\tau \\ &=\frac{1}{2a}\iint_G f(\xi,\tau)\mathrm{d}\xi\mathrm{d}\tau, \end{aligned} \tag{2.38}$$

其中区域 $G$ 为 $(\xi,\tau)$ 平面上过点 $(x,t)$ 向下作两特征线与 $\xi$ 轴所夹的三角形区域, 见图 1.9.

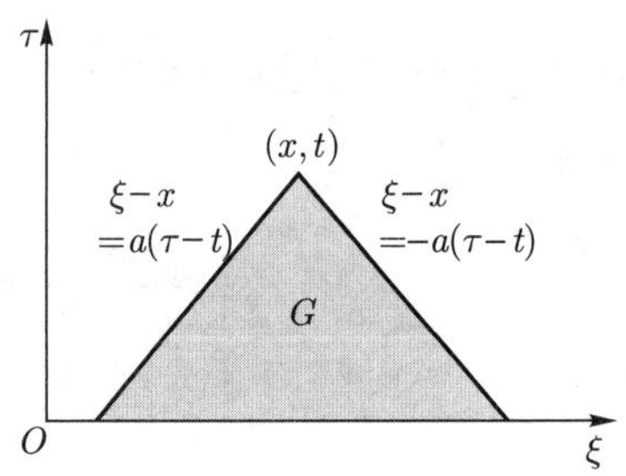

图 1.9

上面, 我们通过对物理模型的分析, 应用叠加原理, 得出了定解问题 (Ⅱ) 的解的表达式 (2.38) 式. 它究竟是否确实为定解问题 (Ⅱ) 的解, 还需要按照解的定义进行数学上的验证.

假设 $f\in C^1$, 从 (2.38) 式, 由关于含参变量积分的求导法则, 可得

$$\begin{aligned} \frac{\partial u}{\partial t}&=\frac{1}{2}\int_0^t[f(x+a(t-\tau),\tau)+f(x-a(t-\tau),\tau)]\mathrm{d}\tau, \\ \frac{\partial^2 u}{\partial t^2}&=f(x,t)+\frac{a}{2}\int_0^t[f_x(x+a(t-\tau),\tau)-f_x(x-a(t-\tau),\tau)]\mathrm{d}\tau, \\ \frac{\partial u}{\partial x}&=\frac{1}{2a}\int_0^t[f(x+a(t-\tau),\tau)-f(x-a(t-\tau),\tau)]\mathrm{d}\tau, \\ \frac{\partial^2 u}{\partial x^2}&=\frac{1}{2a}\int_0^t[f_x(x+a(t-\tau),\tau)-f_x(x-a(t-\tau),\tau)]\mathrm{d}\tau, \end{aligned}$$

于是有

$$\frac{\partial^2 u}{\partial t^2}-a^2\frac{\partial^2 u}{\partial x^2}=f(x,t),$$

即 $u(x,t)$ 满足方程 (2.30). 再由 (2.38) 式及 $\dfrac{\partial u}{\partial t}$ 的表示式可得

$$u(x,t)|_{t=0}=0, \quad \left.\frac{\partial u}{\partial t}\right|_{t=0}=0,$$

即 $u(x,t)$ 满足初始条件 (2.31). 所以 (2.38) 式所表示的 $u(x,t)$ 确是定解问题 (Ⅱ) 的解. 再利用叠加原理, 即容易得到初值问题 (2.5), (2.6) 的解.

最后, 我们指出齐次化原理不仅可以应用于非齐次波动方程的柯西问题, 而且也能应用于初边值问题以及其他线性方程 (例如第二章中将讨论的热传导方程) 的定解问题. 本书中将多次用到这一原理.

**注** 对于给定偏微分方程定解问题的表示式, 在不引起误解的情况下也常常将自变量的变化范围省略, 以简化书写. 对此以后不再特别说明.

## 扩展阅读

1746 年达朗贝尔归结出弦振动方程, 并巧妙地得到了弦振动方程通解的表达式 (2.14), 利用此通解公式并结合初始条件导出了柯西问题解的表达式 (2.19), 后人称为达朗贝尔公式. 在常微分方程定解问题的求解中, 人们常常先求出方程的通解, 然后利用定解条件确定含在通解中的一些参数, 得到所给定解问题的特解. 这一思路最初也被应用于对偏微分方程的研究. 达朗贝尔公式是应用此方法的一个成功例子. 它不仅得到了弦振动方程柯西问题的解, 而且还可以将弦振动方程通解的表达式 (2.14) 用于寻求其他形式定解问题的解. 因此, 在 18 世纪偏微分方程成为一个独立的数学分支之初期, 弦振动方程通解的表达式 (2.14) 与达朗贝尔公式 (2.19) 颇受学术界的重视. 但是, 由于对偏微分方程而言能找到通解的情形十分罕见, 能获得特解的明显表达式的情形也不多, 故为获得一般偏微分方程定解问题的解必须寻求更多有效的方法.

因为达朗贝尔公式能够将定解问题的解以简单明了的有限表达式表示, 所以由此能直接推导出很多有用的结论. 例如解的存在性、唯一性、稳定性等结论可以迅速由这个公式得到. 在本节中引入的依赖区间、决定区域、影响区域概念也是其重要的推论. 这些概念说明了物体振动或波动过程的一个重要特征, 它会在广泛得多的场合下表现出来, 以后我们也会多次提及. 此外, 达朗贝尔公式还可以用来检验一些针对较复杂情形提出的预测或数学方法 (例如近似计算方法等) 的有效性等.

## 习 题

1. 证明方程

$$\frac{\partial}{\partial x}\left[\left(1-\frac{x}{h}\right)^2\frac{\partial u}{\partial x}\right]=\frac{1}{a^2}\left(1-\frac{x}{h}\right)^2\frac{\partial^2 u}{\partial t^2}\quad (h>0, \text{常数})$$

的通解可以写成

$$u=\frac{F(x-at)+G(x+at)}{h-x},$$

其中 $F,G$ 为任意的具有二阶连续导数的单变量函数，并由此求它满足初始条件:

$$t=0: u=\varphi(x), \quad \frac{\partial u}{\partial t}=\psi(x)$$

的初值问题的解.

2. 问初始条件 $\varphi(x)$ 与 $\psi(x)$ 满足怎样的条件时，齐次波动方程初值问题的解仅由右传播波组成?

3. 利用传播波法，求解波动方程的古尔萨 (Goursat) 问题

$$\begin{cases} \dfrac{\partial^2 u}{\partial t^2}=a^2\dfrac{\partial^2 u}{\partial x^2} \quad (-at<x<at, t>0), \\ u|_{x-at=0}=\varphi(x) \quad (t>0), \\ u|_{x+at=0}=\psi(x) \quad (t>0), \quad \varphi(0)=\psi(0). \end{cases}$$

4. 对非齐次波动方程的初值问题 (2.5), (2.6), 证明: 当 $f(x,t)$ 不变时,

(1) 如果初始条件在 $x$ 轴的区间 $[x_1,x_2]$ 上发生变化，那么对应的解在区间 $[x_1,x_2]$ 的影响区域以外不发生变化;

(2) 在 $x$ 轴的区间 $[x_1,x_2]$ 上所给的初始条件唯一地确定区间 $[x_1,x_2]$ 的决定区域中解的数值.

5. 求解

$$\begin{cases} u_{tt}-a^2u_{xx}=0 \quad (x>0, t>0), \\ u|_{t=0}=\varphi(x), \quad u_t|_{t=0}=0, \\ (u_x-ku_t)|_{x=0}=0, \end{cases}$$

其中 $k$ 为正常数.

6. 求解初边值问题

$$\begin{cases} u_{tt}-u_{xx}=0 \quad (0<t<kx, k>1), \\ u|_{t=0}=\varphi_0(x) \quad (x\geqslant 0), \\ u_t|_{t=0}=\varphi_1(x) \quad (x\geqslant 0), \\ u|_{t=kx}=\psi(x) \quad (x\geqslant 0), \end{cases}$$

其中 $\varphi_0(0)=\psi(0)$.

7. 求边值问题

$$\begin{cases} u_{tt}-u_{xx}=0 \quad (f(t)<x<t, t>0), \\ u|_{x=t}=\varphi(t) \quad (t>0), \\ u|_{x=f(t)}=\psi(t) \quad (t>0) \end{cases}$$

的解，其中 $\varphi(0)=\psi(0), x=f(t)$ 为由原点出发的，介于 $x=t$ 与 $x=-t$ 之间的光滑曲线，且 $|f'(t)|\neq 1$ 对一切 $t$ 成立.

8. 求解波动方程的初值问题

$$\begin{cases} \dfrac{\partial^2 u}{\partial t^2}-\dfrac{\partial^2 u}{\partial x^2}=t\sin x \quad (t>0, -\infty<x<\infty), \\ u|_{t=0}=0, \left.\dfrac{\partial u}{\partial t}\right|_{t=0}=\sin x \quad (-\infty<x<\infty). \end{cases}$$

9. 求解波动方程的初值问题

$$\begin{cases} u_{tt}=a^2u_{xx}+\dfrac{tx}{(1+x^2)^2} \quad (t>0, -\infty<x<\infty), \\ u|_{t=0}=0 \quad (-\infty<x<\infty), \\ u_t|_{t=0}=\dfrac{1}{1+x^2} \quad (-\infty<x<\infty). \end{cases}$$

10. 证明: 在柯西问题

$$\begin{cases} u_{tt} - a^2 u_{xx} = f(x,t) \quad (t > 0, -\infty < x < \infty), \\ u\big|_{t=0} = u_t\big|_{t=0} = 0 \quad (-\infty < x < \infty) \end{cases}$$

中, 若 $f(x,t)$ 是 $x$ 的奇函数, 则 $u(0,t) \equiv 0$; 若 $f(x,t)$ 是 $x$ 的偶函数, 则 $u_x(0,t) \equiv 0$.

# §3 初边值问题的分离变量法

**1. 分离变量法** 上节考察了弦振动方程初值问题, 本节进一步考察弦振动方程的初边值问题, 并介绍一种常用的解法 —— 分离变量法.

考察弦振动方程的初边值问题:

$$\begin{cases} \dfrac{\partial^2 u}{\partial t^2} - a^2 \dfrac{\partial^2 u}{\partial x^2} = f(x,t) \quad (t > 0, 0 < x < l), & (3.1) \\ t = 0 : u = \varphi(x), \dfrac{\partial u}{\partial t} = \psi(x) \quad (0 < x < l), & (3.2) \\ x = 0 : u = 0 \quad (t > 0), & \\ x = l : u = 0 \quad (t > 0). & (3.3) \end{cases}$$

利用叠加原理, 上述初边值问题可以分解为下面两个初边值问题:

$$\text{(I)} \quad \begin{cases} \dfrac{\partial^2 u_1}{\partial t^2} - a^2 \dfrac{\partial^2 u_1}{\partial x^2} = 0 \quad (t > 0, 0 < x < l), \\ t = 0 : u_1 = \varphi(x), \dfrac{\partial u_1}{\partial t} = \psi(x) \quad (0 < x < l), \\ x = 0 \text{ 和 } x = l : u_1 = 0 \quad (t > 0); \end{cases}$$

$$\text{(II)} \quad \begin{cases} \dfrac{\partial^2 u_2}{\partial t^2} - a^2 \dfrac{\partial^2 u_2}{\partial x^2} = f(x,t) \quad (t > 0, 0 < x < l), \\ t = 0 : u_2 = 0, \dfrac{\partial u_2}{\partial t} = 0 \quad (0 < x < l), \\ x = 0 \text{ 和 } x = l : u_2 = 0 \quad (t > 0). \end{cases}$$

而且显然有

$$u = u_1 + u_2.$$

正像 §2 中一样, 关键是求解问题 (I). 在下面可以看到, 问题 (II) 可以归结为问题 (I) 来求解. 因此, 我们首先考察问题 (I) 的求解, 再转而解决问题 (II).

问题 (I) 描述了两端固定的弦作自由振动的物理过程. 从物理学知道, 一个复杂的振动往往可以分解成许多简单的振动的叠加. 如弦振动所发出的声音可以分解成各种不同频率的单音的叠加, 相应于每种单音, 弦振动时波形保持不变, 从而当时间变化时各点的振幅作同步的变化. 也就是说, 每种单音都是具有形式为

$$u(x,t) = X(x)T(t)$$

的特殊解, 而整个复杂振动过程可以通过这种特殊解的叠加得到.

以下我们详细介绍如何用这一想法来求解初边值问题

$$
(\mathrm{I})\quad \begin{cases} \dfrac{\partial^2 u}{\partial t^2}-a^2\dfrac{\partial^2 u}{\partial x^2}=0 \quad (t>0, 0<x<l), & (3.4)\\ t=0: u=\varphi(x), \dfrac{\partial u}{\partial t}=\psi(x) \quad (0<x<l), & (3.5)\\ x=0 \text{ 及 } x=l: u=0 \quad (t>0). & (3.6)\end{cases}
$$

我们首先求方程 (3.4) 的可以分离变量的非平凡 (即不恒等于零) 的特解:

$$
u(x,t)=X(x)T(t), \tag{3.7}
$$

并要求它满足齐次边界条件 (3.6). 这里 $X(x)$ 及 $T(t)$ 分别表示仅与 $x$ 有关及仅与 $t$ 有关的待定函数.

将 (3.7) 式代入方程 (3.4), 得到

$$
X(x)T''(t)-a^2X''(x)T(t)=0.
$$

将上式分离变量, 有

$$
\frac{T''(t)}{a^2T(t)}=\frac{X''(x)}{X(x)}. \tag{3.8}
$$

由于在 (3.8) 式中, 左边仅是 $t$ 的函数, 右边仅是 $x$ 的函数, 左右两端要相等, 只有等于同一个常数才可能. 记此常数为 $-\lambda$ (其值待定), 就得到

$$
T''(t)+\lambda a^2T(t)=0, \tag{3.9}
$$

及

$$
X''(x)+\lambda X(x)=0. \tag{3.10}
$$

这样, 方程 (3.8) 就被分离为两个常微分方程, 其中一个仅含有自变量 $t$, 另一个仅含有自变量 $x$, 我们可以通过求解这两个方程来决定 $T(t)$ 及 $X(x)$, 从而得到方程 (3.4) 的特解 (3.7).

为了使此解是满足齐次边界条件 (3.6) 的非平凡解, 就必须找方程 (3.10) 的满足边界条件

$$
X(0)=0, \quad X(l)=0 \tag{3.11}
$$

的非平凡解. 方程 (3.10) 的通解随 $\lambda>0, \lambda=0$ 以及 $\lambda<0$ 而不同, 下面分三种情况讨论.

**情形 A** 当 $\lambda<0$ 时, 方程 (3.10) 的通解可以写成

$$
X(x)=C_1\mathrm{e}^{\sqrt{-\lambda}x}+C_2\mathrm{e}^{-\sqrt{-\lambda}x}.
$$

要使它满足边界条件 (3.11), 就必须

$$C_1 + C_2 = 0,$$
$$C_1\mathrm{e}^{\sqrt{-\lambda}\,l} + C_2\mathrm{e}^{-\sqrt{-\lambda}\,l} = 0.$$

由于

$$\begin{vmatrix} 1 & 1 \\ \mathrm{e}^{\sqrt{-\lambda}\,l} & \mathrm{e}^{-\sqrt{-\lambda}\,l} \end{vmatrix} \neq 0,$$

只能 $C_1 = C_2 = 0$. 故在 $\lambda < 0$ 的情况得不到非平凡解.

**情形 B** 当 $\lambda = 0$ 时, 方程 (3.10) 的通解可以写成

$$X(x) = C_1 + C_2 x.$$

要满足边界条件 (3.11), $X(x)$ 也只能恒等于零.

**情形 C** 当 $\lambda > 0$ 时, 方程 (3.10) 的通解具有如下形式:

$$X(x) = C_1 \cos\sqrt{\lambda}x + C_2 \sin\sqrt{\lambda}x.$$

由边界条件 $X(0) = 0$ 知 $C_1 = 0$, 再由

$$X(l) = C_2 \sin\sqrt{\lambda}l = 0$$

可知, 为了使 $C_2 \neq 0$, 就必须 $\sin\sqrt{\lambda}l = 0$. 于是

$$\lambda = \lambda_k = \frac{k^2\pi^2}{l^2} \quad (k = 1, 2, \cdots). \tag{3.12}$$

这样就找到了一族非零解

$$X_k(x) = C_k \sin\frac{k\pi}{l}x \quad (k = 1, 2, \cdots). \tag{3.13}$$

称 (3.13) 右端的函数为常微分方程 (3.10) 满足边界条件 (3.11) 的**固有函数** (又称**特征函数**), 而 $\lambda = \dfrac{k^2\pi^2}{l^2}$ 称为相应的**固有值** (又称**特征值**).

将固有值 $\lambda_k$ 代入方程 (3.9) 中, 可得其通解为

$$T_k(t) = A_k \cos\frac{k\pi a}{l}t + B_k \sin\frac{k\pi a}{l}t \quad (k = 1, 2, \cdots), \tag{3.14}$$

其中 $A_k, B_k$ 为任意常数.

这样, 就得到方程 (3.4) 的满足齐次边界条件 (3.6) 的下列分离变量形式的特解:

$$U_k(x,t) = X_k(x)T_k(t) = \left(A_k \cos\frac{k\pi a}{l}t + B_k \sin\frac{k\pi a}{l}t\right)\sin\frac{k\pi}{l}x \quad (k = 1, 2, \cdots).$$

现在我们设法作这种特解的适当的线性组合, 以得出初边值问题 (I) 的解. 也就是说, 要决定常数 $A_k, B_k$, 使

$$u(x,t) = \sum_{k=1}^{\infty}\left(A_k \cos\frac{k\pi a}{l}t + B_k \sin\frac{k\pi a}{l}t\right)\sin\frac{k\pi}{l}x \tag{3.15}$$

满足初始条件 (3.5).

注意到在上述级数可以逐项求导时,

$$\frac{\partial u(x,t)}{\partial t}=\sum_{k=1}^{\infty}\frac{k\pi a}{l}\left(-A_k\sin\frac{k\pi a}{l}t+B_k\cos\frac{k\pi a}{l}t\right)\sin\frac{k\pi}{l}x,$$

故由初始条件 (3.5) 应有

$$\begin{cases}\varphi(x)=\displaystyle\sum_{k=1}^{\infty}A_k\sin\frac{k\pi}{l}x,\\ \psi(x)=\displaystyle\sum_{k=1}^{\infty}\frac{B_k k\pi a}{l}\sin\frac{k\pi}{l}x.\end{cases}$$

因此, $A_k$ 和 $\dfrac{B_k k\pi a}{l}$ 应分别是 $\varphi(x)$ 和 $\psi(x)$ 在 $[0,l]$ 区间中正弦展开的傅里叶级数的系数, 即

$$\begin{cases}A_k=\dfrac{2}{l}\displaystyle\int_0^l\varphi(\xi)\sin\frac{k\pi}{l}\xi\mathrm{d}\xi,\\ B_k=\dfrac{2}{k\pi a}\displaystyle\int_0^l\psi(\xi)\sin\frac{k\pi}{l}\xi\mathrm{d}\xi.\end{cases}\tag{3.16}$$

将由 (3.16) 式表示的 $A_k,B_k$ 代入 (3.15) 式中, 就得到用级数形式表示的初边值问题 (I) 的解.

现在证明当定解问题 (I) 的初始条件中的函数 $\varphi(x)$ 和 $\psi(x)$ 满足一定的条件时, 级数 (3.15) 确实是这定解问题的解. 注意到级数 (3.15) 中的每一项都满足方程 (3.4), 因此只要证明在 $\varphi$ 和 $\psi$ 满足一定的条件时, 级数 (3.15) 可以逐项求导两次就好了. 也就是说, 如果证明了级数 (3.15) 求导两次后仍是一致收敛的, 那么它一定满足方程 (3.4). 此时初始条件 (3.5) 和边界条件 (3.6) 的满足也是显然的推论了.

根据傅里叶级数的理论可知

**引理 3.1** 如果 $\varphi(x)\in C^3,\psi(x)\in C^2$, 并且 $\varphi(0)=\varphi(l)=\varphi''(0)=\varphi''(l)=\psi(0)=\psi(l)=0$, 系数 $A_k,B_k$ 由 (3.16) 式确定, 那么级数

$$\sum_{k=1}^{\infty}k^2\left|A_k\right|,\quad \sum_{k=1}^{\infty}k^2\left|B_k\right|$$

收敛.

引理的证明见本节的扩展阅读.

由引理 3.1 知, (3.15) 式右边关于 $x$ 及 $t$ 逐项求导二次以后的级数是绝对且一致收敛的, 因而这些求导后的级数收敛于 $u$ 的相应的导数, 所以 $u$ 满足相应的方程、初始条件及边界条件, 故得

**定理 3.1** 若函数 $\varphi(x)\in C^3,\psi(x)\in C^2$, 并且

$$\varphi(0)=\varphi(l)=\varphi''(0)=\varphi''(l)=\psi(0)=\psi(l)=0,\tag{3.17}$$

则弦振动方程的定解问题 (I) 的解是存在的, 它可以用级数 (3.15) 给出, 其中 $A_k$ 及 $B_k$ 由(3.16)式确定.

条件 (3.17) 称为使定解问题 (I) 存在解的**相容性条件**.

以上求解方法的特点就是利用具有变量分离形式的特解 (3.7) 来构造初边值问题 (3.1)—(3.3) 的解, 故这一方法称为**分离变量法**. 19 世纪初, 傅里叶 (Fourier) 首先利用这一方法求解偏微分方程, 也正是这种求解过程展示了傅里叶级数的作用与威力, 故分离变量法也称为**傅里叶方法**.

当 $\varphi(x)$ 及 $\psi(x)$ 不满足定理 3.1 中所述的条件 (例如, $\varphi(x)$ 及 $\psi(x)$ 仅为连续函数但导数不连续) 时, 我们可以把 $\varphi(x)$ 及 $\psi(x)$ 分别看成函数列

$$\varphi_n(x)=\sum_{k=1}^{n}A_k\sin\frac{k\pi}{l}x,\quad \psi_n(x)=\sum_{k=1}^{n}\frac{B_k k\pi a}{l}\sin\frac{k\pi}{l}x$$

的平均收敛极限.

对应于初始条件为 $\varphi_n(x)$ 及 $\psi_n(x)$ 的方程 (3.4) 的解是

$$u_n(x,t)=\sum_{k=1}^{n}\left(A_k\cos\frac{k\pi at}{l}+B_k\sin\frac{k\pi at}{l}\right)\sin\frac{k\pi}{l}x,\tag{3.18}$$

当 $n\to\infty$ 时, 它平均收敛于 (3.15) 式所给出的形式解. 因此 $u(x,t)$ 可以作为函数列 $u_n(x,t)$ 的平均收敛极限, 而 $u_n(x,t)$ 的初始条件也分别平均收敛于 $\varphi(x)$ 及 $\psi(x)$. 当 $n$ 很大时, 可以把 $u_n(x,t)$ 看成问题的近似解, 因为方程及边界条件已经满足, 初始条件也近似地得到满足. 在实用上, 这种做法常常是行之有效的. 作为近似解收敛的极限 $u(x,t)$, 它能比所有的 $u_n(x,t)$ 更好地反映实际情况, 所以它虽然不符合前述解 (经典解) 的定义, 但它也是很有实际意义的. 通常也将它称为相应初边值问题的解.

**2. 解的物理意义** 由级数 (3.15) 可知, 初边值问题 (I) 的解是

$$u_k(x,t)=\left(A_k\cos\frac{k\pi a}{l}t+B_k\sin\frac{k\pi a}{l}t\right)\sin\frac{k\pi}{l}x$$

的叠加, 上式又可写成

$$u_k(x,t)=N_k\cos(\omega_k t+\theta_k)\sin\frac{k\pi}{l}x,\tag{3.19}$$

其中 $N_k=\sqrt{A_k^2+B_k^2},\omega_k=\dfrac{k\pi a}{l},\cos\theta_k=\dfrac{A_k}{\sqrt{A_k^2+B_k^2}},\sin\theta_k=\dfrac{-B_k}{\sqrt{A_k^2+B_k^2}}$. 在物理学中, $N_k$ 称为波的**振幅**, $\omega_k$ 称为**圆频率**, $\theta_k$ 称为波的**初位相**. 因为上式中常数 $a=\sqrt{\dfrac{T}{\rho}}$, 所以当 $k$ 固定时, 圆频率 $\omega_k$ 只与弦本身的性质 (弦长 $l$、张力 $T$ 和密度 $\rho$) 有关, 它也称为**固有 (圆) 频率**.

于是, $u_k(x,t)=N_k\sin\dfrac{k\pi}{l}x\cdot\cos(\omega_k t+\theta_k)$ 代表这样的振动波: 在所考虑的弦上各点均以同一频率作简谐振动; 它们的位相相同, 而位于点 $x$ 的振幅 $\left|N_k\sin\dfrac{k\pi}{l}x\right|$ 依赖于

点 $x$ 的位置. 弦上位于 $x=\dfrac{ml}{k}(m=0,1,\cdots,k)$ 处的点在振动过程中保持不动, 称为**节点**. 弦的这种形态的振动称为**驻波**. 于是, $u(x,t)$ 的级数形式 (3.15) 表示自由振动问题 (3.4)—(3.6) 是由一系列频率成倍增长、位相不同、振幅不同的驻波叠加而成的, 所以分离变量法又称为**驻波法**.

弦所发出的声音, 其音调由其振动频率决定, 而声音的强度则决定于振动的振幅. 弦所能发出的最低音所对应的圆频率就是其最低固有频率 $\omega_1=\dfrac{\pi a}{l}$, 这个音称为弦的**基音**. 其余的圆频率是 $\omega_1$ 的整数倍, 称为**泛音**. 通常弦所发出的声音即由基音与泛音叠加而成. 物理学中这一事实与前述的分离变量法的求解结果是相符的.

**例**　设弦的两端固定在 $x$ 轴的 $x=0$ 及 $x=l$ 上, 在点 $x=c\ (0<c<l)$ 处向上拉起 $h$, 而后放开作自由振动, 求其运动规律.

**解**　以 $u(x,t)$ 表示弦上各点的振动, 它满足问题 (3.4)—(3.6), 其中初始条件可写为

$$u(x,0)=\varphi(x)=\begin{cases}\dfrac{h}{c}x \quad (0<x\leqslant c),\\ \dfrac{h}{l-c}(l-x)\quad (c<x\leqslant l),\end{cases} \tag{3.20}$$

$$\frac{\partial u}{\partial t}(x,0)=\psi(x)\equiv 0. \tag{3.21}$$

问题的解 $u(x,t)$ 可以用 (3.15) 式表示, 由于 $\psi(x)\equiv 0$, 故所有的 $B_k=0$, 又由 (3.16) 式知

$$\begin{aligned}A_k&=\frac{2}{l}\int_0^l\varphi(\xi)\sin\frac{k\pi}{l}\xi\mathrm{d}\xi\\&=\frac{2}{l}\int_0^c\frac{h}{c}\xi\sin\frac{k\pi}{l}\xi\mathrm{d}\xi+\frac{2}{l}\int_c^l\frac{h}{l-c}(l-\xi)\sin\frac{k\pi}{l}\xi\mathrm{d}\xi\\&=\frac{2hl^2}{\pi^2c(l-c)k^2}\sin\frac{k\pi c}{l},\end{aligned}$$

于是得到

$$u(x,t)=\frac{2hl^2}{\pi^2c(l-c)}\sum_{k=1}^{\infty}\frac{1}{k^2}\sin\frac{k\pi c}{l}\sin\frac{k\pi}{l}x\cos\frac{k\pi a}{l}t. \tag{3.22}$$

**3. 非齐次方程的情形**　现在讨论非齐次方程的初边值问题

$$(\mathrm{II})\begin{cases}\dfrac{\partial^2u}{\partial t^2}-a^2\dfrac{\partial^2u}{\partial x^2}=f(x,t)\quad(t>0,0<x<l), & (3.23)\\ t=0:u=0,\dfrac{\partial u}{\partial t}=0\quad(0<x<l), & (3.24)\\ x=0\text{ 和 }x=l:u=0\quad(t>0). & (3.25)\end{cases}$$

和 §2 中非齐次波动方程初值问题的情形完全类似, 此时也成立如下的

**齐次化原理** 若 $W(x,t;\tau)$ 是初边值问题

$$\begin{cases}\dfrac{\partial^2 W}{\partial t^2}-a^2\dfrac{\partial^2 W}{\partial x^2}=0 \quad (t>\tau,0<x<l),\\ t=\tau: W=0, \dfrac{\partial W}{\partial t}=f(x,\tau) \quad (0<x<l),\\ x=0 \text{ 和 } x=l: W=0 \quad (t>\tau)\end{cases} \tag{3.26}$$

的解 (其中 $\tau \geqslant 0$ 为参数), 则

$$u(x,t)=\int_0^t W(x,t;\tau)\mathrm{d}\tau \tag{3.27}$$

就是初边值问题 (Ⅱ) 的解.

于是, 令 $t'=t-\tau$, 混合问题 (3.26) 就化为

$$\begin{cases}\dfrac{\partial^2 W}{\partial t'^2}-a^2\dfrac{\partial^2 W}{\partial x^2}=0 \quad (t'>0,0<x<l),\\ t'=0: W=0, \dfrac{\partial W}{\partial t'}=f(x,\tau) \quad (0<x<l),\\ x=0 \text{ 和 } x=l: W=0 \quad (t'>0).\end{cases} \tag{3.28}$$

由于方程及边界条件都是齐次的, 因此问题 (3.28) 和混合问题 (I) 属于同一类, 故可直接应用上一段分离变量法所得的结果. 利用 (3.15), (3.16) 式, 我们得到

$$\begin{aligned} W=W(x,t;\tau)&=\sum_{k=1}^{\infty}B_k(\tau)\sin\frac{k\pi a}{l}t'\sin\frac{k\pi}{l}x\\ &=\sum_{k=1}^{\infty}B_k(\tau)\sin\frac{k\pi a}{l}(t-\tau)\sin\frac{k\pi}{l}x, \end{aligned} \tag{3.29}$$

而

$$B_k(\tau)=\frac{2}{k\pi a}\int_0^l f(\xi,\tau)\sin\frac{k\pi}{l}\xi\mathrm{d}\xi. \tag{3.30}$$

由齐次化原理, 把 (3.29) 式代入 (3.27) 式, 就得到混合问题 (Ⅱ) 的解为

$$u(x,t)=\int_0^t W(x,t;\tau)\mathrm{d}\tau=\sum_{k=1}^{\infty}\int_0^t B_k(\tau)\sin\frac{k\pi a}{l}(t-\tau)\mathrm{d}\tau\cdot\sin\frac{k\pi}{l}x. \tag{3.31}$$

类似于定理 3.1, 可以证明: 在 $f(x,t)\in C^2$ 以及在端点满足条件

$$f(0,t)=f(l,t)=0 \tag{3.32}$$

的假设下, 级数 (3.31) 确实是定解问题 (Ⅱ) 的解.

**4. 非齐次边界条件的情形** 最后, 我们讨论弦振动方程具非齐次边界条件的初边值问题, 即

$$\begin{cases}\dfrac{\partial^2 u}{\partial t^2}-a^2\dfrac{\partial^2 u}{\partial x^2}=f(x,t) \quad (t>0,0<x<l), & (3.33)\\ t=0: u=\varphi(x), \dfrac{\partial u}{\partial t}=\psi(x) \quad (0<x<l), & (3.34)\\ x=0: u=\mu_1(t) \quad (t>0), & \\ x=l: u=\mu_2(t) \quad (t>0). & (3.35)\end{cases}$$

这里, 除函数 $\varphi(x),\psi(x),f(x,t)$ 满足前面所给的条件 (3.17), (3.32) 外, 还设函数 $\mu_1(t)$, $\mu_2(t)$ 具有二阶连续导数, 且 $\mu_1(0)=\mu_2(0)=\mu_1'(0)=\mu_2'(0)=\mu_1''(0)=\mu_2''(0)=0$.

问题 (3.33)—(3.35) 可以通过未知函数的适当变换把边界条件化为齐次的情形. 令

$$U(x,t)=\mu_1(t)+\frac{x}{l}[\mu_2(t)-\mu_1(t)], \tag{3.36}$$

它是一个满足边界条件 (3.35) 的函数. 再作变换

$$V(x,t)=u(x,t)-U(x,t), \tag{3.37}$$

引入新的未知函数 $V(x,t)$, 则 $V$ 满足方程

$$\frac{\partial^2 V}{\partial t^2}-a^2\frac{\partial^2 V}{\partial x^2}=f(x,t)-\mu_1''(t)-\frac{x}{l}[\mu_2''(t)-\mu_1''(t)] \tag{3.38}$$

和非齐次初始条件

$$t=0:\quad V=\varphi(x)-\mu_1(0)-\frac{x}{l}[\mu_2(0)-\mu_1(0)], \tag{3.39}$$

$$\frac{\partial V}{\partial t}=\psi(x)-\mu_1'(0)-\frac{x}{l}[\mu_2'(0)-\mu_1'(0)]. \tag{3.40}$$

$V$ 又显然满足齐次边界条件. 今记 (3.38) 式右边为 $f_1(x,t)$, 并分别记 (3.39), (3.40) 式右边为 $\varphi_1(x)$ 与 $\psi_1(x)$, 则有

$$\varphi_1(0)=\varphi_1(l)=\varphi_1''(0)=\varphi_1''(l)=\psi_1(0)=\psi_1(l)=0,$$

且 $f_1(0,t)=f_1(l,t)=0$, 即所需的相容性条件满足. 因此, 方程 (3.38) 满足初始条件 (3.39), (3.40) 与齐次边界条件的解 $V(x,t)$ 存在. 进一步可得问题 (3.33)—(3.35) 的解为

$$u(x,t)=V(x,t)+U(x,t).$$

## 扩 展 阅 读

**固有值问题** 早在 18 世纪, 丹尼尔 · 伯努利等数学家已注意到同一根弦能发出各种不同频率的声音, 即可允许有不同频率的解. 对于能否用无穷级数的形式来给出弦振动方程的解这一问题是由傅里叶首先给出完整回答的. 1822 年傅里叶发表了名为 “热的解析理论” (Théorie Analytique de la Chaleur) 的论文 (该论文最早版本完成于 1807 年), 首先提出了分离变量法并将它应用于热传导方程的定解问题的求解. 这一方法也很快被应用于弦振动方程的求解.

如本节所述, 对于弦振动方程初边值问题 (3.1) —(3.3) 的求解很快被归结为求常微分方程 (3.10) 满足边界条件 (3.11) 的**固有值**与**固有函数**的问题. 一般地, 若 $L$ 为一个线性微分算子, 在特定的齐次边界条件下求微分方程

$$L[u]-\lambda u=0$$

的非零解的问题称为**固有值问题**, 或称为施图姆 – 刘维尔 (Sturm-Liouville) 问题. 当 $L$ 取为定义在区间 $(0,l)$ 上的二阶微分算子 $-\dfrac{\mathrm{d}^2}{\mathrm{d}x^2}$ 时, 施图姆 – 刘维尔问题的形式为

$$(P)\quad\begin{cases}-u''(x)=\lambda u,\ x\in(0,l),\\ -\alpha_1u'(0)+\beta_1u(0)=0,\\ \alpha_2u'(l)+\beta_2u(l)=0,\end{cases}$$

其中 $\alpha_i\geqslant 0,\beta_i\geqslant 0,\alpha_i+\beta_i\neq 0,i=1,2$. 此时有以下结论成立:

(1) 所有的固有值都是非负的, 且构成一个单调递增而趋于 $\infty$ 的序列:

$$0\leqslant\lambda_1\leqslant\lambda_2\leqslant\cdots\leqslant\lambda_k\leqslant\cdots\to\infty,$$

特别地, 当且仅当 $\beta_1=\beta_2=0$ 时, $\lambda_1=0$.

(2) 对应于每个固有值 $\lambda_k$, 存在固有函数 $u_k\in C^\infty([0,l])$, 使得 $\{u_k\}_{k=1}^\infty$ 构成 $(0,l)$ 上平方可积函数空间 (记为 $L^2(0,l)$) 的完备标准正交基. 从而对任意在 $(0,l)$ 上平方可积的函数 $f(x)$ 成立

$$f(x)=\sum_{k=1}^\infty a_ku_k(x),$$

此式右端的级数在 $L^2(0,l)$ 的意义下收敛.

上述结论也适用于更一般的固有值问题. 例如可以推广到定义在多个自变量变化区域上的偏微分方程的边值问题等. 我们在此不给予这些结论的证明, 只将它与本节中导出的固有值问题 (3.10), (3.11) 作个比较.

固有值问题 (3.10), (3.11) 相当于问题 $(P)$ 中 $\alpha_1=\alpha_2=0,\beta_1=\beta_2=1$ 的情形. 此时 $\lambda_k=\dfrac{k^2\pi^2}{l^2}$. 显然, $\{\lambda_k\}$ 构成一个趋于 $\infty$ 的序列. 而固有函数 $u_k$ 可以取为 $\sqrt{\dfrac{2}{l}}\sin\dfrac{k\pi}{l}x$, 由傅里叶级数的性质知, $\{u_k\}$ 构成 $L^2(0,l)$ 的完备标准正交基.

在得到初边值问题 (I) 以级数形式表达的解以后, 需要验证它确实是该问题的经典解. 这时的关键就在于验证所得到的级数一致收敛, 而且其逐项二次求导后所得到的级数仍旧一致收敛. 本节中的引理 3.1 提供了一个充分条件. 虽然这个条件可以减弱, 但我们不在本书中讨论如何减弱此条件. 以下给出引理 3.1 的证明, 为此我们指出, 将一个函数展开成傅里叶级数时, 这个函数的正则性与其傅里叶级数系数的衰减性有密切的联系. 这一事实可以用以下的引理 3.2 表述.

**引理 3.2** 设 $f(x)$ 是区间 $[0,l]$ 上的连续函数, 它的 $m$ 阶导数连续, $m+1$ 阶导数分段连续, 并且

$$f^{(n)}(0)=f^{(n)}(l)=0\quad\left(n=0,2,\cdots,2\left[\frac{m}{2}\right]\right).$$

如果将 $f(x)$ 在区间 $[0,l]$ 上展开为傅里叶级数

$$f(x)\sim\sum_{k=1}^\infty a_k\sin\frac{k\pi x}{l},$$

则由系数 $a_k$ 所构成的级数 $\sum\limits_{k=1}^{\infty} k^m |a_k|$ 是收敛的.

**证** 由于假设 $f(x)$ 的 $m+1$ 阶导数是分段连续的, 因此 $f^{(m+1)}(x)$ 可以在区间 $[0,l]$ 上展开成傅里叶级数. 当 $m$ 为奇数时, 展开式为

$$f^{(m+1)}(x) \sim \sum_{k=1}^{\infty} a_k^{(m+1)} \sin \frac{k\pi x}{l},$$

而当 $m$ 为偶数时, 展开式为

$$f^{(m+1)}(x) \sim \frac{a_0^{(m+1)}}{2} + \sum_{k=1}^{\infty} a_k^{(m+1)} \cos \frac{k\pi x}{l}.$$

根据帕塞瓦尔 (Parseval) 等式

$$\frac{(a_0^{(m+1)})^2}{2} + \sum_{k=1}^{\infty} (a_k^{(m+1)})^2 = \frac{2}{l}\int_0^l (f^{(m+1)}(x))^2 \mathrm{d}x < \infty.$$

现在计算 $a_k^{(m+1)}$. 当 $m$ 为奇数时, $2\left[\frac{m}{2}\right] = m-1$,

$$\begin{aligned}
a_k^{(m+1)} &= \frac{2}{l}\int_0^l f^{(m+1)}(\xi) \sin \frac{k\pi\xi}{l} \mathrm{d}\xi \\
&= \frac{2}{l}\left(f^{(m)}(\xi) \sin \frac{k\pi\xi}{l}\right)\Bigg|_0^l - \frac{2}{l}\frac{k\pi}{l}\int_0^l f^{(m)}(\xi) \cos \frac{k\pi\xi}{l} \mathrm{d}\xi \\
&= -\frac{2}{l}\frac{k\pi}{l}\left(f^{(m-1)}(\xi) \cos \frac{k\pi\xi}{l}\right)\Bigg|_0^l - \frac{2}{l}\left(\frac{k\pi}{l}\right)^2 \int_0^l f^{(m-1)}(\xi) \sin \frac{k\pi\xi}{l} \mathrm{d}\xi \\
&= -\frac{2}{l}\left(\frac{k\pi}{l}\right)^2 \int_0^l f^{(m-1)}(\xi) \sin \frac{k\pi\xi}{l} \mathrm{d}\xi,
\end{aligned}$$

这里已利用了 $f^{(m-1)}(x)$ 在 $x=0$ 及 $x=l$ 处为零的条件. 如此继续下去, 可以得到

$$a_k^{(m+1)} = (-1)^{\frac{m+1}{2}} \left(\frac{k\pi}{l}\right)^{m+1} a_k.$$

当 $m$ 为偶数时, $2\left[\frac{m}{2}\right] = m$, 类似地由分部积分法可以得到

$$a_k^{(m+1)} = (-1)^{\frac{m}{2}} \left(\frac{k\pi}{l}\right)^{m+1} a_k.$$

由于 $f^{(m+1)}(x)$ 的傅里叶级数的系数是平方可和的, 即

$$\sum_{k=1}^{\infty} (a_k^{(m+1)})^2 < \infty,$$

所以

$$\sum_{k=1}^{\infty} k^{2m+2} a_k^2 < \infty.$$

这样, 利用柯西不等式, 就得到

$$\sum_{k=1}^{\infty} k^m |a_k| \leqslant \sqrt{\sum_{k=1}^{\infty} k^{2m+2} |a_k|^2 \cdot \sum_{k=1}^{\infty} \frac{1}{k^2}} < \infty.$$

引理证毕.

利用这个引理可立即推出本章中的引理 3.1, 从而可应用于弦振动方程初边值问题的讨论, 证得用分离变量法所得到的形式解确实为经典解.

## 习 题

1. 用分离变量法求下列问题的解:

(1) $\begin{cases} \dfrac{\partial^2 u}{\partial t^2} = a^2 \dfrac{\partial^2 u}{\partial x^2}, \\ u|_{t=0} = \sin \dfrac{3\pi x}{l}, \quad \left.\dfrac{\partial u}{\partial t}\right|_{t=0} = x(l-x), \\ u(0,t) = u(l,t) = 0; \end{cases}$

(2) $\begin{cases} \dfrac{\partial^2 u}{\partial t^2} - a^2 \dfrac{\partial^2 u}{\partial x^2} = 0, \\ u(0,t) = 0, \quad \dfrac{\partial u}{\partial x}(l,t) = 0, \\ u(x,0) = \dfrac{h}{l} x, \\ \dfrac{\partial u}{\partial t}(x,0) = 0. \end{cases}$

2. 设弹簧一端固定, 一端在外力作用下作周期振动, 此时定解问题归结为

$$\begin{cases} \dfrac{\partial^2 u}{\partial t^2} = a^2 \dfrac{\partial^2 u}{\partial x^2}, \\ u(0,t) = 0, \quad u(l,t) = A \sin^2 \omega t, \\ u(x,0) = \dfrac{\partial u}{\partial t}(x,0) = 0. \end{cases}$$

求解此问题.

3. 求弦振动方程

$$u_{tt} - a^2 u_{xx} = 0 \quad (0 < x < l, \quad t > 0)$$

满足以下定解条件的解:

(1) $u|_{x=0} = u_x|_{x=l} = 0,$

$u|_{t=0} = \sin \dfrac{3}{2l}\pi x, \quad u_t|_{t=0} = \sin \dfrac{5}{2l}\pi x;$

(2) $u_x|_{x=0} = u_x|_{x=l} = 0,$

$u|_{t=0} = x, \quad u_t|_{t=0} = 0.$

4. 用分离变量法求解初边值问题:

$$\begin{cases} u_{tt} - a^2 u_{xx} = g, \\ u\big|_{x=0} = u_x\big|_{x=l} = 0, \\ u\big|_{t=0} = 0, \quad u_t\big|_{t=0} = \sin\dfrac{\pi x}{2l}, \end{cases}$$

其中 $g$ 为常数.

5. 用分离变量法求下面问题的解:

$$\begin{cases} \dfrac{\partial^2 u}{\partial t^2} = a^2 \dfrac{\partial^2 u}{\partial x^2} + b\,\mathrm{sh}\,x, \\ u\big|_{x=0} = u\big|_{x=l} = 0, \\ u\big|_{t=0} = \dfrac{\partial u}{\partial t}\bigg|_{t=0} = 0. \end{cases}$$

6. 用分离变量法求下面问题的解:

$$\begin{cases} \dfrac{\partial^2 u}{\partial t^2} + 2b\dfrac{\partial u}{\partial t} = a^2 \dfrac{\partial^2 u}{\partial x^2} \quad (b > 0), \\ u\big|_{x=0} = u\big|_{x=l} = 0, \\ u\big|_{t=0} = \dfrac{h}{l}x, \quad \dfrac{\partial u}{\partial t}\bigg|_{t=0} = 0. \end{cases}$$

## §4 高维波动方程的柯西问题

**1. 膜振动方程的导出** 从本节起讨论高维波动方程. 首先以膜振动问题为例导出二维波动方程. 所谓膜是指弹性固体薄片, 与弦振动的情形相仿, 在考虑它的振动时我们作以下几个基本假设:

(1) 膜的厚度很小, 从而可以视为一张曲面. 膜是均匀的, 它的面密度 $\rho$ 是常数.

(2) 膜的平衡位置在一平面内, 膜上各点在垂直这一平面的方向上作微小振动, 膜所受到的外力均与该平面垂直.

(3) 膜是柔软的, 它对弯曲变形不会产生任何抵抗力.

将膜的平衡位置置于平面 $Oxy$ 中, 以 $u(x,y,t)$ 记膜在 $(x,y)$ 处在时刻 $t$ 的位移, 可以用类似于推导弦振动方程的方法来推导膜振动方程.

对于一个张紧的薄膜, 若它满足上面的基本假设, 则在薄膜上任一点的张力 $\boldsymbol{T}$ 是常值 (其证明见本节扩展阅读). 这时, 若过薄膜上指定点 $P$ 沿某一方向作一个截口 $l$, 则该薄膜位于 $l$ 两侧的部分分别对于对方有单位强度为 $T$ 的拉力, 拉力的方向与曲面法向垂直, 又与 $l$ 的方向相垂直.

于是, 为推导膜振动方程, 在膜上任取一小块 $\varDelta$ 来进行分析. 记 $\varDelta$ 在 $Oxy$ 平面上的投影为 $\varOmega$ (见图 1.10, 在图中为了看得清楚起见, 将 $\varDelta$ 的位置抬高了), 以下来计算在时间段 $(t, t+\Delta t)$ 内作用于膜块 $\varDelta$ 的冲量以及该时间段内这一小块膜的动量变化.

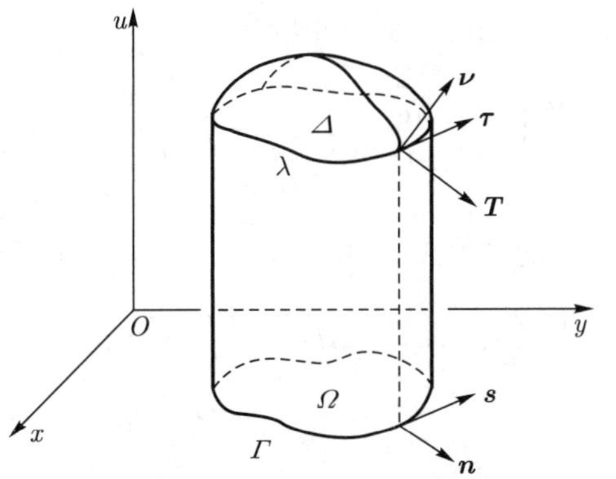


图 1.10

先考察作用在 $\Delta$ 的边界上的张力. 设 $\lambda$ 为 $\Delta$ 的边界, 它在 $Oxy$ 平面的投影为 $\Gamma$. 以 $\boldsymbol{\tau}$ 表示曲线 $\lambda$ 的切线方向, $\boldsymbol{\nu}$ 表示 $\Delta$ 的法线方向, $\boldsymbol{s}$ 表示曲线 $\Gamma$ 的切线方向, $\boldsymbol{n}$ 表示 $Oxy$ 平面上 $\Gamma$ 的法线方向. 因此张力 $\boldsymbol{T}$ 的方向与 $\boldsymbol{\tau}\times\boldsymbol{\nu}$ 的方向一致. 膜的位移用 $u(x,y,t)$ 表示, $\Delta$ 的方程为 $u=u(x,y,t)$, 曲面法线 $\boldsymbol{\nu}$ 的方向可以取为 $(-u_x,-u_y,1)$.

现在考察方向 $\boldsymbol{\tau}$, 因为 $\boldsymbol{s}$ 的方向为

$$(\cos(x,\boldsymbol{s}),\cos(y,\boldsymbol{s}),0),$$

故 $\boldsymbol{\tau}$ 的方向可以取为

$$\left(\cos(x,\boldsymbol{s}),\cos(y,\boldsymbol{s}),\frac{\partial u}{\partial \boldsymbol{s}}\right).$$

所以 $\boldsymbol{\tau}\times\boldsymbol{\nu}$ 的方向可取为 $(\alpha_1,\alpha_2,\alpha_3)$, 其中

$$\begin{aligned}
&\alpha_1=\cos(y,\boldsymbol{s})+\frac{\partial u}{\partial \boldsymbol{s}}u_y,\\
&\alpha_2=-\cos(x,\boldsymbol{s})-\frac{\partial u}{\partial \boldsymbol{s}}u_x,\\
&\alpha_3=u_x\cos(y,\boldsymbol{s})-u_y\cos(x,\boldsymbol{s})=u_x\cos(x,\boldsymbol{n})+u_y\cos(y,\boldsymbol{n})=\frac{\partial u}{\partial \boldsymbol{n}}.
\end{aligned}$$

由此可知, 张力 $\boldsymbol{T}$ 在垂直向上方向的分量是

$$\boldsymbol{T}_u=T\frac{\alpha_3}{\sqrt{\alpha_1^2+\alpha_2^2+\alpha_3^2}}.$$

由于 $u_x,u_y$ 以及 $\dfrac{\partial u}{\partial \boldsymbol{s}}$ 都是小量, 故忽略高阶小量, 有 $\boldsymbol{T}_u\approx T\dfrac{\partial u}{\partial \boldsymbol{n}}$.

根据以上的分析知, 沿着曲线 $\lambda$, 张力的合力在垂直向上方向的分量为

$$\int_\Gamma T\frac{\partial u}{\partial \boldsymbol{n}}\mathrm{d}s,$$

而在面积 $\Delta$ 上膜所受外力的合力为

$$\iint\limits_\Omega F(x,y,t)\mathrm{d}x\mathrm{d}y,$$

所以在时间段 $(t,t+\Delta t)$ 内作用于 $\Delta$ 的冲量为

$$\int_t^{t+\Delta t}\left[\int_\Gamma T\frac{\partial u}{\partial \boldsymbol{n}}\mathrm{d}s+\iint\limits_\Omega F(x,y,t)\mathrm{d}x\mathrm{d}y\right]\mathrm{d}t. \tag{4.1}$$

又在这个时间段内膜块 $\Delta$ 的动量变化为

$$\iint\limits_\Omega\left[\rho\frac{\partial u}{\partial t}(x,y,t+\Delta t)-\rho\frac{\partial u}{\partial t}(x,y,t)\right]\mathrm{d}x\mathrm{d}y. \tag{4.2}$$

因此得到

$$\begin{aligned}&\int_t^{t+\Delta t}\left[\int_\Gamma T\frac{\partial u}{\partial \boldsymbol{n}}\mathrm{d}s+\iint\limits_\Omega F(x,y,t)\mathrm{d}x\mathrm{d}y\right]\mathrm{d}t\\=&\iint\limits_\Omega\left[\rho\frac{\partial u}{\partial t}(x,y,t+\Delta t)-\rho\frac{\partial u}{\partial t}(x,y,t)\right]\mathrm{d}x\mathrm{d}y.\end{aligned}$$

假设 $u$ 关于 $x,y$ 的二阶偏导数都连续, 利用格林 (Green) 公式可得

$$\int_t^{t+\Delta t}\iint\limits_\Omega\left[T\left(\frac{\partial^2 u}{\partial x^2}+\frac{\partial^2 u}{\partial y^2}\right)+F(x,y,t)-\rho\frac{\partial^2 u}{\partial t^2}\right]\mathrm{d}x\mathrm{d}y\mathrm{d}t=0.$$

由于时间区间段与空间区域 $\Omega$ 的任意性, 由上式就得到**膜振动方程**

$$\rho\frac{\partial^2 u}{\partial t^2}=T\left(\frac{\partial^2 u}{\partial x^2}+\frac{\partial^2 u}{\partial y^2}\right)+F(x,y,t).$$

记 $\dfrac{T}{\rho}=a^2, f=\dfrac{F}{\rho}$, 就得到膜振动方程的标准形式

$$\frac{\partial^2 u}{\partial t^2}=a^2\left(\frac{\partial^2 u}{\partial x^2}+\frac{\partial^2 u}{\partial y^2}\right)+f, \tag{4.3}$$

其中 $f$ 称为方程的**自由项**. 受外力 $F$ 的振动称为**强迫振动**. 因此方程 (4.3) 也称为膜的**强迫振动方程**. 当 $f=0$ 时, 方程是齐次的, 此时的方程为

$$\frac{\partial^2 u}{\partial t^2}=a^2\left(\frac{\partial^2 u}{\partial x^2}+\frac{\partial^2 u}{\partial y^2}\right), \tag{4.4}$$

称为膜的**自由振动方程**. 方程 (4.3) 及 (4.4) 也称为**二维波动方程**.

**2. 定解条件的提法** 膜振动方程的定解条件同样有边界条件和初始条件两种.

和弦振动的情形一样, 在初始条件的提法中单有初始位移 $u(x,y,0)$ 是不够的, 因为对两个相同的膜, 如果它们的初始位移相同, 但一个有初始速度, 而另一个在初始时是静止的, 那么它们的运动情形就不会一样. 因此对膜振动方程, 初始条件的提法通常为

$$\begin{cases}u(x,y,0)=\varphi(x,y),\\ \dfrac{\partial u}{\partial t}(x,y,0)=\psi(x,y),\end{cases} \tag{4.5}$$

其中 $\varphi(x,y)$ 及 $\psi(x,y)$ 为已知函数.

类似于弦振动方程的情形, 对于膜振动方程的边界条件的提法, 通常也有三种:

(1) 膜的边界固定或依照一已知函数随时间而变化. 此时边界条件的提法为

$$u(x,y,t)|_{\Gamma}=0$$

或

$$u(x,y,t)|_{\Gamma}=\mu(x,y,t), \tag{4.6}$$

其中 $\Gamma$ 为薄膜的边界在 $Oxy$ 平面上的投影曲线, $\mu(x,y,t)$ 为已知函数. 这种边界条件称为**第一类边界条件**.

(2) 薄膜的边界可以在一个光滑的柱面上自由滑动, 不受摩擦力的作用. 此时边界条件的提法为

$$\left.\frac{\partial u}{\partial \boldsymbol{n}}\right|_{\Gamma}=0, \tag{4.7}$$

或更一般地为

$$\left.\frac{\partial u}{\partial \boldsymbol{n}}\right|_{\Gamma}=\mu(x,y,t), \tag{4.8}$$

其中 $\mu(x,y,t)$ 为已知函数. 这种边界条件称为**第二类边界条件**.

(3) 将膜固定在弹性支承上, 此时, 边界条件归结为

$$\left.\left(\frac{\partial u}{\partial \boldsymbol{n}}+\sigma u\right)\right|_{\Gamma}=0, \tag{4.9}$$

其中 $\sigma$ 为已知正数. 也可以考虑更普遍的边界条件

$$\left.\left(\frac{\partial u}{\partial \boldsymbol{n}}+\sigma u\right)\right|_{\Gamma}=\mu(x,y,t), \tag{4.10}$$

其中 $\mu(x,y,t)$ 为已知函数. 这种边界条件称为**第三类边界条件.**

对于膜振动方程, 同样可以提柯西问题, 此时所给的初始条件为

$$\begin{cases} u(x,y,0)=\varphi(x,y), \\ \dfrac{\partial u}{\partial t}(x,y,0)=\psi(x,y), \end{cases} \quad -\infty<x,y<\infty. \tag{4.11}$$

又考察电磁波或声波在空间中传播时, 我们会得到非齐次的三维波动方程

$$\frac{\partial^2 u}{\partial t^2}=a^2\left(\frac{\partial^2 u}{\partial x^2}+\frac{\partial^2 u}{\partial y^2}+\frac{\partial^2 u}{\partial z^2}\right)+f(x,y,z,t), \tag{4.12}$$

或齐次的三维波动方程

$$\frac{\partial^2 u}{\partial t^2}=a^2\left(\frac{\partial^2 u}{\partial x^2}+\frac{\partial^2 u}{\partial y^2}+\frac{\partial^2 u}{\partial z^2}\right). \tag{4.13}$$

它的边界条件与初始条件的提法也是同上面类似的.

**3. 球平均法** 下面我们考察高维波动方程柯西问题的求解. 先考察三维波动方程的柯西问题

$$\begin{cases} \dfrac{\partial^2 u}{\partial t^2} = a^2\left(\dfrac{\partial^2 u}{\partial x^2} + \dfrac{\partial^2 u}{\partial y^2} + \dfrac{\partial^2 u}{\partial z^2}\right), \\ u|_{t=0} = \varphi(x,y,z), \quad \left.\dfrac{\partial u}{\partial t}\right|_{t=0} = \psi(x,y,z). \end{cases} \tag{4.14}$$

首先我们考虑一个特殊情形, 即如果初始资料 $\varphi(x,y,z), \psi(x,y,z)$ 具有球对称性的情形. 这时, $\varphi$ 与 $\psi$ 仅为变量 $r = \sqrt{x^2+y^2+z^2}$ 的函数, 我们可寻求只依赖于 $t$ 与 $r$ 的解 $u = u(r,t)$. 这样, (4.13) 式可以写成

$$\frac{\partial^2 u}{\partial t^2} = a^2\left(\frac{\partial^2 u}{\partial r^2} + \frac{2}{r}\frac{\partial u}{\partial r}\right). \tag{4.15}$$

与一维波动方程相比, (4.15) 式多了一阶导数项, 但如果将 $v = ru$ 取为未知函数, (4.15) 式又可写成

$$\frac{\partial^2 v}{\partial t^2} = a^2\frac{\partial^2 v}{\partial r^2},$$

它与一维波动方程的形式完全相同, 从而我们可以利用达朗贝尔公式来求得问题 (4.14) 的具有球对称形式的解.

对于一般初始资料的柯西问题的求解, 情形要复杂得多. 受上面讨论的启发, 我们可以用**球平均法**来求一般情形下柯西问题的解. 球平均法的主要想法是引入一个关于 $u(x,y,z,t)$ 在具有不同球心、不同半径的球面上的平均值函数 $M_u$, 建立 $M_u$ 所满足的偏微分方程与相应的柯西问题, 而后者恰好是比较容易求解的, 然后通过 $M_u$ 得到 $u$ 的表达式. 球平均法首先由泊松引入, 后来弗里茨 · 约翰 (Fritz John) 将这一方法作了很大的发展.

为了以后的公式写起来方便, 我们也常用 $(x_1,x_2,x_3)$ 来记坐标 $(x,y,z)$. 设 $h(x_1,x_2,x_3)$ 是在整个空间上连续且有直到二阶连续偏导数的任意函数, 考虑函数 $h$ 在以 $(x_1,x_2,x_3)$ 为球心、以 $r$ 为半径的球面 $S_r$ 上的平均值

$$M_h(x_1,x_2,x_3,r) = \frac{1}{4\pi r^2}\iint\limits_{S_r(x)} h\,\mathrm{d}_r\sigma, \tag{4.16}$$

其中 $\mathrm{d}_r\sigma$ 表示以 $x(x_1,x_2,x_3)$ 为球心、以 $r$ 为半径的球面 $S_r(x)$ 上的面积微元.

**引理 4.1** 设 $h \in C^2$, 则其球平均函数 $M_h(x_1,x_2,x_3,r)$ 也是二阶连续可导的, 且满足方程

$$\left(\frac{\partial^2}{\partial r^2} + \frac{2}{r}\frac{\partial}{\partial r}\right)M_h(x_1,x_2,x_3,r) = \Delta M_h(x_1,x_2,x_3,r) \tag{4.17}$$

$\left(\text{其中 } \Delta = \sum\limits_{i=1}^{3}\dfrac{\partial^2}{\partial x_i^2}\right)$ 与初始条件

$$M_h|_{r=0} = h(x_1,x_2,x_3), \quad \left.\frac{\partial M_h}{\partial r}\right|_{r=0} = 0. \tag{4.18}$$

**证** (4.16) 式又可写成

$$M_h(x_1,x_2,x_3,r)=\frac{1}{4\pi}\iint\limits_{S_1(x)} h(x_1+r\alpha_1,x_2+r\alpha_2,x_3+r\alpha_3)\mathrm{d}\omega, \tag{4.19}$$

其中 $S_1(x)$ 是以 $x(x_1,x_2,x_3)$ 为球心的单位球面, 在其上 $\alpha_1^2+\alpha_2^2+\alpha_3^2=1$, 而 $\mathrm{d}\omega$ 为单位球面上的面积微元.

将 (4.19) 式对 $x_i(i=1,2,3)$ 求二阶导数, 然后相加可得

$$\Delta M_h=\frac{1}{4\pi}\iint\limits_{S_1(x)} \Delta h(x_1+r\alpha_1,x_2+r\alpha_2,x_3+r\alpha_3)\mathrm{d}\omega, \tag{4.20}$$

而由复合函数求导法则, 有

$$\frac{\partial M_h}{\partial r}=\frac{1}{4\pi}\iint\limits_{S_1(x)}\sum_{i=1}^{3}\frac{\partial h}{\partial x_i}\alpha_i\mathrm{d}\omega=\frac{1}{4\pi r^2}\iint\limits_{S_r(x)}\sum_{i=1}^{3}\frac{\partial h}{\partial x_i}\alpha_i\mathrm{d}_r\sigma. \tag{4.21}$$

应用格林公式, 就得到

$$\frac{\partial M_h}{\partial r}=\frac{1}{4\pi r^2}\iiint\limits_{B_r(x)}\Delta h\mathrm{d}V, \tag{4.22}$$

其中 $B_r(x)$ 是以 $(x_1,x_2,x_3)$ 为球心、$r$ 为半径的球体. 再对 $r$ 求导一次, 可得

$$\frac{\partial^2 M_h}{\partial r^2}=-\frac{1}{2\pi r^3}\iiint\limits_{B_r(x)}\Delta h\mathrm{d}V+\frac{1}{4\pi r^2}\iint\limits_{S_r(x)}\Delta h\mathrm{d}_r\sigma. \tag{4.23}$$

由 (4.20), (4.22) 及 (4.23) 式, 就知道 $M_h(x_1,x_2,x_3,r)$ 确实满足方程 (4.17).

令 $r\to 0$, 则由 (4.19) 式直接得出, $M_h(x_1,x_2,x_3,r)$ 趋于 $h(x_1,x_2,x_3)$. 此外, 当 $r\to 0$ 时, 按照中值定理, (4.22) 式中的三重积分与 $r^3$ 同阶, 而分母与 $r^2$ 同阶, 由此推出 $\dfrac{\partial M_h}{\partial r}$ 趋于零. 引理得证.

由于 $M_h$ 满足 (4.18) 式, 故将 $M_h$ 往 $r<0$ 作偶延拓后, 仍有 $M_h\in C^2$.

现设 $u(x_1,x_2,x_3,t)$ 是柯西问题 (4.14) 的解, 对它关于 $x_1,x_2,x_3$ 作球平均函数

$$M_u(x_1,x_2,x_3,r,t)=\frac{1}{4\pi}\iint\limits_{S_1(x)} u(x_1+r\alpha_1,x_2+r\alpha_2,x_3+r\alpha_3,t)\mathrm{d}\omega, \tag{4.24}$$

我们有

**引理 4.2** 设 $u(x_1,x_2,x_3,t)$ 是柯西问题 (4.14) 的解, 则由 (4.24) 式定义的 $M_u$ 作为 $r,t$ 的函数, 满足方程

$$\frac{\partial^2 M_u}{\partial t^2}-a^2\left(\frac{\partial^2}{\partial r^2}+\frac{2}{r}\frac{\partial}{\partial r}\right)M_u=0 \tag{4.25}$$

与初始条件

$$M_u|_{t=0} = M_\varphi(x_1, x_2, x_3, r), \tag{4.26}$$

$$\left.\frac{\partial M_u}{\partial t}\right|_{t=0} = M_\psi(x_1, x_2, x_3, r). \tag{4.27}$$

**证** 对 (4.24) 式求导并利用 (4.14) 式可得

$$\begin{aligned} a^2 \Delta M_u &= \frac{1}{4\pi} \iint\limits_{S_1(x)} a^2 \sum_{i=1}^{3} \frac{\partial^2}{\partial x_i^2} u(x + r\alpha, t) \mathrm{d}\omega \\ &= \frac{1}{4\pi} \iint\limits_{S_1(x)} \frac{\partial^2}{\partial t^2} u(x + r\alpha, t) \mathrm{d}\omega = \frac{\partial^2}{\partial t^2} M_u. \end{aligned}$$

再利用引理 4.1 中的 (4.17) 式, 即得 (4.25) 式. 由函数 $u(x_1, x_2, x_3, t)$ 满足的初始条件立刻可推得 (4.26), (4.27) 式. 引理证毕.

将 $M_u(x_1, x_2, x_3, r, t)$ (相应地 $M_\varphi$ 及 $M_\psi$) 往 $r < 0$ 方向作偶延拓, 则它在 $-\infty < r < \infty, t \geqslant 0$ 上仍满足 (4.25)—(4.27) 式. 于是, 视 $x_1, x_2, x_3$ 为参数, $v(x_1, x_2, x_3, r, t) = rM_u(x_1, x_2, x_3, r, t)$ 满足

$$\frac{\partial^2 v}{\partial t^2} - a^2 \frac{\partial^2 v}{\partial r^2} = 0, \tag{4.28}$$

$$\begin{cases} v|_{t=0} = rM_\varphi(x_1, x_2, x_3, r), \\ v_t|_{t=0} = rM_\psi(x_1, x_2, x_3, r), \end{cases} \tag{4.29}$$

于是 $v$ 可以由达朗贝尔公式解出. 从而 $M_u = \dfrac{1}{r} v$, 再令 $r \to 0$ 就可得到 $u(x_1, x_2, x_3, t)$.

**定理 4.1** 设 $\varphi \in C^3, \psi \in C^2$, 那么三维波动方程的柯西问题 (4.14) 存在唯一的解

$$u(x, y, z, t) = \frac{\partial}{\partial t} \left( \frac{1}{4\pi a^2 t} \iint\limits_{S_{at}(M)} \varphi \mathrm{d}S \right) + \frac{1}{4\pi a^2 t} \iint\limits_{S_{at}(M)} \psi \mathrm{d}S, \tag{4.30}$$

其中 $S_{at}(M)$ 表示以点 $M(x, y, z)$ 为球心、$at$ 为半径的球面, $\mathrm{d}S$ 为球面的面积微元. (4.30) 式称为**泊松公式**.

**证** 由前面的分析知 $v(x_1, x_2, x_3, r, t) = rM_u(x_1, x_2, x_3, r, t)$ 可以表示为

$$\begin{aligned} v = &\frac{1}{2}[(r + at)M_\varphi(x_1, x_2, x_3, r + at) + (r - at)M_\varphi(x_1, x_2, x_3, r - at)] + \\ &\frac{1}{2a} \int_{r-at}^{r+at} \xi M_\psi(x_1, x_2, x_3, \xi) \mathrm{d}\xi. \end{aligned} \tag{4.31}$$

由于 $M_\varphi(x_1, x_2, x_3, \xi)$ 及 $M_\psi(x_1, x_2, x_3, \xi)$ 是 $\xi$ 的偶函数, 有

$$\begin{aligned} M_u(x_1, x_2, x_3, r, t) = &\frac{1}{2r}[(at + r)M_\varphi(x_1, x_2, x_3, at + r) - \\ &(at - r)M_\varphi(x_1, x_2, x_3, at - r)] + \frac{1}{2ar} \int_{at-r}^{at+r} \xi M_\psi(x_1, x_2, x_3, \xi) \mathrm{d}\xi. \end{aligned} \tag{4.32}$$

令 $r \to 0$, 左端即 $u(x_1, x_2, x_3, t)$. 计算右端的极限可得到

$$\begin{aligned}
&\lim_{r\to 0}\frac{1}{2r}[(at+r)M_\varphi(x_1,x_2,x_3,at+r)-(at-r)M_\varphi(x_1,x_2,x_3,at-r)]\\
=&\frac{\partial}{\partial r}[(at+r)M_\varphi(x_1,x_2,x_3,at+r)]\Big|_{r=0}\\
=&\frac{\partial}{\partial \xi}[\xi M_\varphi(x_1,x_2,x_3,\xi)]\Big|_{\xi=at}\\
=&\frac{\partial}{\partial t}[tM_\varphi(x_1,x_2,x_3,at)],\\
&\lim_{r\to 0}\frac{1}{2ar}\int_{at-r}^{at+r}\xi M_\psi(x_1,x_2,x_3,\xi)\mathrm{d}\xi=\frac{1}{a}[\xi M_\psi(x_1,x_2,x_3,\xi)]\Big|_{\xi=at}\\
&\qquad\qquad\qquad\qquad\qquad\qquad\quad =tM_\psi(x_1,x_2,x_3,at).
\end{aligned}$$

所以有

$$u(x_1,x_2,x_3,t)=\frac{\partial}{\partial t}[tM_\varphi(x_1,x_2,x_3,at)]+tM_\psi(x_1,x_2,x_3,at). \tag{4.33}$$

它就是 (4.30) 式, 这同时也证明了解的唯一性.

为说明解的存在性, 只需验证 (4.30) 式确实满足问题 (4.14). 事实上, 由引理 4.1 知, (4.33) 式右端第二项 $tM_\psi$ 满足

$$\begin{aligned}
\frac{\partial^2}{\partial t^2}[tM_\psi(x_1,x_2,x_3,at)]&=\left[a\frac{\partial^2}{\partial r^2}(rM_\psi(x_1,x_2,x_3,r))\right]\Big|_{r=at}\\
&=\left[ar\left(\frac{\partial^2}{\partial r^2}+\frac{2}{r}\frac{\partial}{\partial r}\right)M_\psi(x_1,x_2,x_3,r)\right]\Big|_{r=at}\\
&=[ar\Delta M_\psi(x_1,x_2,x_3,r)]\Big|_{r=at}\\
&=a^2\Delta(tM_\psi(x_1,x_2,x_3,at)),
\end{aligned} \tag{4.34}$$

故 $u_2(x_1,x_2,x_3,t)=tM_\psi(x_1,x_2,x_3,at)$ 满足问题 (4.14) 的方程. 显然, $t=0$ 时 $u_2=0$, 且由引理 4.1, 有

$$\frac{\partial}{\partial t}u_2(x_1,x_2,x_3,t)\Big|_{t=0}=\left(M_\psi+t\frac{\partial}{\partial t}M_\psi\right)\Big|_{t=0}=\psi(x_1,x_2,x_3). \tag{4.35}$$

又记 $u_1(x_1,x_2,x_3,t)=tM_\varphi(x_1,x_2,x_3,at)$, 则类似于 (4.34) 式可知 $u_1$ 满足问题 (4.14) 的方程. 由于该方程的系数为常数, 故 $\dfrac{\partial u_1}{\partial t}$ 也满足问题 (4.14) 的方程. 又类似于 (4.35) 式可知 $\dfrac{\partial u_1}{\partial t}\Big|_{t=0}=\varphi(x_1,x_2,x_3)$, 而且由于 $u_1$ 满足问题 (4.14),

$$\left[\frac{\partial}{\partial t}\left(\frac{\partial u_1}{\partial t}\right)\right]\Big|_{t=0}=\frac{\partial^2 u_1}{\partial t^2}\Big|_{t=0}=(a^2\Delta u_1)\Big|_{t=0}=a^2\Delta(u_1|_{t=0})=0.$$

因此, $\dfrac{\partial u_1}{\partial t}+u_2$ 满足问题 (4.14) 中的两个初始条件. 从而可知, $u=\dfrac{\partial u_1}{\partial t}+u_2$ 确实为柯

西问题 (4.14) 之解. 定理证毕.

**4. 降维法** 现在我们研究二维波动方程的柯西问题

$$u_{tt} = a^2(u_{xx} + u_{yy}), \tag{4.36}$$

$$\begin{cases} u|_{t=0} = \varphi(x,y), \\ u_t|_{t=0} = \psi(x,y). \end{cases} \tag{4.37}$$

这时, 上一段的球平均法不能直接应用 (请读者自行思考其原因). 但我们可利用上面关于三维波动方程柯西问题的求解结果来解决二维波动方程的柯西问题. 这是因为对于所考察的二维波动方程柯西问题的解 $u(x,y,t)$, 总可以看成是高一维空间 $(x,y,z,t)$ 中的函数 $\widetilde{u}(x,y,z,t) = u(x,y,t)$. 由于 $\widetilde{u}$ 实际上和自变量 $z$ 无关, 因此满足三维波动方程

$$\widetilde{u}_{tt} = a^2(\widetilde{u}_{xx} + \widetilde{u}_{yy} + \widetilde{u}_{zz}) \tag{4.38}$$

及初始条件

$$\widetilde{u}|_{t=0} = \varphi(x,y), \quad \widetilde{u}_t|_{t=0} = \psi(x,y), \tag{4.39}$$

其中 $\varphi(x,y), \psi(x,y)$ 也已视为空间 $(x,y,z)$ 中的函数. 反之, 如果三维波动方程的柯西问题 (4.38)、(4.39) 的解 $\widetilde{u}(x,y,z,t)$ 是一个与自变量 $z$ 无关的函数, 则它所满足的方程和初始条件就自动地化为二维波动方程的柯西问题. 所以, 如果我们能解出三维波动方程的柯西问题 (4.38)、(4.39), 并能证明这问题的解 $\widetilde{u}(x,y,z,t)$ 是与 $z$ 无关的函数, 那么它就是二维波动方程的柯西问题 (4.36)、(4.37) 的解. 这种利用高维波动方程柯西问题的解得出低维波动方程柯西问题解的方法称为**降维法**.

利用解三维波动方程柯西问题的泊松公式 (4.30), 得到

$$\widetilde{u} = \frac{\partial}{\partial t}\left(\frac{1}{4\pi a^2 t}\iint\limits_{S_{at}(M)} \varphi \mathrm{d}S\right) + \frac{1}{4\pi a^2 t}\iint\limits_{S_{at}(M)} \psi \mathrm{d}S,$$

这里的积分是在三维空间 $(x,y,z)$ 的球面 $S_{at}(M)$ 上进行. 由于 $\varphi$ 及 $\psi$ 都是和 $z$ 无关的函数, 因此在球面上的积分可以化为它在平面 $z=$常数上的投影 $\Sigma_{at}(M)$: $(\xi-x)^2+(\eta-y)^2 \leqslant a^2t^2$ 上的积分. 注意到球面上的面积微元 $\mathrm{d}S$ 和它的投影的面积微元 $\mathrm{d}\sigma$ 之间成着如下的关系:

$$\mathrm{d}\sigma = \mathrm{d}S \cdot \cos\gamma,$$

其中 $\gamma$ 为这两个面积微元法线方向间的夹角 (图 1.11), 而

$$\cos\gamma = \frac{\sqrt{(at)^2 - (\xi-x)^2 - (\eta-y)^2}}{at}.$$

再将上、下半球面的积分都化成同一圆上的积分, 这样, 就可以把 $\widetilde{u}(x,y,z,t)$ 表示成

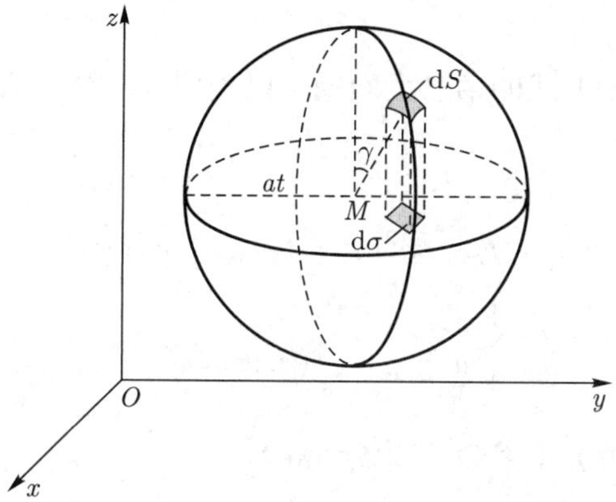


图 1.11

$$\begin{aligned}\widetilde{u}(x,y,z,t)&=\widetilde{u}(M,t)\\&=\frac{1}{2\pi a}\left[\frac{\partial}{\partial t}\iint\limits_{\Sigma_{at}(M)}\frac{\varphi(\xi,\eta)\mathrm{d}\xi\mathrm{d}\eta}{\sqrt{(at)^2-(\xi-x)^2-(\eta-y)^2}}+\right.\\&\qquad\left.\iint\limits_{\Sigma_{at}(M)}\frac{\psi(\xi,\eta)\mathrm{d}\xi\mathrm{d}\eta}{\sqrt{(at)^2-(\xi-x)^2-(\eta-y)^2}}\right]\\&=\frac{1}{2\pi a}\left[\frac{\partial}{\partial t}\int_0^{at}\int_0^{2\pi}\frac{\varphi(x+r\cos\theta,y+r\sin\theta)}{\sqrt{(at)^2-r^2}}r\mathrm{d}\theta\mathrm{d}r+\right.\\&\qquad\left.\int_0^{at}\int_0^{2\pi}\frac{\psi(x+r\cos\theta,y+r\sin\theta)}{\sqrt{(at)^2-r^2}}r\mathrm{d}\theta\mathrm{d}r\right],\end{aligned}\tag{4.40}$$

它的确是和 $z$ 无关的函数. 因此 (4.40) 式就给出所考察的二维波动方程的柯西问题 (4.36)、(4.37) 的解, 它称为**二维波动方程柯西问题的泊松公式**.

降维法不仅适用于波动方程, 也适用于某些其他类型的方程. 在许多情况下, 此方法可以使我们从含多个自变量方程的求解公式中, 推导出含自变量个数较少的方程的解.

**5. 非齐次波动方程柯西问题的解** 非齐次波动方程的柯西问题

$$u_{tt}=a^2(u_{xx}+u_{yy}+u_{zz})+f(x,y,z,t),\tag{4.41}$$

$$\begin{cases}u|_{t=0}=\varphi,\\u_t|_{t=0}=\psi\end{cases}\tag{4.42}$$

总可以分解成两个问题来解决: 第一个问题是求齐次方程 (4.13) 满足非齐次初始条件 (4.42) 的解, 这个解的求法已由前面的泊松公式 (4.30) 给出; 第二个问题是求非齐次方程 (4.41) 满足齐次初始条件

$$\begin{cases}u|_{t=0}=0,\\u_t|_{t=0}=0\end{cases}\tag{4.43}$$

的解.

和一维的情况一样, 上述的第二个问题可以利用齐次化原理求解, 即先求齐次方程的柯西问题

$$w_{tt} = a^2(w_{xx} + w_{yy} + w_{zz}), \tag{4.44}$$

$$\begin{cases} w|_{t=\tau} = 0, \\ w_t|_{t=\tau} = f(x, y, z, \tau) \end{cases} \tag{4.45}$$

的解 $w(x, y, z, t; \tau)$, 然后关于参数 $\tau$ 积分, 得到

$$u(x, y, z, t) = \int_0^t w(x, y, z, t; \tau)\mathrm{d}\tau, \tag{4.46}$$

它就是柯西问题 (4.41)、(4.43) 的解. 我们同样可以像一维情况 (§2 第 5 段) 一样给以物理学上的解释, 现在我们仅从数学上进行验证.

首先验证由 (4.46) 式给出的函数 $u$ 满足初始条件 (4.43). 条件 $u|_{t=0} = 0$ 的满足是显然的. 今验证 $u_t|_{t=0} = 0$. 由于

$$\frac{\partial u}{\partial t} = w(x, y, z, t; t) + \int_0^t \frac{\partial w(x, y, z, t; \tau)}{\partial t}\mathrm{d}\tau,$$

利用 $w$ 所满足的初始条件 $w|_{t=\tau} = 0$, 上式右端第一项等于零, 从而

$$\frac{\partial u}{\partial t} = \int_0^t \frac{\partial w}{\partial t}\mathrm{d}\tau,$$

因此 $u_t|_{t=0} = 0$.

再验证函数 $u$ 满足方程 (4.41). 为此, 将 $\frac{\partial u}{\partial t}$ 的表示式再关于 $t$ 求导一次, 并注意到方程 (4.44) 及条件 (4.45) 的第二式, 得

$$\begin{aligned} \frac{\partial^2 u}{\partial t^2} &= \left.\frac{\partial w(x, y, z, t; \tau)}{\partial t}\right|_{\tau=t} + \int_0^t \frac{\partial^2 w(x, y, z, t; \tau)}{\partial t^2}\mathrm{d}\tau \\ &= f(x, y, z, t) + a^2\Delta\left(\int_0^t w\mathrm{d}\tau\right) = a^2\Delta u + f, \end{aligned}$$

其中 $\Delta = \frac{\partial^2}{\partial x^2} + \frac{\partial^2}{\partial y^2} + \frac{\partial^2}{\partial z^2}$. 这就是说函数 $u$ 满足方程 (4.41). 这样就证明了 (4.46) 式确实给出柯西问题 (4.41)、(4.43) 的解.

现在我们把这个解明显地表示出来. 根据泊松公式, 有

$$w(x, y, z, t; \tau) = \frac{1}{4\pi a}\iint\limits_{S_{a(t-\tau)}(M)} \frac{f(\xi, \eta, \zeta, \tau)}{a(t-\tau)}\mathrm{d}S,$$

因此

$$
\begin{aligned}
u(x,y,z,t) &= \frac{1}{4\pi a}\int_0^t \iint\limits_{S_{a(t-\tau)}(M)} \frac{f(\xi,\eta,\zeta,\tau)}{a(t-\tau)}\mathrm{d}S\mathrm{d}\tau \\
&= \frac{1}{4\pi a^2}\int_0^{at} \iint\limits_{S_r(M)} \frac{f\left(\xi,\eta,\zeta,t-\dfrac{r}{a}\right)}{r}\mathrm{d}S\mathrm{d}r \quad \left(\text{作变量代换 } \tau = t-\frac{r}{a}\right) \\
&= \frac{1}{4\pi a^2}\iiint\limits_{B_{at}(M)} \frac{f\left(\xi,\eta,\zeta,t-\dfrac{r}{a}\right)}{r}\mathrm{d}V,
\end{aligned}
\tag{4.47}
$$

其中 $\mathrm{d}V$ 表示体积微元, 积分在以 $(x,y,z)$ 为球心、以 $at$ 为半径的球体 $B_{at}(M)$ 中进行. 因此在时刻 $t$, 位于 $M(x,y,z)$ 处解 $u$ 的数值由函数 $f$ 在时刻 $\tau = t-\dfrac{r}{a}$ 处的值在此球中的体积积分表示出来, 称这样的积分为**推迟势**.

在二维的情况, 我们可以进行类似的讨论.

## 扩 展 阅 读

**(1) 张紧薄膜的张力为常值的证明** 考虑一块均匀而张紧的薄膜, 它满足本节中所给出的假设条件. 若考察沿膜上某线段 $l$ 的张力, 由于薄膜不产生对弯曲的抵抗力, 张力的方向应在薄膜的切平面内且与 $l$ 垂直. 以 $u(x,y,t)$ 描述薄膜在点 $(x,y)$ 处在时刻 $t$ 的位移, 以 $\boldsymbol{T}$ 记薄膜的张力密度, 则利用微小膜振动以及本节中给出的假定, 可以证明张力密度的绝对值与方向无关, 而且这个数值 $T$ 也是与位置及时间都无关的常量.

先证明在一点处的张力密度与线段 $l$ 的方向无关. 在点 $P$ 近旁截取一个三角形 (如图 1.12). 它的边 $AB, AC$ 与 $BC$ 的长分别为 $c, b$ 与 $a$, 在边 $AB, BC$ 与 $AC$ 上的张力密度向量分别记为 $\boldsymbol{T}_{AB}, \boldsymbol{T}_{BC}$ 与 $\boldsymbol{T}_{AC}$. 由力的平衡关系得到

$$
|\boldsymbol{T}_{AC}|\cdot b\cos\angle BAC = |\boldsymbol{T}_{AB}|\cdot c,
$$
$$
|\boldsymbol{T}_{AC}|\cdot b\cos\angle ACB = |\boldsymbol{T}_{BC}|\cdot a.
$$

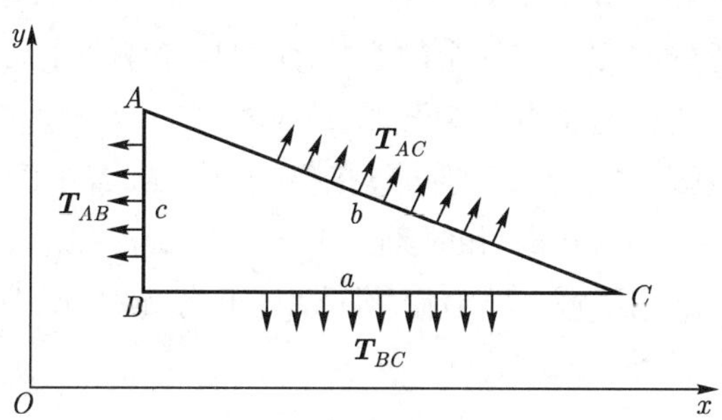


图 1.12

由于 $b\cos\angle BAC = c, b\cos\angle ACB = a$, 就得到 $|\boldsymbol{T}_{AC}| = |\boldsymbol{T}_{AB}| = |\boldsymbol{T}_{BC}|$, 即张力密度的绝对值与方向无关.

在膜的振动过程中, 在 $u_x$ 及 $u_y$ 很小的假定下, 张力 $\boldsymbol{T}$ 和它在 $Oxy$ 平面上的投影 $\boldsymbol{T}_0$ 的数值可以视为是相同的. 事实上, 忽略二阶小量, 我们有

$$\begin{aligned}|\boldsymbol{T}_0| &= |\boldsymbol{T}|\sin(\boldsymbol{T}, u) = |\boldsymbol{T}|\frac{1}{\sqrt{1+\left(\dfrac{\partial u}{\partial \boldsymbol{n}}\right)^2}} \\ &= |\boldsymbol{T}|\left[1-\frac{1}{2}\left(\frac{\partial u}{\partial \boldsymbol{n}}\right)^2+\cdots\right] \approx |\boldsymbol{T}|,\end{aligned}$$

这里 $\dfrac{\partial u}{\partial \boldsymbol{n}}$ 表示 $u$ 沿 $\boldsymbol{T}_0$ 方向的导数.

用平行于坐标面的平面 $x = x_1, x = x_2, y = y_1, y = y_2$ 在所考察的薄膜上截取一块, 并记该曲面块在 $Oxy$ 平面上的投影为矩形 $ABCD$ (见图 1.13). 由上面的讨论知, 作用在该曲面块上的张力在 $x$ 轴方向的分量为

$$|(\boldsymbol{T}_0)_{BC}|(y_2-y_1) - |(\boldsymbol{T}_0)_{AD}|(y_2-y_1),$$

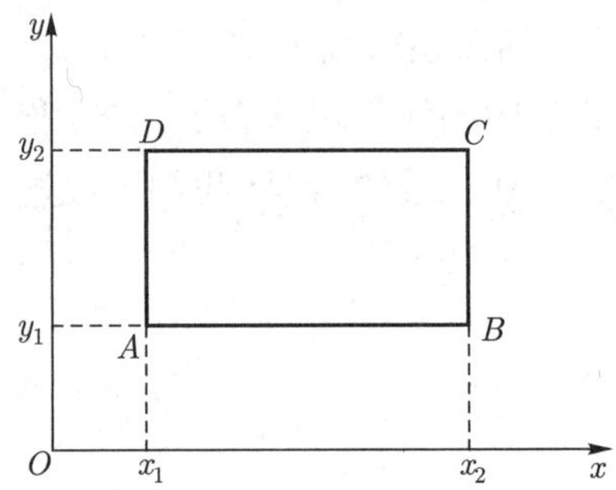

图 1.13

从而由力的平衡关系知

$$|(\boldsymbol{T}_0)_{BC}| = |(\boldsymbol{T}_0)_{AD}|.$$

今使 $y_2$ 充分接近 $y_1$, 则这个等式两边分别为 $|\boldsymbol{T}_0|$ 在 $(x_2, y_1)$ 与 $(x_1, y_1)$ 处的值, 所以 $|\boldsymbol{T}_0|$ 与坐标 $x$ 无关; 同样可知, 它也与坐标 $y$ 无关. 因此, 张力 $\boldsymbol{T}_0$ 及张力 $\boldsymbol{T}$ 的绝对值与坐标 $(x, y)$ 无关.

最后再证明张力 $\boldsymbol{T}$ 的数值与时间无关. 膜振动时其面积改变量

$$\iint \sqrt{1+u_x^2+u_y^2}\,\mathrm{d}x\mathrm{d}y - \iint \mathrm{d}x\mathrm{d}y$$

是关于 $u_x, u_y$ 的二阶小量. 根据弹性膜的胡克定律, 使膜面积改变所需加的张力也是关于 $u_x, u_y$ 的二阶小量. 这样, 在薄膜的微小振动中可以将面积改变量忽略不计, 从而由于振动使面积改变而产生的张力变化也可忽略不计. 这说明张力 $\boldsymbol{T}$ 的数值也和时间无关.

**(2) 三维波动方程的导出** 空气中的小扰动 (例如声波) 的传播可以用三维波动方程描述. 为此我们先从流体力学方程组开始作推导.

**流体的连续性方程** 考察连续地分布在空间某一区域中的流体 (包括气体). 用 $\rho(x, y, z, t)$ 表示流体在点 $(x, y, z)$ 和时刻 $t$ 的密度, $\boldsymbol{v}(x, y, z, t)$ 表示流体的流速. 则考察以封闭曲面 $\Sigma$ 围成的区域 $\Omega$ 内流体质量的变化, 该区域中流体质量的增加应当等于越过 $\Sigma$ 流入 $\Omega$ 的质量. 因此有

$$\int_\Omega [\rho(x,y,z,t_2) - \rho(x,y,z,t_1)]\mathrm{d}\omega = -\int_{t_1}^{t_2}\int_\Sigma \rho\boldsymbol{v}\cdot\boldsymbol{n}\mathrm{d}S\mathrm{d}t,$$

其中 $\boldsymbol{n}$ 表示曲面的外法线方向. 应用格林公式可得

$$\int_{t_1}^{t_2}\int_{\Omega}\frac{\partial\rho}{\partial t}\mathrm{d}\omega\mathrm{d}t=-\int_{t_1}^{t_2}\int_{\Omega}\mathrm{div}\,(\rho\boldsymbol{v}\cdot\boldsymbol{n})\mathrm{d}\omega\mathrm{d}t.$$

从而由区域 $\Omega$ 的任意性可得

$$\frac{\partial\rho}{\partial t}+\mathrm{div}\,(\rho\boldsymbol{v})=0. \tag{4.48}$$

这就是流体运动的**连续性方程**.

**动量守恒方程** 设流体所受的外力密度为 $\boldsymbol{F}(x,y,z,t)=(F_x,F_y,F_z)$. 将动量守恒定律应用于区域 $\Omega$ 中的流体, 应当有流入该区域的动量与外力产生的冲量之和等于该区域中动量的增加. 考察这些量在 $x$ 方向的分量, 就得到

$$\begin{aligned}&\int_{\Omega}[(\rho v_x)(x,y,z,t_2)-(\rho v_x)(x,y,z,t_1)]\mathrm{d}\omega\\=&-\int_{t_1}^{t_2}\int_{\Omega}\mathrm{div}\,(\rho v_x\boldsymbol{v})\mathrm{d}\omega\mathrm{d}t-\int_{t_1}^{t_2}\int_{\Omega}\frac{\partial p}{\partial x}\mathrm{d}\omega\mathrm{d}t+\int_{t_1}^{t_2}\int_{\Omega}\rho F_x\mathrm{d}\omega\mathrm{d}t,\end{aligned}$$

其中 $p$ 表示压强. 于是可以导出

$$\frac{\partial}{\partial t}(\rho v_x)+\mathrm{div}\,(\rho v_x\boldsymbol{v})+\frac{\partial p}{\partial x}=\rho F_x.$$

再利用连续性方程可得

$$\frac{\partial v_x}{\partial t}+v_x\frac{\partial v_x}{\partial x}+v_y\frac{\partial v_x}{\partial y}+v_z\frac{\partial v_x}{\partial z}+\frac{1}{\rho}\frac{\partial p}{\partial x}=F_x,$$

同样可得

$$\frac{\partial v_y}{\partial t}+v_x\frac{\partial v_y}{\partial x}+v_y\frac{\partial v_y}{\partial y}+v_z\frac{\partial v_y}{\partial z}+\frac{1}{\rho}\frac{\partial p}{\partial y}=F_y,$$
$$\frac{\partial v_z}{\partial t}+v_x\frac{\partial v_z}{\partial x}+v_y\frac{\partial v_z}{\partial y}+v_z\frac{\partial v_z}{\partial z}+\frac{1}{\rho}\frac{\partial p}{\partial z}=F_z.$$

将以上三式合并写成向量的形式, 即

$$\frac{\partial\boldsymbol{v}}{\partial t}+(\boldsymbol{v}\cdot\nabla)\boldsymbol{v}+\frac{1}{\rho}\mathbf{grad}\,p=\boldsymbol{F}, \tag{4.49}$$

其中 $(\boldsymbol{v}\cdot\nabla)$ 表示微分算子 $v_x\frac{\partial}{\partial x}+v_y\frac{\partial}{\partial y}+v_z\frac{\partial}{\partial z}$. 这就是流体运动的**动量守恒方程**.

**流体力学方程组与声学方程组** 在限于考察空气的小扰动时, 可以认为压力 $p$ 只是密度 $\rho$ 的函数: $p=f(\rho)$. 又若忽略空气的黏性, 则由方程 (4.48), (4.49) 可得到含 5 个未知函数的**流体力学方程组**:

$$\begin{cases}\dfrac{\partial\rho}{\partial t}+\mathrm{div}\,(\rho\boldsymbol{v})=0,\\\dfrac{\partial\boldsymbol{v}}{\partial t}+(\boldsymbol{v}\cdot\nabla)\boldsymbol{v}+\dfrac{1}{\rho}\mathbf{grad}\,p=\boldsymbol{F},\\p=f(\rho).\end{cases}$$

在更一般的情形下, 最后一个方程将由能量守恒定律导出的方程代替.

当外力 $\boldsymbol{F}$ 为零且流体在做小扰动时, 密度和压力在一个定值附近变化, 速度的绝对值也很小. 于是我们可以将密度与压力写成 $\rho=\rho_0+\delta\rho, p=p_0+\delta p$. 且在不计高阶小量的近似下有 $\delta p=f'(\rho_0)\delta\rho$. 将它们代入流体力学方程组并舍去高阶小量即可以得到

$$\begin{cases}\dfrac{\partial\delta\rho}{\partial t}+\operatorname{div}(\rho_0\boldsymbol{v})=0,\\ \dfrac{\partial\boldsymbol{v}}{\partial t}+\dfrac{f'(\rho_0)}{\rho_0}\textbf{grad}\,\delta\rho=\boldsymbol{0}.\end{cases}$$

这就是**声学方程组**. 将其第一式关于 $t$ 求导, 又以 $\rho_0\mathrm{div}$ 作用于第二式两端, 并将按以上方法得到的两式相减即可得到

$$\frac{\partial^2\delta\rho}{\partial t^2}=f'(\rho_0)\mathrm{div}\,(\textbf{grad}\,\delta\rho).$$

将 $\delta\rho$ 记为 $u$, 就得到了三维波动方程

$$\frac{\partial^2 u}{\partial t^2}=a^2\left(\frac{\partial^2 u}{\partial x^2}+\frac{\partial^2 u}{\partial y^2}+\frac{\partial^2 u}{\partial z^2}\right),$$

其中 $a^2=f'(\rho_0)$. 进一步的推导可知, 压力的扰动量 $\delta p$ 以及速度的各个分量也都满足同样的三维波动方程.

## 习　题

1. 利用泊松公式求解波动方程的柯西问题:

(1) $\begin{cases}u_{tt}=a^2(u_{xx}+u_{yy}+u_{zz}),\\ u|_{t=0}=0,\quad u_t|_{t=0}=x^2+yz;\end{cases}$　　(2) $\begin{cases}u_{tt}=a^2(u_{xx}+u_{yy}+u_{zz}),\\ u|_{t=0}=x^3+y^2z,\quad u_t|_{t=0}=0.\end{cases}$

2. 试用降维法导出弦振动方程的达朗贝尔公式.

3. 求解平面波动方程的柯西问题:

(1) $\begin{cases}u_{tt}=a^2(u_{xx}+u_{yy}),\\ u|_{t=0}=x^2(x+y),\\ u_t|_{t=0}=0;\end{cases}$　　(2) $\begin{cases}u_{tt}-3(u_{xx}+u_{yy})=x^3+y^3,\\ u|_{t=0}=0,\\ u_t|_{t=0}=x^2.\end{cases}$

4. 求二维波动方程的轴对称解 (即二维波动方程的形如 $u=u(r,t)$ 的解, 其中 $r=\sqrt{x^2+y^2}$).

5. 求解下列柯西问题:

$$\begin{cases}u_{tt}=a^2(u_{xx}+u_{yy})+c^2u,\\ u|_{t=0}=\varphi(x,y),\\ \left.\dfrac{\partial u}{\partial t}\right|_{t=0}=\psi(x,y).\end{cases}$$

(提示: 在三维波动方程中, 令 $v(x,y,z,t)=\mathrm{e}^{\frac{cz}{a}}u(x,y,t)$.)

6. 试用齐次化原理导出平面非齐次波动方程

$$u_{tt}=a^2(u_{xx}+u_{yy})+f(x,y,t)$$

在齐次初始条件

$$\begin{cases} u|_{t=0}=0, \\ u_t|_{t=0}=0 \end{cases}$$

下的求解公式.

7. 用降维法来求解上面的问题.

8. 解非齐次方程的柯西问题:

$$\begin{cases} u_{tt}=u_{xx}+u_{yy}+u_{zz}+2(y-t), \\ u|_{t=0}=0, \\ u_t|_{t=0}=x^2+yz. \end{cases}$$

9. 求解以下柯西问题:

(1) $\begin{cases} u_{tt}=4(u_{xx}+u_{yy}+u_{zz}), \\ u|_{t=0}=0, \quad u_t|_{t=0}=\dfrac{1}{1+(x+y+z)^2}; \end{cases}$ (2) $\begin{cases} u_{tt}=4(u_{xx}+u_{yy}+u_{zz}), \\ u|_{t=0}=\sin x+\mathrm{e}^{2z}, \quad u_t|_{t=0}=0; \end{cases}$

(3) $\begin{cases} u_{tt}=u_{xx}+u_{yy}+u_{zz}, \\ u|_{t=0}=(3x-y+z)\mathrm{e}^{3x-y+z}, \quad u_t|_{t=0}=0. \end{cases}$

10. 试直接验证: 若具有三阶连续偏导数的函数 $u(x_1,x_2,x_3,t)$ 满足三维波动方程 $u_{tt}-\Delta u=0$, 则

$$v(x_1,x_2,x_3,t)=\sum_{i=1}^{3}x_iu_{x_i}+tu_t$$

也满足该方程.

# §5 波的传播与衰减

**1. 依赖区域、决定区域和影响区域** 这一节中将利用泊松公式对高维波动方程的解的性质进行讨论, 揭示波的传播与衰减等方面的性质. 首先, 与弦振动方程相仿, 我们引入依赖区域、决定区域和影响区域的概念.

先考察二维的情形, 在 $(x,y,t)$ 空间内, 取定一点 $(x_0,y_0,t_0)$. 根据泊松公式 (4.40), 解在这点的数值是由初始平面 $t=0$ 上以 $(x_0,y_0)$ 为圆心、$at_0$ 为半径的圆内的初始条件 $\varphi(x,y)$ 及 $\psi(x,y)$ 的积分所表达, 而不依赖于圆外 $\varphi$ 和 $\psi$ 的值. 因此平面 $t=0$ 上的圆盘

$$(x-x_0)^2+(y-y_0)^2\leqslant a^2t_0^2 \tag{5.1}$$

就称为点 $(x_0,y_0,t_0)$ 的**依赖区域**. 反之, 初始平面 $t=0$ 上区域 (5.1) 中的初始资料 $\varphi$ 与 $\psi$ 唯一地决定了以 $(x_0,y_0,t_0)$ 为顶点、以该区域为底的圆锥体区域 (图 1.14)

$$(x-x_0)^2+(y-y_0)^2\leqslant a^2(t-t_0)^2 \quad (t\leqslant t_0) \tag{5.2}$$

上的解. 因此, 圆锥体 (5.2) 就称为平面 $t=0$ 上圆盘 (5.1) 的**决定区域**.

再来考察初始平面上一点 $(x_0,y_0,0)$ 的影响区域, 也就是说要求出这种点 $(x,y,t)$ 的全体, 其依赖区域是包括点 $(x_0,y_0,0)$ 的. 易见这种点满足条件

$$(x_0-x)^2+(y_0-y)^2 \leqslant a^2t^2 \quad (t>0), \tag{5.3}$$

它在 $(x,y,t)$ 空间内构成一个以 $(x_0,y_0,0)$ 为顶点、开口向上的圆锥体, 其母线与 $t$ 轴的交角为 $\arctan a$ (图 1.15). 因此, 圆锥体 (5.3) 称为初始平面上点 $(x_0,y_0,0)$ 的**影响区域**. 由此还可以给出初始平面上某一给定区域的影响区域, 它就是由此区域上的每一点所作的圆锥体 (5.3) 的包络面所围成的区域. 从这里可以看到, 锥面 $(x-x_0)^2+(y-y_0)^2=a^2(t-t_0)^2$ 在研究波动方程时起着很大的作用, 它称为二维波动方程的**特征锥**.

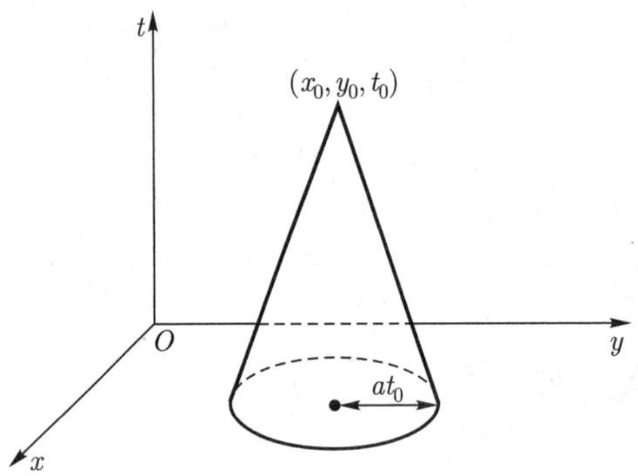

图 1.14

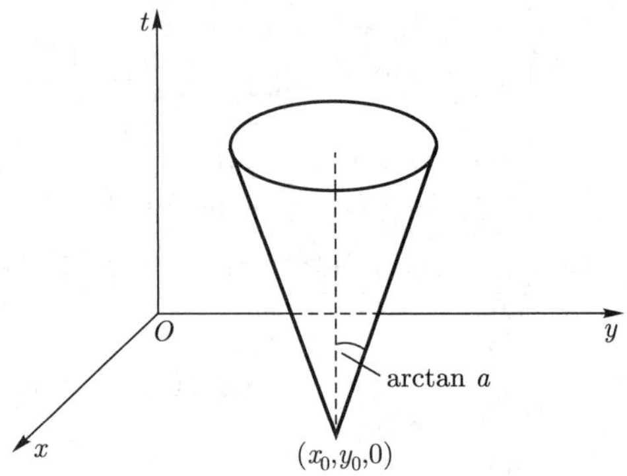

图 1.15

再考察三维的情形. 先决定空间 $(x,y,z,t)$ 中一点 $(x_0,y_0,z_0,t_0)$ 的依赖区域. 根据泊松公式 (4.30), 解在这点的数值是由初始平面 $t=0$ 上以 $(x_0,y_0,z_0)$ 为球心、$at_0$ 为半径的球面上的初始条件 $\varphi$ 及 $\psi$ 的数值所完全决定的, 而和此球面外 $\varphi$ 及 $\psi$ 的数值无关. 因此超平面 $t=0$ 上的球面

$$(x-x_0)^2+(y-y_0)^2+(z-z_0)^2=a^2t_0^2 \tag{5.4}$$

就是点 $(x_0,y_0,z_0,t_0)$ 的**依赖区域**. 同时, 初始平面 $t=0$ 上球面 (5.4 ) 内部区域的**决定区域**就是以它为底、以 $(x_0,y_0,z_0,t_0)$ 为顶点的圆锥体区域

$$(x-x_0)^2+(y-y_0)^2+(z-z_0)^2 \leqslant a^2(t_0-t)^2 \quad (t \leqslant t_0). \tag{5.5}$$

相应地, 初始平面 $t=0$ 上一点 $(x_0,y_0,z_0,0)$ 的**影响区域**就是锥面

$$(x-x_0)^2+(y-y_0)^2+(z-z_0)^2=a^2t^2 \quad (t>0). \tag{5.6}$$

初始平面上任一给定区域的影响区域就是过其上每一点所作锥面 (5.6) 的全体所形成的区域. 我们把锥面 $(x-x_0)^2+(y-y_0)^2+(z-z_0)^2=a^2(t-t_0)^2$ 称为三维波动方程的**特征锥**.

**2. 惠更斯(Huygens) 原理、波的弥散** 在考虑影响区域、依赖区域及决定区域时, 三维与二维的情形有显著的不同, 这反映了三维与二维波动传播之间存在着实质性区别, 我们现在分别讨论它们.

首先考察三维的情形. 假设 $t=0$ 时在点 $(x_0,y_0,z_0)$ 有一瞬时扰动, 点 $(x_0,y_0,z_0,0)$ 的影响区域是锥面

$$(x-x_0)^2+(y-y_0)^2+(z-z_0)^2=a^2t^2.$$

对固定的时间 $t$, 它表示一个以 $(x_0,y_0,z_0)$ 为球心、半径为 $at$ 的球面; 随着时间的增加, 扰动的影响面以速度 $a$ 向四周扩大. 对于空间一点 $(x_1,y_1,z_1)$, 假设它和 $(x_0,y_0,z_0)$ 的距离为 $r$, 则只有在 $t_0=\dfrac{r}{a}$ 的这一瞬时, 这一点才落在扰动面上 (也就是说只有在此时刻此点才受到瞬时扰动的影响), 过后又回复到未扰动前的状态. 如果在点 $(x_0,y_0,z_0)$ 处的扰动持续进行了 $t_1$s, 则在点 $(x_1,y_1,z_1)$ 处所受扰动影响的时间也是 $t_1$s, 过后仍恢复到原来状态, 只是其扰动开始较点 $(x_0,y_0,z_0)$ 迟 $t_0$s 而已. 这种现象的最典型的例子就是声音的传播, 从某个声源发出声音, 经过一定时间后传到耳中, 所听到声音时间的长短和发出的声音所经历时间的长短一样.

现在考察在初始时刻某有界区域 $\Omega$ 中有一个扰动所产生的波传播的情况. 区域 $\Omega$ 中任一点 $M$ 处的扰动, 经时间 $t$ 后, 它传到以 $M$ 为球心、以 $at$ 为半径的球面上, 因此在时刻 $t$ 受到区域 $\Omega$ 中初始扰动影响的区域, 就是所有以 $M\in\Omega$ 为球心、$at$ 为半径的球面的全体. 当 $t$ 足够大时, 这种球面簇有内外两个包络面, 称外包络面为传播波的**前阵面**, 内包络面为**后阵面**. 这前、后阵面的中间部分就是受到扰动影响的部分. 前阵面以外的部分表示扰动还未传到的区域, 而后阵面以内的部分是波已传过并恢复了原来状态的区域. 因此当初始扰动限制在空间某一局部范围内时, 波的传播有清晰的前阵面和后阵面. 这个现象在物理学中称为**惠更斯原理**或**无后效现象**. 它对信号的传送与接收具有重要的意义.

在二维情况就很不相同. 由于点 $(x_0,y_0,0)$ 的影响区域为锥体 (5.3), 在 $t=0$ 时一点 $(x_0,y_0)$ 处的瞬时扰动经过时间 $t$ 后的影响范围不是圆周而是整个圆盘

$$(x-x_0)^2+(y-y_0)^2\leqslant a^2t^2,$$

随时间的增加它以速度 $a$ 向外扩大. 对于与 $(x_0,y_0)$ 的距离为 $r$ 的一点, 经过 $t_0=\dfrac{r}{a}$ 后开始受到扰动影响, 但随着时间的增加, 在此点的扰动影响并不消失, 仍然继续发生作用. 如果初始扰动给在 $(x,y)$ 平面上的一个有界区域 $\Omega$ 中, 观察在区域 $\Omega$ 外的任一点 $M_0(x_0,y_0)$ 在时刻 $t_0$ 时的状态 $u(x_0,y_0,t_0)$. 由于点 $(x_0,y_0,t_0)$ 的依赖区域是 (5.1), $u(x_0,y_0,t_0)$ 的数值由以 $(x_0,y_0)$ 为圆心而半径为 $at_0$ 的圆内各点的初始值所决定. 因此, 如果记 $d$ 为自 $M_0$ 到区域 $\Omega$ 的最近点的距离, 则对于 $t_0<\dfrac{d}{a}$ 的各时刻, 函数 $u(M_0,t_0)=0$, 即扰动的影响还未传到这点. 从时刻 $t_0=\dfrac{d}{a}$ 开始, 在点 $M_0$ 处就受到了扰动的影响, 而且此扰动在以后不会消失. 不过由于 (4.40) 式中分母有 $at$ 出现, 随着 $t$

的增加，扰动的影响是愈来愈弱的. 因此在二维情况，局部范围中的初始扰动，具有长期连续的后效特性，波的传播有清晰的前阵面，但没有后阵面，惠更斯原理在此是不成立的. 这个现象称为波的**弥散**，或说这种波具有**后效现象**. 这是二维波动与三维波动的一个本质区别.

对于二维波动方程的柯西问题，若初始扰动给在 $(x,y)$ 平面上的一个有界区域 $\Omega$ 中，我们可以把它看成一个三维波动方程的柯西问题，而初始扰动在一个截面为 $\Omega$ 的无限长柱体内发生，且不依赖于坐标 $z$. 这样，柱体上不同点对于空间内同一点的影响将在不同时刻发生，由此我们可以想象出产生后效现象的原因. 在实际生活中水波可以近似地作为平面上二维波的例子，读者可以从水波的传播过程来直观地理解波的后效现象.

我们这里所讨论的波的传播现象并不仅限于二维与三维空间中的波动方程. 可以证明，在空间维数 $n$ 是奇数时 (除 $n=1$ 外)，对波动方程总成立前述的惠更斯原理；而当空间维数 $n$ 是偶数时，总有波的弥散现象发生.

**3. 波动方程解的衰减** 现在研究当 $t\to\infty$ 时，波动方程柯西问题 (4.14) 解的渐近性态. 假设初始资料 $\varphi$ 及 $\psi$ 满足泊松公式所要求的光滑性条件，并在一有界区域外恒等于零 (称为具有紧支集)，即设初始扰动局限在一个有界区域内. 那么，由于初始扰动要向全空间扩散，故很自然会想到扰动应该随时间的增加而衰减. 这就是本段要讨论的问题.

为了下面讨论的方便，我们将泊松公式 (4.30) 进行改写. 由于

$$\frac{1}{4\pi a^2 t}\iint\limits_{S_{at}(M)}\varphi\mathrm{d}S=\frac{1}{4\pi}\iint\limits_{S_1(x)}t\varphi(x_1+at\alpha_1,x_2+at\alpha_2,x_3+at\alpha_3)\mathrm{d}\omega,$$

其中 $\mathrm{d}\omega$ 为单位球面的面积微元. 对 $t$ 求导一次，可得

$$\begin{aligned}\frac{\partial}{\partial t}\left(\frac{1}{4\pi a^2 t}\iint\limits_{S_{at}(M)}\varphi\mathrm{d}S\right)&=\frac{\partial}{\partial t}\left[\frac{t}{4\pi}\iint\limits_{S_1(x)}\varphi(x+at\alpha)\mathrm{d}\omega\right]\\&=\frac{1}{4\pi}\left[\iint\limits_{S_1(x)}\varphi(x+at\alpha)\mathrm{d}\omega+\iint\limits_{S_1(x)}at\sum_{i=1}^{3}\varphi_{x_i}(x+at\alpha)\cdot\alpha_i\mathrm{d}\omega\right]\\&=\frac{1}{4\pi a^2t^2}\iint\limits_{S_{at}(M)}\left[\varphi(M')+\nabla\varphi(M')\cdot\overrightarrow{MM'}\right]\mathrm{d}S_{M'}.\end{aligned}$$

其中 $M'$ 为积分球面上的变动点，而 $\mathrm{d}S_{M'}$ 为面积微元. 于是，泊松公式 (4.30) 可写成

$$u(M,t)=\frac{1}{4\pi a^2t^2}\iint\limits_{S_{at}(M)}\left[t\psi(M')+\varphi(M')+\nabla\varphi(M')\cdot\overrightarrow{MM'}\right]\mathrm{d}S_{M'}.\tag{5.7}$$

若初始资料 $\varphi,\psi$ 具有紧支集，则存在一个常数 $\rho>0$，使 $\varphi$ 及 $\psi$ 在以原点为球

心、$\rho$ 为半径的球 $B_\rho(O)$ 外恒为零, 而在球 $B_\rho(O)$ 内成立

$$|\psi|, |\varphi|, \left|\frac{\partial\varphi}{\partial x_i}\right| \leqslant C_1 \quad (i=1,2,3), \tag{5.8}$$

其中 $C_1$ 为一个与 $M$ 无关的正常数 (以下出现的正常数均与 $M$ 无关, 不再一一说明). 今已知柯西问题的解 $u(M,t)$ 由 (5.7) 式给出. 但由于 $\varphi,\psi$ 及 $\varphi$ 的一阶偏导数仅在 $B_\rho(O)$ 内不为零, 上述积分仅需在 $S_{at}(M)\cap B_\rho(O)$ 上进行. 由于 $\left|\overrightarrow{MM'}\right| = at$, 故 (5.7) 式中被积函数满足

$$\left|t\psi(M') + \varphi(M') + \nabla\varphi(M')\cdot\overrightarrow{MM'}\right| \leqslant C_2 t + C_3, \tag{5.9}$$

其中 $C_2, C_3$ 为正常数. 此外, 球面 $S_{at}(M)$ 与球 $B_\rho(O)$ 的交集的面积不超过 $B_\rho(O)$ 的表面积, 即

$$(S_{at}(M)\cap B_\rho(O))\text{的面积} \leqslant 4\pi\rho^2. \tag{5.10}$$

于是, 当 $t \geqslant 1$ 时

$$\begin{aligned} |u(M,t)| &\leqslant \frac{1}{4\pi a^2 t^2} \iint\limits_{S_{at}(M)\cap B_\rho(O)} \left|t\psi(M') + \varphi(M') + \nabla\varphi(M')\cdot\overrightarrow{MM'}\right| \mathrm{d}S_{M'} \\ &\leqslant \frac{1}{4\pi a^2 t^2}(C_2 t + C_3)\cdot 4\pi\rho^2 \\ &\leqslant Ct^{-1}, \end{aligned} \tag{5.11}$$

其中 $C$ 为一正常数.

(5.11) 式表明, 当 $t\to\infty$ 时, 波动方程柯西问题的解 $u(M,t)$ 将以 $t^{-1}$ 的阶趋于零. 它称为三维波动方程柯西问题的解的**衰减估计**. 由此可见, 如果初始资料具有紧支集, 那么当 $t\to\infty$ 时, 柯西问题的解将一致地趋于零, 其趋于零的阶数为 $t^{-1}$.

对于二维波动方程的柯西问题来说, 如果初始资料具有紧支集, 那么柯西问题的解在 $t\to\infty$ 时也将趋于零, 而且通过较复杂的运算还可以证明解将以 $t^{-\frac{1}{2}}$ 的速度趋于零. 详细证明此处从略.

对于一维波动方程 (弦振动方程) 的柯西问题, 由达朗贝尔公式可知, 解在 $t\to\infty$ 时没有衰减性.

## 扩 展 阅 读

**波的传播与反射** 关于高维波动方程的研究与物理世界的波动现象联系更为紧密, 可以用它来解释更多与波的传播相关的物理现象. 在各向同性的媒体介质中, 波动在各个方向的传播速度是相同的. 波阵面应当为球面, 波的传播速度就是方程中的系数 $a$. 若在 $t=t_0$ 时刻波阵面到达某个位置 $\Sigma$, 则在 $\Sigma$ 上每一点可以视为一个新次级子波

的波源向外发出波动. $t > t_0$ 时这些次级子波阵面的包络面就是整个波动的波阵面到达的新位置. 然而, 奇数维空间中波动与偶数维空间不同, 在奇数维空间中波动只沿着波阵面传播, 而在偶数维空间中的波动传播中, 在波阵面到达以后, 其后效会始终存在. 这一现象在物理世界的实际波动中能观察到, 另一方面, 从对波动方程的柯西问题解的表达式的分析中也能得出同样的结论. 这正说明了作为波动现象的数学模型 —— 波动方程的归结是正确的, 它是客观世界的真实反映.

对于波动方程更深入细致的分析, 可以获知对波动现象更多的了解, 并可用实际观察到的波动现象来检验. 例如在流体中传播的波遇到固体边界时会被反射, 波的传播在不同介质的交界面上除了反射外还可能有折射, 波在传播过程中会衰减等.

波的反射将导致对特定区域中波动方程边值问题的研究. 考虑在平面 $\Sigma: z=0$ 上方区域小扰动波 (例如声波) 的传播. 以 $\boldsymbol{v}=(u,v,w)$ 记速度的扰动, 则 $u,v,w$ 均满足三维波动方程. 例如速度分量 $w$ 在 $\Sigma$ 上方: $-\infty < x,y < \infty, z > 0$ 满足

$$\frac{\partial^2 w}{\partial t^2} = a^2\left(\frac{\partial^2 w}{\partial x^2}+\frac{\partial^2 w}{\partial y^2}+\frac{\partial^2 w}{\partial z^2}\right).$$

设在初始时刻 $t=0$ 分量 $w$ 满足初始条件 $w\big|_{t=0}=\varphi(x,y,z)$, $\left.\dfrac{\partial w}{\partial t}\right|_{t=0}=0$, 其中 $\varphi(x,y,z)\in C^3$. 并设 $\Sigma$ 为固壁, 则在 $\Sigma$ 上 $w$ 满足边界条件 $w\big|_{\Sigma}=0$. 它在 $t=z=0$ 时应当满足相容性条件 $\varphi(x,y,0)=\varphi_{zz}(x,y,0)=0$. 于是在 $t>0$ 时 $w$ 由初边值问题

$$\begin{cases}\dfrac{\partial^2 w}{\partial t^2} = a^2\left(\dfrac{\partial^2 w}{\partial x^2}+\dfrac{\partial^2 w}{\partial y^2}+\dfrac{\partial^2 w}{\partial z^2}\right) \quad (t>0, -\infty<x,y<\infty, 0<z<\infty),\\ w\big|_{t=0}=\varphi(x,y,z),\ \left.\dfrac{\partial w}{\partial t}\right|_{t=0}=0 \quad (-\infty<x,y<\infty, 0<z<\infty),\\ w\big|_{\Sigma}=0\end{cases}$$

确定. 由于 $\Sigma$ 为坐标平面 $z=0$, 故上述初边值问题可以利用对平面 $z=0$ 反射的方法化成柯西问题求解. 即作函数 $\varphi(x,y,z)$ 关于平面 $z=0$ 的奇延拓: 令

$$\varphi_1(x,y,z)=\begin{cases}\varphi(x,y,z) \quad (z\geqslant 0),\\ -\varphi(x,y,-z) \quad (z<0).\end{cases}$$

然后求柯西问题

$$\begin{cases}\dfrac{\partial^2 w}{\partial t^2} = a^2\left(\dfrac{\partial^2 w}{\partial x^2}+\dfrac{\partial^2 w}{\partial y^2}+\dfrac{\partial^2 w}{\partial z^2}\right) \quad (t>0, -\infty<x,y,z<\infty),\\ w\big|_{t=0}=\varphi_1(x,y,z)\ \left.\dfrac{\partial w}{\partial t}\right|_{t=0}=0\end{cases}$$

的解. 易见, 在相容性条件满足时, $\varphi_1(x,y,z)\in C^3$ 仍成立. 于是有

$$\begin{aligned}
w(x,y,z)&=\frac{\partial}{\partial t}\left[\frac{1}{4\pi a^2 t}\iint\limits_{S_{at}(P)}\varphi_1(\xi,\eta,\zeta)\mathrm{d}S\right]\\
&=\frac{\partial}{\partial t}\left[\frac{1}{4\pi a^2 t}\iint\limits_{S_{at}(P)\cap\{\zeta>0\}}\varphi_1(\xi,\eta,\zeta)\mathrm{d}S+\frac{1}{4\pi a^2 t}\iint\limits_{S_{at}(P)\cap\{\zeta<0\}}\varphi_1(\xi,\eta,\zeta)\mathrm{d}S\right]\\
&=\frac{\partial}{\partial t}\left[\frac{1}{4\pi a^2 t}\iint\limits_{S_{at}(P)\cap\{\zeta>0\}}\varphi(\xi,\eta,\zeta)\mathrm{d}S\right]+\frac{\partial}{\partial t}\left[\frac{1}{4\pi a^2 t}\iint\limits_{S_{at}(P_1)\cap\{\zeta_1>0\}}-\varphi(\xi,\eta,\zeta_1)\mathrm{d}S\right]\\
&=I+II,
\end{aligned}$$

其中 $S_{at}(P_1)$ 是以 $P_1(x,y,-z)$ 为球心、$at$ 为半径的球面. 上式中 $I$ 表示入射波, $II$ 表示反射波.

当 $\Sigma$ 为一般曲面 $z=h(x,y)$ 时, 不能用简单的延拓初值的方法求得初边值问题的解. 此时很难得到解的有限表达式, 只能利用近似方法或数值计算求近似解.

## 习 题

1. 试说明: 对一维波动方程所描述的波的传播过程一般具有后效现象.

2. 试说明: 对一维波动方程, 即使初始资料具有紧支集, 当 $t\to\infty$ 时其柯西问题的解没有衰减性.

3. 设 $u$ 为初始资料 $\varphi$ 及 $\psi$ 具有紧支集的二维波动方程的解. 试证明: 对任意固定的 $(x_0,y_0)\in\mathbf{R}^2$, $u(x_0,y_0,t)$ 以 $t^{-\frac{1}{2}}$ 的速度趋于零.

# §6 能量不等式、波动方程解的唯一性和稳定性

在前面几节中已经研究了波动方程柯西问题解的存在性, 并且在某些特殊区域的情形也可以用分离变量法得到初边值问题解的存在性. 在本节中我们要考察这些定解问题解的唯一性和稳定性, 即研究除了所得到的解外是否还有其他的解, 以及解是否连续依赖于定解条件的问题. 为研究这些问题, 我们将介绍能量积分方法. 这个方法适用范围很广, 对一大类方程的解的唯一性、稳定性, 甚至存在性的证明都起着关键的作用. 为了叙述简单起见, 我们限于对二维的情形进行讨论.

**1. 振动的动能和势能** 在研究没有耗损力的力学问题中, 能量守恒定律起了很重要的作用. 对于膜振动问题, 总能量由动能与势能两部分组成, 它们都可用二重积分来表达, 其和称为**能量积分**. 下面我们导出它们的表达式.

采用 §4 中建立的坐标系, 膜振动的动能应等于

$$U = \frac{1}{2}\iint\limits_{\Omega} \rho u_t^2 \mathrm{d}x\mathrm{d}y, \tag{6.1}$$

其中 $\Omega$ 是薄膜在 $Oxy$ 平面上的投影区域.

现在考察势能的表达式. 首先假设薄膜不受外力的作用. 我们知道, 使膜变形时所做的功, 一部分变为膜的势能, 而另一部分能量则通过膜的边界流出. 对 $\Omega$ 内的任一子区域 $\Omega'$, 按 §4 中 1 小节的推导, 作用在区域 $\Omega'$ 上的张力在与 $Oxy$ 平面垂直向上方向分量的合力等于

$$\iint\limits_{\Omega'} T\left(\frac{\partial^2 u}{\partial x^2}+\frac{\partial^2 u}{\partial y^2}\right)\mathrm{d}x\mathrm{d}y. \tag{6.2}$$

由此可见, 张力在与 $Oxy$ 平面垂直方向分力的面密度为

$$T\left(\frac{\partial^2 u}{\partial x^2}+\frac{\partial^2 u}{\partial y^2}\right).$$

设在时刻 $t$, 膜从原来的位置作微小改变 $\delta u$, 此时反抗张力所做的功为

$$\iint\limits_{\Omega} T\left(\frac{\partial^2 u}{\partial x^2}+\frac{\partial^2 u}{\partial y^2}\right)\delta u\mathrm{d}x\mathrm{d}y,$$

这样的做功将导致薄膜能量的变化, 以 $\delta W$ 记能量的增加, 则

$$\begin{aligned}\delta W &= -\iint\limits_{\Omega} T\left(\frac{\partial^2 u}{\partial x^2}+\frac{\partial^2 u}{\partial y^2}\right)\delta u\mathrm{d}x\mathrm{d}y\\ &= -\iint\limits_{\Omega} T\left[\frac{\partial}{\partial x}\left(\frac{\partial u}{\partial x}\delta u\right)+\frac{\partial}{\partial y}\left(\frac{\partial u}{\partial y}\delta u\right)\right]\mathrm{d}x\mathrm{d}y+\\ &\quad\iint\limits_{\Omega} T\left[\frac{\partial u}{\partial x}\frac{\partial}{\partial x}(\delta u)+\frac{\partial u}{\partial y}\frac{\partial}{\partial y}(\delta u)\right]\mathrm{d}x\mathrm{d}y\\ &= \iint\limits_{\Omega} T\left[\frac{\partial u}{\partial x}\frac{\partial}{\partial x}(\delta u)+\frac{\partial u}{\partial y}\frac{\partial}{\partial y}(\delta u)\right]\mathrm{d}x\mathrm{d}y-\int_{\Gamma} T\frac{\partial u}{\partial \boldsymbol{n}}\delta u\mathrm{d}s.\end{aligned} \tag{6.3}$$

(6.3) 右端的第二项是利用格林公式得到的, 它表示薄膜对沿边界支承的作用力在垂直向上方向的分量所做的功, 也就是能量的流出量.

不计 $\delta u$ 的高阶项, (6.3) 右端的第一项可以写为

$$\begin{aligned}&\frac{T}{2}\iint\limits_{\Omega}\left\{\left[\frac{\partial(u+\delta u)}{\partial x}\right]^2+\left[\frac{\partial(u+\delta u)}{\partial y}\right]^2\right\}\mathrm{d}x\mathrm{d}y-\\ &\frac{T}{2}\iint\limits_{\Omega}\left[\left(\frac{\partial u}{\partial x}\right)^2+\left(\frac{\partial u}{\partial y}\right)^2\right]\mathrm{d}x\mathrm{d}y.\end{aligned} \tag{6.4}$$

因此, 可以用积分

$$V=\frac{T}{2}\iint\limits_{\Omega}\left[\left(\frac{\partial u}{\partial x}\right)^2+\left(\frac{\partial u}{\partial y}\right)^2\right]\mathrm{d}x\mathrm{d}y \tag{6.5}$$

表示振动薄膜的势能, (6.4) 式表示其势能的增加量, 记为 $\delta V$.

在有外力的情形, 将外力密度也考虑进去, 则有

$$\delta W=-\iint\limits_{\Omega}\left[T\left(\frac{\partial^2 u}{\partial x^2}+\frac{\partial^2 u}{\partial y^2}\right)+F\right]\delta u\mathrm{d}x\mathrm{d}y, \tag{6.6}$$

于是可得

$$V=\iint\limits_{\Omega}\left\{\frac{T}{2}\left[\left(\frac{\partial u}{\partial x}\right)^2+\left(\frac{\partial u}{\partial y}\right)^2\right]-Fu\right\}\mathrm{d}x\mathrm{d}y \tag{6.7}$$

为外力 $F$ 作用下薄膜的势能.

**2. 初边值问题解的唯一性和稳定性** 现在我们讨论膜振动方程的初边值问题

$$u_{tt}=a^2(u_{xx}+u_{yy})+f, \tag{6.8}$$

$$\begin{cases}u|_{t=0}=\varphi(x,y),\\ u_t|_{t=0}=\psi(x,y),\end{cases} \tag{6.9}$$

$$u|_{\Gamma}=0, \tag{6.10}$$

这里 $\Gamma$ 表示膜 $\Omega$ 的边界.

我们知道在没有外力作用的情况下, 薄膜振动的能量应该是守恒的. 在上段中已经得到薄膜的动能 $U$ 和势能 $V$ 的表示式, 它们分别可写为

$$U=\frac{1}{2}\iint\limits_{\Omega}\rho u_t^2\mathrm{d}x\mathrm{d}y, \tag{6.11}$$

$$V=\frac{1}{2}\iint\limits_{\Omega}T(u_x^2+u_y^2)\mathrm{d}x\mathrm{d}y, \tag{6.12}$$

其中 $\rho$ 是密度, $T$ 是张力. 这样, (不计一个常数因子) 薄膜的总能量可写成

$$E(t)=\iint\limits_{\Omega}[u_t^2+a^2(u_x^2+u_y^2)]\mathrm{d}x\mathrm{d}y, \tag{6.13}$$

其中 $a^2=\dfrac{T}{\rho}$. 由于在没有外力的作用下, 总能量应该守恒, 因此就应有

$$\frac{\mathrm{d}E(t)}{\mathrm{d}t}=0. \tag{6.14}$$

由这一事实将可以推出初边值问题 (6.8)—(6.10) 的解的唯一性.

下面我们从数学的角度来证明 (6.14), 也就是证明对于满足齐次波动方程

$$u_{tt}=a^2(u_{xx}+u_{yy}) \tag{6.8$'$}$$

及齐次边界条件

$$u|_{\Gamma}=0 \tag{6.10$'$}$$

的任一函数 $u(x,y,t)$, 成立 (6.14) 式.

事实上, 由 (6.10)′ 式利用格林公式容易得到

$$\begin{aligned}
\frac{\mathrm{d}E(t)}{\mathrm{d}t}&=2\iint\limits_{\Omega}[u_tu_{tt}+a^2(u_xu_{xt}+u_yu_{yt})]\mathrm{d}x\mathrm{d}y\\
&=2\iint\limits_{\Omega}[u_tu_{tt}-a^2(u_{xx}u_t+u_{yy}u_t)]\mathrm{d}x\mathrm{d}y+\\
&\quad 2a^2\int_{\Gamma}[u_xu_t\cos(n,x)+u_yu_t\cos(n,y)]\mathrm{d}s\\
&=2\iint\limits_{\Omega}u_t[u_{tt}-a^2(u_{xx}+u_{yy})]\mathrm{d}x\mathrm{d}y,
\end{aligned}\tag{6.15}$$

这里我们利用了 (6.10)′ 式得到在 $\Gamma$ 上 $u_t=0$. 再利用 (6.8)′ 式可知 (6.15) 式右端在 $\Omega$ 上的积分等于零. 这就是说, $E(t)$ 是一与 $t$ 无关的常数, 因此 (6.14) 式成立, 即 $E(t)\equiv E(0)$.

现在我们利用总能量守恒的事实来证明初边值问题 (6.8)—(6.10) 的解的唯一性. 事实上, 设 $u_1,u_2$ 是该定解问题的两个解, 则其差 $u=u_1-u_2$ 满足相应的齐次方程及齐次边界条件, 因此在初始时刻有 $E(0)=0$, 故

$$E(t)=\iint\limits_{\Omega}[u_t^2+a^2(u_x^2+u_y^2)]\mathrm{d}x\mathrm{d}y=0,$$

即

$$u_t=u_x=u_y=0 \quad 或 \quad u(x,y,t)=常数.$$

又由于在初始时刻 $u=0$, 故得

$$u(x,y,t)\equiv 0.$$

这样就证明了问题 (6.8)—(6.10) 的解的唯一性. 因而得到

**定理 6.1** 波动方程初边值问题 (6.8)—(6.10) 的解如果存在的话, 它一定是唯一的.

以下利用能量积分方法来讨论初边值问题

$$u_{tt}=a^2(u_{xx}+u_{yy})+f, \tag{6.16}$$

$$\begin{cases}u|_{t=0}=\varphi(x,y),\\ u_t|_{t=0}=\psi(x,y),\end{cases} \tag{6.17}$$

$$u|_{\Gamma}=0 \tag{6.18}$$

的解关于初始条件与方程右端的连续依赖性. 此时, 由于外力不等于零, 能量并不守恒, 但从 (6.15) 式可以得到

$$\frac{\mathrm{d}E(t)}{\mathrm{d}t}=2\iint\limits_{\Omega}u_tf\mathrm{d}x\mathrm{d}y\leqslant\iint\limits_{\Omega}u_t^2\mathrm{d}x\mathrm{d}y+\iint\limits_{\Omega}f^2\mathrm{d}x\mathrm{d}y\leqslant E(t)+\iint\limits_{\Omega}f^2\mathrm{d}x\mathrm{d}y.\tag{6.19}$$

以 $\mathrm{e}^{-t}$ 乘上式左右两端, 可得

$$\frac{\mathrm{d}}{\mathrm{d}t}[\mathrm{e}^{-t}E(t)]\leqslant\mathrm{e}^{-t}\iint\limits_{\Omega}f^2\mathrm{d}x\mathrm{d}y.$$

再从 0 到 $t$ 积分上式, 得

$$E(t)\leqslant\mathrm{e}^t\left[E(0)+\int_0^t\mathrm{e}^{-\tau}\iint\limits_{\Omega}f^2\mathrm{d}x\mathrm{d}y\mathrm{d}\tau\right],$$

于是对 $0\leqslant t\leqslant T$, 就有

$$E(t)\leqslant C_0\left[E(0)+\int_0^T\iint\limits_{\Omega}f^2\mathrm{d}x\mathrm{d}y\mathrm{d}t\right],\tag{6.20}$$

其中 $C_0$ 是一个仅与 $T$ 有关的正常数.

进一步还可以得到函数 $u(x,y,t)$ 本身平方模的估计. 记

$$E_0(t)=\iint\limits_{\Omega}u^2(x,y,t)\mathrm{d}x\mathrm{d}y.\tag{6.21}$$

关于 $t$ 求导数, 得

$$\frac{\mathrm{d}E_0(t)}{\mathrm{d}t}=2\iint\limits_{\Omega}u\frac{\partial u}{\partial t}\mathrm{d}x\mathrm{d}y\leqslant\iint\limits_{\Omega}u^2\mathrm{d}x\mathrm{d}y+\iint\limits_{\Omega}u_t^2\mathrm{d}x\mathrm{d}y\leqslant E_0(t)+E(t).$$

然后用 $\mathrm{e}^{-t}$ 乘上式两端得

$$\frac{\mathrm{d}}{\mathrm{d}t}[\mathrm{e}^{-t}E_0(t)]\leqslant\mathrm{e}^{-t}E(t),$$

再从 0 到 $t$ 积分上式, 得到

$$E_0(t)\leqslant\mathrm{e}^tE_0(0)+\mathrm{e}^t\int_0^t\mathrm{e}^{-\tau}E(\tau)\mathrm{d}\tau.\tag{6.22}$$

结合 (6.20) 式, 就得到对 $0\leqslant t\leqslant T$ 成立

$$E(t)+E_0(t)\leqslant C\left[E(0)+E_0(0)+\int_0^T\iint\limits_{\Omega}f^2\mathrm{d}x\mathrm{d}y\mathrm{d}t\right],\tag{6.23}$$

其中 $C$ 是一个只与 $T$ 有关的正常数. (6.23) 式或 (6.20) 式称为**能量不等式**, 或**能量估计式**. 这个估计式是在假设解存在的前提下得到的, 在偏微分方程理论中具有这种特点的估计式均称为**先验估计式**.

利用能量不等式, 我们立刻可以就初边值问题 (6.16)—(6.18) 的解对初始条件与右端项的连续依赖性作出确定的论断. 为了记号简单起见, 对于定义在区域 $\Omega$ 上的函数 $\varphi$ 和定义在区域 $(0,T)\times\Omega$ 上的函数 $f$, 我们常以 $\|\varphi\|_{L^2(\Omega)}$ 和 $\|f\|_{L^2((0,T)\times\Omega)}$ 分别表示 $\left(\iint\limits_{\Omega}\varphi^2\mathrm{d}x\mathrm{d}y\right)^{\frac{1}{2}}$ 和 $\left(\int_0^T\iint\limits_{\Omega}f^2\mathrm{d}x\mathrm{d}y\mathrm{d}t\right)^{\frac{1}{2}}$.

**定理 6.2** 波动方程初边值问题 (6.16)—(6.18) 的解 $u(x,y,t)$ 在下述意义下关于初始值 $(\varphi,\psi)$ 与方程右端项 $f$ 是稳定的: 对任何给定的 $\varepsilon>0$, 一定可以找到仅依赖于 $\varepsilon$ 和 $T$ 的 $\eta>0$, 只要

$$\begin{aligned}&\|\varphi_1-\varphi_2\|_{L^2(\Omega)}\leqslant\eta,\quad \|\varphi_{1x}-\varphi_{2x}\|_{L^2(\Omega)}\leqslant\eta,\\&\|\varphi_{1y}-\varphi_{2y}\|_{L^2(\Omega)}\leqslant\eta,\quad \|\psi_1-\psi_2\|_{L^2(\Omega)}\leqslant\eta,\\&\|f_1-f_2\|_{L^2((0,T)\times\Omega)}\leqslant\eta,\end{aligned}\tag{6.24}$$

那么以 $(\varphi_1,\psi_1)$ 为初值、$f_1$ 为右端项的解 $u_1$ 与以 $(\varphi_2,\psi_2)$ 为初值、$f_2$ 为右端项的解 $u_2$ 之差在 $0\leqslant t\leqslant T$ 上满足

$$\begin{aligned}&\|u_1-u_2\|_{L^2(\Omega)}\leqslant\varepsilon,\quad \|u_{1x}-u_{2x}\|_{L^2(\Omega)}\leqslant\varepsilon,\\&\|u_{1y}-u_{2y}\|_{L^2(\Omega)}\leqslant\varepsilon,\quad \|u_{1t}-u_{2t}\|_{L^2(\Omega)}\leqslant\varepsilon.\end{aligned}\tag{6.25}$$

**证** 记 $v(x,y,t)=u_1(x,y,t)-u_2(x,y,t)$, 则 $v(x,y,t)$ 满足

$$v_{tt}=a^2(v_{xx}+v_{yy})+f_1-f_2,\tag{6.26}$$

$$\begin{cases}v|_{t=0}=\varphi_1(x,y)-\varphi_2(x,y),\\ v_t|_{t=0}=\psi_1(x,y)-\psi_2(x,y),\end{cases}\tag{6.27}$$

$$v|_{\Gamma}=0,\tag{6.28}$$

从而利用能量不等式 (6.23) 即得所需之结论.

**3. 柯西问题解的唯一性和稳定性** 现在考察波动方程的柯西问题. 我们同样可以利用能量的关系式来研究其解的唯一性和稳定性. 但如果要计算整个平面 $t=$ 常数上的能量, 积分

$$E_1(t)=\iint\limits_{\mathbf{R}^2}[u_t^2+a^2(u_x^2+u_y^2)]\mathrm{d}x\mathrm{d}y\tag{6.29}$$

可能是发散的, 因此只能计算在 $(x,y)$ 平面的某个有限区域 $\Omega$ 上的能量. 在区域 $\Omega$ 上, 由于能量在边界上的流进与流出, 它的总量不一定会是常数. 因此我们考察一个随时间增加而缩小的区域 $\Omega_t$, 它在 $(x,y,t)$ 空间构成一个特征锥 $K$ (图 1.16):

$$(x-x_0)^2+(y-y_0)^2\leqslant(R-at)^2.\tag{6.30}$$

锥体 $K$ 在平面 $t=0$ 上的截面即其底面是一个圆盘

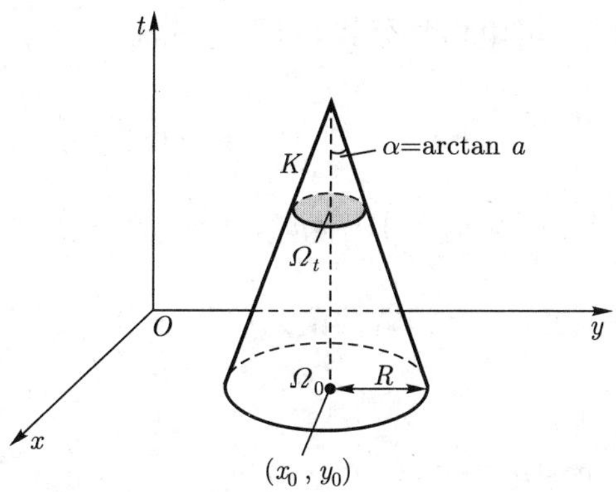


图 1.16

$$\Omega_0 : (x - x_0)^2 + (y - y_0)^2 \leqslant R^2, \tag{6.31}$$

而锥体 $K$ 就是底面 $\Omega_0$ 的决定区域. 在时刻 $t$, 区域

$$\Omega_t : (x - x_0)^2 + (y - y_0)^2 \leqslant (R - at)^2 \tag{6.32}$$

上各点处解的数值由圆盘 (6.31) 上的初始条件所完全决定, 在圆盘 (6.31) 外的能量在时刻 $t$ 不会传进圆盘 $\Omega_t$ 中. 因此在区域 $\Omega_t$ 上薄膜的总能量不会超过 $\Omega_0$ 上的总能量, 即应有 $E_1(\Omega_t) \leqslant E_1(\Omega_0)$. 现在我们来严格地证明这个事实.

以下证明若 $u(x, y, t)$ 在特征锥 $K$ 内满足齐次波动方程

$$u_{tt} - a^2(u_{xx} + u_{yy}) = 0, \tag{6.8$'$}$$

则在 $K$ 内任一截面 $\Omega_t$ 上成立能量不等式

$$\begin{aligned} E_1(\Omega_t) &= \iint\limits_{\Omega_t} [u_t^2 + a^2(u_x^2 + u_y^2)]\mathrm{d}x\mathrm{d}y \\ &\leqslant \iint\limits_{\Omega_0} [u_t^2 + a^2(u_x^2 + u_y^2)]\mathrm{d}x\mathrm{d}y = E_1(\Omega_0). \end{aligned} \tag{6.33}$$

事实上, 这只要证明 $E_1(\Omega_t)$ 在 $0 \leqslant t \leqslant \dfrac{R}{a}$ 中是 $t$ 的单调减少函数即可. 为此考察

$$\begin{aligned} \frac{\mathrm{d}E_1(\Omega_t)}{\mathrm{d}t} &= \frac{\mathrm{d}}{\mathrm{d}t} \iint\limits_{(x-x_0)^2+(y-y_0)^2 \leqslant (R-at)^2} [u_t^2 + a^2(u_x^2 + u_y^2)]\mathrm{d}x\mathrm{d}y \\ &= \frac{\mathrm{d}}{\mathrm{d}t} \int_0^{R-at} \int_0^{2\pi r} [u_t^2 + a^2(u_x^2 + u_y^2)]\mathrm{d}s\mathrm{d}r, \end{aligned}$$

其中 $r = \sqrt{(x - x_0)^2 + (y - y_0)^2}$, $\mathrm{d}s$ 表示圆弧的线素 $r\mathrm{d}\theta$. 利用复合函数求导公式即得

$$\begin{aligned} \frac{\mathrm{d}E_1(\Omega_t)}{\mathrm{d}t} = {} & 2\int_0^{R-at} \int_0^{2\pi r} [u_t u_{tt} + a^2(u_x u_{xt} + u_y u_{yt})]\mathrm{d}s\mathrm{d}r - \\ & a\int_{\Gamma_t} [u_t^2 + a^2(u_x^2 + u_y^2)]\mathrm{d}s, \end{aligned}$$

其中 $\Gamma_t$ 为区域 $\Omega_t$ 的边界. 再由格林公式, 可将上式写为

$$\frac{\mathrm{d}E_1(\Omega_t)}{\mathrm{d}t}=2\int_0^{R-at}\int_0^{2\pi r}u_t[u_{tt}-a^2(u_{xx}+u_{yy})]\mathrm{d}s\mathrm{d}r+$$
$$2\int_{\Gamma_t}\left\{a^2[u_xu_t\cos(n,x)+u_yu_t\cos(n,y)]-\frac{a}{2}[u_t^2+a^2(u_x^2+u_y^2)]\right\}\mathrm{d}s.$$

注意到, 由于 $u$ 满足方程 (6.8)$'$, 上式右端第一项积分为零, 而第二项沿 $\Gamma_t$ 的线积分的被积函数

$$\begin{aligned}&a^2[u_xu_t\cos(n,x)+u_yu_t\cos(n,y)]-\frac{a}{2}[u_t^2+a^2(u_x^2+u_y^2)]\\=&-\frac{a}{2}\{[au_x-u_t\cos(n,x)]^2+[au_y-u_t\cos(n,y)]^2\}\leqslant 0,\end{aligned}$$

因此

$$\frac{\mathrm{d}E_1(\Omega_t)}{\mathrm{d}t}\leqslant 0. \tag{6.34}$$

这就证明了 (6.33) 式.

利用能量不等式 (6.33) 立即可以得出

**定理 6.3** 波动方程 (6.8) 取初始条件

$$\begin{cases}u|_{t=0}=\varphi(x,y),\\u_t|_{t=0}=\psi(x,y)\end{cases} \tag{6.35}$$

的柯西问题的解是唯一的.

**证** 我们只需证明方程 (6.8)$'$ 取零初始条件的解必为零解. 事实上利用能量不等式 (6.33) 立即可以得出, 如果 $t=0$ 时,

$$u(x,y,0)=\frac{\partial u}{\partial t}(x,y,0)=0,$$

就有 $E_1(\Omega_0)=0$, 从而 $E_1(\Omega_t)$ 也只能等于零, 因此 $u_t=u_x=u_y\equiv 0$, 即 $u\equiv$常数. 再根据初始条件 $u$ 在锥体内的连续性得出在该锥体内 $u\equiv 0$. 由于上半空间中任一点都可以被这样的锥体所包含, 所以在上半空间成立 $u\equiv 0$. 这样就证明了柯西问题解的唯一性.

还可以利用能量积分方法建立波动方程柯西问题解的稳定性. 如对于齐次波动方程的柯西问题, 我们有

**定理 6.4** 波动方程 (6.8)$'$ 取初始条件 (6.35) 的柯西问题的解在下述意义下关于初始值是稳定的: 对于任何给定的 $\varepsilon>0$, 一定可找到仅依赖于 $\varepsilon$ 的 $\eta>0$, 只要

$$\begin{aligned}&\|\varphi_1-\varphi_2\|_{L^2(\Omega_0)}\leqslant\eta,\quad \|\varphi_{1x}-\varphi_{2x}\|_{L^2(\Omega_0)}\leqslant\eta,\\&\|\varphi_{1y}-\varphi_{2y}\|_{L^2(\Omega_0)}\leqslant\eta,\quad \|\psi_1-\psi_2\|_{L^2(\Omega_0)}\leqslant\eta,\end{aligned}$$

则对应于初始值 $(\varphi_1,\psi_1)$ 的解 $u_1$ 与对应于初始值 $(\varphi_2,\psi_2)$ 的解 $u_2$ 的差在 $0\leqslant t\leqslant\dfrac{R}{a}$

上成立

$$\begin{aligned}&\|u_1-u_2\|_{L^2(\Omega_t)}\leqslant\varepsilon,\quad \|u_{1x}-u_{2x}\|_{L^2(\Omega_t)}\leqslant\varepsilon,\\&\|u_{1y}-u_{2y}\|_{L^2(\Omega_t)}\leqslant\varepsilon,\quad \|u_{1t}-u_{2t}\|_{L^2(\Omega_t)}\leqslant\varepsilon,\end{aligned}\tag{6.36}$$

又在锥体 $K$ 上成立

$$\|u_1-u_2\|_{L^2(K)}=\sqrt{\iiint\limits_K(u_1-u_2)^2\mathrm{d}x\mathrm{d}y\mathrm{d}t}\leqslant\varepsilon.\tag{6.37}$$

**证**　对于任何满足齐次方程 (6.8)′ 的函数 $u(x,y,t)$, 引进积分

$$E_0(\Omega_t)=\iint\limits_{\Omega_t}u^2(x,y,t)\mathrm{d}x\mathrm{d}y.\tag{6.38}$$

将它关于 $t$ 求导, 得到

$$\begin{aligned}\frac{\mathrm{d}E_0(\Omega_t)}{\mathrm{d}t}&=2\iint\limits_{\Omega_t}u\frac{\partial u}{\partial t}\mathrm{d}x\mathrm{d}y-a\int_{\Gamma_t}u^2\mathrm{d}s\\&\leqslant\iint\limits_{\Omega_t}u^2\mathrm{d}x\mathrm{d}y+\iint\limits_{\Omega_t}\left(\frac{\partial u}{\partial t}\right)^2\mathrm{d}x\mathrm{d}y\\&\leqslant E_0(\Omega_t)+E_1(\Omega_t),\end{aligned}$$

于是与 (6.22) 式相仿, 可得

$$E_0(\Omega_t)\leqslant\mathrm{e}^tE_0(\Omega_0)+\int_0^t\mathrm{e}^{t-\tau}E_1(\Omega_\tau)\mathrm{d}\tau.\tag{6.39}$$

结合 (6.33) 式就得到对于 $0\leqslant t\leqslant\dfrac{R}{a}$ 成立

$$E_1(\Omega_t)+E_0(\Omega_t)\leqslant C[E_1(\Omega_0)+E_0(\Omega_0)]\leqslant C_1\eta,\tag{6.40}$$

其中 $C_1$ 是与 $\eta$ 无关的常数, 于是, 取 $\eta=\dfrac{\varepsilon}{C_1}$, 即成立 (6.36) 式, 再关于 $t$ 积分即得 (6.37) 式.

## 习　题

1. 对受摩擦力作用且具有固定端点的有界弦振动, 满足方程

$$u_{tt}=a^2u_{xx}-cu_t,$$

其中常数 $c>0$, 证明其能量是减少的, 并由此证明方程

$$u_{tt}=a^2u_{xx}-cu_t+f$$

的初边值问题解的唯一性以及关于初始条件及自由项的稳定性.

2. 证明函数 $f(x,t)$ 在 $G: 0 \leqslant x \leqslant l, 0 \leqslant t \leqslant T$ 作微小改变时, 方程

$$\frac{\partial^2 u}{\partial t^2} = \frac{\partial}{\partial x}\left[k(x)\frac{\partial u}{\partial x}\right] - q(x)u + f(x,t)$$

(其中 $k(x) > 0, q(x) > 0$ 和 $f(x,t)$ 都是一些充分光滑的函数) 具有固定端点边界条件的初边值问题的解在 $G$ 内的改变也是很微小的.

3. 证明波动方程

$$u_{tt} = a^2(u_{xx} + u_{yy}) + f(x,y,t)$$

的自由项 $f$ 在 $L^2(K)$ 意义下作微小改变时, 对应的柯西问题的解 $u$ 在 $L^2(K)$ 意义之下改变也是微小的, 其中 $K$ 是由 (6.30) 式所表示的锥体.

4. 固定端点有界弦的自由振动可以分解成各种不同固有频率的驻波 (谐波) 的叠加, 试计算各个驻波的动能和势能, 并证明弦振动的总能量等于各个驻波能量的叠加. 这个物理性质对应的数学事实是什么?

5. 考虑波动方程的第三类初边值问题

$$\begin{cases} u_{tt} - a^2(u_{xx} + u_{yy}) = 0, & t > 0, (x,y) \in \Omega, \\ u\big|_{t=0} = \varphi(x,y), \quad u_t\big|_{t=0} = \psi(x,y), \\ \left(\dfrac{\partial u}{\partial \boldsymbol{n}} + \sigma u\right)\Big|_{\Gamma} = 0, \end{cases}$$

其中 $\sigma > 0$ 是常数, $\Gamma$ 为 $\Omega$ 的边界, $\boldsymbol{n}$ 为 $\Gamma$ 上的单位外法线向量. 对于上述定解问题的解, 定义能量积分

$$E(t) = \iint\limits_{\Omega} [u_t^2 + a^2(u_x^2 + u_y^2)]\mathrm{d}x\mathrm{d}y + a^2\int_{\Gamma} \sigma u^2 \mathrm{d}s,$$

试证明 $E(t) \equiv$常数, 并由此证明上述定解问题解的唯一性.

6. 设有界区域 $\Omega \subset \mathbf{R}^3$ 的边界由 $\Gamma_0, \Gamma_1$ 两部分组成, $u$ 为如下初边值问题的解:

$$\begin{cases} u_{tt} - a^2\Delta u = 0, \quad (x,y,z) \in \Omega, \quad t > 0, \\ u\Big|_{\Gamma_0} = 0, \quad \dfrac{\partial u}{\partial \boldsymbol{n}} + \sigma\dfrac{\partial u}{\partial t}\Big|_{\Gamma_1} = 0, \quad \sigma > 0 \text{ 为常数}, \\ u\big|_{t=0} = \varphi(x,y,z), \quad u_t\big|_{t=0} = \psi(x,y,z). \end{cases}$$

试证明其总能量

$$E(t) = \frac{1}{2}\iiint\limits_{\Omega} (u_1^2 + a^2|\nabla u|^2)\mathrm{d}x\mathrm{d}y\mathrm{d}z$$

随时间增加而减少.

7. 设 $u(x,t)$ 是 $[0,1] \times [0,\infty)$ 中初边值问题

$$\begin{cases} u_{tt} - u_{xx} = 0, \\ u\big|_{x=0} = u\big|_{x=1} = 0, \\ u\big|_{t=0} = 0, \quad u_t\big|_{t=0} = x^2(1-x) \end{cases}$$

的解, 求 $\displaystyle\int_0^1 [u_t^2(x,t) + u_x^2(x,t)]\mathrm{d}x$.

8. 设 $u(x,t)$ 是 $[0,1]\times[0,\infty)$ 中初边值问题

$$\begin{cases} u_{tt}-u_{xx}=0, \\ u\big|_{x=0}=u\big|_{x=1}=0, \\ u\big|_{t=0}=0, \quad u_t\big|_{t=0}=x(1-x) \end{cases}$$

的解, 求 $\lim\limits_{t\to\infty}\int_0^{\frac{1}{2}}[u_t^2(x,t)+u_x^2(x,t)]\mathrm{d}x$.

# 第二章 热传导方程

本章介绍最典型的抛物型方程 —— 热传导方程. 在研究热传导、扩散等物理现象时都会遇到这类方程. 在 §1 中介绍方程与定解问题的提法, 在 §2 中介绍用分离变量法来求解初边值问题, 在 §3 中介绍用傅里叶变换解柯西问题的方法, 在 §4 中讨论各类定解问题解的唯一性与稳定性, 在 §5 中讨论当 $t$ 趋于无穷时解的渐近性态. 本章中有关的论证一般只对一个空间变量的方程进行, 至于多个空间变量的情形, 其论证是完全类似的.

## §1 热传导方程及其定解问题的导出

**1. 热传导方程的导出** 考察空间某个各向同性的物体 $G$ 的热传导问题. 以函数 $u(x,y,z,t)$ 表示物体 $G$ 在位置 $(x,y,z)$ 及时刻 $t$ 的温度.

依据传热学中的傅里叶定律, 物体在无穷小时段 $\mathrm{d}t$ 内沿法线方向 $\boldsymbol{n}$ 流过一个无穷小面积 $\mathrm{d}S$ 的热量 $\mathrm{d}Q$ 与物体温度沿曲面 $\mathrm{d}S$ 法线方向的方向导数 $\dfrac{\partial u}{\partial \boldsymbol{n}}$ 成正比, 即

$$\mathrm{d}Q=-k(x,y,z)\frac{\partial u}{\partial \boldsymbol{n}}\mathrm{d}S\mathrm{d}t, \tag{1.1}$$

其中 $k(x,y,z)$ 称为物体在点 $(x,y,z)$ 处的热传导系数, 它应取正值. (1.1) 式中负号的出现是由于热量总是从温度高的一侧流向低的一侧, 因此, $\mathrm{d}Q$ 应和 $\dfrac{\partial u}{\partial \boldsymbol{n}}$ 异号.

在物体 $G$ 内任取一闭曲面 $\Gamma$, 它所包围的区域记为 $\Omega$, 由 (1.1) 式, 从时刻 $t_1$ 到 $t_2$ 流进此闭曲面的全部热量为

$$Q=\int_{t_1}^{t_2}\left[\iint_{\Gamma}k(x,y,z)\frac{\partial u}{\partial \boldsymbol{n}}\mathrm{d}S\right]\mathrm{d}t, \tag{1.2}$$

这里 $\dfrac{\partial u}{\partial \boldsymbol{n}}$ 表示 $u$ 沿 $\Gamma$ 上单位外法线方向 $\boldsymbol{n}$ 的方向导数.

流入的热量使物体内部温度发生变化, 在时间间隔 $(t_1,t_2)$ 中物体温度从 $u(x,y,z,t_1)$ 变化到 $u(x,y,z,t_2)$, 它应该吸收的热量是

$$\iiint_{\Omega}c(x,y,z)\rho(x,y,z)[u(x,y,z,t_2)-u(x,y,z,t_1)]\mathrm{d}x\mathrm{d}y\mathrm{d}z,$$

其中 $c$ 为比热容, $\rho$ 为密度. 因此就成立

$$\int_{t_1}^{t_2}\iint\limits_{\Gamma} k\frac{\partial u}{\partial \boldsymbol{n}}\mathrm{d}S\mathrm{d}t=\iiint\limits_{\Omega} c\rho[u(x,y,z,t_2)-u(x,y,z,t_1)]\mathrm{d}x\mathrm{d}y\mathrm{d}z. \tag{1.3}$$

假设函数 $u$ 关于变量 $x,y,z$ 具有二阶连续偏导数, 关于 $t$ 具有一阶连续偏导数, 利用格林公式, 可以把 (1.3) 式化为

$$\begin{aligned}&\int_{t_1}^{t_2}\iiint\limits_{\Omega}\left[\frac{\partial}{\partial x}\left(k\frac{\partial u}{\partial x}\right)+\frac{\partial}{\partial y}\left(k\frac{\partial u}{\partial y}\right)+\frac{\partial}{\partial z}\left(k\frac{\partial u}{\partial z}\right)\right]\mathrm{d}x\mathrm{d}y\mathrm{d}z\mathrm{d}t\\&=\iiint\limits_{\Omega} c\rho\left(\int_{t_1}^{t_2}\frac{\partial u}{\partial t}\mathrm{d}t\right)\mathrm{d}x\mathrm{d}y\mathrm{d}z,\end{aligned}$$

交换积分次序, 就得到

$$\int_{t_1}^{t_2}\iiint\limits_{\Omega}\left[c\rho\frac{\partial u}{\partial t}-\frac{\partial}{\partial x}\left(k\frac{\partial u}{\partial x}\right)-\frac{\partial}{\partial y}\left(k\frac{\partial u}{\partial y}\right)-\frac{\partial}{\partial z}\left(k\frac{\partial u}{\partial z}\right)\right]\mathrm{d}x\mathrm{d}y\mathrm{d}z\mathrm{d}t=0. \tag{1.4}$$

由于 $t_1,t_2$ 与区域 $\Omega$ 都是任意的, 我们得到

$$c\rho\frac{\partial u}{\partial t}=\frac{\partial}{\partial x}\left(k\frac{\partial u}{\partial x}\right)+\frac{\partial}{\partial y}\left(k\frac{\partial u}{\partial y}\right)+\frac{\partial}{\partial z}\left(k\frac{\partial u}{\partial z}\right). \tag{1.5}$$

(1.5) 式称为非均匀的各向同性体的**热传导方程** (简称**热方程**). 如果物体是均匀的, 此时 $k,c$ 及 $\rho$ 均为常数, 记 $\dfrac{k}{c\rho}=a^2$, 即得

$$\frac{\partial u}{\partial t}=a^2\left(\frac{\partial^2 u}{\partial x^2}+\frac{\partial^2 u}{\partial y^2}+\frac{\partial^2 u}{\partial z^2}\right). \tag{1.6}$$

若所考察的物体内部有热源 (例如物体中通有电流, 或有化学反应等情况), 则在热传导方程的推导中还需考虑热源的影响. 若设在单位时间内单位体积中所产生的热量为 $F(x,y,z,t)$, 则在考虑热平衡时, (1.3) 式左端应再加上一项

$$\int_{t_1}^{t_2}\iiint\limits_{\Omega} F(x,y,z,t)\mathrm{d}x\mathrm{d}y\mathrm{d}z\mathrm{d}t,$$

于是, 相应于 (1.6) 式的热传导方程应改为

$$\frac{\partial u}{\partial t}=a^2\left(\frac{\partial^2 u}{\partial x^2}+\frac{\partial^2 u}{\partial y^2}+\frac{\partial^2 u}{\partial z^2}\right)+f(x,y,z,t), \tag{1.7}$$

其中

$$f(x,y,z,t)=\frac{F(x,y,z,t)}{\rho c}. \tag{1.8}$$

(1.6) 式称为**齐次热传导方程**, 而 (1.7) 式称为**非齐次热传导方程**.

**2. 定解问题的提法** 从物理学角度来看, 如果知道了物体在边界上的温度状况 (或热交换状况) 和物体在初始时刻的温度, 就可以完全确定物体在以后时刻的温度. 因此热传导方程最自然的一个定解问题就是在已给的初始条件与边界条件下求问题的解.

初始条件的提法为

$$u(x,y,z,0)=\varphi(x,y,z), \tag{1.9}$$

其中 $\varphi(x,y,z)$ 为已知函数, 表示物体在 $t=0$ 时的温度分布.

现在考察边界条件的提法. 最简单的情形为物体表面的温度是已知的, 这条件的数学形式为

$$u(x,y,z,t)|_{(x,y,z)\in\Gamma}=g(x,y,z,t), \tag{1.10}$$

其中 $\Gamma$ 表示物体的边界曲面, $g(x,y,z,t)$ 是定义在 $(x,y,z)\in\Gamma, 0\leqslant t\leqslant T$ 上的已知函数. 这种边界条件称为热传导方程的**第一类边界条件** (又称**狄利克雷边界条件**).

我们再考察另一种情况: 在物体的表面上知道的不是它的表面温度而是热量在表面各点的流速, 也就是说在表面各点的单位面积上在单位时间内所流过的热量 $Q$ 是已知的. 根据傅里叶定律

$$\frac{\mathrm{d}Q}{\mathrm{d}S\mathrm{d}t}=-k\frac{\partial u}{\partial \boldsymbol{n}}$$

就可明白, 这种边界条件实际上表示温度 $u$ 在表面上的法向导数是已知的. 这条件的数学形式为

$$\left.\frac{\partial u}{\partial \boldsymbol{n}}\right|_{(x,y,z)\in\Gamma}=g(x,y,z,t), \tag{1.11}$$

这里 $\frac{\partial u}{\partial \boldsymbol{n}}$ 表示 $u$ 沿边界 $\Gamma$ 上的单位外法线方向 $\boldsymbol{n}$ 的方向导数, 而 $g(x,y,z,t)$ 是定义在 $(x,y,z)\in\Gamma, 0\leqslant t\leqslant T$ 的已知函数. 这种边界条件称为热传导方程的**第二类边界条件** (又称**诺伊曼边界条件**).

今考察物体放在介质 (例如空气) 中的情形: 我们能测量到的只是与物体接触处的介质温度 $u_1$, 它与物体表面上的温度 $u$ 往往并不相同. 在 $u_1$ 已知时研究边界条件的提法还必须利用物理学中另一个热传导实验定律 (牛顿冷却定律): 从物体流到介质中的热量和两者的温度差成正比,

$$\mathrm{d}Q=k_1(u-u_1)\mathrm{d}S\mathrm{d}t, \tag{1.12}$$

这里的比例常数 $k_1$ 称为热交换系数, 它也取正值. 考察流过物体表面 $\Gamma$ 的热量, 从物体内部一侧来看它应由傅里叶定律确定, 而从物体与介质接触面的热传导规律来看, 它应由牛顿定律所决定, 因此成立着关系式

$$-k\frac{\partial u}{\partial \boldsymbol{n}}\mathrm{d}S\mathrm{d}t=k_1(u-u_1)\mathrm{d}S\mathrm{d}t,$$

即

$$k_1u+k\frac{\partial u}{\partial \boldsymbol{n}}=k_1u_1.$$

由于 $k_1$ 及 $k$ 都是正数, 因此这种边界条件可以写成

$$\left(\frac{\partial u}{\partial \boldsymbol{n}}+\sigma u\right)\bigg|_{(x,y,z)\in\Gamma}=g(x,y,z,t), \tag{1.13}$$

这里 $\frac{\partial u}{\partial \boldsymbol{n}}$ 表示 $u$ 沿边界 $\Gamma$ 上的单位外法线方向 $\boldsymbol{n}$ 的方向导数, 而 $g(x,y,z,t)$ 是定义在 $(x,y,z)\in\Gamma, 0\leqslant t\leqslant T$ 上的已知函数, $\sigma$ 为已知正数. 这种边界条件称为热传导方程的**第三类边界条件**.

和弦振动方程比较, 这三类边界条件虽然从不同的物理学角度分别归结出来, 但在数学上的形式却完全一样.

又如果所考察的物体体积很大, 而所需知道的只是在较短时间和较小范围内的温度变化情况, 边界条件所产生的影响可以忽略, 这时就不妨把所考察的物体视为充满整个空间, 而定解问题就成为**柯西问题**, 此时的初始条件为

$$u(x,y,z,0)=\varphi(x,y,z)\qquad(-\infty<x,y,z<\infty). \tag{1.14}$$

我们在此特别指出, 与波动方程的情形不同, 对于热传导方程的定解问题, 初始条件只能给出一个.

在适当情况下, 方程中描述空间坐标的独立变量的数目还可以减少. 例如当物体是均匀细杆时, 假如它的侧面是绝热的, 也就是说在侧面不产生热交换, 又假定温度的分布在同一截面是相同的, 则温度函数 $u$ 仅与坐标 $x$ 及时间 $t$ 有关, 我们就得到**一维热传导方程**

$$\frac{\partial u}{\partial t}=a^2\frac{\partial^2 u}{\partial x^2}. \tag{1.15}$$

同样, 如考虑薄片的热传导, 薄片的侧面绝热, 可得**二维热传导方程**

$$\frac{\partial u}{\partial t}=a^2\left(\frac{\partial^2 u}{\partial x^2}+\frac{\partial^2 u}{\partial y^2}\right). \tag{1.16}$$

对于这种低维的热传导方程, 也可以提出前述的柯西问题与初边值问题.

**3. 扩散方程** 在研究分子扩散过程中也会遇到类似的方程. 例如气体的扩散、液体的渗透、半导体材料中的杂质扩散等. 下面, 我们来导出扩散过程所必须满足的数学方程.

在扩散问题中, 人们最关心的是所扩散物质的浓度, 它表示单位体积中所扩散物质的质量. 由于扩散方程与热传导方程的导出极为相似, 我们不准备重复这一过程. 只要将扩散过程所满足的物理规律与热传导过程所满足的物理规律作个类比, 扩散方程就不难写出.

在推导热传导方程的过程中起基本作用的是傅里叶定律与热量守恒定律 (即 (1.1) 式与 (1.3) 式):

$$\mathrm{d}Q=-k(x,y,z)\frac{\partial u}{\partial \boldsymbol{n}}\mathrm{d}S\mathrm{d}t,$$

$$\int_{t_1}^{t_2}\iint\limits_{\Gamma}k\frac{\partial u}{\partial \boldsymbol{n}}\mathrm{d}S\mathrm{d}t=\iiint\limits_{\Omega}c\rho[u(x,y,z,t_2)-u(x,y,z,t_1)]\mathrm{d}x\mathrm{d}y\mathrm{d}z,$$

其中诸量的意义前已说明. 在考虑扩散过程时, 我们遇到的是相应的扩散定律与质量守恒定律.

若以 $N$ 表示扩散物质的浓度, $\mathrm{d}m$ 表示在无穷小时段 $\mathrm{d}t$ 内沿曲面 $S$ 的法向 $\boldsymbol{n}$ 经过一个无穷小面积 $\mathrm{d}S$ 的扩散物质的质量, $D(x,y,z)$ 表示扩散系数, 则有

$$\mathrm{d}m=-D(x,y,z)\frac{\partial N}{\partial \boldsymbol{n}}\mathrm{d}S\mathrm{d}t. \tag{1.17}$$

于是, 与热传导的过程相仿, 在任意有界区域 $\Omega$ 中关于扩散物质的质量守恒定律给出

$$\int_{t_1}^{t_2}\iint_{\Gamma} D\frac{\partial N}{\partial \boldsymbol{n}}\mathrm{d}S\mathrm{d}t=\iiint_{\Omega}[N(x,y,z,t_2)-N(x,y,z,t_1)]\mathrm{d}x\mathrm{d}y\mathrm{d}z. \tag{1.18}$$

将 (1.17)、(1.18) 式与 (1.1)、(1.3) 式比较, 可见其形式是极其类似的. 在考察热传导过程中引入的量 $Q,u,k$ 分别相应于扩散过程中的量 $m,N,D$, 而出现在 (1.3) 式中的因子 $c\rho$ 在扩散问题中相应于常数 1. 于是, 我们立刻可以写出扩散方程为

$$\frac{\partial N}{\partial t}=\frac{\partial}{\partial x}\left(D\frac{\partial N}{\partial x}\right)+\frac{\partial}{\partial y}\left(D\frac{\partial N}{\partial y}\right)+\frac{\partial}{\partial z}\left(D\frac{\partial N}{\partial z}\right). \tag{1.19}$$

如果 $D$ 是常数, 记 $D=a^2$, 扩散方程 (1.19) 就化为与热传导方程 (1.6) 完全相同的形式.

若在区域 $\Omega$ 中存在产生扩散物质的源, 例如存在化学反应, 并在单位时间产生密度为 $f(x,y,z,t)$ 的扩散物质, 则 (1.19) 式应被替代为

$$\frac{\partial N}{\partial t}=\frac{\partial}{\partial x}\left(D\frac{\partial N}{\partial x}\right)+\frac{\partial}{\partial y}\left(D\frac{\partial N}{\partial y}\right)+\frac{\partial}{\partial z}\left(D\frac{\partial N}{\partial z}\right)+f(x,y,z,t), \tag{1.20}$$

它也称为**反应扩散方程**.

反应扩散方程也已被广泛地应用于生物学中种群变迁的研究, 或应用于人口动力学、流行病学中相关问题的研究等.

## 习　题

1. 一长度为 $l$ 的细杆具有绝热的侧表面, 试给出其温度 $u$ 所满足的初边值问题. 这里假定在同一截面上各点的温度相同, 而在杆的两端点处满足下述三种条件之一:

(1) 杆的端点保持给定的温度;

(2) 在杆的端点, 从外部传来一已知热流;

(3) 在杆的端点处, 杆与温度为已知的介质, 按照牛顿冷却定律进行热交换.

2. 一长度为 $l$ 的均匀细杆的侧面与温度为 $u_1(t)$ 的介质按牛顿冷却定律进行热交换. 假设在同一截面上各点的温度相同, 而杆的两端点为绝热的, 试给出杆的温度 $u$ 所满足的初边值问题.

3. 混凝土内部储藏着热量, 称为水化热, 在混凝土浇筑后该热量逐渐放出, 放热速度和它所储藏的水化热成正比. 以 $Q(t)$ 表示它在单位体积中所储的热量, $Q_0$ 为初始时刻所储的热量, 则 $\dfrac{\mathrm{d}Q}{\mathrm{d}t}=-\beta Q$, 其中 $\beta$ 为正常数. 又假设混凝土的比热容为 $c$, 密度为 $\rho$, 热传导系数为 $k$, 求它在浇

筑后温度 $u$ 满足的方程.

4. 设一均匀的导线处在周围为常温 $u_0$ 的介质中, 试证: 在常电流作用下导线的温度满足微分方程

$$\frac{\partial u}{\partial t}=\frac{k}{c\rho}\frac{\partial^2 u}{\partial x^2}-\frac{k_1 P}{c\rho\omega}(u-u_0)+\frac{0.24i^2 r}{c\rho\omega},$$

其中 $i$ 表示通过导线的电流, $r$ 表示导线的电阻, $P$ 表示横截面的周长, $\omega$ 表示横截面的面积, 而 $k_1$ 表示导线对于介质的热交换系数.

5. 设物体表面的绝对温度为 $u$, 此时它向外界辐射出去的热量依斯特藩 – 玻尔兹曼 (Stefan-Boltzmann) 定律正比于 $u^4$, 即

$$\mathrm{d}Q=\sigma u^4\mathrm{d}S\mathrm{d}t.$$

假设物体和周围介质之间只有热辐射而没有热传导, 又假设物体周围介质的绝对温度为已知函数 $f(x,y,z,t)$, 试写出此时该物体热传导问题的边界条件.

## §2 初边值问题的分离变量法

**1. 狄利克雷边界条件的情形** 在第一章中我们利用分离变量法求得了弦振动方程初边值问题的解. 这一方法对于热传导方程初边值问题的求解也是适用的. 和初值问题一样, 对于热传导方程的初边值问题, 也只需要给出一个初始条件. 这也体现在分离变量法的求解过程中. 考察如下的问题:

$$\begin{cases}\dfrac{\partial u}{\partial t}=a^2\dfrac{\partial^2 u}{\partial x^2} \quad (t>0, 0<x<l),\\ t=0: u=\varphi(x) \quad (0<x<l),\\ x=0: u=0 \quad (t>0),\\ x=l: u=0 \quad (t>0).\end{cases} \tag{2.1}$$

寻求变量分离形式的解, 令

$$u(x,t)=X(x)T(t), \tag{2.2}$$

这里 $X(x)$ 和 $T(t)$ 分别表示仅依赖于变量 $x$ 和 $t$ 的函数. 将它们代入方程 (2.1), 即得

$$XT'=a^2X''T, \tag{2.3}$$

$$\frac{T'}{a^2T}=\frac{X''}{X}. \tag{2.4}$$

这个等式只有在两边均等于常数时才能成立. 令此常数为 $-\lambda$, 则有

$$T'+\lambda a^2T=0, \tag{2.5}$$

$$X''+\lambda X=0. \tag{2.6}$$

由于 $X(x)$ 必须满足边界条件 $X(0)=X(l)=0$, 故如第一章 §3 的讨论可知, 必须有 $\lambda>0$, 且 $\lambda$ 的数值为

$$\lambda=\frac{k^2\pi^2}{l^2} \quad (k=1,2,\cdots), \tag{2.7}$$

同时得到 $X(x)$ 的一族非零解

$$X_k(x)=C_k\sin\frac{k\pi x}{l}\quad(k=1,2,\cdots).\tag{2.8}$$

将 (2.7) 式的值代入 (2.5) 式, 即得

$$T_k'+\frac{a^2k^2\pi^2}{l^2}T_k=0,\tag{2.9}$$

$$T_k=C\mathrm{e}^{-\frac{a^2k^2\pi^2}{l^2}t},\tag{2.10}$$

从而问题 (2.1) 的解可以写成

$$u(x,t)=\sum_{k=1}^{\infty}A_k\mathrm{e}^{-\frac{a^2k^2\pi^2}{l^2}t}\sin\frac{k\pi x}{l},\tag{2.11}$$

其中系数 $A_k$ 由 $\varphi(x)$ 的傅里叶展开式决定:

$$\varphi(x)=\sum_{k=1}^{\infty}A_k\sin\frac{k\pi x}{l}.\tag{2.12}$$

利用第一章 §3 中的引理 3.1 可得, 若 $\varphi(x)\in C^1(0,l)$, 且 $\varphi(0)=\varphi(l)=0$, 则级数 (2.11) 一致收敛, 而且由于在级数中的 $\mathrm{e}^{-\frac{a^2k^2\pi^2}{l^2}t}$ 因子出现, 易证在区域 $\{0<x<l,t>0\}$ 中求微分可以与求和交换次序, 从而级数 (2.11) 确实满足方程与定解条件, 即是我们所求的解.

**2. 第三类边界条件的情形** 以下讨论在边界上取第三类边界条件的情形. 以热传导方程在边界上分别取第一类与第三类边界条件的初边值问题为例讨论其求解过程. 我们将看到, 由于引入第三类边界条件, 求解过程的运算变得较复杂, 但其基本步骤仍相仿.

考察如下的初边值问题:

$$\begin{cases}\dfrac{\partial u}{\partial t}=a^2\dfrac{\partial^2 u}{\partial x^2}\quad(t>0,0<x<l),\\ t=0:u=\varphi(x)\quad(0<x<l),\\ x=0:u=0\quad(t>0),\\ x=l:u_x+hu=0\quad(t>0),\end{cases}\tag{2.13}$$

其中 $h$ 为正常数. 引入变量分离形式的解 $u(x,t)=X(x)T(t)$ 的过程与前相同. 然而 $X(x)$ 除需满足方程 (2.6) 以外还应当满足边界条件

$$X(0)=0,\quad X'(l)+hX(l)=0.\tag{2.14}$$

对于边值问题 (2.6)、(2.14), 与第一章 §3 类似的讨论可得

(i) 当 $\lambda\leqslant 0$ 时, 只有平凡解 $X\equiv 0$;

(ii) 当 $\lambda>0$ 时,

$$X(x)=A\cos\sqrt{\lambda}x+B\sin\sqrt{\lambda}x.\tag{2.15}$$

利用边界条件 $X(0)=0$, 得 $A=0$. 于是由 (2.14) 式的第二个边界条件得到

$$B(\sqrt{\lambda}\cos\sqrt{\lambda}l+h\sin\sqrt{\lambda}l)=0. \tag{2.16}$$

为使 $X(x)$ 为非平凡解, $\lambda$ 应满足

$$\sqrt{\lambda}\cos\sqrt{\lambda}l+h\sin\sqrt{\lambda}l=0, \tag{2.17}$$

即 $\lambda$ 应是下述超越方程的正解:

$$\tan(\sqrt{\lambda}l)=-\frac{\sqrt{\lambda}}{h}. \tag{2.18}$$

令

$$v=\sqrt{\lambda}l, \tag{2.19}$$

则 (2.18) 式变为

$$\tan v=-\frac{v}{lh}. \tag{2.20}$$

利用图解法 (见图 2.1) 或数值求解法可得出这个方程的根. 由图 2.1 知, 方程 (2.20) 有可列无穷多个正根 $v_k>0(k=1,2,\cdots)$, 满足 $\left(k-\dfrac{1}{2}\right)\pi<v_k<k\pi$. 因此, 固有值问题 (2.6)、(2.14) 存在着无穷多个固有值

$$\lambda_k=\left(\frac{v_k}{l}\right)^2 \qquad (k=1,2,\cdots), \tag{2.21}$$

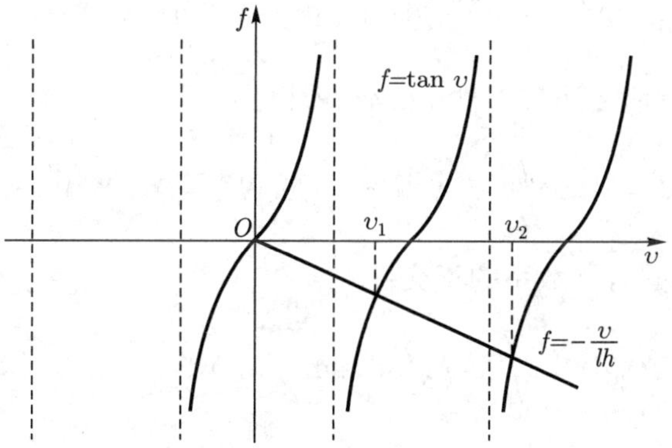


图 2.1

它们构成一个单调递增而趋于 $\infty$ 的序列, 对应于每个固有值 $\lambda_k$, 存在固有函数

$$X_k(x)=B_k\sin\sqrt{\lambda_k}x=B_k\sin\frac{v_k}{l}x \qquad (k=1,2,\cdots). \tag{2.22}$$

把 $\lambda=\lambda_k$ 代入方程 (2.5), 可得

$$T_k(t)=C_k\mathrm{e}^{-a^2\lambda_k t} \qquad (k=1,2,\cdots). \tag{2.23}$$

于是得到一列可分离变量的特解

$$u_k(x,t)=A_k\mathrm{e}^{-a^2\lambda_k t}\sin\sqrt{\lambda_k}x\quad(k=1,2,\cdots).\tag{2.24}$$

由于问题 (2.13) 中方程及边界条件都是齐次的, 故可利用叠加原理构造级数形式的解

$$u(x,t)=\sum_{k=1}^{\infty}A_k\mathrm{e}^{-a^2\lambda_k t}\sin\sqrt{\lambda_k}x.\tag{2.25}$$

以下来决定常数 $A_k$, 使 (2.25) 满足初始条件.

显然, 为使在 $t=0$ 时 $u(x,t)$ 取到初值 $\varphi(x)$, 应成立

$$\varphi(x)=\sum_{k=1}^{\infty}A_k\sin\sqrt{\lambda_k}x.\tag{2.26}$$

为确定系数 $A_k$, 须先证明固有函数系 $\{X_k\}=\{\sin\sqrt{\lambda_k}x\}$ 在 $[0,l]$ 上按 $L^2(0,l)$ 内积正交. 设固有函数 $X_n$ 和 $X_m$ 分别对应于不同的固有值 $\lambda_n$ 和 $\lambda_m$, 即

$$X_n''+\lambda_nX_n=0,\quad X_m''+\lambda_mX_m=0.$$

以 $X_m$ 和 $X_n$ 分别乘上面第一式和第二式, 得到

$$\begin{aligned}&X_mX_n''+\lambda_nX_mX_n=0,\\&X_nX_m''+\lambda_mX_mX_n=0.\end{aligned}$$

两式相减后在 $[0,l]$ 上积分, 有

$$\int_0^l(X_mX_n''-X_nX_m'')\mathrm{d}x+(\lambda_n-\lambda_m)\int_0^lX_nX_m\mathrm{d}x=0.$$

再利用 $X_n$ 和 $X_m$ 都满足边界条件 (2.14), 就得到

$$(\lambda_n-\lambda_m)\int_0^lX_nX_m\mathrm{d}x=(X_nX_m'-X_mX_n')\Big|_0^l=0.$$

由于 $\lambda_n\neq\lambda_m$, 故得固有函数系的正交性:

$$\int_0^lX_nX_m\mathrm{d}x=\int_0^l\sin\sqrt{\lambda_n}x\sin\sqrt{\lambda_m}x\mathrm{d}x=0,\qquad m\neq n.\tag{2.27}$$

记

$$\begin{aligned}M_k&=\int_0^l\sin^2\sqrt{\lambda_k}x\mathrm{d}x=\int_0^l\frac{1-\cos2\sqrt{\lambda_k}x}{2}\mathrm{d}x\\&=\frac{l}{2}-\frac{\sin2\sqrt{\lambda_k}l}{4\sqrt{\lambda_k}}=\frac{l}{2}-\frac{1}{2\sqrt{\lambda_k}}\frac{\tan\sqrt{\lambda_k}l}{1+\tan^2\sqrt{\lambda_k}l}\\&=\frac{l}{2}-\frac{-\dfrac{v_k}{lh}}{2\dfrac{v_k}{l}\left(1+\dfrac{v_k^2}{l^2h^2}\right)}=\frac{l}{2}+\frac{h}{2(h^2+\lambda_k)}.\end{aligned}\tag{2.28}$$

于是, 在 (2.26) 式两边乘 $\sin\sqrt{\lambda_k}x$, 再进行积分, 利用正交性 (2.27) 即可得

$$A_k=\frac{1}{M_k}\int_0^l\varphi(\xi)\sin\sqrt{\lambda_k}\xi\mathrm{d}\xi. \tag{2.29}$$

将它代入 (2.25) 式, 就得到初边值问题 (2.13) 的形式解为

$$u(x,t)=\sum_{k=1}^{\infty}\frac{1}{M_k}\int_0^l\varphi(\xi)\sin\sqrt{\lambda_k}\xi\mathrm{d}\xi\cdot\mathrm{e}^{-a^2\lambda_k t}\sin\sqrt{\lambda_k}x. \tag{2.30}$$

为了考察由分离变量法得到的形式解是不是初边值问题 (2.13) 的经典解, 还得进行验证. 以下证明, 当 $\varphi(x)$ 为有界函数时, 由 (2.30) 式给出的形式解, 当 $t>0$ 时, 关于 $x$ 及 $t$ 是任意阶连续可导的, 并且满足 (2.13) 式中所示的方程与边界条件.

事实上, 与第一章波动方程情形有很大不同, 表达式 (2.30) 中含有因子 $\mathrm{e}^{-a^2\lambda_k t}$, 因此对任意 $\delta>0$, 当 $t\geqslant\delta$ 时, 对任意 $p>0$, 级数 $\sum\limits_{k=1}^{\infty}\lambda_k^p\mathrm{e}^{-a^2\lambda_k t}$ 均是一致收敛的. 而由 $\varphi$ 为有界函数的假设 ($|\varphi(x)|\leqslant M$) 及 (2.28) 式, 可得

$$\left|\int_0^l\varphi(\xi)\sin\sqrt{\lambda_k}\xi\mathrm{d}\xi\right|\leqslant Ml\quad\text{及}\quad\frac{1}{M_k}\leqslant\frac{2}{l}. \tag{2.31}$$

因而, 由 (2.30) 式表示的级数, 当 $t>0$ 时, 关于 $x$ 及 $t$ 是无穷阶可导的, 并且求导与求和可以交换. 由于级数的每一项都满足方程及边界条件, 从而 (2.30) 式表示的级数在 $t>0$ 时确实满足方程及边界条件. 为了保证当 $t\to0$ 时, 对任意的 $x\in[0,l]$, 由 (2.30) 式给出的级数趋于初值 $\varphi(x)$, 还需要对 $\varphi(x)$ 加上进一步的条件. 例如在 $\varphi(x)\in C^2,\varphi(0)=0,\varphi'(l)+h\varphi(l)=0$ 时, 可以证明, 由 (2.30) 式给出的级数确实是初边值问题 (2.13) 的经典解. 关于此点的详细证明, 此处从略.

## 扩展阅读

**圆板的热传导问题** 研究上、下两侧绝热的圆板的热传导问题. 设圆板厚度不大, 在板的垂直方向上温度不变. 又设圆板外周的温度保持为常数 (例如取零值), 则这个热传导问题可以归结为下述的定解问题:

$$\begin{cases}\dfrac{\partial u}{\partial t}=\dfrac{\partial^2 u}{\partial x^2}+\dfrac{\partial^2 u}{\partial y^2},\\ u(x,y,0)=\varphi(x,y),\\ u|_{x^2+y^2=R^2}=0.\end{cases} \tag{2.32}$$

用分离变量法解这个问题. 先令

$$u(x,y,t)=T(t)V(x,y), \tag{2.33}$$

我们得到下面两个关于函数 $T(t)$ 和 $V(x,y)$ 的方程:

$$T'(t)+\lambda T(t)=0, \tag{2.34}$$

$$\frac{\partial^2 V}{\partial x^2}+\frac{\partial^2 V}{\partial y^2}+\lambda V=0, \tag{2.35}$$

其中 $\lambda$ 为与 $t,x,y$ 无关的常数. 因此

$$T(t)=A\mathrm{e}^{-\lambda t}. \tag{2.36}$$

为了研究方程 (2.35) 满足边界条件 $V|_{x^2+y^2=R^2}=0$ 的固有值及固有函数问题, 我们再将 $V(x,y)$ 写成极坐标 $V(r,\theta)$ 的形式, 并进行分离变量. 注意到 (2.35) 式的极坐标形式为

$$\frac{\partial^2 V}{\partial r^2}+\frac{1}{r}\frac{\partial V}{\partial r}+\frac{1}{r^2}\frac{\partial^2 V}{\partial \theta^2}+\lambda V=0, \tag{2.35$'$}$$

令

$$V(r,\theta)=R(r)\Theta(\theta), \tag{2.37}$$

就可以由 (2.35)$'$ 式得到

$$\Theta''(\theta)+\mu\Theta(\theta)=0, \tag{2.38}$$

$$r^2R''(r)+rR'(r)+(\lambda r^2-\mu)R(r)=0, \tag{2.39}$$

其中 $\mu$ 为与 $r,\theta$ 无关的常数. 由于 $V$ 的单值性, $\Theta(\theta)$ 必须具有周期 $2\pi$, 因此 $\mu$ 只能等于如下的整数:

$$0,1^2,2^2,\cdots,n^2,\cdots.$$

对应于这些 $\mu_n$, 有

$$\Theta_0(\theta)=\frac{a_0}{2},\quad \Theta_n(\theta)=a_n\cos n\theta+b_n\sin n\theta\quad (n=1,2,\cdots). \tag{2.40}$$

现在考察方程 (2.39). $R(r)$ 在 $r=0$ 处应当有界, 又由于 $V|_{x^2+y^2=R^2}=0$, 则 $R(r)$ 应当满足边界条件 $R(r)|_{r=R}=0$. 作代换 $\rho=r\sqrt{\lambda}$, 以 $\mu_n=n^2$ 代入, 即得到 $n$ 阶贝塞尔 (Bessel) 方程

$$\rho^2R''(\rho)+\rho R'(\rho)+(\rho^2-n^2)R(\rho)=0.$$

如果要求这方程的解在原点 $\rho=0$ 处有界, 那么这种解除去一常数因子外是唯一确定的, 它就是第一类 $n$ 阶贝塞尔函数 $J_n(\rho)$.

贝塞尔函数 $J_n(\rho)$ 有无穷多个正根, 分别记为

$$\mu_1^{(n)},\mu_2^{(n)},\cdots,\mu_m^{(n)},\cdots$$

对于它们成立 $J_n(\mu_m^{(n)})=0$. 为了使 $J_n(\rho)=J_n(r\sqrt{\lambda})$ 在 $r=R$ 处等于零, 必须取

$$R\sqrt{\lambda}=\mu_m^{(n)}\quad 或\quad \sqrt{\lambda}=\frac{\mu_m^{(n)}}{R}, \tag{2.41}$$

故得

$$J_n(\rho)=J_n\left(\frac{\mu_m^{(n)}}{R}r\right). \tag{2.42}$$

这样, 原来的方程的解就可以形式地表示为

$$\begin{aligned}u(x,y,t)&=u(r,\theta,t)\\&=\sum_{n=0}^{\infty}\sum_{m=1}^{\infty}\exp\left(-\left(\frac{\mu_{(m)}^{(n)}}{R}\right)^2t\right)[a_n^{(m)}\cos n\theta+b_n^{(m)}\sin n\theta]J_n\left(\frac{\mu_m^{(n)}}{R}r\right).\end{aligned} \tag{2.43}$$

为决定 $a_n^{(m)}$ 及 $b_n^{(m)}$, 我们要用初始条件

$$u(x,y,0)=\varphi(x,y).$$

利用贝塞尔函数的性质可以知道 (见附录), 对于任意给定的正整数 $n$, 贝塞尔函数 $J_n(\mu_m^{(n)}x)(m=1,2,\cdots)$ 在区间 $[0,1]$ 上是带权 $x$ 的标准正交系, 即对任意给定的正整数 $m,k$, 成立

$$\int_0^1 xJ_n(\mu_m^{(n)}x)J_n(\mu_k^{(n)}x)\mathrm{d}x=\begin{cases}1, & m=k,\\0, & m\neq k.\end{cases}$$

此外对于给定的任意的 $n$, 函数系 $\{J_n(\mu_m^{(n)}x)\}$ 按带权 $x$ 的均方模在空间 $L^2[0,1]$ 上是完备的. 又知道三角函数系 $1,\sin n\theta,\cos n\theta(n=1,2,\cdots)$ 全体在 $[0,2\pi]$ 上是正交的, 且在空间 $L^2[0,2\pi]$ 中亦是完备的. 因此, 由它们所组成的函数系

$$J_n\left(\frac{\mu_m^{(n)}}{R}r\right)\cos n\theta,\quad J_n\left(\frac{\mu_m^{(n)}}{R}r\right)\sin n\theta\quad(n=0,1,2,\cdots;m=1,2,\cdots)$$

在空间 $L^2\{0\leqslant\theta\leqslant2\pi,0\leqslant r\leqslant R\}$ 内构成带权 $r$ 的正交完备系, 于是 $\varphi(r,\theta)$ 可展开为级数形式

$$\varphi(r,\theta)=\sum_{n=0}^{\infty}\sum_{m=1}^{\infty}[\varphi_n^{(m)}\cos n\theta+\psi_n^{(m)}\sin n\theta]J_n\left(\frac{\mu_m^{(n)}}{R}r\right), \tag{2.44}$$

从而取 (2.43) 中的 $a_n^{(m)}$ 及 $b_n^{(m)}$ 分别为 $\varphi_n^{(m)}$ 及 $\psi_n^{(m)}$ , 就可以决定初边值问题 (2.32) 的解 $u(x,y,t)$.

## 习 题

1. 用分离变量法求下列定解问题的解:

$$\begin{cases}\dfrac{\partial u}{\partial t}=a^2\dfrac{\partial^2u}{\partial x^2} & (t>0,0<x<\pi),\\ u(0,t)=\dfrac{\partial u}{\partial x}(\pi,t)=0 & (t>0),\\ u(x,0)=f(x) & (0<x<\pi).\end{cases}$$

2. 用分离变量法求解热传导方程的初边值问题:

$$\begin{cases} \dfrac{\partial u}{\partial t} = \dfrac{\partial^2 u}{\partial x^2} \quad (t > 0, 0 < x < 1), \\ u(x,0) = \begin{cases} x, & 0 < x \leqslant \dfrac{1}{2}, \\ 1-x, & \dfrac{1}{2} < x < 1, \end{cases} \\ u(0,t) = u(1,t) = 0 \quad (t > 0). \end{cases}$$

3. 如果有一长度为 $l$ 的均匀细棒, 其周围以及两端 $x=0, x=l$ 均为绝热的, 初始温度分布为 $u(x,0)=f(x)$, 问以后时刻的温度分布如何? 且证明当 $f(x)$ 等于常数 $u_0$ 时, 恒有 $u(x,t)=u_0$.

4. 在区域 $t>0, 0<x<l$ 中求解如下的定解问题:

$$\begin{cases} \dfrac{\partial u}{\partial t} = a^2 \dfrac{\partial^2 u}{\partial x^2} - \beta(u - u_0), \\ u(0,t) = u(l,t) = u_0, \\ u(x,0) = f(x), \end{cases}$$

其中 $a, \beta, u_0$ 均为常数, $f(x)$ 为已知函数. (提示: 作未知函数代换 $u = u_0 + v(x,t)\mathrm{e}^{-\beta t}$.)

5. 长度为 $l$ 的均匀细杆的初始温度为 $0^\circ\mathrm{C}$, 端点 $x=0$ 保持常温 $u_0$, 而在 $x=l$ 和侧面上, 热量可以发散到周围的介质中去, 介质的温度为 $0^\circ\mathrm{C}$, 此时杆上的温度分布函数 $u(x,t)$ 满足下述定解问题:

$$\begin{cases} \dfrac{\partial u}{\partial t} = a^2 \dfrac{\partial^2 u}{\partial x^2} - b^2 u, \\ u(0,t) = u_0, \quad \left.\left(\dfrac{\partial u}{\partial x} + Hu\right)\right|_{x=l} = 0, \\ u(x,0) = 0, \end{cases}$$

其中 $a, b, H$ 均为常数, 试求出 $u(x,t)$.

6. 半径为 $a$ 的半圆形平板, 其表面绝热, 在板的圆周边界上保持常温 $u_0$, 而在直径边界上保持常温 $u_1$, 求圆板稳恒状态 (即与时间 $t$ 无关的状态) 的温度分布.

7. 设 $u(x,t)$ 是 $\left(0, \dfrac{\pi}{2}\right) \times (0, \infty)$ 中初边值问题

$$\begin{cases} u_t = u_{xx}, \\ u(0,t) = 1, \quad u\left(\dfrac{\pi}{2}, t\right) = 4, \\ u(x,0) = \cos^4 x + 4\sin^5 x \end{cases}$$

的解, 求 $\lim\limits_{t\to\infty} u(x,t)$.

## §3 柯西问题

上节中我们以傅里叶级数为工具导出了热传导方程初边值问题的解, 类似于这个想法, 我们利用傅里叶变换来求热传导方程柯西问题的解. 在本节中求出解的表达式的过程也只是形式推导的过程, 通过本节末尾的验证, 方知其确是所求的柯西问题的解.

**1. 傅里叶变换及其基本性质** 设 $f(x)$ 是定义在 $(-\infty,\infty)$ 上的函数, 它在 $[-l,l]$ 上有一阶连续导数, 则在 $(-l,l)$ 中 $f(x)$ 可以展开为傅里叶级数

$$f(x)=\frac{a_0}{2}+\sum_{n=1}^{\infty}\left(a_n\cos\frac{n\pi}{l}x+b_n\sin\frac{n\pi}{l}x\right), \tag{3.1}$$

并且

$$a_n=\frac{1}{l}\int_{-l}^{l}f(\xi)\cos\frac{n\pi}{l}\xi\mathrm{d}\xi,\quad b_n=\frac{1}{l}\int_{-l}^{l}f(\xi)\sin\frac{n\pi}{l}\xi\mathrm{d}\xi\quad(n=0,1,2,\cdots). \tag{3.2}$$

将 (3.2) 式代入 (3.1) 式, 得到

$$f(x)=\frac{1}{2l}\int_{-l}^{l}f(\xi)\mathrm{d}\xi+\sum_{n=1}^{\infty}\frac{1}{l}\int_{-l}^{l}f(\xi)\cos\frac{n\pi}{l}(x-\xi)\mathrm{d}\xi.$$

现在设函数 $f(x)$ 在 $(-\infty,\infty)$ 上绝对可积, 当 $l\to\infty$ 时, 由上式可得

$$f(x)=\lim_{l\to\infty}\sum_{n=1}^{\infty}\frac{1}{l}\int_{-l}^{l}f(\xi)\cos\frac{n\pi}{l}(x-\xi)\mathrm{d}\xi.$$

如记 $\lambda_1=\dfrac{\pi}{l},\lambda_2=\dfrac{2\pi}{l},\cdots,\lambda_n=\dfrac{n\pi}{l},\cdots,\Delta\lambda=\Delta\lambda_n=\lambda_{n+1}-\lambda_n=\dfrac{\pi}{l}$, 则形式地可以得到

$$\begin{aligned}f(x)&=\lim_{\Delta\lambda\to 0}\frac{1}{\pi}\sum_{n=1}^{\infty}\Delta\lambda_n\int_{-l}^{l}f(\xi)\cos\lambda_n(x-\xi)\mathrm{d}\xi\\&=\frac{1}{\pi}\int_0^{\infty}\mathrm{d}\lambda\int_{-\infty}^{\infty}f(\xi)\cos\lambda(x-\xi)\mathrm{d}\xi.\end{aligned} \tag{3.3}$$

积分表达式 (3.3) 称为 $f(x)$ 的**傅里叶积分**. 可以证明, 若 $f(x)$ 绝对可积, 则在 $f(x)$ 本身及其导数为连续的点, $f(x)$ 的傅里叶积分收敛于 $f(x)$ 在该点的函数值.

(3.3) 式也可以写成复数形式. 由于 $\cos\lambda(x-\xi)$ 是 $\lambda$ 的偶函数, $\sin\lambda(x-\xi)$ 是 $\lambda$ 的奇函数, 可以将 (3.3) 式写成

$$\begin{aligned}f(x)&=\frac{1}{2\pi}\int_{-\infty}^{\infty}\mathrm{d}\lambda\int_{-\infty}^{\infty}f(\xi)[\cos\lambda(x-\xi)+\mathrm{i}\sin\lambda(x-\xi)]\mathrm{d}\xi\\&=\frac{1}{2\pi}\int_{-\infty}^{\infty}\mathrm{d}\lambda\int_{-\infty}^{\infty}f(\xi)\mathrm{e}^{\mathrm{i}\lambda(x-\xi)}\mathrm{d}\xi.\end{aligned} \tag{3.4}$$

于是, 若令

$$g(\lambda)=\int_{-\infty}^{\infty}f(\xi)\mathrm{e}^{-\mathrm{i}\lambda\xi}\mathrm{d}\xi, \tag{3.5}$$

则有

$$f(x)=\frac{1}{2\pi}\int_{-\infty}^{\infty}g(\lambda)\mathrm{e}^{\mathrm{i}\lambda x}\mathrm{d}\lambda. \tag{3.6}$$

称 $g(\lambda)$ 为 $f(x)$ 的**傅里叶变换**, 记为 $F[f]$; 称 $f(x)$ 为 $g(\lambda)$ 的**傅里叶逆变换**, 记为 $F^{-1}[g]$. 当 $f(x)$ 在 $(-\infty,\infty)$ 上连续可导且绝对可积时, 它的傅里叶变换存在, 且其逆变换等于 $f(x)$.

为了应用傅里叶变换求解数学物理方程问题, 我们介绍所需用到的一些关于傅里叶变换的基本性质, 这里假设在下面诸式中所出现的傅里叶变换总是存在的.

**性质 1** 傅里叶变换是线性变换, 即对于任意复数 $\alpha,\beta$ 以及函数 $f_1,f_2$, 成立

$$F[\alpha f_1+\beta f_2]=\alpha F[f_1]+\beta F[f_2]. \tag{3.7}$$

若对给定的 $f_1(x),f_2(x)$, 当 $x\in(-\infty,\infty)$ 时,

$$f(x)=\int_{-\infty}^{\infty} f_1(x-t)f_2(t)\mathrm{d}t \tag{3.8}$$

存在, 则称 $f(x)$ 为 $f_1(x)$ 与 $f_2(x)$ 的**卷积**, 记为 $f_1*f_2$. 显然, 当 $f_1,f_2$ 绝对可积时, $f_2*f_1=f_1*f_2$, 即卷积是可以交换的.

关于卷积的傅里叶变换有

**性质 2** $f_1(x)$ 和 $f_2(x)$ 的卷积的傅里叶变换等于 $f_1(x)$ 和 $f_2(x)$ 的傅里叶变换的乘积, 即

$$F[f_1*f_2]=F[f_1]\cdot F[f_2]. \tag{3.9}$$

**证**
$$F[f_1*f_2]=\int_{-\infty}^{\infty}\mathrm{e}^{-\mathrm{i}\lambda x}\mathrm{d}x\int_{-\infty}^{\infty} f_1(x-t)f_2(t)\mathrm{d}t.$$

由于 $f_1$ 和 $f_2$ 在 $(-\infty,\infty)$ 上绝对可积, 积分次序可以交换, 因而

$$\begin{aligned}F[f_1*f_2]&=\int_{-\infty}^{\infty} f_2(t)\mathrm{d}t\int_{-\infty}^{\infty} f_1(x-t)\mathrm{e}^{-\mathrm{i}\lambda x}\mathrm{d}x\\&=\int_{-\infty}^{\infty} f_2(t)\mathrm{d}t\int_{-\infty}^{\infty} f_1(\xi)\mathrm{e}^{-\mathrm{i}\lambda(t+\xi)}\mathrm{d}\xi\\&=\int_{-\infty}^{\infty} f_2(t)\mathrm{e}^{-\mathrm{i}\lambda t}\mathrm{d}t\int_{-\infty}^{\infty} f_1(\xi)\mathrm{e}^{-\mathrm{i}\lambda\xi}\mathrm{d}\xi\\&=F[f_1]\cdot F[f_2].\end{aligned}$$

从傅里叶变换和逆变换公式之间的相似性, 可以类似地得到

**性质 3** $f_1(x)$ 和 $f_2(x)$ 乘积的傅里叶变换等于 $f_1(x)$ 和 $f_2(x)$ 的傅里叶变换的卷积乘 $\dfrac{1}{2\pi}$, 即

$$F[f_1\cdot f_2]=\frac{1}{2\pi}F[f_1]*F[f_2]. \tag{3.10}$$

**性质 4** 若 $f(x),f'(x)$ 都是可以进行傅里叶变换的, 而且当 $|x|\to\infty$ 时, $f(x)\to 0$, 则成立

$$F[f'(x)]=\mathrm{i}\lambda F[f(x)]. \tag{3.11}$$

**证** 事实上

$$\begin{aligned}F[f'(x)] &= \int_{-\infty}^{\infty} f'(x)\mathrm{e}^{-\mathrm{i}\lambda x}\mathrm{d}x \\ &= [f(x)\mathrm{e}^{-\mathrm{i}\lambda x}]|_{x=-\infty}^{x=\infty} + \int_{-\infty}^{\infty} \mathrm{i}\lambda f(x)\mathrm{e}^{-\mathrm{i}\lambda x}\mathrm{d}x \\ &= \mathrm{i}\lambda \int_{-\infty}^{\infty} f(x)\mathrm{e}^{-\mathrm{i}\lambda x}\mathrm{d}x = \mathrm{i}\lambda F[f(x)].\end{aligned}$$

同样可以证明

**性质 5** 如果 $f(x)$ 及 $xf(x)$ 都可以进行傅里叶变换, 那么

$$F[-\mathrm{i}xf(x)] = \frac{\mathrm{d}}{\mathrm{d}\lambda}F[f]. \tag{3.12}$$

**证**

$$\begin{aligned}F[-\mathrm{i}xf(x)] &= \int_{-\infty}^{\infty} [-\mathrm{i}xf(x)\mathrm{e}^{-\mathrm{i}\lambda x}]\mathrm{d}x \\ &= \frac{\mathrm{d}}{\mathrm{d}\lambda}\int_{-\infty}^{\infty} f(x)\mathrm{e}^{-\mathrm{i}\lambda x}\mathrm{d}x = \frac{\mathrm{d}}{\mathrm{d}\lambda}F[f].\end{aligned}$$

完全类似地可以定义多个自变量函数的傅里叶变换:

$$\begin{aligned}F[f] &= g(\lambda_1, \lambda_2, \cdots, \lambda_n) \\ &= \int_{-\infty}^{\infty}\int_{-\infty}^{\infty}\cdots\int_{-\infty}^{\infty} f(x_1, x_2, \cdots, x_n)\mathrm{e}^{-\mathrm{i}(x_1\lambda_1 + x_2\lambda_2 + \cdots + x_n\lambda_n)}\mathrm{d}x_1\mathrm{d}x_2\cdots\mathrm{d}x_n,\end{aligned} \tag{3.13}$$

相应地, 傅里叶逆变换定义为

$$\begin{aligned}&f(x_1, x_2, \cdots, x_n) \\ &= \frac{1}{(2\pi)^n}\int_{-\infty}^{\infty}\int_{-\infty}^{\infty}\cdots\int_{-\infty}^{\infty} g(\lambda_1, \lambda_2, \cdots, \lambda_n)\mathrm{e}^{\mathrm{i}(x_1\lambda_1 + x_2\lambda_2 + \cdots + x_n\lambda_n)}\mathrm{d}\lambda_1\mathrm{d}\lambda_2\cdots\mathrm{d}\lambda_n.\end{aligned} \tag{3.14}$$

对于多个自变量函数的傅里叶变换也有类似的性质 1—性质 5, 这里不再一一列举了.

**2. 热传导方程柯西问题的求解** 现在利用傅里叶变换来解热传导方程的柯西问题

$$\begin{cases}\dfrac{\partial u}{\partial t} = a^2\dfrac{\partial^2 u}{\partial x^2} + f(x,t), & (3.15)\\ u(x,0) = \varphi(x). & (3.16)\end{cases}$$

视 $t$ 为参数, 先求解齐次热传导方程的柯西问题

$$\begin{cases}\dfrac{\partial u}{\partial t} = a^2\dfrac{\partial^2 u}{\partial x^2}, & (3.17)\\ u(x,0) = \varphi(x). & (3.18)\end{cases}$$

关于 $x$ 进行傅里叶变换, 记

$$F[u(x,t)] = \widetilde{u}(\lambda, t),$$

$$F[\varphi(x)] = \widetilde{\varphi}(\lambda).$$

在 (3.17) 式两边关于 $x$ 进行傅里叶变换, 利用性质 4, 就得到

$$\frac{\mathrm{d}\widetilde{u}}{\mathrm{d}t}=-a^2\lambda^2\widetilde{u}, \tag{3.19}$$

类似地, 由 (3.18) 式得

$$\widetilde{u}(\lambda,0)=\widetilde{\varphi}(\lambda). \tag{3.20}$$

(3.19)、(3.20) 式是带参数 $\lambda$ 的常微分方程的柯西问题, 它的解为

$$\widetilde{u}(\lambda,t)=\widetilde{\varphi}(\lambda)\mathrm{e}^{-a^2\lambda^2 t}. \tag{3.21}$$

函数 $\mathrm{e}^{-a^2\lambda^2 t}$ 的傅里叶逆变换为

$$\begin{aligned}F^{-1}[\mathrm{e}^{-a^2\lambda^2 t}]&=\frac{1}{2\pi}\int_{-\infty}^{\infty}\mathrm{e}^{-(a^2\lambda^2 t-\mathrm{i}\lambda x)}\mathrm{d}\lambda\\&=\frac{1}{2\pi}\int_{-\infty}^{\infty}\mathrm{e}^{-a^2t\left(\lambda-\frac{\mathrm{i}x}{2a^2t}\right)^2}\mathrm{d}\lambda\cdot\mathrm{e}^{-\frac{x^2}{4a^2t}}.\end{aligned}$$

利用复变函数的积分计算知

$$\begin{aligned}\int_{-\infty}^{\infty}\mathrm{e}^{-a^2t\left(\lambda-\frac{\mathrm{i}x}{2a^2t}\right)^2}\mathrm{d}\lambda&=\int_{-\infty}^{\infty}\mathrm{e}^{-a^2t\lambda^2}\mathrm{d}\lambda\\&=\frac{1}{a\sqrt{t}}\int_{-\infty}^{\infty}\mathrm{e}^{-y^2}\mathrm{d}y=\frac{\sqrt{\pi}}{a\sqrt{t}}.\end{aligned}$$

所以

$$F^{-1}[\mathrm{e}^{-a^2\lambda^2 t}]=\frac{1}{2a\sqrt{\pi t}}\mathrm{e}^{-\frac{x^2}{4a^2t}},$$

因此, 利用性质 2, 由 (3.21) 式可得柯西问题 (3.17)—(3.18) 的解为

$$u(x,t)=\frac{1}{2a\sqrt{\pi t}}\int_{-\infty}^{\infty}\varphi(\xi)\mathrm{e}^{-\frac{(x-\xi)^2}{4a^2t}}\mathrm{d}\xi. \tag{3.22}$$

再求解非齐次热传导方程具有齐次初始条件的柯西问题

$$\begin{cases}\dfrac{\partial u}{\partial t}=a^2\dfrac{\partial^2 u}{\partial x^2}+f(x,t), & (3.23)\\ u(x,0)=0. & (3.24)\end{cases}$$

由齐次化原理, 此柯西问题的解可写为 (请读者验证)

$$u(x,t)=\int_0^t w(x,t;\tau)\mathrm{d}\tau, \tag{3.25}$$

其中 $w=w(x,t;\tau)$ 为下述柯西问题的解:

$$\begin{cases}\dfrac{\partial w}{\partial t}=a^2\dfrac{\partial^2 w}{\partial x^2}, \quad t>\tau, & (3.26)\\ w(x,\tau;\tau)=f(x,\tau). & (3.27)\end{cases}$$

于是, 利用 (3.22) 式, 易知柯西问题 (3.23)—(3.24) 的解为

$$u(x,t)=\frac{1}{2a\sqrt{\pi}}\int_0^t\int_{-\infty}^{\infty}\frac{f(\xi,\tau)}{\sqrt{t-\tau}}\mathrm{e}^{-\frac{(x-\xi)^2}{4a^2(t-\tau)}}\mathrm{d}\xi\mathrm{d}\tau. \tag{3.28}$$

由叠加原理、(3.22) 式及 (3.28) 式就得到柯西问题 (3.15)—(3.16) 的解为

$$\begin{aligned}u(x,t)=&\frac{1}{2a\sqrt{\pi t}}\int_{-\infty}^{\infty}\varphi(\xi)\mathrm{e}^{-\frac{(x-\xi)^2}{4a^2t}}\mathrm{d}\xi+\\&\frac{1}{2a\sqrt{\pi}}\int_0^t\int_{-\infty}^{\infty}\frac{f(\xi,\tau)}{\sqrt{t-\tau}}\mathrm{e}^{-\frac{(x-\xi)^2}{4a^2(t-\tau)}}\mathrm{d}\xi\mathrm{d}\tau.\end{aligned} \tag{3.29}$$

**3. 解的存在性** 在上面的推导中, 由于预先不知道 $u$ 是否满足进行傅里叶变换及有关运算的条件, 所得的解还只是形式解. 为证明 (3.29) 式确实是柯西问题 (3.15)—(3.16) 的解, 还得进行验证. 下面我们只对齐次方程的情形进行验证, 即指出在 $\varphi(x)$ 连续且有界的条件下, (3.22) 式的确为柯西问题 (3.17)—(3.18) 的解. 公式 (3.22) 称为**泊松公式**, 其右端的积分称为**泊松积分**.

设 $|\varphi(x)|\leqslant M$, 则注意到 $\displaystyle\int_{-\infty}^{\infty}\mathrm{e}^{-\zeta^2}\mathrm{d}\zeta=\sqrt{\pi}$, 由 (3.22) 式得

$$\begin{aligned}|u(x,t)|&\leqslant M\frac{1}{\sqrt{\pi}}\int_{-\infty}^{\infty}\frac{1}{2a\sqrt{t}}\mathrm{e}^{-\frac{(x-\xi)^2}{4a^2t}}\mathrm{d}\xi\\&=M\frac{1}{\sqrt{\pi}}\int_{-\infty}^{\infty}\mathrm{e}^{-\zeta^2}\mathrm{d}\zeta=M\quad\left(\text{这里作了变换 }\zeta=\frac{\xi-x}{2a\sqrt{t}}\right),\end{aligned}$$

这说明积分 (3.22) 是收敛的, 并且由它所表达的函数 $u(x,t)$ 是有界的 (且与初值有同样的界).

现在证明, 当 $t>0$ 时, 积分 (3.22) 所表达的函数 $u(x,t)$ 满足方程 (3.17). 我们看到, 积分号下的函数

$$\frac{1}{2a\sqrt{\pi t}}\mathrm{e}^{-\frac{(x-\xi)^2}{4a^2t}}$$

对变量 $t,x$ 而言 (视 $\xi$ 为参量), 当 $t>0$ 时满足方程 (3.17). 因此, 我们只要证明, 当 $t>0$ 时出现在方程 (3.17) 中的导数可以用在 (3.22) 式的积分号下求导的方法来计算. 由于 (3.22) 式中的积分限是无穷的, 为了保证通过积分号求导的可能性, 必须证明在积分号下求导后所得的积分是一致收敛的. 然而这一点是不难验证的. 以对 $x$ 的一阶偏导数为例, 将被积函数对 $x$ 求导一次后所构成的积分写为

$$\frac{1}{2a\sqrt{\pi}}\int_{-\infty}^{\infty}\frac{-(x-\xi)\varphi(\xi)}{2a^2t^{\frac{3}{2}}}\mathrm{e}^{-\frac{(x-\xi)^2}{4a^2t}}\mathrm{d}\xi,$$

当 $t>0$ 时, 对任意点 $(t,x)$ 可作一个有界邻域 $\omega$, 使 $\omega$ 完全含在 $\{t>0\}$ 中, 则上面的积分关于 $\omega$ 内的点一致收敛. 因此当 $t>0$ 时成立

$$\frac{\partial u(x,t)}{\partial x}=\frac{1}{2a\sqrt{\pi}}\int_{-\infty}^{\infty}\frac{-(x-\xi)\varphi(\xi)}{2a^2t^{\frac{3}{2}}}\mathrm{e}^{-\frac{(x-\xi)^2}{4a^2t}}\mathrm{d}\xi,$$

即对 $x$ 的一次求导能通过积分号. 同理可以证明对 (3.22) 式的其他偏导数也能用在积分号下求导而得到. 因此当 $t>0$ 时由积分 (3.22) 所表达的函数 $u(x,t)$ 满足方程 (3.17).

剩下只要证明, 由 (3.22) 式所确定的函数满足初始条件 (3.18), 也就是要证明对任何 $x_0$, 当 $t\to 0, x\to x_0$ 时 $u(x,t)\to\varphi(x_0)$. 为此, 要证明对任意给定的 $\varepsilon>0$, 一定可找到 $\delta>0$, 使当 $|x-x_0|\leqslant\delta, t\leqslant\delta$ 时, 成立

$$|u(x,t)-\varphi(x_0)|\leqslant\varepsilon.$$

在 (3.22) 式中令 $\zeta=\dfrac{\xi-x}{2a\sqrt{t}}$, 得到

$$u(x,t)=\frac{1}{\sqrt{\pi}}\int_{-\infty}^{\infty}\varphi(x+2a\sqrt{t}\zeta)\mathrm{e}^{-\zeta^2}\mathrm{d}\zeta,$$

又 $\varphi(x_0)$ 可以写成

$$\varphi(x_0)=\frac{1}{\sqrt{\pi}}\int_{-\infty}^{\infty}\varphi(x_0)\mathrm{e}^{-\zeta^2}\mathrm{d}\zeta,$$

因此

$$u(x,t)-\varphi(x_0)=\frac{1}{\sqrt{\pi}}\int_{-\infty}^{\infty}[\varphi(x+2a\sqrt{t}\zeta)-\varphi(x_0)]\mathrm{e}^{-\zeta^2}\mathrm{d}\zeta.$$

对于所给的 $\varepsilon>0$, 取 $N>0$ 足够大, 使

$$\frac{1}{\sqrt{\pi}}\int_{N}^{\infty}\mathrm{e}^{-\zeta^2}\mathrm{d}\zeta\leqslant\frac{\varepsilon}{6M},\quad \frac{1}{\sqrt{\pi}}\int_{-\infty}^{-N}\mathrm{e}^{-\zeta^2}\mathrm{d}\zeta\leqslant\frac{\varepsilon}{6M}.$$

固定 $N$, 由 $\varphi(x)$ 的连续性, 可找到 $\delta>0$, 使当 $|x-x_0|\leqslant\delta, 0<t\leqslant\delta$ 时成立

$$\left|\varphi(x+2a\sqrt{t}\zeta)-\varphi(x_0)\right|\leqslant\frac{\varepsilon}{3}\quad(-N\leqslant\zeta\leqslant N).$$

因此

$$\begin{aligned}|u(x,t)-\varphi(x_0)|&=\left|\frac{1}{\sqrt{\pi}}\int_{-\infty}^{\infty}[\varphi(x+2a\sqrt{t}\zeta)-\varphi(x_0)]\mathrm{e}^{-\zeta^2}\mathrm{d}\zeta\right|\\&\leqslant\frac{1}{\sqrt{\pi}}\int_{-N}^{N}\left|\varphi(x+2a\sqrt{t}\zeta)-\varphi(x_0)\right|\mathrm{e}^{-\zeta^2}\mathrm{d}\zeta+\\&\quad\frac{2M}{\sqrt{\pi}}\int_{-\infty}^{-N}\mathrm{e}^{-\zeta^2}\mathrm{d}\zeta+\frac{2M}{\sqrt{\pi}}\int_{N}^{\infty}\mathrm{e}^{-\zeta^2}\mathrm{d}\zeta\\&\leqslant\frac{\varepsilon}{3}\frac{1}{\sqrt{\pi}}\int_{-N}^{N}\mathrm{e}^{-\zeta^2}\mathrm{d}\zeta+4M\frac{\varepsilon}{6M}\leqslant\frac{\varepsilon}{3}+\frac{2\varepsilon}{3}=\varepsilon.\end{aligned}$$

这样, 我们就验证了由泊松积分 (3.22) 所确定的函数 $u(x,t)$ 确实是柯西问题 (3.17)—(3.18) 的有界解.

关于 (3.29) 式所表示的函数满足非齐次方程 (3.15) 及初始条件 (3.16), 可类似地作出证明, 作为习题留给读者.

## 扩展阅读

从傅里叶级数到傅里叶变换是数学思想与理论上的发展与升华, 无论从其内涵或从其发展的历史进程来说都是如此. 回顾用分离变量法求给定区间上热传导方程或波动方程的初边值问题解的过程, 就是将有限区间上的初始资料视为不同频率、不同振幅的谐波的组合, 然后将该方程以每一项谐波为初值所对应的解叠加在一起, 得出整个初边值问题的解. 各个谐波的频率全体组成一个频谱. 由于每个谐波的频率与所考察的区间大小有关, 故当初始资料给定的区间趋于无穷, 即初边值问题转化成柯西问题时, 频谱全体趋于一个连续谱. 相应地, 求解初边值问题的分离变量法就转化成了傅里叶变换方法, 而初边值问题的级数形式解也转化成具有傅里叶积分形式的解. 这就是引入傅里叶变换方法的原始想法. 在 19 世纪初, 傅里叶、柯西、泊松等数学家都提出过这样的思想, 在彼此的学术思想交流与融合基础上最终将这个思想严格化而形成新的数学理论.

一般含时间变量 $t$ 的常系数偏微分方程初值问题可写为

$$\begin{cases} \dfrac{\partial}{\partial t}u(x,t)-Lu(x,t)=0 \qquad (-\infty<x<\infty, t>0), \\ u(x,0)=\varphi(x) \qquad (-\infty<x<\infty), \end{cases} \tag{3.30}$$

其中 $L$ 为关于 $x$ 的 $m$ 阶常系数线性微分算子 (对于含关于时间变量 $t$ 的高阶导数的情形可以用方程组形式表示, 这里不详述). 对上面的方程和初始条件关于变量 $x$ 作傅里叶变换, 得到关于变量 $t$ 的常微分方程初值问题

$$\begin{cases} \dfrac{\partial}{\partial t}\widetilde{u}(\lambda,t)-P(\mathrm{i}\lambda)\widetilde{u}(\lambda,t)=0 \qquad (t>0), \\ \widetilde{u}(\lambda,0)=\widetilde{\varphi}(\lambda), \end{cases}$$

这里 $\lambda$ 为参变量, $P(\mathrm{i}\lambda)$ 为微分算子 $L$ 对应的 $m$ 阶特征多项式, 即若 $L=\sum\limits_{j=0}^{m}a_j\dfrac{\partial^j}{\partial x^j}$, 则 $P(\mathrm{i}\lambda)=\sum\limits_{j=0}^{m}a_j(\mathrm{i}\lambda)^j$.

该常微分方程初值问题的唯一解为 $\widetilde{u}(\lambda,t)=\mathrm{e}^{P(\mathrm{i}\lambda)t}\widetilde{\varphi}(\lambda)$, 再作关于变量 $\lambda$ 的傅里叶逆变换, 若 $F^{-1}[\mathrm{e}^{P(\mathrm{i}\lambda)t}\widetilde{\varphi}](x,t)$ 存在, 则初值问题 (3.30) 的解可表示为

$$u(x,t)=F^{-1}[\mathrm{e}^{P(\mathrm{i}\lambda)t}\widetilde{\varphi}](x,t).$$

或记 $K(x,t)=F^{-1}[\mathrm{e}^{P(\mathrm{i}\lambda)t}](x,t)$, 则 $u(x,t)$ 也可以写成卷积的形式

$$u(x,t)=\int_{\mathbf{R}}K(x-y,t)\varphi(y)\mathrm{d}y.$$

傅里叶变换及其逆变换都涉及无穷区域上的广义积分. 所以为了保证运算的合理性, 需要对初始资料加一定的条件以使这些广义积分收敛或关于其中所含的参变量可

求导. 在本节中列举了一些充分条件, 但这也限制了这个方法的应用范围. 这些条件可以减轻, 但逐个讨论如何减轻这些条件并加以验证是相当麻烦的. 20 世纪中叶广义函数理论的建立, 可以将函数及其傅里叶变换的意义显著地推广, 从而大大地减轻应用傅里叶变换方法时对初始资料的限制. 在本书第六章会对这一点作较详细的阐述.

## 习 题

1. 求下述函数的傅里叶变换:

(1) $\mathrm{e}^{-\eta x^2}\quad(\eta>0)$;

(2) $\mathrm{e}^{-a|x|}\quad(a>0)$;

(3) $\dfrac{x}{(a^2+x^2)^k},\quad\dfrac{1}{(a^2+x^2)^k}\quad(a>0, k$ 为自然数$)$.

2. 证明: 当 $f(x)$ 在 $(-\infty,\infty)$ 内绝对可积时, $F[f]$ 为连续函数.

3. 用傅里叶变换求解三维热传导方程的柯西问题

$$\begin{cases}\dfrac{\partial u}{\partial t}=a^2\left(\dfrac{\partial^2 u}{\partial x^2}+\dfrac{\partial^2 u}{\partial y^2}+\dfrac{\partial^2 u}{\partial z^2}\right),\\ u|_{t=0}=\varphi(x,y,z).\end{cases}$$

4. 证明: (3.29) 式所表示的函数满足非齐次方程 (3.15) 以及初始条件 (3.16).

5. 求解热传导方程 (3.17) 的柯西问题, 已知

(1) $u|_{t=0}=\sin x$,

(2) 用延拓法求解半有界直线上的热传导方程 (3.17), 假设

$$\begin{cases}u(x,0)=\varphi(x)\qquad(0<x<\infty),\\ u(0,t)=0.\end{cases}$$

6. 证明: 函数

$$v(x,y,t;\xi,\eta,\tau)=\frac{1}{4\pi a^2(t-\tau)}\mathrm{e}^{-\frac{(x-\xi)^2+(y-\eta)^2}{4a^2(t-\tau)}}$$

对于变量 $(x,y,t)$ 满足方程

$$\frac{\partial v}{\partial t}=a^2\left(\frac{\partial^2 v}{\partial x^2}+\frac{\partial^2 v}{\partial y^2}\right),$$

而对于变量 $(\xi,\eta,\tau)$ 满足方程

$$\frac{\partial v}{\partial \tau}+a^2\left(\frac{\partial^2 v}{\partial \xi^2}+\frac{\partial^2 v}{\partial \eta^2}\right)=0.$$

7. 证明: 如果 $u_1(x,t),u_2(y,t)$ 分别是下述两个定解问题

$$\begin{cases}\dfrac{\partial u_1}{\partial t}=a^2\dfrac{\partial^2 u_1}{\partial x^2},\\ u_1|_{t=0}=\varphi_1(x),\end{cases}\qquad\begin{cases}\dfrac{\partial u_2}{\partial t}=a^2\dfrac{\partial u_2}{\partial y^2},\\ u_2|_{t=0}=\varphi_2(y)\end{cases}$$

的解, 则 $u(x,y,t)=u_1(x,t)u_2(y,t)$ 是定解问题

$$\begin{cases}\dfrac{\partial u}{\partial t}=a^2\left(\dfrac{\partial^2 u}{\partial x^2}+\dfrac{\partial^2 u}{\partial y^2}\right),\\ u|_{t=0}=\varphi_1(x)\varphi_2(y)\end{cases}$$

的解.

8. 导出下列热传导方程柯西问题解的表达式:

$$\begin{cases} \dfrac{\partial u}{\partial t} = a^2\left(\dfrac{\partial^2 u}{\partial x^2} + \dfrac{\partial^2 u}{\partial y^2}\right), \\ u|_{t=0} = \displaystyle\sum_{i=1}^{n} \alpha_i(x)\beta_i(y). \end{cases}$$

9. 验证: 二维热传导方程柯西问题

$$\begin{cases} \dfrac{\partial u}{\partial t} = a^2\left(\dfrac{\partial^2 u}{\partial x^2} + \dfrac{\partial^2 u}{\partial y^2}\right), \\ u|_{t=0} = \varphi(x, y) \end{cases}$$

解的表达式为

$$u(x, y, t) = \frac{1}{4\pi a^2 t}\int_{-\infty}^{\infty}\int_{-\infty}^{\infty} \varphi(\xi, \eta)\mathrm{e}^{-\frac{(x-\xi)^2+(y-\eta)^2}{4a^2 t}}\mathrm{d}\xi\mathrm{d}\eta.$$

# §4 极值原理、定解问题解的唯一性和稳定性

**1. 极值原理** 极值原理是描述扩散、热传导等现象的热传导方程的重要特性. 以热传导过程为例, 如果物体的边界温度及其初始温度都不超过某值 $M$, 而且物体内部没有热源, 则这物体内就不可能产生大于 $M$ 的温度. 和这个事实相对应, 我们对齐次热传导方程

$$\frac{\partial u}{\partial t} = a^2\frac{\partial^2 u}{\partial x^2} \tag{4.1}$$

证明下面的

**定理 4.1** (**极值原理**) 设 $u(x, t)$ 在矩形 $R_T = \{\alpha \leqslant x \leqslant \beta, 0 \leqslant t \leqslant T\}$ 上连续, 并且在矩形内部满足热传导方程 (4.1), 则它在矩形的两个侧边 ($x = \alpha$ 及 $x = \beta, 0 \leqslant t \leqslant T$) 及底边 ($t = 0, \alpha \leqslant x \leqslant \beta$) 上取到其最大值和最小值. 换言之, 如果以 $\Gamma_T$ 表示 $R_T$ 的两侧边及底边所组成的边界曲线 (合称为**抛物边界**), 那么成立着

$$\max_{R_T} u(x, t) = \max_{\Gamma_T} u(x, t), \quad \min_{R_T} u(x, t) = \min_{\Gamma_T} u(x, t).$$

**证** 因为将 $-u$ 代替 $u$, 最小值的情形就变为最大值的情形, 所以只需考虑最大值的情形就可以了.

以下用反证法证明所需的结论. 以 $M$ 表示函数 $u(x, t)$ 在 $R_T$ 上的最大值, 以 $m$ 表示函数 $u(x, t)$ 在边界 $\Gamma_T$ 上的最大值. 如果定理不真, 那么 $M > m$. 此时在 $R_T$ 内一定存在着一点 $(x^*, t^*)(t^* > 0, \alpha < x^* < \beta)$, 使函数 $u(x, t)$ 在该点取值 $M$. 作函数

$$V(x, t) = u(x, t) + \frac{M - m}{4l^2}(x - x^*)^2,$$

其中 $l=\beta-\alpha$. 由于在 $\Gamma_T$ 上

$$V(x,t)<m+\frac{M-m}{4}=\frac{M}{4}+\frac{3}{4}m<M,$$

而

$$V(x^*,t^*)=M,$$

因此, 函数 $V(x,t)$ 和 $u(x,t)$ 一样, 它不在 $\Gamma_T$ 上取到最大值. 设 $V(x,t)$ 在 $R_T$ 中的某一点 $(x_1,t_1)$ 上取到最大值 $(t_1>0,\alpha<x_1<\beta)$, 则在此点应有 $\dfrac{\partial^2 V}{\partial x^2}\leqslant 0, \dfrac{\partial V}{\partial t}\geqslant 0$ $\Big($如果 $t_1<T$, 则 $\dfrac{\partial V}{\partial t}=0$; 如果 $t_1=T$, 则 $\dfrac{\partial V}{\partial t}\geqslant 0\Big)$, 因此在点 $(x_1,t_1)$ 处,

$$\frac{\partial V}{\partial t}-a^2\frac{\partial^2 V}{\partial x^2}\geqslant 0;$$

但由直接计算并利用 (4.1) 式得

$$\frac{\partial V}{\partial t}-a^2\frac{\partial^2 V}{\partial x^2}=\frac{\partial u}{\partial t}-a^2\frac{\partial^2 u}{\partial x^2}-a^2\frac{M-m}{2l^2}=-a^2\frac{M-m}{2l^2}<0,$$

这就得到矛盾. 它说明原先的假设是不正确的. 证毕.

**注** 由定理 4.1 的证明可见, 若 $u$ 是非齐次热传导方程 $u_t-u_{xx}=f$ 的解, 且 $f\leqslant 0$, 则仍成立 $\max\limits_{R_T} u=\max\limits_{\Gamma_T} u$.

**2. 初边值问题解的唯一性和稳定性** 利用上面的极值原理, 立刻可得到下述的

**定理 4.2** 热传导方程的初边值问题

$$\begin{cases} u_t=a^2u_{xx}+f(x,t) & (t>0,0<x<l), \\ u(x,0)=\varphi(x) & (0\leqslant x\leqslant l), \\ u(\alpha,t)=\mu_1(t),u(\beta,t)=\mu_2(t) & (t>0) \end{cases} \tag{4.2}$$

在区域 $R_T$ 上的解是唯一的, 而且连续地依赖于边界 $\Gamma_T$ 上所给定的初始条件及边界条件.

**证** 假设问题 (4.2) 有两个解 $u_1$ 及 $u_2$, 则其差 $u=u_1-u_2$ 在区域 $R_T$ 内满足齐次方程 (4.1), 而在 $\Gamma_T$ 上取零值, 于是由上述的极值原理得到在 $R_T$ 上 $u\equiv 0$, 即这两个解在 $R_T$ 上完全相同.

其次, 如果初边值问题的两个解 $u_1$ 和 $u_2$ 在 $\Gamma_T$ 上满足

$$|u_1-u_2|\leqslant\varepsilon,$$

则由极值原理得到在 $R_T$ 内也成立着

$$|u_1-u_2|\leqslant\varepsilon,$$

这就证明了初边值问题 (4.2) 的解的稳定性. 证毕.

定理 4.1 中所证明的极值原理还不能直接应用于热传导方程具有第二或者第三类边界条件的初边值问题. 因此, 为了得到这些初边值问题的解的唯一性与稳定性, 还需要作进一步的讨论.

考虑下面的初边值问题

$$\begin{cases} u_t - a^2 u_{xx} = 0 \quad (t > 0, 0 < x < l), \\ u|_{x=0} = \mu_1(t), \quad \left.\left(\dfrac{\partial u}{\partial x} + hu\right)\right|_{x=l} = \mu_2(t) \quad (t \geqslant 0), \\ u|_{t=0} = \varphi(x) \quad (0 \leqslant x \leqslant l), \end{cases} \tag{4.3}$$

其中, $h$ 是已给定的正常数. 我们有

**定理 4.3**　对任意给定的 $T > 0$, 热传导方程的初边值问题在 $Q_T = \{0 \leqslant x \leqslant l, 0 \leqslant t \leqslant T\}$ 上的解是唯一的, 且连续地依赖于初值 $\varphi(x)$ 以及边界条件中的函数 $\mu_1(t), \mu_2(t)$.

**证**　先讨论问题 (4.3) 解的唯一性. 即要证明齐次初边值问题

$$\begin{cases} u_t - a^2 u_{xx} = 0 \quad (t > 0, 0 < x < l), \\ u|_{x=0} = 0, \quad \left.\left(\dfrac{\partial u}{\partial x} + hu\right)\right|_{x=l} = 0 \quad (t \geqslant 0), \\ u|_{t=0} = 0 \quad (0 \leqslant x \leqslant l) \end{cases} \tag{4.4}$$

只有零解. 事实上, 若 $u$ 不恒等于零, 则 $u$ 在闭区域 $Q_T$ 上必取到正的极大值或负的极小值. 由定理 4.1 知, 正的极大值必在边界 $x = 0, x = l$ 或 $t = 0$ 上取到. 显然由问题 (4.4) 知, 它不可能在 $x = 0$ 与 $t = 0$ 上取到. 但若 $u$ 在 $x = l$ 上取到正的极大值, 则应成立 $\dfrac{\partial u}{\partial x} \geqslant 0, hu > 0$, 从而与 $x = l$ 上的边界条件矛盾. 同理 $u$ 也不可能取负的极小值. 于是问题 (4.4) 只有零解. 从而得到问题 (4.3) 解的唯一性.

再讨论解的稳定性. 先考虑 $u$ 取正的极大值的情形. 若 $u$ 在 $(x^*, t^*)$ 取正的极大值, 则 $u(x^*, t^*) > 0$. 由极值原理知 $u$ 的极大值只能在边界 $x = 0, x = l$ 或 $t = 0$ 上取到. 在 $(x^*, t^*) \in \{x = 0\}$ 或 $(x^*, t^*) \in \{t = 0\}$ 的情形, 可知

$$u(x^*, t^*) \leqslant \max\left(\max_{0 \leqslant t \leqslant T} \mu_1(t), \max_{0 \leqslant x \leqslant l} \varphi(x)\right). \tag{4.5}$$

在 $(x^*, t^*) \in \{x = l\}$ 的情形, 由 $\dfrac{\partial u}{\partial x} \geqslant 0$ 可得

$$hu \leqslant \mu_2(t), \tag{4.6}$$

从而有

$$u(x^*, t^*) \leqslant \max_{0 \leqslant t \leqslant T} \frac{1}{h} \mu_2(t). \tag{4.7}$$

总之, 有

$$u(x, t) \leqslant \max\left(0, \max_{0 \leqslant x \leqslant l} \varphi(x), \max_{0 \leqslant t \leqslant T} \mu_1(t), \frac{1}{h} \max \mu_2(t)\right). \tag{4.8}$$

同理, 在考虑 $u$ 取负的极小值的可能性后可得

$$u(x,t) \geqslant \min\left(0, \min_{0\leqslant x\leqslant l}\varphi(x), \min_{0\leqslant t\leqslant T}\mu_1(t), \frac{1}{h}\min\mu_2(t)\right). \tag{4.9}$$

由此导出稳定性. 证毕.

在上面的讨论中用到了条件 $h>0$, 因而还不能直接将上面的推导应用于取第二类边界条件的初边值问题

$$\begin{cases} u_t - a^2u_{xx} = 0 \quad (t>0, 0<x<l), \\ u|_{x=0} = \mu_1(t), \quad u_x|_{x=l} = \mu_2(t) \quad (t\geqslant 0), \\ u|_{t=0} = \varphi(x) \quad (0\leqslant x\leqslant l) \end{cases} \tag{4.10}$$

的唯一性与稳定性的讨论. 但我们仍然有

**定理 4.4** 对任意给定的 $T>0$, 热传导方程的初边值问题 (4.10) 在 $Q_T$ 上的解是唯一的, 而且连续地依赖于初值 $\varphi(x)$ 及边界函数 $\mu_1(t),\mu_2(t)$.

**证** 我们作未知函数的线性变换

$$\widetilde{u} = w(x)u, \tag{4.11}$$

将问题 (4.10) 中的边界条件化为第三类边界条件的形式. 今取 $w=l-x+1$. 易见在 $0\leqslant x\leqslant l$ 时 $w\geqslant 1$. 由函数求导法则知

$$\begin{aligned} u_t &= \frac{1}{w}\widetilde{u}_t, \\ u_x &= \frac{1}{w}\widetilde{u}_x + \frac{1}{w^2}\widetilde{u}, \\ u_{xx} &= \frac{1}{w}\widetilde{u}_{xx} + \frac{2}{w^2}\widetilde{u}_x + \frac{2}{w^3}\widetilde{u}. \end{aligned}$$

于是, $\widetilde{u}$ 满足方程

$$\widetilde{u}_t - a^2\widetilde{u}_{xx} - \frac{2a^2}{l-x+1}\widetilde{u}_x - \frac{2a^2}{(l-x+1)^2}\widetilde{u} = 0. \tag{4.12}$$

而相应的初始条件与边界条件变为

$$\widetilde{u}|_{t=0} = w(x)\varphi(x), \tag{4.13}$$

$$\widetilde{u}|_{x=0} = (l+1)\mu_1(t), \quad (\widetilde{u}_x + \widetilde{u})|_{x=l} = \mu_2(t). \tag{4.14}$$

此时边界条件已化为第三类边界条件的形式. 但由于方程 (4.12) 中函数 $\widetilde{u}$ 前的系数小于零, 故还需作变换

$$v = \mathrm{e}^{-\lambda t}\widetilde{u} \tag{4.15}$$

并取 $\lambda > 2a^2$. 这样, 所考察的初边值问题就化为

$$\begin{cases} v_t - a^2v_{xx} - \dfrac{2a^2}{l-x+1}v_x + \left[\lambda - \dfrac{2a^2}{(l-x+1)^2}\right]v = 0 \quad (t>0, 0<x<l), \\ v|_{t=0} = w(x)\varphi(x) \quad (0\leqslant x\leqslant l), \\ v|_{x=0} = \mathrm{e}^{-\lambda t}(l+1)\mu_1(t), \quad (v_x+v)|_{x=l} = \mathrm{e}^{-\lambda t}\mu_2(t) \quad (t\geqslant 0). \end{cases} \tag{4.16}$$

现对于问题 (4.16) 证明其稳定性 (唯一性也随之可得). 若 $v$ 在 $(x^*,t^*)$ 取正的极大值, 即 $v(x^*,t^*)>0$. 则 $(x^*,t^*)$ 不可能在区域内部达到. 因为不然的话, 由 $v_t\geqslant 0, v_x=0, v_{xx}\leqslant 0, v>0$ 以及 $\lambda-\dfrac{2a^2}{(l-x+1)^2}>0$ 将使问题 (4.16) 中的方程不可能成立, 分别考虑 $(x^*,t^*)$ 落在 $t=0, x=0$ 与 $x=l$ 的可能性. 如对问题 (4.3) 的讨论那样可以得到在区域 $Q_T$ 中,

$$v(x,t)\leqslant \max\left(0,\max_{0\leqslant x\leqslant l}w(x)\varphi(x),\max_{0\leqslant t\leqslant T}(l+1)\mu_1(t)\mathrm{e}^{-\lambda t},\max_{0\leqslant t\leqslant T}\mu_2(t)\mathrm{e}^{-\lambda t}\right), \tag{4.17}$$

$$v(x,t)\geqslant \min\left(0,\min_{0\leqslant x\leqslant l}w(x)\varphi(x),\min_{0\leqslant t\leqslant T}(l+1)\mu_1(t)\mathrm{e}^{-\lambda t},\min_{0\leqslant t\leqslant T}\mu_2(t)\mathrm{e}^{-\lambda t}\right). \tag{4.18}$$

再利用变换式 (4.15) 与 (4.11) 可以得到问题 (4.10) 的解 $u(x,t)$ 的估计, 从而得到解的唯一性与稳定性. 证毕.

**3. 柯西问题解的唯一性和稳定性** 现在考察热传导方程的柯西问题

$$\begin{cases}\dfrac{\partial u}{\partial t}=a^2\dfrac{\partial^2 u}{\partial x^2}+f(x,t) \quad (t>0,-\infty<x<\infty),\\ u(x,0)=\varphi(x) \quad (-\infty<x<\infty).\end{cases} \tag{4.19}$$

在讨论无界直线上的问题时, 一般要求温度的分布是有界的, 因此对于柯西问题 (4.19) 中的未知函数 $u(x,t)$ 要加上在整个区域上为有界的假设, 即要求存在某一正常数 $B$, 使对任何 $t\geqslant 0,-\infty<x<\infty$, 都有 $|u(x,t)|\leqslant B$. 以下就在具有这种性质的函数类中讨论柯西问题解的唯一性和稳定性. 我们要证明下面的

**定理 4.5** 柯西问题 (4.19) 在有界函数类中的解是唯一的, 而且连续依赖于所给的初始条件.

**证** 先证明有界解的唯一性. 假设柯西问题 (4.19) 有两个有界解 $u_1$ 及 $u_2$, 则其差 $u=u_1-u_2$ 满足齐次方程 (4.1) 及零初始条件 $u(x,0)\equiv 0(-\infty<x<\infty)$, 我们证明, 在整个区域 $t\geqslant 0,-\infty<x<\infty$ 上 $u(x,t)\equiv 0$. 尽管函数 $u$ 是有界的: $|u|\leqslant 2B$, 但由于区域是无界的, 函数 $u(x,t)$ 可能在任何地方都达不到它的最大值与最小值, 因此我们不能直接应用前面的极值原理.

为了应用极值原理来证明唯一性, 对于上半平面的任何一点 $(x_0,t_0), t_0>0$, 我们考虑下面的矩形区域

$$R_0: 0\leqslant t\leqslant t_0, |x-x_0|\leqslant L,$$

其中 $L$ 是一个任意给定的正数. 作函数

$$v(x,t)=\frac{4B}{L^2}\left[\frac{(x-x_0)^2}{2}+a^2t\right],$$

它在区域 $R_0$ 上是连续的, 在 $R_0$ 内部满足方程 (4.1), 而且

$$v(x,0)=\frac{2B(x-x_0)^2}{L^2}\geqslant 0=u(x,0),$$
$$v(x_0\pm L,t)\geqslant 2B\geqslant u(x_0\pm L,t),$$

因此在 $R_0$ 的下底及侧边上成立着不等式

$$v(x,t) \geqslant u(x,t).$$

于是由定理 4.1 知道在区域 $R_0$ 上也成立着

$$v(x,t) \geqslant u(x,t),$$

即

$$\frac{4B}{L^2}\left[\frac{(x-x_0)^2}{2}+a^2t\right] \geqslant u(x,t).$$

同理我们可证明在区域 $R_0$ 上成立着

$$u(x,t) \geqslant -\frac{4B}{L^2}\left[\frac{(x-x_0)^2}{2}+a^2t\right].$$

特别取 $(x_0,t_0)$ 点, 就得到

$$|u(x_0,t_0)| \leqslant \frac{4B}{L^2}a^2t_0.$$

但由于 $L$ 是任意的, 令 $L\to\infty$, 就得

$$u(x_0,t_0)=0.$$

又因为 $(x_0,t_0)$ 是上半平面的任一点, 所以在整个区域中 $u(x,t)\equiv 0$, 这就证明了解的唯一性.

下面, 我们证明柯西问题的有界解对初始条件的连续依赖性. 为此, 只需证明当 $|\varphi(x)|\leqslant \eta$ 时, 在整个区域 $t\geqslant 0, -\infty<x<\infty$ 上 $|u(x,t)|\leqslant \eta$. 这可和证明解的唯一性完全同样地进行证明, 而只要取函数

$$v(x,t)=\frac{4B}{L^2}\left[\frac{(x-x_0)^2}{2}+a^2t\right]+\eta$$

来代替原来的辅助函数就可以了. 因此, 对有界解来说, 柯西问题的稳定性也成立. 证毕.

## 扩 展 阅 读

**热传导方程柯西问题的非唯一性** 本章定理 4.5 证明了热传导方程柯西问题在有界函数类中解的唯一性. 定理中解的有界性是使定理成立的一个条件. 尽管这个条件可以放宽, 但不能完全去掉. 以下给出热传导方程柯西问题解的非唯一性的反例. 我们将构造一个函数, 它在 $t\geqslant 0$ 的半平面上连续可微且满足方程 (4.1), 在 $t=0$ 时取零值. 这个反例是由吉洪诺夫 (Тихонов) 首先给出的.

令 $\varphi(t)=\mathrm{e}^{-1/t^2}$, 并定义

$$u(x,t)=\begin{cases}\displaystyle\sum_{n=0}^{\infty}\frac{\mathrm{d}^n}{\mathrm{d}t^n}\varphi(t)\frac{x^{2n}}{(2n)!} & (t>0),\\ 0 & (t=0).\end{cases}\tag{4.20}$$

**引理 4.1** 在 (4.20) 式中所示的级数在 $t>0$ 的半平面上任意点的邻域中是一致收敛的.

**证** 为估计函数 $\varphi(t)$ 的各阶导数, 将它视为在 $\mathbf{C}\backslash\{0\}$ 上定义的全纯函数 $\varphi(z)=\mathrm{e}^{-1/z^2}$ 在半实轴上的取值. 对固定的 $t>0$, 作环路

$$\gamma=\left\{z\in\mathbf{C}\middle|z=t+\frac{t}{2}\mathrm{e}^{\mathrm{i}\theta}\right\},\quad 0<\theta\leqslant 2\pi.$$

则由柯西积分公式知对任意的 $n$ 成立

$$\frac{\mathrm{d}^n}{\mathrm{d}t^n}\varphi(t)=\frac{n!}{2\pi\mathrm{i}}\int_{\gamma}\frac{\varphi(z)}{(z-t)^{n+1}}\mathrm{d}z.$$

由此得

$$\left|\frac{\mathrm{d}^n}{\mathrm{d}t^n}\varphi(t)\right|\leqslant\frac{n!}{2\pi}\int_{\gamma}\frac{\mathrm{e}^{-\mathrm{Re}\,(z^{-2})}}{|z-t|^{n+1}}|\mathrm{d}z|=\frac{n!}{2\pi}\left(\frac{2}{t}\right)^n\int_0^{2\pi}\mathrm{e}^{-\mathrm{Re}\,(z^{-2})}\mathrm{d}\theta.$$

对于 $z\in\gamma$ 有 $z^2=t^2\left(1+\frac{1}{2}\mathrm{e}^{\mathrm{i}\theta}\right)^2$ 以及

$$\frac{1}{z^2}=\frac{1}{t^2}\frac{\left(1+\frac{1}{4}\mathrm{e}^{-2\mathrm{i}\theta}+\mathrm{e}^{-\mathrm{i}\theta}\right)}{\left|\left(1+\frac{1}{2}\mathrm{e}^{\mathrm{i}\theta}\right)^2\right|^2}.$$

由直接计算可知, $z\in\gamma$ 时, $\mathrm{Re}\,(z^{-2})$ 在 $\theta=2\pi$ 时取其极小值 $\frac{4}{9t^2}$, 故有

$$\left|\frac{\mathrm{d}^n}{\mathrm{d}t^n}\varphi(t)\right|\leqslant n!\left(\frac{2}{t}\right)^n\mathrm{e}^{-4/(9t^2)}.$$

于是, 对任意固定的 $a>0$, 只要 $|x|<a$, (4.20) 式右边的级数就被以下的正项级数

$$\mathrm{e}^{-4/(9t^2)}\sum_{n=0}^{\infty}\left(\frac{2}{t}\right)^n\frac{n!}{(2n)!}a^{2n}$$

逐项控制. 注意到

$$\frac{2^n(n!)^2}{(2n)!}=\prod_{k=1}^{n}\frac{k}{2k-1}\leqslant 1,$$

故有

$$\begin{aligned}\sum_{n=0}^{\infty}\frac{\mathrm{d}^n}{\mathrm{d}t^n}\varphi(t)\frac{a^{2n}}{(2n)!}&\leqslant\mathrm{e}^{-4/(9t^2)}\sum_{n=0}^{\infty}\left(\frac{2}{t}\right)^n\frac{n!}{(2n)!}a^{2n}\\&\leqslant\mathrm{e}^{-4/(9t^2)}\sum_{n=0}^{\infty}\left(\frac{1}{t}\right)^n\frac{(a^2)^n}{n!}\leqslant\mathrm{e}^{-4/(9t^2)}\mathrm{e}^{a^2/t}.\end{aligned}$$

引理证毕.

应用引理 4.1 就可以在 $t>0$ 区域中对 (4.20) 式中的级数逐项求导. 于是有

$$
\begin{aligned}
\frac{\partial^2 u}{\partial x^2} &= \sum_{n=1}^{\infty} \varphi^{(n)}(t) 2n(2n-1)\frac{x^{2n-2}}{(2n)!} \\
&= \sum_{n=1}^{\infty} \varphi^{(n)}(t) \frac{x^{2n-2}}{[2(n-1)]!} \\
&= \sum_{n=0}^{\infty} \varphi^{(n+1)}(t) \frac{x^{2n}}{(2n)!} = \frac{\partial u}{\partial t}.
\end{aligned}
$$

此外, 当 $t\to 0$ 时有

$$
\lim_{t\to 0} u(x,t) = \sum_{n=0}^{\infty} \varphi^{(n)}(t)\big|_{t=0} \frac{x^{2n}}{(2n)!} = 0.
$$

所以 $u(x,t)$ 是问题 (4.20) 的非零解. 由此得到热传导方程柯西问题解的非唯一性.

## 习　题

1. 证明方程 $\dfrac{\partial u}{\partial t} = a^2\dfrac{\partial^2 u}{\partial x^2} + cu(c\geqslant 0)$ 具有狄利克雷边界条件的初边值问题解的唯一性与稳定性.

2. 利用证明热传导方程极值原理的方法, 证明: 满足方程 $\dfrac{\partial^2 u}{\partial x^2} + \dfrac{\partial^2 u}{\partial y^2} = 0$ 的函数在有界闭区域上的最大值不会超过它在边界上的最大值.

3. 设 $u(x,t)$ 为热传导方程

$$
u_t - a^2 u_{xx} - cu = 0
$$

在矩形 $R=\{(x,t)\big|0<x<l, 0<t<T\}$ 中的解, 其中 $c>0$ 为常数. 如果

$$
\begin{aligned}
&|u(0,t)|, |u(l,t)| \leqslant M, \quad t\in[0,T], \\
&|u(x,0)| \leqslant M, \quad x\in[0,l],
\end{aligned}
$$

试证:

$$
|u(x,t)| \leqslant M\mathrm{e}^{ct}, \quad (x,t)\in R.
$$

由此给出该方程的第一初边值问题的解对初值与边值的连续依赖性.

4. 证明无界区域上热传导方程的极值原理: 设 $u(x,t)$ 在带形区域 $\{(x,t)\big|x\in\mathbf{R}, 0\leqslant t\leqslant T\}$ 上连续有界, 当 $0<t<T$ 时满足热传导方程 $u_t - a^2 u_{xx} = 0$, 则

$$
\begin{aligned}
\sup_{0\leqslant t\leqslant T, x\in\mathbf{R}} u(x,t) &= \sup_{x\in\mathbf{R}} u(x,0), \\
\inf_{0\leqslant t\leqslant T, x\in\mathbf{R}} u(x,t) &= \inf_{x\in\mathbf{R}} u(x,0).
\end{aligned}
$$

5. 设 $u(x,t)$ 是 $\{0\leqslant x\leqslant \pi, 0\leqslant t<\infty\}$ 中问题

$$
\begin{cases}
u_t = u_{xx}, \\
u\big|_{x=0} = u_x\big|_{x=\pi} = 0, \\
u\big|_{t=0} = \varphi(x)
\end{cases}
$$

的经典解, 其中 $\varphi(0)=\varphi'(\pi)=0$. 证明:

$$\sup_{0<x<\pi}|u(x,1)|\leqslant\sup_{0<x<\pi}|\varphi(x)|.$$

(提示: 将函数 $u(x,t)$ 关于直线 $x=\pi$ 作偶延拓到 $x\in(\pi,2\pi)$ 中.)

6. 设 $u(x,t)$ 是 $\{0\leqslant x\leqslant l,0\leqslant t\leqslant T\}$ 中边值问题

$$\begin{cases}u_t=u_{xx}+f(x),\\ u|_{x=0}=u|_{x=l}=0,\\ u|_{t=0}=0\end{cases}$$

的经典解, 其中 $f(x)\leqslant 0$ 在 $0\leqslant x\leqslant l$ 上成立. 试证明: 对任意的 $x_0\in(0,l)$, 函数 $u(x_0,t)$ 关于 $t$ 是非增的.

## §5 解的渐近性态

对于热传导问题, 当一个物体处在一个稳定的热环境中, 它的温度分布最终会趋于稳定. 如果没有热源或热量输入, 解的渐近性态一般表现为衰减. 本节将讨论当时间 $t\to\infty$ 时, 热传导方程初边值问题及柯西问题解的渐近性态.

**1. 初边值问题解的渐近性态** 以问题 (2.13) 为例讨论热传导方程初边值问题解的渐近性态 (将边界条件均取狄利克雷条件的情形留作习题). 由 §2 的讨论, 当初始函数 $\varphi(x)$ 满足 $\varphi(x)\in C^2,\varphi(0)=0,\varphi'(l)+h\varphi(l)=0$ 时, 我们用分离变量法得到了一个用级数表示的经典解

$$u(x,t)=\sum_{k=1}^{\infty}A_k\mathrm{e}^{-a^2\lambda_k t}\sin\sqrt{\lambda_k}x, \tag{5.1}$$

其中

$$A_k=\frac{1}{M_k}\int_0^l\varphi(\xi)\sin\sqrt{\lambda_k}\xi\mathrm{d}\xi, \tag{5.2}$$

$$M_k=\frac{l}{2}+\frac{h}{2(h^2+\lambda_k)}, \tag{5.3}$$

而 $\lambda_k$ 为下列超越方程

$$\tan(\sqrt{\lambda}l)=-\frac{\sqrt{\lambda}}{h} \tag{5.4}$$

的解, 它满足 $\dfrac{\left(k-\dfrac{1}{2}\right)^2\pi^2}{l^2}<\lambda_k<\dfrac{k^2\pi^2}{l^2}$. 再由上节关于唯一性的讨论知, 当 $\varphi$ 满足前述条件时, 问题 (2.13) 的解必定由级数 (5.1) 给出.

**定理 5.1** 假设初始函数 $\varphi(x)$ 满足 $\varphi\in C^2,\varphi(0)=0,\varphi'(l)+h\varphi(l)=0$. 则当 $t$ 趋于无穷时, 问题 (2.13) 的唯一的经典解指数衰减地趋于零, 确切地说, 当 $t\to\infty$ 时, 对

一切 $x \in [0,l]$,

$$|u(x,t)| \leqslant C\mathrm{e}^{-a^2\lambda_1 t} \to 0, \tag{5.5}$$

其中 $C$ 为一个与解无关的正常数.

**证** 由前面的讨论, 唯一的经典解由 (5.1) 式给出. 由 (5.2), (5.3) 式可知, 对一切 $k$,

$$|A_k| \leqslant C_1, \tag{5.6}$$

其中 $C_1$ 为仅与 $\varphi$ 的最大模有关的常数. 由 $\lambda_k$ 所满足的估计式可知, 当 $k \to \infty$ 时, $\lambda_k = O\left(k^2\right)$, 故有 $\displaystyle\sum_{k=2}^{\infty} \frac{1}{\lambda_k - \lambda_1} < \infty$. 另一方面, 由指数函数的性质可知, 当 $t \geqslant 1$ 时, 对一切 $k \geqslant 2$ 成立

$$(\lambda_k - \lambda_1)\mathrm{e}^{-a^2(\lambda_k-\lambda_1)t} \leqslant (\lambda_k - \lambda_1)\mathrm{e}^{-a^2(\lambda_k-\lambda_1)} \leqslant C_2, \tag{5.7}$$

其中 $C_2$ 为一个与 $k$ 无关的正常数. 于是当 $t \geqslant 1$ 时, 对一切 $x \in [0,l]$, 成立

$$\begin{aligned} |u(x,t)| &\leqslant C_1 \left[1 + \sum_{k=2}^{\infty} \mathrm{e}^{-a^2(\lambda_k-\lambda_1)t}\right] \mathrm{e}^{-a^2\lambda_1 t} \\ &\leqslant C_1 \left[1 + \sum_{k=2}^{\infty} (\lambda_k - \lambda_1)\mathrm{e}^{-a^2(\lambda_k-\lambda_1)t} \frac{1}{\lambda_k - \lambda_1}\right] \mathrm{e}^{-a^2\lambda_1 t} \\ &\leqslant C_1 \left(1 + C_2 \sum_{k=2}^{\infty} \frac{1}{\lambda_k - \lambda_1}\right) \mathrm{e}^{-a^2\lambda_1 t} \leqslant C\mathrm{e}^{-a^2\lambda_1 t}. \end{aligned} \tag{5.8}$$

证毕.

**2. 柯西问题解的渐近性态** 下面转而讨论热传导方程柯西问题解的渐近性态. 由前两节的讨论可知, 当 $\varphi(x)$ 为有界连续函数时, 热传导方程的柯西问题

$$\begin{cases} \dfrac{\partial u}{\partial t} = a^2 \dfrac{\partial^2 u}{\partial x^2}, & (5.9) \\ u(x,0) = \varphi(x) & (5.10) \end{cases}$$

的唯一解由下列的泊松积分给出:

$$u(x,t) = \frac{1}{2a\sqrt{\pi t}} \int_{-\infty}^{\infty} \varphi(\xi)\mathrm{e}^{-\frac{(x-\xi)^2}{4a^2 t}} \mathrm{d}\xi. \tag{5.11}$$

为了讨论解的渐近性态, 还需对 $\varphi$ 加上进一步的条件. 如果 $\displaystyle\int_{-\infty}^{\infty} |\varphi(x)|\, \mathrm{d}x$ 收敛, 则称 $\varphi \in L^1(\mathbf{R})$, 并记

$$\|\varphi\|_{L^1(\mathbf{R})} = \int_{-\infty}^{\infty} |\varphi(x)|\, \mathrm{d}x. \tag{5.12}$$

**定理 5.2** 设 $\varphi$ 是有界连续函数, 且 $\varphi \in L^1(\mathbf{R})$, 则柯西问题 (5.9), (5.10) 的唯一经典解具有如下的渐近性态: 对一切 $x \in \mathbf{R}, t > 0$, 当 $t \to \infty$ 时, 一致地成立

$$|u(x,t)| \leqslant Ct^{-\frac{1}{2}} \to 0, \tag{5.13}$$

其中 $C$ 为一个仅与 $a$ 及 $\|\varphi\|_{L^1(\mathbf{R})}$ 有关的正常数.

**证** 由 (5.11) 式,

$$|u(x,t)| \leqslant \frac{1}{2a\sqrt{\pi t}} \int_{-\infty}^{\infty} |\varphi(\xi)| \,\mathrm{e}^{-\frac{(x-\xi)^2}{4a^2 t}} \mathrm{d}\xi \leqslant \frac{1}{2a\sqrt{\pi t}} \int_{-\infty}^{\infty} |\varphi(\xi)| \,\mathrm{d}\xi = Ct^{-\frac{1}{2}}. \tag{5.14}$$

证毕.

对二维和三维热传导方程的柯西问题, 同样容易证明, 它们的解分别具有 $t^{-1}$ 及 $t^{-\frac{3}{2}}$ 的衰减率 (作为习题).

由上面的讨论可见, 当 $t \to \infty$ 时, 热传导方程初边值问题的解具有指数衰减率, 而热传导方程的柯西问题的解具有 $t^{-\frac{n}{2}}$ 的衰减率, 其中 $n$ 为空间变量的维数.

## 习　　题

1. 证明: 下列热传导方程初边值问题

$$\begin{cases} u_t - a^2 u_{xx} = 0, \\ u|_{x=0} = u|_{x=l} = 0, \\ u|_{t=0} = \varphi(x) \end{cases}$$

的解当 $t \to \infty$ 时指数地衰减于零, 其中 $\varphi \in C^2$, 且 $\varphi(0) = \varphi(l) = 0$.

2. 证明: 当 $\varphi(x,y)$ 为 $\mathbf{R}^2$ 上的有界连续函数, 且 $\varphi \in L^1(\mathbf{R}^2)$ 时, 二维热传导方程柯西问题的解, 当 $t \to \infty$ 时, 以 $t^{-1}$ 衰减率趋于零.

3. 证明: 当 $\varphi(x,y,z)$ 为 $\mathbf{R}^3$ 上的有界连续函数, 且 $\varphi \in L^1(\mathbf{R}^3)$ 时, 三维热传导方程柯西问题的解, 当 $t \to \infty$ 时, 以 $t^{-\frac{3}{2}}$ 衰减率趋于零.

4. 设 $u(x,t)$ 是区域 $\{-\infty < x < \infty, t > 0\}$ 中柯西问题

$$\begin{cases} u_t = u_{xx}, \quad t > 0, \\ u|_{t=0} = \mathrm{e}^{-x^2} \end{cases}$$

的解. 求 $\lim\limits_{t \to \infty} \int_0^{\infty} u(x,t) \mathrm{d}x$.

5. 设 $u(x,t)$ 是 $(0,l) \times (0,\infty)$ 中初边值问题

$$\begin{cases} u_t = u_{xx}, \\ u(0,t) = u(l,t) = t, \\ u(x,0) = \varphi(x) \end{cases}$$

的解, 其中 $\varphi(x)$ 在 $[0,l]$ 上连续可微, $\varphi(0) = \varphi(l) = 0$. 求 $\lim\limits_{t \to \infty} t^{-1} u(x,t)$.

6. 设 $\varphi(x)$ 在 $[0,1]$ 上连续可微, $\varphi(0)=\varphi(1)=0, u(x,t)$ 是在 $(0,1)\times(0,\infty)$ 中初边值问题

$$\begin{cases} u_t = u_{xx} + \alpha u, \\ u(0,t) = u(1,t) = 0, \\ u(x,0) = \varphi(x) \end{cases}$$

的经典解. 试求所有使

$$\lim_{t\to\infty} u(x,t) = 0, \quad \forall x \in [0,1]$$

成立的 $\alpha$.

# 第三章 调和方程

本章介绍最典型的椭圆型方程 —— 调和方程 (又称拉普拉斯方程) 和泊松方程. §1 中介绍了调和方程的边界条件和边值问题的提法. §2 中应用格林公式, 导出了调和方程解的平均值定理, 进而证明了调和函数的极值原理, 然后应用极值原理讨论了第一边值问题的解的唯一性和稳定性. §3 中对特殊区域 (球、半空间等), 导出了第一边值问题解的表达式. §4 中介绍调和函数的一些重要性质. §5 中证明了霍普夫 (Hopf) 极值原理, 利用它讨论第二边值问题解的唯一性问题.

## §1 建立方程、定解条件

**1. 方程的导出** 在这一章中我们主要研究**调和方程** (又称**拉普拉斯方程**)

$$\Delta u \equiv \frac{\partial^2 u}{\partial x^2} + \frac{\partial^2 u}{\partial y^2} + \frac{\partial^2 u}{\partial z^2} = 0 \tag{1.1}$$

及**泊松方程**

$$\Delta u \equiv \frac{\partial^2 u}{\partial x^2} + \frac{\partial^2 u}{\partial y^2} + \frac{\partial^2 u}{\partial z^2} = f(x, y, z) \tag{1.2}$$

的基本定解问题及解的性质. 在二维的情形, 调和方程和泊松方程的形式分别为

$$\Delta u \equiv \frac{\partial^2 u}{\partial x^2} + \frac{\partial^2 u}{\partial y^2} = 0 \tag{1.1$'$}$$

及

$$\Delta u \equiv \frac{\partial^2 u}{\partial x^2} + \frac{\partial^2 u}{\partial y^2} = f(x, y). \tag{1.2$'$}$$

方程 (1.1) 及 (1.2) 在力学、物理学问题中经常遇到. 在第一章中我们研究了膜的振动问题, 当研究在不随时间而变化的外力 $F(x, y)$ 作用下膜的平衡时, 膜的位移 $u$ 和时间无关, 于是膜振动方程

$$\rho \frac{\partial^2 u}{\partial t^2} = T\left(\frac{\partial^2 u}{\partial x^2} + \frac{\partial^2 u}{\partial y^2}\right) + F(x, y, t)$$

就化为膜平衡方程

$$0 = T\left(\frac{\partial^2 u}{\partial x^2} + \frac{\partial^2 u}{\partial y^2}\right) + F(x, y),$$

或写为

$$\frac{\partial^2 u}{\partial x^2}+\frac{\partial^2 u}{\partial y^2}=-\frac{F(x,y)}{T},$$

它就是二维的泊松方程. 从第二章中的讨论我们也可看到, 当研究稳定状态热的传导问题时也导致泊松方程, 特别在没有热源时就得到调和方程. 此外, 从复变函数论中知道, 一个解析函数的实部与虚部分别满足二维的调和方程.

调和方程和泊松方程的应用十分广泛, 下面再介绍几个导致调和方程和泊松方程的实例.

**(1) 引力位势**　在数学史上导致调和方程的一个著名的实例来自牛顿万有引力. 根据牛顿万有引力定律, 位于 $(x_0,y_0,z_0)$ 处质量为 $M$ 的质点对位于 $(x,y,z)$ 处具有单位质量的质点的引力, 其大小等于

$$\frac{GM}{r^2},$$

其中 $G$ 为万有引力常数, $r=\sqrt{(x-x_0)^2+(y-y_0)^2+(z-z_0)^2}$ 为这两点之间的距离; 作用力方向沿着这两点的连线, 指向 $(x_0,y_0,z_0)$ 点. 写成向量形式, 即为

$$\boldsymbol{F}(x,y,z)=-\frac{GM}{r^2}\left(\frac{x-x_0}{r},\frac{y-y_0}{r},\frac{z-z_0}{r}\right).$$

$\boldsymbol{F}(x,y,z)$ 称为引力场函数. 可以引入一个位势函数 (也称势函数) 来代替分别处理引力场函数的每个分量, 这个函数就是

$$\varphi(x,y,z)=-\frac{GM}{r}.$$

容易验证 $\boldsymbol{F}=-\mathbf{grad}\,\varphi$. 且除了允许相差一个任意常数外, 位势函数是唯一确定的.

若有以密度 $\rho(x,y,z)$ 分布在区域 $\Omega$ 上的质量, 则它产生的引力场应该为其上各质点产生的引力场的叠加. 在区域 $\Omega$ 上的质量所产生的总引力位势应为

$$\varphi(x,y,z)=-\iiint\limits_{\Omega}\frac{G\rho(\xi,\eta,\zeta)\mathrm{d}\xi\mathrm{d}\eta\mathrm{d}\zeta}{\sqrt{(x-\xi)^2+(y-\eta)^2+(z-\zeta)^2}}. \tag{1.3}$$

通过直接计算可以验证, $\varphi(x,y,z)$ 在 $\Omega$ 以外满足调和方程

$$\Delta\varphi=0.$$

还可以进一步验证, 若 $\rho(x,y,z)$ 满足赫尔德 (Hölder) 条件①, 则 $\varphi$ 在 $\Omega$ 内满足泊松方程

$$\Delta\varphi=4\pi\rho.$$

① 若函数 $f(M)$ 在其定义域中满足 $|f(M_1)-f(M_2)|\leqslant Cr^{\alpha}_{M_1M_2}$, 其中 $0<\alpha<1$, 而 $C$ 为一个正常数, 则称函数 $f$ 满足赫尔德条件.

**(2) 静电场的电位势** 设空间中有一电荷密度为 $\rho(x,y,z)$ 的静电场. 在此电场内任取一由闭曲面 $\Sigma$ 包围的区域 $\Omega$, 由静电学中的高斯定律知, 通过 $\Sigma$ 向外的电通量等于 $\Omega$ 中总电量的 $4\pi$ 倍, 即成立

$$\iint_{\Sigma} \boldsymbol{E}\cdot\boldsymbol{n}\mathrm{d}s = 4\pi\iiint_{\Omega}\rho\mathrm{d}x\mathrm{d}y\mathrm{d}z,$$

其中 $\boldsymbol{E}$ 为电场强度向量, 而 $\boldsymbol{n}$ 为 $\Sigma$ 上的单位外法线向量. 利用格林公式并注意到 $\Omega$ 的任意性, 可得

$$\operatorname{div}\boldsymbol{E} = 4\pi\rho. \tag{1.4}$$

又由库仑定律可知, 静电场是有势的, 即存在静电位势 $u=u(x,y,z)$, 使

$$\boldsymbol{E} = -\mathbf{grad}\, u.$$

将其代入 (1.4) 式, 即得静电位势 $u$ 满足以下的泊松方程

$$\Delta u = -4\pi\rho.$$

特别地, 若在某区域中没有电荷存在, 则在此区域中静电位势 $u$ 满足调和方程.

**定义** 调和方程的经典解, 也就是说具有关于变量 $x,y$ 和 $z$ 的二阶连续偏导数并且满足方程 (1.1) 的连续函数解 (或具有关于变量 $x$ 和 $y$ 的二阶连续偏导数并且满足方程 $(1.1)'$ 的连续函数解) 称为**调和函数**.

在两个自变量的情形, 调和函数的许多性质已在复变函数论中讨论过, 这里不再重复, 下面的叙述将以三维的情形为主.

**2. 定解条件和定解问题** 为了在空间的某一区域中确定方程 (1.1)(或 (1.2)) 的解, 还必须附加一些定解条件. 因为现在方程及解 $u$ 与时间 $t$ 无关, 所以定解条件中只有**边界条件**, 此种定解问题称为**边值问题**. 如同第一章对膜振动方程所提的三种类型的边界条件那样, 对方程 (1.1) (或 (1.2)) 也可以提三种类型的边值问题, 分别称为第一边值问题、第二边值问题及第三边值问题. 在本章中我们主要研究第一及第二边值问题.

**(1) 第一边值问题 (狄利克雷问题)** 在空间 $(x,y,z)$ 中某一区域 $\Omega$ 的边界 $\Gamma$ 上给定了一个连续函数 $g$, 要求找出这样的一个函数 $u(x,y,z)$, 它在 $\Omega$ 内是调和函数, 在 $\Omega\cup\Gamma$ 上连续, 并在 $\Gamma$ 上与已给的函数 $g$ 重合:

$$u|_{\Gamma} = g. \tag{1.5}$$

**(2) 第二边值问题 (诺伊曼问题)** 在某光滑的闭曲面 $\Gamma$ 上给出连续函数 $g$, 要寻找这样一个函数 $u(x,y,z)$, 它在 $\Gamma$ 的内部区域 $\Omega$ 中是调和函数, 在 $\Omega\cap\Gamma$ 上连续, 且在 $\Gamma$ 上的任一点沿 $\Gamma$ 的单位外法线方向 $\boldsymbol{n}$ 的方向导数 $\dfrac{\partial u}{\partial\boldsymbol{n}}$ 存在, 并且就等于已给函数 $g$ 在该点的值:

$$\left.\frac{\partial u}{\partial\boldsymbol{n}}\right|_{\Gamma} = g. \tag{1.6}$$

读者试自行写出方程 (1.1) 或 (1.2) 的第三边值问题.

此外, 在应用中我们还经常会遇到狄利克雷问题和诺伊曼问题的另一种提法. 例如当确定某物体外部的稳定温度场时, 就归结为求区域 $\Omega$ 外的函数 $u$, 使满足方程 (1.1) 和边界条件 $u|_{\Gamma}=g$, 这里 $\Gamma$ 是 $\Omega$ 的边界, $g$ 表示物体表面的温度分布. 又如在流体力学的绕流问题中, 常常需要确定某有界区域 $\Omega$ 外部流场的速度分布. 如果流场是有势的, 而且所考虑的流体是不可压缩的, 那么速度势 $\varphi$ 在 $\Omega$ 的外部满足调和方程 (1.1), 且在绕流物体的边界 $\Gamma$ 上应有 $\left.\dfrac{\partial\varphi}{\partial\boldsymbol{n}}\right|_{\Gamma}=0$. 因此决定 $\Omega$ 外部流场的速度分布的问题就归结为求一个在曲面 $\Gamma$ 外部为调和的函数, 使它在 $\Gamma$ 上满足所给的边界条件. 这样, 我们看到, 找一个函数 $u$ 在曲面 $\Gamma$ 外部为调和, 而在曲面 $\Gamma$ 上满足所给的边界条件, 这样的定解问题在实用上是很需要的, 称它为**调和方程的外问题**. 相应地, 我们把上面第一个例子中所提的问题称为**狄利克雷外问题**, 第二个例子中所提的问题称为**诺伊曼外问题**.

由于调和方程的外问题是在无穷区域上给出的, 定解问题的解在无穷远处还应该加以一定的限制. 我们可举例说明当在无穷远处不加任何限制时, 外问题的解并不唯一. 例如, 考察以原点为心的单位球面 $\Gamma$ 作为边界曲面的狄利克雷外问题, 并给出边界条件

$$u|_{\Gamma}=1.$$

容易看出, $u_1(x,y,z)\equiv 1$ 及 $u_2(x,y,z)=\dfrac{1}{\sqrt{x^2+y^2+z^2}}$ 都在单位球外满足调和方程, 并在单位球上满足上述边界条件. 因此如果在无穷远处不加限制, 就不能保证外问题解的唯一性. 那么, 对解在无穷远处究竟应该加以怎样的限制呢? 在三维的情形, 通常要求解在无穷远处的极限为零, 即

$$\lim_{r\to\infty}u(x,y,z)=0 \quad (r=\sqrt{x^2+y^2+z^2}). \tag{1.7}$$

这就排除了上面的解 $u_1(x,y,z)\equiv 1$.

现在我们确切地叙述调和方程的外问题的提法.

**(3) 狄利克雷外问题** 在空间 $(x,y,z)$ 的某一闭曲面 $\Gamma$ 上给定连续函数 $g$, 要找出这样一个函数 $u(x,y,z)$, 它在 $\Gamma$ 的外部区域 $\Omega'$ 内调和 (无穷远处除外) , 在 $\Omega'\cup\Gamma$ 上连续, 当点 $(x,y,z)$ 趋于无穷远时, $u(x,y,z)$ 一致地趋于零 (即满足条件 (1.7)), 并且它在 $\Gamma$ 上取所给的函数值:

$$u|_{\Gamma}=g. \tag{1.8}$$

**(4) 诺伊曼外问题** 在光滑的闭曲面 $\Gamma$ 上给出连续函数 $g$, 要求找出这样一个函数 $u(x,y,z)$, 它在闭曲面 $\Gamma$ 的外部区域 $\Omega'$ 内调和, 在 $\Omega'\cup\Gamma$ 上连续, 在无穷远处满足条件 (1.7), 且在 $\Gamma$ 上任一点沿区域 $\Omega'$ 的单位外法线方向 $\boldsymbol{n}'$ (指向曲面 $\Gamma$ 的内部) 的

法向导数 $\dfrac{\partial u}{\partial \boldsymbol{n}'}$ 存在, 并且满足

$$\left.\frac{\partial u}{\partial \boldsymbol{n}'}\right|_{\Gamma}=g. \tag{1.9}$$

为了和外问题相区别, 我们有时把定解问题 (1) 及 (2) 分别称为**狄利克雷内问题**和**诺伊曼内问题**.

对于二维调和方程的狄利克雷外问题, 条件 (1.7) 应改为解 $u(x,y)$ 在无穷远处有界, 即存在常数 $K$ 与 $M$, 使当 $r=\sqrt{x^2+y^2}>K$ 时,

$$|u(x,y)|<M \tag{1.7$'$}$$

成立.

对于泊松方程 (1.2) 的四种边值问题, 只要找出泊松方程的一个特解, 由叠加原理, 就能化为调和方程 (1.1) 的对应的边值问题. 当 $g$ 满足赫尔德条件时, 这种特解是容易找到的 (例如 (1.3) 式就可用于表示这样的特解). 所以我们以后主要研究调和方程 (1.1) 的边值问题.

**3. 变分原理** 在物理学和力学中有几个关于能量极大或极小的定律, 它们与描述质量、动量、力、热量、电量等物理量为守恒或平衡的其他物理定律具有同样的重要性. 由前两章, 我们已知能量往往可用积分表示. 这种积分表达式的极值问题称为**变分问题**. 某些物理学、力学的变分问题也会导出调和方程或泊松方程的定解问题.

作为一个例子, 我们考察薄膜的平衡问题. 设有一边界固定的薄膜, 在外力作用下处于平衡状态. 力学中有如下的**最小总势能原理**: 在一切可能的位移中, 真实位移使总势能达到最小.

采用第一章中的记号, 用 $u(x,y)$ 表示在 $(x,y)$ 处薄膜的垂直位移, $F(x,y)$ 表示垂直外力的密度. 记薄膜在水平面 $Oxy$ 上的投影区域为 $\Omega$, 它具有光滑边界 $\Gamma$, 则在外力 $F$ 作用下薄膜的总势能为 (参见第一章 (6.7) 式)

$$V=\iint_{\Omega}\left\{\frac{T}{2}\left[\left(\frac{\partial u}{\partial x}\right)^2+\left(\frac{\partial u}{\partial y}\right)^2\right]-Fu\right\}\mathrm{d}x\mathrm{d}y.$$

以 $J(u)$ 表示总势能, 不计一个常数因子, 它可写为

$$J(u)=\iint_{\Omega}\left\{\frac{1}{2}\left[\left(\frac{\partial u}{\partial x}\right)^2+\left(\frac{\partial u}{\partial y}\right)^2\right]-fu\right\}\mathrm{d}x\mathrm{d}y, \tag{1.10}$$

其中

$$f=\frac{F}{T}.$$

因为薄膜的边界固定, "一切可能的位移" 就是指所有具有一定的光滑性, 且在边界上等于零的位移函数. 例如, 按式

$$V_0=\{v\in C^2(\Omega)\cap C^1(\overline{\Omega}), v|_{\Gamma}=0\} \tag{1.11}$$

给定函数集合 $V_0$, 则一切可能的位移可取为集合 $V_0$ 中元素的全体. 这样, 最小总势能原理可以用如下的数学形式表述: 若 $u$ 为真实位移, 则 $u \in V_0$, 且满足

$$J(u) = \min_{v \in V_0} J(v). \tag{1.12}$$

变分问题与泊松方程的边值问题有密切的关系. 对于变分问题 (1.12) 与下述泊松方程的狄利克雷问题

$$\begin{cases} -\Delta u = f \quad (x,y) \in \Omega, \\ u|_\Gamma = 0, \end{cases} \tag{1.13}$$

我们可证明如下的

**定理 1.1** (**变分原理**) 如果满足变分问题 (1.12) 的函数 $u \in V_0$ 存在, 它必满足定解问题 (1.13). 反之, 若 $u$ 是定解问题 (1.13) 属于 $V_0$ 的解, 则 $u$ 必为变分问题 (1.12) 的解.

**证** 若 $u$ 是变分问题 (1.12) 的解, 任取 $w \in V_0$, 令 $v = u + \lambda w$, 其中 $\lambda$ 为任一实数. 显然有 $v \in V_0$, 且

$$\begin{aligned} J(v) = J(u+\lambda w) &= \iint_\Omega \left\{ \frac{1}{2}\left[ \left( \frac{\partial}{\partial x}(u+\lambda w) \right)^2 + \left( \frac{\partial}{\partial y}(u+\lambda w) \right)^2 \right] - f \cdot (u+\lambda w) \right\} \mathrm{d}x\mathrm{d}y \\ &= J(u) + \lambda \iint_\Omega \left( \frac{\partial u}{\partial x}\frac{\partial w}{\partial x} + \frac{\partial u}{\partial y}\frac{\partial w}{\partial y} - fw \right) \mathrm{d}x\mathrm{d}y + \frac{\lambda^2}{2} \iint_\Omega \left[ \left( \frac{\partial w}{\partial x} \right)^2 + \left( \frac{\partial w}{\partial y} \right)^2 \right] \mathrm{d}x\mathrm{d}y. \end{aligned}$$

由 (1.12) 式, $J(u+\lambda w)$ 在 $\lambda = 0$ 取到极小值, 应有

$$\frac{\mathrm{d}}{\mathrm{d}\lambda} J(u+\lambda w) \bigg|_{\lambda=0} = 0,$$

即

$$\iint_\Omega \left( \frac{\partial u}{\partial x}\frac{\partial w}{\partial x} + \frac{\partial u}{\partial y}\frac{\partial w}{\partial y} - fw \right) \mathrm{d}x\mathrm{d}y = 0. \tag{1.14}$$

但由格林公式

$$\begin{aligned} \iint_\Omega \left( \frac{\partial u}{\partial x}\frac{\partial w}{\partial x} + \frac{\partial u}{\partial y}\frac{\partial w}{\partial y} \right) \mathrm{d}x\mathrm{d}y &= \iint_\Omega \left[ \frac{\partial}{\partial x}\left( w\frac{\partial u}{\partial x} \right) + \frac{\partial}{\partial y}\left( w\frac{\partial u}{\partial y} \right) - w\left( \frac{\partial^2 u}{\partial x^2} + \frac{\partial^2 u}{\partial y^2} \right) \right] \mathrm{d}x\mathrm{d}y \\ &= \int_\Gamma w\frac{\partial u}{\partial \boldsymbol{n}}\mathrm{d}s - \iint_\Omega \Delta u \cdot w\mathrm{d}x\mathrm{d}y. \end{aligned}$$

由于 $w \in V_0, w|_\Gamma = 0$, 上式右端第一项为 0, 从而由 (1.14) 式得到, 对任何给定的 $w \in V_0$, 成立

$$\iint_\Omega (\Delta u + f) w \mathrm{d}x\mathrm{d}y = 0. \tag{1.15}$$

由此可知, $\Delta u+f$ 在 $\Omega$ 中必恒等于 0. 事实上, 若 $\Delta u+f$ 在 $\Omega$ 中某点 $(x_0,y_0)$ 不等于 0, 不失一般性, 设 $(\Delta u+f)(x_0,y_0)>0$, 则由 $\Delta u+f$ 的连续性知, 必存在 $(x_0,y_0)$ 的一个邻域, 在此邻域内成立 $\Delta u+f>0$. 这样, 取 $w$ 满足在点 $(x_0,y_0)$ 附近大于 0, 而在其外等于 0, 就有

$$\iint_\Omega (\Delta u+f)w\mathrm{d}x\mathrm{d}y>0,$$

从而与 (1.15) 式矛盾. 因此, 在 $\Omega$ 中必有

$$\Delta u+f\equiv 0.$$

又由 $u\in V_0$, 因此 $u|_\Gamma=0$, 即 $u$ 为问题 (1.13) 的解.

反之, 若 $u\in V_0$ 是泊松方程定解问题 (1.13) 的解, 则对 $V_0$ 中的任一给定的 $w$, 成立

$$-\iint_\Omega (\Delta u+f)w\mathrm{d}x\mathrm{d}y=0.$$

由此, 利用格林公式易知, 对任何给定的 $w\in V_0$, 成立

$$\iint_\Omega \left(\frac{\partial u}{\partial x}\frac{\partial w}{\partial x}+\frac{\partial u}{\partial y}\frac{\partial w}{\partial y}-fw\right)\mathrm{d}x\mathrm{d}y=0. \tag{1.16}$$

任给 $v\in V_0$, 令 $w=v-u\in V_0$, 就有

$$\begin{aligned}J(v)&=J(u+w)\\&=J(u)+\iint_\Omega \left(\frac{\partial u}{\partial x}\frac{\partial w}{\partial x}+\frac{\partial u}{\partial y}\frac{\partial w}{\partial y}-fw\right)\mathrm{d}x\mathrm{d}y+\\&\qquad\iint_\Omega \frac{1}{2}\left[\left(\frac{\partial w}{\partial x}\right)^2+\left(\frac{\partial w}{\partial y}\right)^2\right]\mathrm{d}x\mathrm{d}y,\end{aligned}$$

再利用 (1.16) 式即得

$$J(v)=J(u)+\frac{1}{2}\iint_\Omega \left[\left(\frac{\partial w}{\partial x}\right)^2+\left(\frac{\partial w}{\partial y}\right)^2\right]\mathrm{d}x\mathrm{d}y.$$

注意到 $w\in V_0$, 我们有

$$J(v)\geqslant J(u),$$

且等号仅当 $w\equiv 0$ 时成立. 这就证明了 $u$ 满足 (1.12) 式, 即 $u$ 也是变分问题 (1.12) 的解. 证毕.

薄膜平衡方程是第一章中导出的薄膜振动方程在振动趋于静止时的推论. 定理 1.1 又指出薄膜平衡方程可以由最小总势能原理导出. 这也说明最小总势能原理与牛顿运动定律本质上是一致的. 它们是同一物理规律的不同表述方式.

变分原理提供了研究偏微分方程边值问题的一个新观点和新途径. 它也可以提供求偏微分方程边值问题的解 (包括近似解) 的方法. 但是, 定理 1.1 本身并未告诉我们 $J(v)$ 是否存在取极小值的元素, 更没有回答 $J(v)$ 是否在 $V_0$ 中取到极小值. 因此, 要用变分方法来研究狄利克雷问题 (1.13), 尚有一些基础性的工作要做. 随着近代数学理论的发展, 诸如积分 (1.10) 在哪种函数类中确实存在极小值等问题都得到了严格的阐述与论证, 从而确立了变分原理在数学物理方程研究中的重要作用.

## 扩展阅读

**狄利克雷原理** 由力学中的变分原理得出的定理 1.1 甚为重要, 它将泊松方程边值问题 (1.13) 的求解化为一个特定形式积分 (1.10) 求极值的问题. 等价地, 它可以将调和方程取给定边界值的狄利克雷问题

$$\begin{cases} -\Delta u = 0, & (x,y)\in \Omega, \\ u\big|_{\Gamma} = \varphi, \end{cases} \tag{1.17}$$

化成在集合

$$V = \{v \in C^2(\Omega)\cap C^1(\overline{\Omega}), v\big|_{\Gamma} = \varphi\} \tag{1.18}$$

上积分 $\displaystyle\int_{\Omega}(u_x^2+u_y^2)\mathrm{d}x\mathrm{d}y$ 取极小值的问题. 这一推理方法即变分学方法可以追溯到 1851 年黎曼 (Riemann) 的博士论文. 黎曼在其论文中将这个原理称为**狄利克雷原理** (因为他的老师狄利克雷也曾研究过这一原理). 相应地, 在这个原理中出现的积分 $\displaystyle\iint_{\Omega}(u_x^2+u_y^2)\mathrm{d}x\mathrm{d}y$ 被称为**狄利克雷积分**.

可是在黎曼初次提出这样的狄利克雷原理时其推理存在不严格之处. 因为 $V$ 是一个含无穷多元素的集合, 我们并不知道在这个集合中是否确实有元素可以达到其极小值. 魏尔斯特拉斯 (Weierstrass) 首先指出了这一点, 并且后来构造了一个反例, 在这个例子中, 在给定边界条件下使积分达到极小值的函数并不存在.

魏尔斯特拉斯的反例是这样的: 记集合 $U$ 为 $\{y\in C^1[-1,1], y(-1)=0, y(1)=1\}$. 在 $U$ 上定义积分 $J[y]=\displaystyle\int_{-1}^{1}x^2[y'(x)]^2\mathrm{d}x$, 则显然有 $J[y]\geqslant 0$, 且进一步有 $\inf\limits_{y\in U}J[y]=0$. 事实上, 令 $y_\varepsilon(x)=\dfrac{1}{2}\left(1+\dfrac{\arctan x/\varepsilon}{\arctan 1/\varepsilon}\right)$, 则 $y_\varepsilon(x)\in U$, 而且

$$J[y_\varepsilon(x)] < \int_{-1}^{1}(x^2+\varepsilon^2)[y_\varepsilon'(x)]^2\mathrm{d}x = \frac{\varepsilon}{2\arctan 1/\varepsilon} \to 0\ (\varepsilon\to 0).$$

但是在集合 $U$ 中不存在函数 $y(x)$, 使 $J[y]=0$.

之后, 法国数学家阿达马 (J.Hadamard) 提出了另一个反例, 在其反例中拉普拉斯方程在圆上的狄利克雷问题存在取连续边界值的经典解, 但它不可能通过使狄利克雷

积分取极值的方法得到, 因为这个解的狄利克雷积分不存在. 阿达马的反例是这样的: 在单位圆的边界上定义函数 $\varphi(\theta)=\sum\limits_{n=0}^{\infty}2^{-\frac{n}{2}}\cos 2^n\theta$. 则 $\varphi(\theta)$ 连续但不可导. 拉普拉斯方程 $\Delta u=0$ 以 $\varphi(\theta)$ 为边界值的解是

$$u(r,\theta)=\sum_{n=0}^{\infty}r^{2^n}2^{-\frac{n}{2}}\cos 2^n\theta.$$

然而在以原点为心、半径为 $\rho$ 的圆盘 $D_\rho$ 中

$$\begin{aligned}\iint\limits_{D_\rho}|\nabla u|^2\,\mathrm{d}x\mathrm{d}y&=\iint\limits_{D_\rho}\left(u_r^2+\frac{1}{r^2}u_\theta^2\right)r\mathrm{d}r\mathrm{d}\theta\\&=\sum_{n=0}^{\infty}\iint\limits_{D_\rho}2^nr^{2^{n+1}-2}r\mathrm{d}r\mathrm{d}\theta=\sum_{n=0}^{\infty}\rho^{2^{n+1}}\pi.\end{aligned}$$

在 $\rho\to1$ 时, 该积分趋于无穷, 所以在整个单位圆上的狄利克雷积分不存在.

魏尔斯特拉斯等对于狄利克雷原理的质疑暂时限制了该原理的应用. 直到 19 世纪末希尔伯特 (Hilbert) 对狄利克雷原理重新进行了深入的研究才使狄利克雷原理得到新生. 希尔伯特发现只要对区域边界以及其上的边界值加上某些限制, 就可以克服上面所提及的缺陷. 他在 1900 年著名的世纪演讲中提出了 23 个数学问题, 其中第 19 和第 23 个问题就是关于变分问题的研究. 我们今天知道, 如果将偏微分方程的解的概念拓广为广义解, 并使边界函数以及解都定义在相应的索伯列夫 (Sobolev) 空间中, 就可以将狄利克雷积分取极值的极小元之存在性进行严格的证明, 而且这个极小元是方程的解的含义也能得到精确的阐述. 所以今天变分原理已经发展成为相当完美且有广泛应用的理论. 由于关于索伯列夫空间以及广义解的讨论已明显超出本课程的范围, 故这里不再展开了.

## 习　题

1. 设 $u(x_1,x_2,\cdots,x_n)=f(r)$ (其中 $r=\sqrt{x_1^2+x_2^2+\cdots+x_n^2}$) 是 $n$ 维调和函数 $\left(即满足方程 \dfrac{\partial^2u}{\partial x_1^2}+\dfrac{\partial^2u}{\partial x_2^2}+\cdots+\dfrac{\partial^2u}{\partial x_n^2}=0\right)$, 试证明:

$$f(r)=c_1+\frac{c_2}{r^{n-2}}\quad(n\neq2),$$
$$f(r)=c_1+c_2\ln\frac{1}{r}\quad(n=2),$$

其中 $c_1,c_2$ 为任意常数.

2. 证明: 拉普拉斯算子在球面坐标 $(r,\theta,\varphi)$ 下可以写成

$$\Delta u=\frac{1}{r^2}\frac{\partial}{\partial r}\left(r^2\frac{\partial u}{\partial r}\right)+\frac{1}{r^2\sin\theta}\frac{\partial}{\partial\theta}\left(\sin\theta\frac{\partial u}{\partial\theta}\right)+\frac{1}{r^2\sin^2\theta}\frac{\partial^2u}{\partial\varphi^2}.$$

3. 证明: 拉普拉斯算子在柱面坐标 $(r,\theta,z)$ 下可以写成

$$\Delta u=\frac{1}{r}\frac{\partial}{\partial r}\left(r\frac{\partial u}{\partial r}\right)+\frac{1}{r^2}\frac{\partial^2 u}{\partial\theta^2}+\frac{\partial^2 u}{\partial z^2}.$$

4. 证明下列函数都是调和函数:

(1) $ax+by+c\quad(a,b,c$ 为常数);

(2) $x^2-y^2$ 和 $2xy$;

(3) $x^3-3xy^2$ 和 $3x^2y-y^3$;

(4) $\operatorname{sh}ny\sin nx,\operatorname{sh}ny\cos nx,\operatorname{ch}ny\sin nx$ 和 $\operatorname{ch}ny\cos nx$ ($n$ 为常数);

(5) $\operatorname{sh}x(\operatorname{ch}x+\cos y)^{-1}$ 和 $\sin y(\operatorname{ch}x+\cos y)^{-1}$.

5. 证明用极坐标表示的下列函数都满足调和方程:

(1) $\ln r$ 和 $\theta$;

(2) $r^n\cos n\theta$ 和 $r^n\sin n\theta$ ($n$ 为常数);

(3) $r\ln r\cos\theta-r\theta\sin\theta$ 和 $r\ln r\sin\theta+r\theta\cos\theta$.

6. 用分离变量法求解由下述调和方程的第一边值问题所描述的矩形平板 $(0\leqslant x\leqslant a,0\leqslant y\leqslant b)$ 上的稳定温度分布:

$$\begin{cases}\dfrac{\partial^2 u}{\partial x^2}+\dfrac{\partial^2 u}{\partial y^2}=0,\\ u(0,y)=u(a,y)=0,\\ u(x,0)=\sin\dfrac{\pi x}{a},\quad u(x,b)=0.\end{cases}$$

7. 在膜型扁壳渠道闸门的设计中, 为了考察闸门在水压力作用下的受力情况, 要在矩形区域 $0\leqslant x\leqslant a,0\leqslant y\leqslant b$ 上求解如下的非齐次调和方程的边值问题:

$$\begin{cases}\Delta u=py+q\quad(p<0,q>0\text{ 且为常数}),\\ \left.\dfrac{\partial u}{\partial x}\right|_{x=0}=0,\quad u\big|_{x=a}=0,\\ u\big|_{y=0}=u\big|_{y=b}=0.\end{cases}$$

试求解之. (提示: 令 $v=u+(x^2-a^2)(fy+g)$ 以引入新的未知函数 $v$, 并选择适当的 $f$ 及 $g$ 之值, 使 $v$ 满足调和方程, 再用分离变量法求解.)

8. 举例说明在二维调和方程的狄利克雷外问题中, 如果对解 $u(x,y)$ 不加在无穷远处为有界的限制, 那么定解问题的解就不是唯一的.

9. 调和方程的多项式解称为调和多项式. 试证: $\mathbf{R}^2$ 中不超过 $n$ 次且线性独立的调和多项式至多只能有 $2n+1$ 个.

10. 如果用调和方程表示平衡温度场中温度分布函数所满足的方程, 试说明诺伊曼问题有解的条件 $\displaystyle\int_{\partial\Omega}g\mathrm{d}S=0$ 的物理意义.

11. 证明: 若 $u\in C^2(\Omega)\cap C^1(\overline{\Omega})$, 使泛函

$$J[v]=\frac{1}{2}\iint\limits_{\Omega}(|\nabla v|^2+cv^2)\mathrm{d}x\mathrm{d}y-\iint\limits_{\Omega}Fv\mathrm{d}x\mathrm{d}y-\int_{\partial\Omega}gv\mathrm{d}S$$

取极小, 则它满足

$$\begin{cases}-\Delta u+cu=F,\\ \left.\dfrac{\partial u}{\partial\boldsymbol{n}}\right|_{\partial\Omega}=g.\end{cases}$$

12. 设

$$J(v)=\iiint\limits_{\Omega}\frac{1}{2}\left[\left(\frac{\partial u}{\partial x}\right)^2+\left(\frac{\partial u}{\partial y}\right)^2+\left(\frac{\partial u}{\partial z}\right)^2\right]\mathrm{d}x\mathrm{d}y\mathrm{d}z+\iint\limits_{\Gamma}\left(\frac{1}{2}\sigma u^2-gu\right)\mathrm{d}S,$$

变分问题的提法为: 求 $u\in V$, 使

$$J(u)=\min_{v\in V}J(v),$$

其中 $V=C^2(\Omega)\cap C^1(\overline{\Omega})$. 试导出与此变分问题等价的边值问题, 并证明它们的等价性.

# §2 格林公式及其应用

**1. 格林公式** 设 $\Omega$ 是以足够光滑的曲面 $\Gamma$ 为边界的有界区域 (可以是多连通区域), $P(x,y,z),Q(x,y,z),R(x,y,z)$ 是在 $\Omega\cup\Gamma$ 上连续, 在 $\Omega$ 内有连续偏导数的任意函数, 则成立

$$\begin{aligned}&\iiint\limits_{\Omega}\left(\frac{\partial P}{\partial x}+\frac{\partial Q}{\partial y}+\frac{\partial R}{\partial z}\right)\mathrm{d}\Omega\\=&\iint\limits_{\Gamma}[P\cos(\boldsymbol{n},x)+Q\cos(\boldsymbol{n},y)+R\cos(\boldsymbol{n},z)]\mathrm{d}S,\end{aligned}$$

其中 $\mathrm{d}\Omega$ 是体积微元, $\boldsymbol{n}$ 是 $\Gamma$ 的外法线方向, $\mathrm{d}S$ 是 $\Gamma$ 上的面积微元.

设函数 $u(x,y,z)$ 和 $v(x,y,z)$ 以及它们的所有一阶偏导数在闭区域 $\Omega\cup\Gamma$ 上连续, 它们的所有二阶偏导数在 $\Omega$ 内连续. 在上式中令 $P=u\dfrac{\partial v}{\partial x},Q=u\dfrac{\partial v}{\partial y},R=u\dfrac{\partial v}{\partial z}$, 我们就得到**格林第一公式**:

$$\iiint\limits_{\Omega}u\Delta v\mathrm{d}\Omega=\iint\limits_{\Gamma}u\frac{\partial v}{\partial\boldsymbol{n}}\mathrm{d}S-\iiint\limits_{\Omega}\left(\frac{\partial u}{\partial x}\frac{\partial v}{\partial x}+\frac{\partial u}{\partial y}\frac{\partial v}{\partial y}+\frac{\partial u}{\partial z}\frac{\partial v}{\partial z}\right)\mathrm{d}\Omega,\qquad(2.1)$$

其中 $\Delta=\dfrac{\partial^2}{\partial x^2}+\dfrac{\partial^2}{\partial y^2}+\dfrac{\partial^2}{\partial z^2},\dfrac{\partial}{\partial\boldsymbol{n}}$ 表示外法向导数.

在 (2.1) 式中将函数 $u,v$ 的位置交换, 得

$$\iiint\limits_{\Omega}v\Delta u\mathrm{d}\Omega=\iint\limits_{\Gamma}v\frac{\partial u}{\partial\boldsymbol{n}}\mathrm{d}S-\iiint\limits_{\Omega}\left(\frac{\partial u}{\partial x}\frac{\partial v}{\partial x}+\frac{\partial u}{\partial y}\frac{\partial v}{\partial y}+\frac{\partial u}{\partial z}\frac{\partial v}{\partial z}\right)\mathrm{d}\Omega.\qquad(2.2)$$

自 (2.1) 式减去 (2.2) 式, 我们就得到**格林第二公式**:

$$\iiint\limits_{\Omega}(u\Delta v-v\Delta u)\mathrm{d}\Omega=\iint\limits_{\Gamma}\left(u\frac{\partial v}{\partial\boldsymbol{n}}-v\frac{\partial u}{\partial\boldsymbol{n}}\right)\mathrm{d}S.\qquad(2.3)$$

公式 (2.3) 对 $\Omega$ 内二阶连续可导, 在 $\Omega\cup\Gamma$ 上有连续一阶偏导数的任意函数 $u(x,y,z)$ 及 $v(x,y,z)$ 成立.

利用上述格林公式, 我们可推出调和函数的一些基本性质. 首先我们导出调和函数的积分表达式. 考察函数

$$v=\frac{1}{r_{M_0M}}=\frac{1}{\sqrt{(x-x_0)^2+(y-y_0)^2+(z-z_0)^2}}, \tag{2.4}$$

此处 $M_0(x_0,y_0,z_0)$ 是区域 $\Omega$ 内的某一固定点. 函数 $\dfrac{1}{r_{M_0M}}$ 除点 $M_0$ 外处处满足方程 (1.1), 它在研究三维拉普拉斯方程中起着重要的作用, 称为三维拉普拉斯方程的**基本解**. 在公式 (2.3) 中取 $u$ 是调和函数, 而取 $v=\dfrac{1}{r_{M_0M}}$. 由于函数 $v$ 在区域 $\Omega$ 内有奇异点 $M_0$, 因此对区域 $\Omega$ 不能直接应用格林第二公式 (2.3), 但是, 如果在区域 $\Omega$ 内挖去一个以 $M_0$ 为球心、充分小正数 $\varepsilon$ 为半径的球 $K_\varepsilon$, 则在剩下的区域 $\Omega\setminus K_\varepsilon$ 中函数 $v$ 就是连续可导的了. 在区域 $\Omega\setminus K_\varepsilon$ 上对上述的函数 $u$ 和 $v$ 应用公式 (2.3), 得

$$\iiint\limits_{\Omega\setminus K_\varepsilon}\left(u\Delta\frac{1}{r}-\frac{1}{r}\Delta u\right)\mathrm{d}\Omega=\iint\limits_{\Gamma\cup\Gamma_\varepsilon}\left[u\frac{\partial}{\partial \boldsymbol{n}}\left(\frac{1}{r}\right)-\frac{1}{r}\frac{\partial u}{\partial \boldsymbol{n}}\right]\mathrm{d}S, \tag{2.5}$$

其中 $\Gamma_\varepsilon$ 是球 $K_\varepsilon$ 的表面. 在区域 $\Omega\setminus K_\varepsilon$ 内 $\Delta u=0,\Delta\dfrac{1}{r}=0$. 在球面 $\Gamma_\varepsilon$ 上, 由于

$$\frac{\partial}{\partial \boldsymbol{n}}\left(\frac{1}{r}\right)=-\frac{\partial}{\partial r}\left(\frac{1}{r}\right)=\frac{1}{r^2}=\frac{1}{\varepsilon^2},$$

因此

$$\iint\limits_{\Gamma_\varepsilon}u\frac{\partial}{\partial \boldsymbol{n}}\left(\frac{1}{r}\right)\mathrm{d}S=\frac{1}{\varepsilon^2}\iint\limits_{\Gamma_\varepsilon}u\mathrm{d}S=4\pi u^*,$$

其中 $u^*$ 是函数 $u$ 在球面 $\Gamma_\varepsilon$ 上的平均值. 类似地, 有

$$\iint\limits_{\Gamma_\varepsilon}\frac{1}{r}\frac{\partial u}{\partial \boldsymbol{n}}\mathrm{d}S=\frac{1}{\varepsilon}\iint\limits_{\Gamma_\varepsilon}\frac{\partial u}{\partial \boldsymbol{n}}\mathrm{d}S=4\pi\varepsilon\left(\frac{\partial u}{\partial \boldsymbol{n}}\right)^*,$$

此处 $\left(\dfrac{\partial u}{\partial \boldsymbol{n}}\right)^*$ 是函数 $\dfrac{\partial u}{\partial \boldsymbol{n}}$ 在球面 $\Gamma_\varepsilon$ 上的平均值. 因此, 由公式 (2.5) 得

$$\iint\limits_{\Gamma}\left[u\frac{\partial}{\partial \boldsymbol{n}}\left(\frac{1}{r}\right)-\frac{1}{r}\frac{\partial u}{\partial \boldsymbol{n}}\right]\mathrm{d}S+4\pi u^*-4\pi\varepsilon\left(\frac{\partial u}{\partial \boldsymbol{n}}\right)^*=0.$$

在上式中令 $\varepsilon\to0$, 就得到调和函数的基本积分公式

$$u(M_0)=-\frac{1}{4\pi}\iint\limits_{\Gamma}\left[u(M)\frac{\partial}{\partial \boldsymbol{n}}\left(\frac{1}{r_{M_0M}}\right)-\frac{1}{r_{M_0M}}\frac{\partial u(M)}{\partial \boldsymbol{n}}\right]\mathrm{d}S_M. \tag{2.6}$$

这样, 对于在 $\Omega\cup\Gamma$ 上有连续一阶偏导数的调和函数 $u$, 其在区域 $\Omega$ 内任一点 $M_0$ 的值, 可通过积分表达式 (2.6) 用这函数及其法向导数在区域边界 $\Gamma$ 上的数值来表示.

上面我们的推导是在假设点 $M_0(x_0, y_0, z_0)$ 为区域 $\Omega$ 中的点而进行的. 如果把点 $M_0$ 取在 $\Omega$ 之外或者取在 $\Omega$ 的边界 $\Gamma$ 上, 可以类似地得到另外两个式子. 把它们与 (2.6) 式合并起来可写为

$$-\iint\limits_{\Gamma}\left[u\frac{\partial}{\partial \boldsymbol{n}}\left(\frac{1}{r}\right)-\frac{1}{r}\frac{\partial u}{\partial \boldsymbol{n}}\right]\mathrm{d}S=\begin{cases}0 & (\text{若 } M_0 \text{ 在 } \Omega \text{ 外}),\\ 2\pi u(M_0) & (\text{若 } M_0 \text{ 在 } \Gamma \text{ 上}),\\ 4\pi u(M_0) & (\text{若 } M_0 \text{ 在 } \Omega \text{ 内}).\end{cases} \tag{2.7}$$

同样, 如果 $u$ 在 $\Omega\cup\Gamma$ 上有连续的一阶偏导数, 而在区域 $\Omega$ 内, $\Delta u=F$, 就可以得到与 (2.6) 式相类似的公式

$$u(M_0)=-\frac{1}{4\pi}\iint\limits_{\Gamma}\left[u(M)\frac{\partial}{\partial \boldsymbol{n}}\left(\frac{1}{r_{M_0M}}\right)-\frac{1}{r_{M_0M}}\frac{\partial u(M)}{\partial \boldsymbol{n}}\right]\mathrm{d}S_M-\frac{1}{4\pi}\iiint\limits_{\Omega}\frac{F(M)}{r_{M_0M}}\mathrm{d}\Omega_M. \tag{2.8}$$

由格林公式立即得出调和函数的下述重要性质.

**定理 2.1** 设函数 $u$ 在以曲面 $\Gamma$ 为边界的区域 $\Omega$ 内调和, 在 $\Omega\cup\Gamma$ 上有连续一阶偏导数, 则

$$\iint\limits_{\Gamma}\frac{\partial u}{\partial \boldsymbol{n}}\mathrm{d}S=0. \tag{2.9}$$

**证** 只要在公式 (2.3) 中取 $u$ 是所给的调和函数, 而取 $v\equiv 1$, 就得到 (2.9) 式.

由此定理, 我们得出诺伊曼内问题 $\left.\dfrac{\partial u}{\partial \boldsymbol{n}}\right|_{\Gamma}=f$ 有解的必要条件是函数 $f$ 满足

$$\iint\limits_{\Gamma} f\mathrm{d}S=0.$$

由于 (2.6) 式表示一个调和函数, 故 (2.8) 式的第一项是一个调和函数. 于是, 由叠加原理得

$$v(M_0)=-\frac{1}{4\pi}\iiint\limits_{\Omega}\frac{F(M)}{r_{M_0M}}\mathrm{d}\Omega_M \tag{2.10}$$

是泊松方程

$$\Delta u=F$$

的一个特解 (试与 (1.3) 式相比较).

对于二维的情形, 拉普拉斯方程的基本解为

$$\ln\frac{1}{r_{M_0M}}=\ln\frac{1}{\sqrt{(x-x_0)^2+(y-y_0)^2}}, \tag{2.11}$$

相应于 (2.6) 式的关于调和函数的基本积分公式为

$$u(M_0)=-\frac{1}{2\pi}\int_{\Gamma}\left[u(M)\frac{\partial}{\partial \boldsymbol{n}}\left(\ln\frac{1}{r_{M_0M}}\right)-\ln\frac{1}{r_{M_0M}}\frac{\partial u(M)}{\partial \boldsymbol{n}}\right]\mathrm{d}s_M, \tag{2.12}$$

其中 $u(M)$ 是平面区域 $\Omega$ 上的调和函数, 在 $\Omega\cup\Gamma$ 上有连续一阶偏导数, $\Gamma$ 为 $\Omega$ 的边界.

**2. 平均值定理** 在上段中, 我们得到了将调和函数用其边界上的积分表示出来的公式 (2.6), 由此就可以得到下面反映调和函数重要特性的平均值公式.

**定理 2.2 (平均值公式)** 设函数 $u(M)$ 在某区域 $\Omega$ 内调和, $M_0$ 是 $\Omega$ 中的任一点. 则对以 $M_0$ 为球心、$a$ 为半径完全落在区域 $\Omega$ 的内部的球面 $\Gamma_a$, 成立

$$u(M_0)=\frac{1}{4\pi a^2}\iint\limits_{\Gamma_a}u\mathrm{d}S. \tag{2.13}$$

**证** 把公式 (2.6) 应用到球心在点 $M_0$、半径为 $a$ 的球面 $\Gamma_a$ 上, 得到

$$u(M_0)=-\frac{1}{4\pi}\iint\limits_{\Gamma_a}\left[u\frac{\partial}{\partial\boldsymbol{n}}\left(\frac{1}{r}\right)-\frac{1}{r}\frac{\partial u}{\partial\boldsymbol{n}}\right]\mathrm{d}S.$$

但在 $\Gamma_a$ 上 $\dfrac{1}{r}=\dfrac{1}{a}$, 于是由定理 2.1 得

$$\iint\limits_{\Gamma_a}\frac{1}{r}\frac{\partial u}{\partial\boldsymbol{n}}\mathrm{d}S=\frac{1}{a}\iint\limits_{\Gamma_a}\frac{\partial u}{\partial\boldsymbol{n}}\mathrm{d}S=0;$$

另一方面, $\left.\dfrac{\partial}{\partial\boldsymbol{n}}\left(\dfrac{1}{r}\right)\right|_{\Gamma_a}=-\dfrac{1}{a^2}$ (因为在球面 $\Gamma_a$ 上外法线方向与矢径方向一致), 于是

$$\iint\limits_{\Gamma_a}u\frac{\partial}{\partial\boldsymbol{n}}\left(\frac{1}{r}\right)\mathrm{d}S=-\frac{1}{a^2}\iint\limits_{\Gamma_a}u\mathrm{d}S.$$

所以

$$u(M_0)=\frac{1}{4\pi a^2}\iint\limits_{\Gamma_a}u\mathrm{d}S.$$

这就是所要证明的.

**注** 在证明此定理时, 我们利用了等式 (2.6), 它是在假设函数 $u$ 在球面上的导数 $\dfrac{\partial u}{\partial\boldsymbol{n}}$ 存在而推出的. 如果只知道函数 $u(M)$ 在闭区域 $\Omega\cup\Gamma$ 上连续, 在 $\Omega$ 内满足方程 $\Delta u=0$, 那么根据上面的推理尚不能断言对一个和 $\Gamma$ 相切的球面 $\Gamma_a$ 也成立 (2.13) 式. 但因为公式 (2.13) 对任意一个 $a'<a$ 的球 $\Gamma_{a'}$ 总是正确的, 然后取极限 $a'\to a$, 即得关于 $\Gamma_a$ 的公式 (2.13).

**3. 极值原理** 调和函数的一个重要性质就是成立极值原理, 即非常数的调和函数不能在区域内部取到极值. 这从相应的物理模型中就可以直观地得到预示. 以稳定温度场为例, 此时热量由外面流入, 经过物体内部流出, 达到动平衡状态. 因此, 当物体内部没有热源时, 温度分布不可能在内部有最高点或最低点, 否则, 由于热量要从温度高的地方流向温度低的地方, 就会破坏温度的稳定分布状态. 这就是说, 温度的最高点及最低点必在物体的边界上. 这个事实可以用精确的数学语言叙述为如下的:

**定理 2.3** (**极值原理**) 对不恒等于常数的调和函数 $u(x,y,z)$, 其在区域 $\Omega$ 的任何内点上的值不可能达到它在 $\Omega$ 上的上界或下界.

**证** 用反证法证明. 设调和函数 $u(x,y,z)$ 不恒等于常数, 且在区域 $\Omega$ 上的上界为 $m$ (这里假设函数 $u(x,y,z)$ 在区域 $\Omega$ 上有上界, 在相反的情形下, 定理自然成立), 而 $u(x,y,z)$ 在 $\Omega$ 内某点 $M_0$ 取值 $m$, 我们来引出矛盾.

以 $M_0$ 为球心、任意半径 $R$ 作球 $K$, 使它完全落在区域 $\Omega$ 中. 记 $K$ 的球面为 $S_R$, 在 $S_R$ 上必成立 $u\equiv m$. 事实上, 如果 $u$ 在球面 $S_R$ 上某一点其值小于 $m$, 则由函数的连续性, 必可找到此点在球面 $S_R$ 上的一个邻域, 在此邻域中 $u<m$. 因此 $u$ 在 $S_R$ 上的积分平均值

$$\frac{1}{4\pi R^2}\iint\limits_{S_R} u\mathrm{d}S<\frac{1}{4\pi R^2}\iint\limits_{S_R} m\mathrm{d}S=m;$$

但由平均值公式 (2.13), 有

$$\frac{1}{4\pi R^2}\iint\limits_{S_R} u\mathrm{d}S=u(M_0)=m,$$

这就发生了矛盾. 因此在球面 $S_R$ 上, $u$ 恒等于 $m$. 同理, 在以 $M_0$ 为球心、任意 $r(r\leqslant R)$ 为半径的球面上, $u$ 也恒等于常数 $m$, 因此, 在整个球 $K$ 上 $u$ 恒等于常数 $m$.

现在证明对 $\Omega$ 中的所有点 $u$ 都恒等于常数 $m$. 任取一点 $M_1\in\Omega$, 在区域 $\Omega$ 中作连接 $M_0$ 及 $M_1$ 两点的折线 $\gamma$. 因为 $\gamma$ 具有有限长度, 故可用完全落在 $\Omega$ 中的有限个球 $K_1,K_2,\cdots,K_n$ 盖住 $\gamma$, 使得 $K_1$ 的球心为 $M_0,K_2$ 的球心落在 $K_1$ 中, $K_3$ 的球心落在 $K_2$ 中, $\cdots,K_n$ 的球心落在 $K_{n-1}$ 中 (图 3.1). 根据上面证明的方法, 可以依次证明在所有这些球所包围的区域上 $u\equiv m$, 因此, 特别有 $u(M_1)=m$. 由 $M_1$ 的任意性, 就得到在整个区域上 $u(x,y,z)\equiv m$, 这和 $u$ 不恒等于常数相矛盾. 因此 $u$ 不能在 $\Omega$ 内部取到其上界. 因为 $-u$ 也是调和函数, 从它在 $\Omega$ 的内部不能取到它的上界, 就得出 $u$ 也不能在 $\Omega$ 内部取到其下界. 这就证明了极值原理.

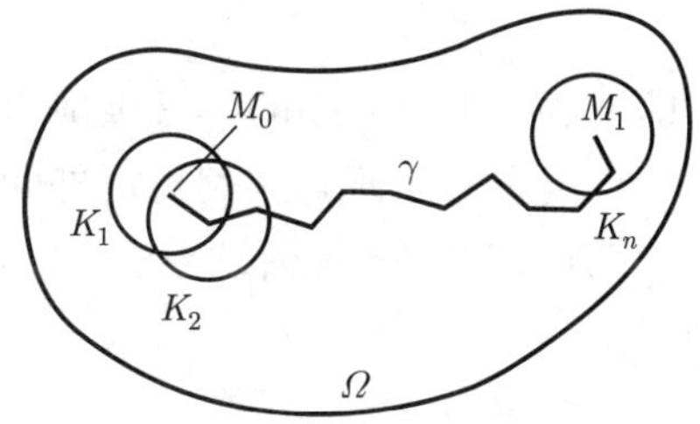

图 3.1

**注** 本定理断言 "$u$ 除恒等于常数外, 最大值不能在内部达到", 它比 "$u$ 的最大值必在边界上达到" 的结论更强. 因此, 本定理也称为**强极值原理**. 相应地, 仅断言 "最大值必在边界上达到" (如第二章定理 4.1 所言) 的结论称为**弱极值原理**.

**推论 1** 在有限区域 $\Omega$ 内调和、在 $\Omega\cup\Gamma$ 上连续的函数必在边界 $\Gamma$ 上取得其最大值和最小值.

**推论 2** 设 $u$ 及 $v$ 都是区域 $\Omega$ 内的调和函数, 且在 $\Omega\cup\Gamma$ 上连续. 如果在 $\Omega$ 的边界 $\Gamma$ 上成立着不等式 $u\leqslant v$, 那么在 $\Omega$ 内上述不等式也成立; 并且只有在 $u\equiv v$ 时, 在 $\Omega$ 内才会有等号成立的可能.

**4. 第一边值问题解的唯一性及稳定性** 利用上面证明的极值原理, 立刻可以推出调和方程的狄利克雷内问题与外问题解的唯一性及稳定性.

先考察调和方程的狄利克雷内问题. 我们有

**定理 2.4** 方程 (1.1) 的狄利克雷内问题 (1.5) 的解如果存在, 必是唯一的, 而且连续地依赖于所给的边界条件 $g$.

**证** 事实上, 假使有两个调和函数 $u_1(x,y,z)$ 和 $u_2(x,y,z)$, 它们在有界区域 $\Omega$ 的边界 $\Gamma$ 上完全相同, 则它们的差 $u=u_1-u_2$ 在 $\Omega$ 中也满足方程 (1.1), 而在 $\Gamma$ 上等于零. 于是按照定理 2.3 的推论 1, 函数 $u$ 在区域 $\Omega$ 上最大值及最小值均为零, 即 $u\equiv 0$. 因此, $u_1\equiv u_2$, 即狄利克雷内问题的解是唯一的.

其次, 设在区域 $\Omega$ 的边界 $\Gamma$ 上给定了函数 $g$ 和 $g^*$, 而且在 $\Gamma$ 上处处成立 $|g-g^*|\leqslant\varepsilon$, 这里 $\varepsilon$ 是一个给定的正数. 设 $u,u^*$ 分别是方程 (1.1) 在区域 $\Omega$ 上以 $g$ 和 $g^*$ 为边界条件的狄利克雷内问题的解, 那么调和函数 $u-u^*$ 在 $\Gamma$ 上取值 $g-g^*$. 由定理 2.3 的推论 1 得到, 在 $\Omega$ 上各点有

$$\max_{\Omega\cup\Gamma}(u-u^*)=\max_{\Gamma}(g-g^*)\leqslant\varepsilon,$$
$$\min_{\Omega\cup\Gamma}(u-u^*)=\min_{\Gamma}(g-g^*)\geqslant-\varepsilon.$$

因此, 在 $\Omega$ 上各点有

$$|u-u^*|\leqslant\max_{\Gamma}|g-g^*|\leqslant\varepsilon,$$

即狄利克雷内问题的解连续地依赖于所给的边界条件. 证毕.

现在转而研究狄利克雷外问题. 设函数 $u_1,u_2$ 是狄利克雷外问题的解, 令 $v=u_1-u_2$, 则调和函数 $v$ 满足 $v|_{\Gamma}=0$ 及

$$\lim_{r\to\infty}v(x,y,z)=0.$$

若 $v$ 不恒等于零, 则一定存在一点 $M$, 使 $v(M)\neq 0$, 不妨假设 $v(M)>0$. 以 $\Gamma_R$ 表示半径为 $R$ 的球面, 当 $R$ 取得足够大, 可使点 $M$ 落在由 $\Gamma$ 及 $\Gamma_R$ 所围成的区域 $\Omega_R$ 中, 且由条件

$$\lim_{r\to\infty}v(x,y,z)=0$$

可得在 $\Gamma_R$ 上有 $v|_{\Gamma_R}<v(M)$. 因此调和函数 $v$ 在 $\Omega_R$ 的边界 $\Gamma$ 及 $\Gamma_R$ 上都取不到最大值, 这与极值原理矛盾, 因此 $v$ 只能恒等于零. 这样就得到

**定理 2.5** 方程 (1.1) 的狄利克雷外问题的解如果存在, 则必是唯一的.

同样可以证明狄利克雷外问题的稳定性 (作为习题).

## 习 题

1. 证明: (2.7) 式对于 $M_0$ 在 $\Omega$ 外与 $\Gamma$ 上的情形成立.

2. 若函数 $u(x,y)$ 是单位圆上的调和函数, 又已知它在单位圆周上的数值为 $u=\sin\theta$, 其中 $\theta$ 表示极角, 问函数 $u$ 在原点之值等于多少?

3. 设 $u(M)$ 在 $\varOmega$ 内调和, $M_0$ 是 $\varOmega$ 中的任意点. $B_a$ 是以 $M_0$ 为球心, $a$ 为半径的球体, 其体积为 $|B_a|$, 证明: 成立

$$u(M_0)=\frac{1}{|B_a|}\iiint\limits_{B_a}u\mathrm{d}V.$$

4. 证明: 当 $u(M)$ 在闭曲面 $\varGamma$ 的外部调和, 并且在无穷远处成立

$$u(M)=O\left(\frac{1}{r_{OM}}\right),\quad \frac{\partial u}{\partial r}=O\left(\frac{1}{r_{OM}^2}\right)\quad (r_{OM}\to\infty),$$

而 $M_0$ 是 $\varGamma$ 外的任一点, 则公式 (2.6) 仍成立.

5. 证明调和方程狄利克雷外问题解的稳定性.

6. 对于二阶偏微分方程

$$\sum_{i,j=1}^{n}a_{ij}\frac{\partial^2 u}{\partial x_i\partial x_j}+\sum_{i=1}^{n}b_i\frac{\partial u}{\partial x_i}+cu=0,$$

其中 $a_{ij},b_i,c(i,j=1,2,\cdots,n)$ 均为常数, 假设矩阵 $(a_{ij})$ 是正定的, 即对任何实数 $\lambda_i(i=1,2,\cdots,n)$, 成立

$$\sum_{i,j=1}^{n}a_{ij}\lambda_i\lambda_j\geqslant\alpha\sum_{i=1}^{n}\lambda_i^2\quad (\alpha\text{ 为正的常数}),$$

则称它为椭圆型方程. 又设 $c<0$, 试证明该方程的解也成立如下的极值原理: 若 $u$ 在 $\varOmega$ 中满足方程, 在 $\varOmega\cup\varGamma$ 上连续, 则 $u$ 不能在 $\varOmega$ 的内部达到正的最大值或负的最小值.

7. 证明第 6 题中讨论的椭圆型方程的第一边值问题解的唯一性与稳定性.

8. 举例说明对于方程 $\dfrac{\partial^2 u}{\partial x^2}+\dfrac{\partial^2 u}{\partial y^2}+cu=0(c>0)$, 不成立极值原理.

# §3 格 林 函 数

**1. 格林函数及其性质** 对于在区域 $\varOmega$ 中调和、在 $\varOmega\cup\varGamma$ 上具有一阶连续偏导数的函数 $u$, 我们已有等式 (2.6), 即

$$u(M_0)=-\frac{1}{4\pi}\iint\limits_{\varGamma}\left[u(M)\frac{\partial}{\partial\boldsymbol{n}}\left(\frac{1}{r_{M_0M}}\right)-\frac{1}{r_{M_0M}}\frac{\partial u(M)}{\partial\boldsymbol{n}}\right]\mathrm{d}S_M,$$

其中点 $M_0(x_0,y_0,z_0)\in\varOmega$. 这个公式用函数 $u$ 及其法向导数 $\dfrac{\partial u}{\partial\boldsymbol{n}}$ 在边界 $\varGamma$ 上的数值把函数 $u$ 在区域 $\varOmega$ 内部的数值表示了出来, 这自然使我们想到能否利用它来求解边值问题. 但由于在这公式中同时需要 $u$ 以及 $\dfrac{\partial u}{\partial\boldsymbol{n}}$ 在 $\varGamma$ 上的数值, 因此还不能直接利用它来求解调和方程的狄利克雷问题 (1.1), (1.5) 或诺伊曼问题 (1.1), (1.6).

例如对狄利克雷问题 (1.1), (1.5), $u$ 在 $\varGamma$ 上的值是已给定的, 但是 $\dfrac{\partial u}{\partial\boldsymbol{n}}$ 在 $\varGamma$ 上的值还不知道. 那么除了给定 $u$ 在 $\varGamma$ 上的值外, 是否还能任意再给定 $\dfrac{\partial u}{\partial\boldsymbol{n}}$ 在 $\varGamma$ 上的值

呢? 这不能, 因为按定理 2.4 已知狄利克雷问题的解是唯一的. 为了克服这个困难, 我们自然地想到设法消去公式 (2.6) 中的 $\dfrac{\partial u}{\partial \boldsymbol{n}}$, 这就需要引进格林函数的概念.

为此, 在应用公式 (2.6) 的同时, 引入这样一个函数 $g(M,M_0)$, 它在区域 $\Omega$ 内关于变量 $M$ 是到处调和的, 并且在区域 $\Omega$ 的边界 $\Gamma$ 上与函数 $\dfrac{1}{4\pi r_{M_0M}}$ 在边界 $\Gamma$ 上的值相同, 即

$$g(M,M_0)|_\Gamma = \left.\frac{1}{4\pi r_{M_0M}}\right|_\Gamma. \tag{3.1}$$

由格林第二公式 (2.3) 得

$$\iint\limits_\Gamma \left(g\frac{\partial u}{\partial \boldsymbol{n}} - u\frac{\partial g}{\partial \boldsymbol{n}}\right)\mathrm{d}S = 0.$$

将此式与 (2.6) 式相减, 就得到

$$u(M_0) = \iint\limits_\Gamma \left(G\frac{\partial u}{\partial \boldsymbol{n}} - u\frac{\partial G}{\partial \boldsymbol{n}}\right)\mathrm{d}S_M, \tag{3.2}$$

其中函数

$$G(M,M_0) = \frac{1}{4\pi r_{M_0M}} - g(M,M_0) \tag{3.3}$$

就称为方程 (1.1) 狄利克雷问题的**格林函数** (或者称为狄利克雷问题的**源函数**). 由 (3.1) 式知 $G(M,M_0)$ 在边界 $\Gamma$ 上恒等于零, 因此, 如果格林函数 $G(M,M_0)$ 已经知道, 并且它到边界为止具有一阶连续偏导数, 那么由 (3.2) 式, 方程 (1.1) 取边界条件

$$u|_\Gamma = f(M) \tag{1.5$'$}$$

的狄利克雷问题解就可表示为

$$u(M_0) = -\iint\limits_\Gamma f\frac{\partial G}{\partial \boldsymbol{n}}\mathrm{d}S_M.\text{①} \tag{3.4}$$

上面这种将边值问题的解用格林函数或者其导数的积分来表示的方法称为**格林函数法**. 但要知道区域 $\Omega$ 上的格林函数, 却必须求解调和方程 (1.1) 的一个特殊的狄利克雷问题:

$$g|_\Gamma = \left.\frac{1}{4\pi r_{M_0M}}\right|_\Gamma.$$

而对于一般区域, 就需要证明这种特殊的狄利克雷问题解的存在性. 这和证明在这区域上一般的狄利克雷问题解的存在性通常是同样困难的, 因此上述方法尚不能有效地

① 更准确地说, 我们在这里证明了: 如果在区域 $\Omega$ 上格林函数 $G(M,M_0)$ 存在, 并且它在 $\Omega\cup\Gamma$ 上具有一阶连续偏导数, 那么狄利克雷问题 (1.1), (1.5)$'$ 在 $\Omega\cup\Gamma$ 上具有连续一阶偏导数的解就可表示为 (3.4) 式的形式. 在实际应用时, 由于事先并不知道狄利克雷问题在 $\Omega\cup\Gamma$ 上具有连续一阶偏导数的解存在, 因此 (3.4) 式只给出问题的形式解, 为了证明它的确满足方程 (1.1) 及边界条件 (1.5)$'$, 还必须进行验证.

用来解决一般区域上拉普拉斯方程的狄利克雷问题. 但是, 我们不能因此就否定格林函数法的意义. 这是因为: (1) 格林函数仅依赖于区域, 而与边界条件无关. 一旦求得了某个区域上的格林函数, 这个区域上的一切狄利克雷问题的解的存在性也就得到了解决, 且其解可用积分式表达出来. (2) 对于某些特殊的区域, 如球、半空间等, 格林函数可以用初等方法求得, 而这些特殊区域上的狄利克雷问题常常起着重要的作用. (3) 公式 (3.4) 不仅对于问题的求解有意义, 在已知狄利克雷问题解的存在性以后, 还可以利用它对解的性质进行探讨. 在本节中我们将对一个最重要的区域 —— 球上的格林函数进行研究.

现在先叙述格林函数的几个重要性质 (其证明作为习题).

**性质 1** 格林函数 $G(M,M_0)$ 除 $M=M_0$ 一点外处处满足方程 (1.1), 而当 $M\to M_0$ 时, $G(M,M_0)$ 趋于无穷大, 其阶数和 $\dfrac{1}{4\pi r_{M_0M}}$ 相同.

**性质 2** 在边界 $\Gamma$ 上格林函数 $G(M,M_0)$ 恒等于零.

**性质 3** 在区域 $\Omega$ 中成立着不等式:

$$0<G(M,M_0)<\frac{1}{4\pi r_{M_0M}}.$$

**性质 4** 格林函数 $G(M,M_0)$ 在自变量 $M$ 及参变量 $M_0$ 之间具有对称性, 即设 $M_1,M_2$ 为区域中的两点, 则

$$G(M_1,M_2)=G(M_2,M_1).$$

**性质 5** $\displaystyle\iint\limits_{\Gamma}\frac{\partial G(M,M_0)}{\partial \boldsymbol{n}}\mathrm{d}S_M=-1.$

格林函数在静电学中有明显的物理意义. 设在点 $M_0$ 处置一单位点电荷, 那么它在自由空间所产生的静电场电势为 $\dfrac{1}{4\pi r_{M_0M}}$. 如果在点 $M_0$ 的点电荷包围在一个封闭的导电面内, 而这个导电面又是接地的, 此时在导电面内的电势就可以用格林函数

$$G(M,M_0)=\frac{1}{4\pi r_{M_0M}}-g(M,M_0)$$

来表示, 它在导电面上恒等于零, 而函数 $-g(M,M_0)$ 正好表示导电面上感应电荷所产生的电势. 因此, 格林函数的性质 4 在静电学上可表述为: $M_1$ 处的单位点电荷在 $M_2$ 处产生的电势等于 $M_2$ 处的单位点电荷在 $M_1$ 处所产生的电势. 类似于这样的原理在物理学中称为**互易原理**.

**2. 静电源像法** 求区域 $\Omega$ 的格林函数归结为求函数 $g(M,M_0)$, 也就是求感应电荷产生的电势. 当区域的边界具有特殊的对称性时, 就可以用类似于求反射波的方法求得格林函数.

假设在区域外也有一个点电荷, 它对自由空间的电场产生一个电势, 如果这两个点电荷所产生的电势在边界面上恰巧抵消, 这个假设的点电荷在 $\Omega$ 内的电势就等于边界上感应电荷所产生的电势. 容易想象, 这个假想点电荷的位置应该是 $M_0$ 关于边界曲面 $\Gamma$ 的某种对称点. 这种利用对称性求格林函数的方法称为**静电源像法**(或称**镜像法**).

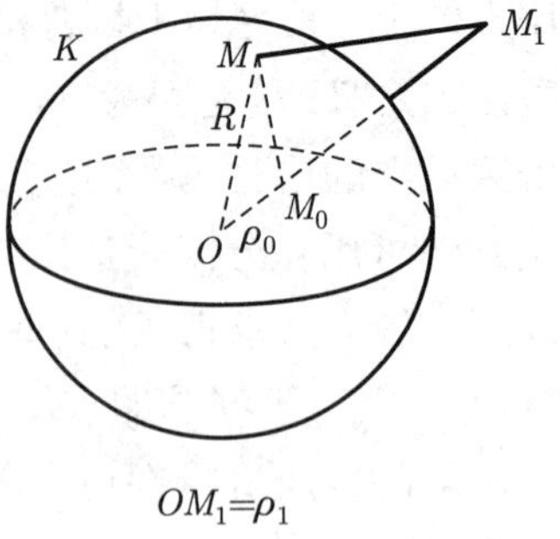


图 3.2

现在利用静电源像法求球的格林函数. 设 $K$ 是以 $O$ 为球心、$R$ 为半径的球面 (图 3.2). 在点 $M_0(x_0,y_0,z_0)$ 放置一单位点电荷, 在射线 $OM_0$ 上截线段 $OM_1$, 使

$$\rho_0\rho_1=R^2, \tag{3.5}$$

其中 $\rho_0=r_{OM_0},\rho_1=r_{OM_1}$, 称点 $M_1$ 为 $M_0$ 关于球面 $K$ 的反演点. 设 $M$ 是球面 $K$ 上的任意给定一点, 考察 $\triangle OMM_0$ 及 $\triangle OMM_1$, 它们在点 $O$ 有公共角, 而夹此角的两相应边按 (3.5) 式是成比例的, 因此这两个三角形相似. 由相似性得到, 对球面 $K$ 上的任意点 $M$ 必有

$$r_{M_1M}=\frac{R}{\rho_0}r_{M_0M}.$$

假想在点 $M_1$ 处有一个点电荷, 根据上式, 为了使它所产生的电势在球面上恰巧与 $M_0$ 处单位点电荷所产生的电势抵消, 必须假设在 $M_1$ 处的点电荷带有的电量为 $-\dfrac{R}{\rho_0}$, 因此

$$g(M,M_0)=\frac{1}{4\pi}\frac{R}{\rho_0}\frac{1}{r_{M_1M}}.$$

这样一来, 以 $K$ 为球面的球上的格林函数就是

$$G(M,M_0)=\frac{1}{4\pi}\left(\frac{1}{r_{M_0M}}-\frac{R}{\rho_0}\frac{1}{r_{M_1M}}\right). \tag{3.6}$$

利用格林函数 (3.6) 可以求出方程 (1.1) 在此球上满足边界条件

$$u\big|_K=f \tag{3.7}$$

的狄利克雷问题的解. 为此, 我们要算出 $\dfrac{\partial G}{\partial \boldsymbol{n}}$ 在球面 $K$ 上的值. 注意到

$$\frac{1}{r_{M_0M}}=\frac{1}{\sqrt{\rho_0^2+\rho^2-2\rho_0\rho\cos\gamma}},$$
$$\frac{1}{r_{M_1M}}=\frac{1}{\sqrt{\rho_1^2+\rho^2-2\rho_1\rho\cos\gamma}},$$

其中 $\rho=r_{OM},\gamma$ 是 $OM_0$ 和 $OM$ 的夹角 (由于 $M_1$ 是 $M_0$ 关于球面 $K$ 的反演点, $\gamma$ 也是 $OM_1$ 和 $OM$ 的夹角), 并利用 (3.5) 式, 由 (3.6) 式就得到格林函数

$$G(M,M_0)=\frac{1}{4\pi}\left(\frac{1}{\sqrt{\rho_0^2+\rho^2-2\rho_0\rho\cos\gamma}}-\frac{R}{\sqrt{\rho_0^2\rho^2-2R^2\rho\rho_0\cos\gamma+R^4}}\right).$$

易知在球面 $K$ 上,

$$\begin{aligned}\left.\frac{\partial G}{\partial \boldsymbol{n}}\right|_{\rho=R} &= \left.\frac{\partial G}{\partial \rho}\right|_{\rho=R} \\ &= -\frac{1}{4\pi}\left.\left[\frac{\rho-\rho_0\cos\gamma}{(\rho^2+\rho_0^2-2\rho\rho_0\cos\gamma)^{\frac{3}{2}}}-\frac{(\rho_0^2\rho-R^2\rho_0\cos\gamma)R}{(\rho_0^2\rho^2-2R^2\rho\rho_0\cos\gamma+R^4)^{\frac{3}{2}}}\right]\right|_{\rho=R} \\ &= -\frac{1}{4\pi R}\frac{R^2-\rho_0^2}{(R^2+\rho_0^2-2R\rho_0\cos\gamma)^{\frac{3}{2}}},\end{aligned}$$

因此, 由 (3.4) 式就得到在球上的狄利克雷问题 (1.1), (3.7) 的解的表达式为

$$u(M_0) = \frac{1}{4\pi R}\iint\limits_K \frac{R^2-\rho_0^2}{(R^2+\rho_0^2-2R\rho_0\cos\gamma)^{\frac{3}{2}}}f(M)\mathrm{d}S_M, \tag{3.8}$$

或写为球面坐标的形式

$$u(\rho_0,\theta_0,\varphi_0) = \frac{R}{4\pi}\int_0^{2\pi}\int_0^{\pi} f(R,\theta,\varphi)\frac{R^2-\rho_0^2}{(R^2+\rho_0^2-2R\rho_0\cos\gamma)^{\frac{3}{2}}}\sin\theta\mathrm{d}\theta\mathrm{d}\varphi, \tag{3.8$'$}$$

其中 $(\rho_0,\theta_0,\varphi_0)$ 是点 $M_0$ 的坐标, $(R,\theta,\varphi)$ 是球面 $K$ 上点 $M$ 的坐标, 而 $\cos\gamma = \cos\theta\cos\theta_0+\sin\theta\sin\theta_0\cos(\varphi-\varphi_0)$①. 公式 (3.8) 或 (3.8)′ 称为**泊松公式**.

同样可以用静电源像法求解半空间的狄利克雷问题. 要求一个在半空间 $z>0$ 上的调和函数 $u(x,y,z)$, 它在平面 $z=0$ 上取已给的函数 $f(x,y)$:

$$u\big|_{z=0} = f(x,y).$$

注意点 $M_0(x_0,y_0,z_0)$ 的对称点是 $M_1(x_0,y_0,-z_0)$, 其中 $z_0>0$. 所以, 在现在的情形下, 格林函数有下面的形式:

$$\begin{aligned}G(M,M_0) = \frac{1}{4\pi}\Bigg[&\frac{1}{\sqrt{(x-x_0)^2+(y-y_0)^2+(z-z_0)^2}}- \\ &\frac{1}{\sqrt{(x-x_0)^2+(y-y_0)^2+(z+z_0)^2}}\Bigg].\end{aligned} \tag{3.9}$$

对于半空间 $z>0$ 来讲, 平面 $z=0$ 的外法线方向是与 $z$ 轴相反的方向, 即 $\dfrac{\partial}{\partial \boldsymbol{n}} = -\dfrac{\partial}{\partial z}$. 此外, 对于半空间的情形, 只要对调和函数 $u(x,y,z)$ 加上在无穷远处的条件:

$$u(M) = O\left(\frac{1}{r_{OM}}\right), \quad \frac{\partial u}{\partial \boldsymbol{n}} = O\left(\frac{1}{r_{OM}^2}\right) \quad (r_{OM}\to\infty),$$

① 因为矢量 $\overrightarrow{OM_0}, \overrightarrow{OM}$ 的方向余弦分别为

$$(\sin\theta_0\cos\varphi_0, \sin\theta_0\sin\varphi_0, \cos\theta_0) \quad 与 \quad (\sin\theta\cos\varphi, \sin\theta\sin\varphi, \cos\theta),$$

所以

$$\begin{aligned}\cos\gamma &= \cos\theta\cos\theta_0+\sin\theta\sin\theta_0(\cos\varphi\cos\varphi_0+\sin\varphi\sin\varphi_0) \\ &= \cos\theta\cos\theta_0+\sin\theta\sin\theta_0\cos(\varphi-\varphi_0).\end{aligned}$$

则仍可证明公式 (2.6) 成立 (参见上节习题 5), 因而由格林函数表示的求解公式 (3.4) 仍成立. 由公式 (3.4) 可得到半空间上调和方程 (1.1) 的狄利克雷问题的解的表达式为

$$u(x_0,y_0,z_0)=\frac{1}{4\pi}\int_{-\infty}^{\infty}\int_{-\infty}^{\infty}f(x,y)\frac{\partial}{\partial z}\left[\frac{1}{\sqrt{(x-x_0)^2+(y-y_0)^2+(z-z_0)^2}}-\right.$$

$$\left.\left.\frac{1}{\sqrt{(x-x_0)^2+(y-y_0)^2+(z+z_0)^2}}\right]\right|_{z=0}\mathrm{d}x\mathrm{d}y$$

$$=\frac{z_0}{2\pi}\int_{-\infty}^{\infty}\int_{-\infty}^{\infty}\frac{f(x,y)}{[(x-x_0)^2+(y-y_0)^2+z_0^2]^{\frac{3}{2}}}\mathrm{d}x\mathrm{d}y. \tag{3.10}$$

用同样的方法可以求出圆上二维调和方程的狄利克雷问题

$$\Delta u=\frac{\partial^2 u}{\partial x^2}+\frac{\partial^2 u}{\partial y^2}=0,\quad x^2+y^2<R^2, \tag{3.11}$$

$$u\big|_{x^2+y^2=R^2}=f(\theta) \tag{3.12}$$

的解, 其中 $\theta$ 是极坐标的极角.

事实上, 圆的格林函数可以像球的格林函数那样来作出, 所不同的是在二维的情形, $\dfrac{1}{4\pi r}$ 应代之以 $\dfrac{1}{2\pi}\ln\dfrac{1}{r}$ (参见 §1 的习题 1). 如同球那样, 应用镜像法, 可得圆的格林函数为

$$G(M,M_0)=\frac{1}{2\pi}\left(\ln\frac{1}{r_{M_0M}}-\ln\frac{R}{\rho_0}\frac{1}{r_{M_1M}}\right).$$

注意到

$$\frac{1}{r_{M_0M}}=\frac{1}{\sqrt{\rho_0^2+\rho^2-2\rho_0\rho\cos\gamma}},$$

$$\frac{1}{r_{M_1M}}=\frac{1}{\sqrt{\rho_1^2+\rho^2-2\rho_1\rho\cos\gamma}},$$

其中 $\gamma$ 是 $OM_0$ 和 $OM$ 的夹角, 其余各量的意义同球的情形 (参见图 3.3). 因为在平面的情形, $OM_0$ 与 $OM$ 的方向余弦分别是 $(\cos\theta_0,\sin\theta_0)$ 与 $(\cos\theta,\sin\theta)$, 所以

$$\cos\gamma=\cos(\theta-\theta_0)=\cos\theta\cos\theta_0+\sin\theta\sin\theta_0.$$

利用 $\rho_0\rho_1=R^2$, 可得在圆周 $\rho=R$ 上,

$$\left.\frac{\partial G}{\partial \boldsymbol{n}}\right|_{\rho=R}=\left.\frac{\partial G}{\partial \rho}\right|_{\rho=R}$$

$$=\frac{\partial}{\partial\rho}\left[\frac{1}{2\pi}\left(\ln\frac{1}{\sqrt{\rho_0^2+\rho^2-2\rho_0\rho\cos\gamma}}-\right.\right.$$

$$\left.\left.\left.\ln\frac{R}{\sqrt{\rho_0^2\rho^2-2R^2\rho\rho_0\cos\gamma+R^4}}\right)\right]\right|_{\rho=R}$$

$$=-\frac{1}{2\pi}\left(\frac{\rho-\rho_0\cos\gamma}{\rho^2+\rho_0^2-2\rho\rho_0\cos\gamma}-\right.$$

$$\left.\left.\frac{\rho_0^2\rho-R^2\rho_0\cos\gamma}{\rho_0^2\rho^2-2R^2\rho\rho_0\cos\gamma+R^4}\right)\right|_{\rho=R}$$

$$=-\frac{1}{2\pi R}\frac{R^2-\rho_0^2}{R^2-2R\rho_0\cos\gamma+\rho_0^2}.$$

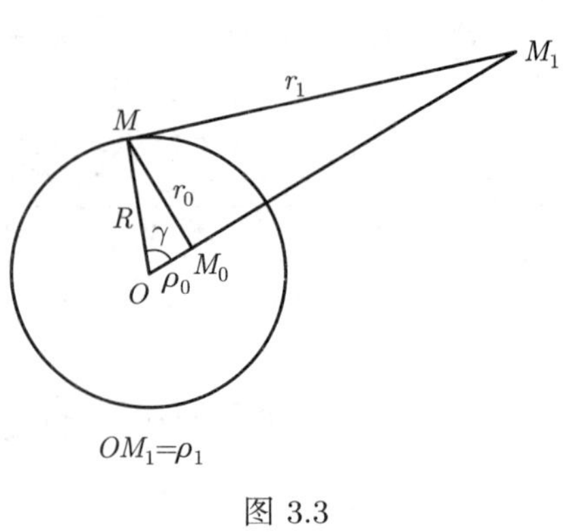


图 3.3

这样, 由公式 (3.4), 立即可得圆上狄利克雷问题 (3.11), (3.12) 解的表达式 (同样称为**泊松公式**):

$$\begin{aligned} u(\rho_0,\theta_0) &= \frac{1}{2\pi R}\int_{x^2+y^2=R^2}\frac{R^2-\rho_0^2}{R^2-2R\rho_0\cos\gamma+\rho_0^2}f(\theta)\mathrm{d}s \\ &= \frac{1}{2\pi}\int_0^{2\pi}\frac{(R^2-\rho_0^2)f(\theta)}{R^2-2R\rho_0\cos(\theta-\theta_0)+\rho_0^2}\mathrm{d}\theta. \end{aligned} \tag{3.13}$$

**3. 解的验证** 在上段中, 我们用静电源像法导出了在球、半空间和圆上调和函数的狄利克雷问题解的表达式. 但它究竟是否确实是解, 还需要加以验证. 在这里我们仅对圆的情形进行验证, 球和半空间情形的验证可以仿此进行.

由格林函数 $G(M,M_0)$ 的对称性知道, 当 $M$ 在圆内时, $G(M,M_0)$ 在圆内关于点 $M_0$ 也是调和的. 又当 $M_0$ 位于圆内而 $M$ 趋于圆周上任意点时, $G(M,M_0)$ 无奇性, 故当 $M$ 落在圆周上时, $G(M,M_0)$ 与 $\dfrac{\partial G}{\partial \boldsymbol{n}}(M,M_0)$ 关于 $M_0$ 调和. 由此通过积分号下求导数的方法可知, 由 (3.13) 式给出的函数确实在圆内满足调和方程 (1.1).

现在再来验证函数 $u$ 满足边界条件 (3.12), 即当 $(\rho_0,\theta_0)$ 趋于 $(R,\theta)$ 时, (3.13) 式给出的 $u(\rho_0,\theta_0)$ 趋于 $f(\theta)$. 在 (3.13) 式中引进新的积分变量 $\varphi=\theta-\theta_0$, 注意到 $f(\theta)$ 以及 $\cos(\theta-\theta_0)$ 都是 $\theta$ 的周期函数, 周期为 $2\pi$, 则 (3.13) 式可以改写为

$$u(\rho_0,\theta_0)=\frac{1}{2\pi}\int_{-\pi}^{\pi}\frac{(R^2-\rho_0^2)f(\varphi+\theta_0)}{R^2-2R\rho_0\cos\varphi+\rho_0^2}\mathrm{d}\varphi. \tag{3.14}$$

由格林函数的性质 5, 有

$$1=\frac{1}{2\pi}\int_{-\pi}^{\pi}\frac{R^2-\rho_0^2}{R^2-2R\rho_0\cos\varphi+\rho_0^2}\mathrm{d}\varphi,$$

所以

$$u(\rho_0,\theta_0)-f(\theta)=\frac{1}{2\pi}\int_{-\pi}^{\pi}\frac{R^2-\rho_0^2}{R^2-2R\rho_0\cos\varphi+\rho_0^2}[f(\varphi+\theta_0)-f(\theta)]\mathrm{d}\varphi. \tag{3.15}$$

我们要证明, 当 $\rho_0\to R,\theta_0\to\theta$ 时, (3.15) 式右边的积分趋于零. 在 $f(\theta)$ 为连续的假设下, 对于任意给定的正数 $\varepsilon$, 存在正数 $\eta$, 使得在区间 $-\eta\leqslant\varphi\leqslant\eta$ 上, 当 $\theta$ 与 $\theta_0$ 足够接近时, 有

$$|f(\varphi+\theta_0)-f(\theta)|\leqslant\frac{\varepsilon}{2}.$$

把积分区间分成三部分

$$(-\pi,-\eta),(-\eta,\eta) \text{ 及 } (\eta,\pi),$$

并将 (3.15) 式右边的被积函数在此三部分的积分分别记为 $I_1,I_2$ 及 $I_3$. 于是

$$|u(\rho_0,\theta_0)-f(\theta)|=|I_1+I_2+I_3|\leqslant|I_1|+|I_2|+|I_3|.$$

考察第一个区间上的积分 $I_1$. 由于在区间 $(-\pi,-\eta)$ 上 $\cos\varphi\leqslant\cos\eta$, 就有

$$\begin{aligned}R^2-2R\rho_0\cos\varphi+\rho_0^2&\geqslant R^2-2R\rho_0\cos\eta+\rho_0^2\\&=(R-\rho_0)^2+2R\rho_0(1-\cos\eta)\\&\geqslant 4R\rho_0\sin^2\frac{\eta}{2},\end{aligned}$$

又因为 $f$ 连续, 所以 $|f(\varphi+\theta_0)-f(\theta)|\leqslant C$, 其中 $C$ 为某一确定的正数. 于是, 对于第一个区间上的积分, 有估计

$$|I_1|\leqslant\frac{C}{8\pi R\rho_0\sin^2\dfrac{\eta}{2}}(R^2-\rho_0^2)(\pi-\eta).\tag{3.16}$$

对于 $I_3$, 也可以类似地得到同样的估计. 从这些估计可看到, 当 $\rho_0$ 趋于 $R$ 时, $I_1$ 和 $I_3$ 均趋于零. 另一方面, 注意到 $\dfrac{R^2-\rho_0^2}{R^2-2R\rho_0\cos\varphi+\rho_0^2}\geqslant 0$, 对于 $I_2$ 有估计

$$\begin{aligned}|I_2|&\leqslant\frac{\varepsilon}{2}\cdot\frac{1}{2\pi}\int_{-\eta}^{\eta}\frac{R^2-\rho_0^2}{R^2-2R\rho_0\cos\varphi+\rho_0^2}\mathrm{d}\varphi\\&\leqslant\frac{\varepsilon}{2}\cdot\frac{1}{2\pi}\int_{-\pi}^{\pi}\frac{R^2-\rho_0^2}{R^2-2R\rho_0\cos\varphi+\rho_0^2}\mathrm{d}\varphi=\frac{\varepsilon}{2}.\end{aligned}\tag{3.17}$$

由于 $\varepsilon$ 的任意性, 可以肯定, 当 $(\rho_0,\theta_0)\to(R,\theta)$ 时, $u(\rho_0,\theta_0)$ 确实趋于 $f(\theta)$. 这就证明了 (3.13) 式表示的 $u(\rho_0,\theta_0)$ 确实是圆上狄利克雷问题 (3.11), (3.12) 的解.

## 扩 展 阅 读

**平面上单连通区域的格林函数** 对于平面上单连通区域的格林函数, 可以通过共形映射的办法化为单位圆上的问题而求得.

我们知道, 平面上调和方程狄利克雷问题的格林函数可以表示为

$$G(M,M_0)=\frac{1}{2\pi}\ln\frac{1}{r_{M_0M}}-g(M,M_0),$$

其中 $g(M,M_0)$ 在区域 $\Omega$ 内调和, 并且在 $\Omega$ 的边界 $\Gamma$ 上与 $\dfrac{1}{2\pi}\ln\dfrac{1}{r_{M_0M}}$ 的数值相等.

为方便起见, 将 $(x,y)$ 平面看成复数 $z$ 的平面, 其中 $z=x+\mathrm{i}y$, 并用 $z$ 及 $z_0$ 分别表示点 $M$ 及 $M_0$ 的坐标. 于是,

$$G(z,z_0)=\frac{1}{2\pi}\ln\frac{1}{|z-z_0|}-g(z,z_0).$$

先考察 $\Omega$ 为单位圆而 $z_0=0$ 的情形. 此时 $\ln\dfrac{1}{|z|}$ 在圆周 $|z|=1$ 上恒等于零, 故由极值原理易知有 $g(z,0)\equiv 0$, 即

$$G(z,0)=\frac{1}{2\pi}\ln\frac{1}{|z|}.$$

现在考察一般区域的情形. 设解析函数 $z=f(\zeta), f(\zeta_0)=z_0$, 将 $\zeta$ 平面上的闭区域 $\Omega_1\cup\Gamma_1$ 单叶地映射到 $z$ 平面上的闭区域 $\Omega\cup\Gamma$, 其中 $\Gamma$ 及 $\Gamma_1$ 分别是 $\Omega$ 及 $\Omega_1$ 的边界. 如果 $G(z,z_0)$ 是区域 $\Omega$ 上的格林函数, 那么区域 $\Omega_1$ 上的格林函数就应为

$$G_1(\zeta,\zeta_0)=G(f(\zeta),f(\zeta_0)). \tag{3.18}$$

这是因为 $G(f(\zeta),f(\zeta_0))$ 在 $\zeta\in\Gamma_1$ 时等于零, 并且

$$\begin{aligned}G(f(\zeta),f(\zeta_0))&=\frac{1}{2\pi}\ln\frac{1}{|f(\zeta)-f(\zeta_0)|}-g(f(\zeta),f(\zeta_0))\\&=\frac{1}{2\pi}\ln\frac{1}{|\zeta-\zeta_0|}-g_1(\zeta,\zeta_0),\end{aligned}$$

其中函数

$$g_1(\zeta,\zeta_0)=\frac{1}{2\pi}\ln\frac{|f(\zeta)-f(\zeta_0)|}{|\zeta-\zeta_0|}+g(f(\zeta),f(\zeta_0)).$$

由于 $z=f(\zeta)$ 为单叶映射, 故 $f'(\zeta_0)\neq 0$. 从而 $\ln\dfrac{|f(\zeta)-f(\zeta_0)|}{|\zeta-\zeta_0|}$ 为调和函数. 因此 $g_1(\zeta,\zeta_0)$ 在整个区域 $\Omega_1$ 中, 包括 $\zeta=\zeta_0$ 一点在内都是调和的.

由黎曼映射定理可知: 对于任一给定的单连通区域必存在一个共形映射, 将此单连通区域映射到单位圆, 并将区域内一点 $\zeta_0$ 映射到单位圆的圆心 $z_0=0$. 由于单位圆的格林函数由本节讨论是知道的, 从而一般单连通区域的格林函数也可由 (3.18) 式得到.

例如, 当 $\Omega_1$ 是上半平面时, 由于函数 $z=\dfrac{\zeta-\zeta_0}{\zeta-\overline{\zeta}_0}$ 将 $\Omega_1$ 映射到单位圆, 并将 $\zeta=\zeta_0$ 映射到 $z=z_0=0$, 由上面的讨论, 可得上半平面 $\eta>0$ 的格林函数为

$$G_1(\zeta,\zeta_0)=\frac{1}{2\pi}\ln\left|\frac{\zeta-\overline{\zeta}_0}{\zeta-\zeta_0}\right|=\frac{1}{2\pi}\ln\sqrt{\frac{(\xi-\xi_0)^2+(\eta+\eta_0)^2}{(\xi-\xi_0)^2+(\eta-\eta_0)^2}}, \tag{3.19}$$

其中 $\zeta=\xi+\mathrm{i}\eta, \zeta_0=\xi_0+\mathrm{i}\eta_0$. 经过简单的运算可以看到, 这和镜像法所得的结果相同.

## 习　题

1. 证明格林函数的性质 3 及性质 5.
2. 证明格林函数的对称性: $G(M_1,M_2)=G(M_2,M_1)$.
3. 写出球的外部区域的格林函数, 并由此导出对调和方程求解球的狄利克雷外问题的泊松公式.
4. 试用格林函数法导出调和方程第二边值问题解的表达式.
5. 求半圆区域上狄利克雷问题的格林函数.
6. 利用泊松公式求边值问题

$$\begin{cases}u_{xx}+u_{yy}+u_{zz}=0, & x^2+y^2+z^2<1,\\ u(r,\theta,\varphi)\big|_{r=1}=3\cos 2\theta+1 & (r,\theta,\varphi\ \text{表示球面坐标})\end{cases}$$

的解.

7. 求泊松方程狄利克雷问题

$$\begin{cases} \Delta u = x^2 y, & x^2+y^2<a^2, \\ u=0, & x^2+y^2=a^2 \end{cases}$$

的解.

8. 求 $\mathbf{R}^2$ 中调和方程在两平行线间的格林函数.

9. 利用半空间 $\mathbf{R}_+^3$ 的格林函数导出半空间中调和方程狄利克雷问题有界解的公式.

10. 试求一函数 $u$, 使其在圆心在原点、半径为 $a$ 的圆的内部是调和的, 而且在圆周 $C$ 上取下列的值:

(1) $u|_C = A\cos\theta$,

(2) $u|_C = A + B\sin\theta$,

其中 $A, B$ 都是常数.

11. 试用静电源像法导出二维调和方程在半平面上的狄利克雷问题:

$$\Delta u = u_{xx} + u_{yy} = 0, \quad y>0,$$

$$u|_{y=0} = f(x)$$

的解, 其中 $f$ 是有界连续函数.

## §4 调和函数的基本性质

除了前面所述的调和函数的一些性质外, 现在我们利用泊松公式来证明调和函数另外一些重要性质.

**1. 哈纳克 (Harnack) 定理与哈纳克不等式** 考察调和函数序列, 则成立以下的定理:

**定理 4.1** (**哈纳克第一定理** (关于调和函数序列的一致收敛性定理)) 如果函数序列 $\{u_k\}$ 中的每个函数在某有限区域 $\Omega$ 中都是调和函数, 在闭区域 $\Omega\cup\Gamma$ ($\Gamma$ 是 $\Omega$ 的边界) 上连续, 而且这函数序列在 $\Gamma$ 上一致收敛, 则它在 $\Omega$ 中也一致收敛, 并且极限函数 $u$ 在区域 $\Omega$ 中也是调和函数.

**证** 以 $f_k$ 表示调和函数 $u_k$ 在 $\Gamma$ 上的值. 按假设, 连续函数序列 $\{f_k\}$ 在 $\Gamma$ 上一致收敛, 即对任意给定的 $\varepsilon>0$, 存在这样的 $N$, 使当 $n,m>N$ 时, 在 $\Gamma$ 上处处有 $|f_n-f_m|\leqslant\varepsilon$. 由极值原理, 对于这些 $n,m$, 在 $\Omega$ 中处处有 $|u_n-u_m|\leqslant\varepsilon$. 所以根据柯西判别法知道调和函数序列 $\{u_k\}$ 在 $\Omega$ 中也一致收敛. 为证明其极限函数 $u$ 在 $\Omega$ 中是调和函数, 只要证明 $u$ 在 $\Omega$ 中任一点的邻域中是调和函数就可以了.

为此, 在 $\Omega$ 内任取一点 $M_0$, 以 $M_0$ 为球心作一位于 $\Omega$ 内的球 $K$. 在此球上, 每一个调和函数 $u_k$ 均可用泊松公式 $(3.8)'$ 表示为

$$\begin{aligned} &u_k(\rho_0,\theta_0,\varphi_0) \\ &= \frac{R}{4\pi}\int_0^{2\pi}\int_0^{\pi} u_k(R,\theta,\varphi)\frac{(R^2-\rho_0^2)\sin\theta\mathrm{d}\theta\mathrm{d}\varphi}{\{R^2+\rho_0^2-2R\rho_0[\cos\theta\cos\theta_0+\sin\theta\sin\theta_0\cos(\varphi-\varphi_0)]\}^{\frac{3}{2}}}, \end{aligned} \tag{4.1}$$

其中 $R$ 是球 $K$ 的半径, $(\rho_0,\theta_0,\varphi_0)$ 是点 $M_0$ 的球面坐标. 因为函数序列 $\{u_k(R,\theta,\varphi)\}$ 一致收敛于 $u$, 在上式两边令 $k\to\infty$ 取极限就得到

$$\begin{aligned}&u(\rho_0,\theta_0,\varphi_0)\\&=\frac{R}{4\pi}\int_0^{2\pi}\int_0^{\pi}u(R,\theta,\varphi)\frac{(R^2-\rho_0^2)\sin\theta\mathrm{d}\theta\mathrm{d}\varphi}{\{R^2+\rho_0^2-2R\rho_0[\cos\theta\cos\theta_0+\sin\theta\sin\theta_0\cos(\varphi-\varphi_0)]\}^{\frac{3}{2}}},\end{aligned}$$

于是极限函数 $u$ 仍可由泊松公式表达, 从而函数 $u$ 是球 $K$ 内的调和函数. 定理证毕.

进一步还有

**定理 4.2 (哈纳克第二定理)** 设 $\{u_k\}$ 是 $\Omega$ 上的一个单调不减的调和函数序列, 若它在 $\Omega$ 内的某一点 $P$ 收敛, 则它在 $\Omega$ 中处处收敛于一个调和函数 $u$, 并且这种收敛在 $\Omega$ 的任一闭子区域上是一致的.

**证** 作以点 $P$ 为球心、半径为 $R$ 的完全落在 $\Omega$ 中的球 $B_R(P)$. 设 $Q(\rho_0,\theta_0,\varphi_0)$ 是 $B_R(P)$ 中的任一点. 对 $B_R(P)$ 中的任意调和函数 $u$, 由泊松公式 (3.8), 成立

$$u(Q)=\frac{1}{4\pi R}\iint\limits_{B_R(P)}\frac{R^2-\rho_0^2}{(R^2+\rho_0^2-2R\rho_0\cos\gamma)^{\frac{3}{2}}}u(M)\mathrm{d}S_M.$$

若 $u\geqslant 0$, 就可以利用 $u$ 在球心 $P$ 的值来估计 $u(Q)$ 的值. 事实上, 注意到

$$\frac{R^2-\rho_0^2}{(R+\rho_0)^3}\leqslant\frac{R^2-\rho_0^2}{(R^2+\rho_0^2-2R\rho_0\cos\gamma)^{\frac{3}{2}}}\leqslant\frac{R^2-\rho_0^2}{(R-\rho_0)^3},$$

有

$$\frac{1}{4\pi R}\iint\limits_{B_R(P)}u(M)\mathrm{d}S_M\cdot\frac{R-\rho_0}{(R+\rho_0)^2}\leqslant u(Q)\leqslant\frac{1}{4\pi R}\iint\limits_{B_R(P)}u(M)\mathrm{d}S_M\cdot\frac{R+\rho_0}{(R-\rho_0)^2}.$$

利用调和函数的平均值公式, 上式即为

$$\frac{R-\rho_0}{(R+\rho_0)^2}R\cdot u(P)\leqslant u(Q)\leqslant\frac{R+\rho_0}{(R-\rho_0)^2}R\cdot u(P).\tag{4.2}$$

此式称为**哈纳克不等式**.

现对于给定的调和函数序列 $\{u_k\}$, 令 $v_k=u_k-u_{k-1}\geqslant 0, k=2,3,\cdots$. 对 $v_k$ 用哈纳克不等式就得到

$$\frac{R-\rho_0}{(R+\rho_0)^2}R\cdot v_k(P)\leqslant v_k(Q)\leqslant\frac{R+\rho_0}{(R-\rho_0)^2}R\cdot v_k(P).\tag{4.3}$$

对任意的 $m$ 和 $n>m$, 由于 $u_n-u_m=\sum\limits_{k=m+1}^{n}v_k$, 注意到 $\{u_k(P)\}$ 的收敛性, 由上式易知 $\{u_k(Q)\}$ 在 $B_{\frac{R}{2}}(P)$ 上一致收敛. 由哈纳克第一定理, $\{u_k(Q)\}$ 在 $B_{\frac{R}{2}}(P)$ 上一致收敛于一个调和函数 $u(Q)$.

对任一点 $M\in\Omega$, 可以用完全落在 $\Omega$ 中的折线 $\gamma$ 连接 $P$ 和 $M$, 而 $\gamma$ 可以用有限个完全落在 $\Omega$ 中的球覆盖. 对这些球逐一运用上述推理, 即得 $\{u_k\}$ 在点 $M$ 收敛, 从而 $\{u_k\}$ 在 $\Omega$ 内处处收敛于调和函数 $u$ (参见定理 2.3 的证明).

设 $F$ 是 $\Omega$ 中任一有界闭集, 由有限覆盖定理, 存在有限个完全落在 $\Omega$ 中的闭球 $K_i(i=1,2,\cdots,l)$ 覆盖 $F$. 因 $\{u_k\}$ 在 $\Omega$ 中处处收敛, 特别在每个闭球 $K_i$ 的球心 $M_i$ 处收敛, 从而 $\{u_k\}$ 在 $K_i(i=1,2,\cdots,l)$ 上一致收敛. 注意到闭球 $K_i$ 的个数有限, 故 $\{u_k\}$ 在 $F$ 上也一致收敛. 这就完成了定理的证明.

**定理 4.3** 设 $u$ 为区域 $\Omega$ 中的非负调和函数, 则对 $\Omega$ 中的任一闭子区域 $\overline{\Omega'}$, 存在仅与 $\Omega$ 和 $\Omega'$ 有关的正常数 $C$, 使得

$$\max_{\overline{\Omega'}} u \leqslant C \min_{\overline{\Omega'}} u. \tag{4.4}$$

**证** 记 $\overline{\Omega'}$ 与 $\Omega$ 的边界 $\Gamma$ 的距离为 $R$. 由有限覆盖定理, $\overline{\Omega'}$ 可由 $N$ 个半径为 $\dfrac{R}{2}$ 的球覆盖. 对 $0 \leqslant \rho_0 \leqslant \dfrac{R}{2}$, 有不等式

$$\frac{(R-\rho_0)R}{(R+\rho_0)^2} \geqslant \frac{2}{9}, \quad \frac{(R+\rho_0)R}{(R-\rho_0)^2} \leqslant 6.$$

于是, 由哈纳克不等式 (4.2) 可得, 对任一用于覆盖 $\overline{\Omega'}$ 的半径为 $\dfrac{R}{2}$ 的球中的任意两点 $P_1, P_2$, 成立

$$\frac{2}{9}u(P_1) \leqslant 6u(P_2),$$

即

$$u(P_1) \leqslant 27u(P_2).$$

由于 $u$ 在 $\overline{\Omega'}$ 上的极大点与极小点必分别落在某个半径为 $\dfrac{R}{2}$ 的覆盖球中, 取 $C=27^N$, 即得 (4.4) 式.

**2. 可去奇点定理** 利用泊松公式及极值原理还可以研究调和函数在孤立奇点附近的性质. 我们有

**定理 4.4 (可去奇点定理)** 设 $u(M)=u(x,y,z)$ 在点 $A$ 的邻域中除点 $A$ 外是调和函数, 在点 $A$ 附近成立

$$\lim_{M\to A} r_{AM} \cdot u(M) = 0, \tag{4.5}$$

其中 $r_{AM}$ 表示点 $A$ 和点 $M$ 的距离, 则总可以重新定义函数 $u$ 在点 $A$ 的值, 使 $u(M)$ 在整个所考虑的点 $A$ 的邻域中 (包括点 $A$ 本身在内) 是调和函数.

**证** 为简单起见, 不妨取点 $A$ 为坐标原点.

设 $K$ 是一个以点 $A$ 为球心、$R$ 为半径的球, 它整个地包含在点 $A$ 的那个所考察的邻域中. 以 $u$ 在 $K$ 上的值为边界条件, 在 $K$ 内求拉普拉斯方程的解, 它可由泊松公式给出, 记为 $u_1$. 我们要证明, 在整个球 $K$ 内除点 $A$ 外 $u \equiv u_1$. 这样, 就可以重新定义函数 $u$ 在点 $A$ 的值等于函数 $u_1$ 在点 $A$ 的值, 因此重新定义后的函数 $u$ 就在点 $A$

的整个邻域中调和, 这就证明了定理. 为证明 $u$ 与 $u_1$ 恒等, 记 $w=u-u_1$. 函数 $w$ 在整个球 $K$ 内除 $A$ 点外是调和函数, 而在点 $A$, 由 (4.5) 式有

$$\lim_{M\to A} r_{AM}\cdot w(M)=0, \tag{4.6}$$

此外, 在球 $K$ 的界面上 $w$ 等于零.

现在证明在整个球 $K$ 内除点 $A$ 外 $w\equiv 0$. 为此, 作函数

$$w_\varepsilon(M)=\varepsilon\left(\frac{1}{r_{AM}}-\frac{1}{R}\right), \tag{4.7}$$

它具有如下的性质: (1) 在球 $K$ 的界面上 $w_\varepsilon(M)=0$; 在 $K$ 内 $w_\varepsilon(M)>0$. (2) 在球 $r=\delta$ 及 $r=R$ 所包围的同心球壳 $D$ 内是调和函数, 这里 $\delta$ 是一个任意小的正数.

对任意给定的点 $M^*\in K\setminus\{A\}$ 以及正数 $\varepsilon$, 注意到 (4.6) 式, 总可以找到适当小的 $\delta>0$, 使在球面 $r=\delta$ 上有

$$|w|\leqslant w_\varepsilon, \tag{4.8}$$

而在 $K$ 的界面上, 函数 $w$ 和 $w_\varepsilon$ 都等于零. 于是由定理 2.3 (极值原理), 对区域 $D$ 中的任何点都有 (4.8) 式成立. 所以对点 $M^*$ 有

$$|w(M^*)|\leqslant w_\varepsilon(M^*). \tag{4.9}$$

令 $\varepsilon\to 0$, 上式右端趋于零, 因此左端等于零, 即 $w(M^*)=0$. 由于 $M^*$ 是 $K\setminus\{A\}$ 中的任意一点, 因此在整个球 $K$ 内除 $A$ 点外 $w\equiv 0$. 定理证毕.

由定理 4.4 可以得到

**推论** 如果 $A$ 确实是调和函数 $u(M)$ 的孤立奇点 (即是不可除去的奇点), 那么 $u(M)$ 在点 $A$ 附近趋于无穷大的阶数不会低于 $\dfrac{1}{r_{AM}}$.

**3. 调和函数的解析性** 现在利用泊松公式来说明调和函数的另一个重要性质, 即调和函数关于它的所有自变量都是解析的.

**定理 4.5** 设 $u(M_0)$ 是区域 $\Omega$ 中的调和函数, 那么它在 $\Omega$ 中是关于自变量 $x_0,y_0,z_0$ 的解析函数, 也就是说在 $\Omega$ 中任一点 $M_0^*(x_0^*,y_0^*,z_0^*)$ 的附近, 它都可以展开成 $x_0-x_0^*$, $y_0-y_0^*,z_0-z_0^*$ 的幂级数.

**证** 对于 $\Omega$ 中任给一点 $M_0^*$, 以 $M_0^*$ 为球心、以 $R$ 为半径作一个球 $B_R(M_0^*)$, 使它全部落在 $\Omega$ 中. 由于 $u(M_0)$ 在 $\Omega$ 中是调和的, 函数 $u$ 在此球内的值可以利用泊松公式由 $u$ 在球面 $S$ 上的值给出,

$$\begin{aligned}u(M_0)&=\frac{1}{4\pi R}\iint\limits_S u(M)\frac{R^2-\rho_0^2}{(R^2+\rho_0^2-2R\rho_0\cos\gamma)^{\frac{3}{2}}}\mathrm{d}S_M\\&=\frac{1}{4\pi R}\iint\limits_S u(M)\frac{R^2-\rho_0^2}{r_{M_0M}^3}\mathrm{d}S_M.\end{aligned}$$

不妨设 $M_0^*$ 就是坐标原点, 我们证明 $u(M_0)$ 在 $M_0^*(0,0,0)$ 附近可展开成 $x_0, y_0, z_0$ 的幂级数.

由于在 $S$ 上

$$\begin{aligned}
&(R^2-\rho_0^2)r_{M_0M}^{-3}\\
=&[R^2-(x_0^2+y_0^2+z_0^2)][(x-x_0)^2+(y-y_0)^2+(z-z_0)^2]^{-\frac{3}{2}}\\
=&[R^2-(x_0^2+y_0^2+z_0^2)][x^2+y^2+z^2-2(xx_0+yy_0+zz_0)+x_0^2+y_0^2+z_0^2]^{-\frac{3}{2}}\\
=&[R^2-(x_0^2+y_0^2+z_0^2)]\left\{R^2\left[1-\frac{2(xx_0+yy_0+zz_0)-(x_0^2+y_0^2+z_0^2)}{R^2}\right]\right\}^{-\frac{3}{2}},
\end{aligned}$$

利用二项式定理可以将上式右端展开为 $x_0, y_0, z_0$ 的幂级数. 当 $(x, y, z)$ 在球面 $S$ 上, 而 $(x_0, y_0, z_0)$ 在原点附近时, 这幂级数是一致收敛的, 因此可以逐项求积分, 而且积分后仍得到一个关于 $x_0, y_0, z_0$ 为一致收敛的幂级数, 因此 $u(M_0)$ 在 $M_0 = M_0^*$ 处是解析的. 由点 $M_0^*$ 的任意性知道 $u(M_0)$ 在 $\Omega$ 内处处解析. 定理证毕.

## 扩展阅读

**调和函数的进一步性质** 以下我们再列举调和函数的几个有用的性质.

**定理 4.6 (刘维尔 (Liouville) 定理)** 若 $u$ 为全空间 $\mathbf{R}^3$ 上有下界的调和函数, 则 $u$ 恒为常数.

**证** 记此下界为 $C_0$, 则 $v = u - C_0$ 就是一个非负调和函数, 从而对它可以应用哈纳克不等式 (4.2).

固定点 $P$, 对于与点 $P$ 距离为 $\rho_0$ 的点 $Q$, 有

$$\frac{R-\rho_0}{(R+\rho_0)^2}R\cdot[u(P)-C_0]\leqslant u(Q)-C_0\leqslant\frac{R+\rho_0}{(R-\rho_0)^2}R\cdot[u(P)-C_0].$$

令 $R\to\infty$, 即得 $u(Q)-C_0=u(P)-C_0$. 故 $u(Q)=u(P)$ 为常数. 证毕.

显然, 若定理条件中 $u$ 有下界改成 $u$ 有上界, 也有同样结论.

**定理 4.7 (调和函数导数的估计)** 设 $u$ 是区域 $\Omega$ 内的有界函数, $|u|\leqslant C$, 则在 $\Omega$ 内的任一闭域 $\overline{\Omega}_1$ 上可以找到 $C_1$, 使 $|Du|\leqslant C_1$.

**证** 不妨设以 $P$ 为球心、半径为 $r<1$ 的球 $B_r(P)$ 含在 $\Omega$ 中, 则由平均值定理,

$$\frac{\partial u}{\partial x}(P)=\frac{1}{|B_r(P)|}\iiint\limits_{B_r(P)}\frac{\partial u}{\partial x}\mathrm{d}V.$$

故

$$\frac{\partial u}{\partial x}(P)=\frac{3}{4\pi r^3}\iint\limits_{\partial B_r(P)}u\cdot n_x\mathrm{d}S,$$

其中 $n_x$ 为单位法向 $\boldsymbol{n}$ 在 $x$ 轴方向上的分量. 故有

$$\left|\frac{\partial u}{\partial x}(P)\right| \leqslant \frac{3}{4\pi r^3}\cdot 4\pi r^2 C = \frac{3C}{r}.$$

于是, 若记 $\delta$ 为 $\partial\Omega$ 与 $\overline{\Omega}_1$ 的距离, 则在 $\overline{\Omega}_1$ 中以任意点为球心、$\delta$ 为半径的球都含在 $\Omega$ 中, 从而可得

$$\max_{\overline{\Omega}_1}|Du| \leqslant \frac{3C}{\delta}.$$

证毕.

定理 4.7 说明一个区域中的有界调和函数在其内闭区域中的导数可以用全区域中函数值本身绝对值的上界来控制. 这一事实还可以推广到任意高阶导数的情形. 即如果区域 $\Omega$ 中的调和函数 $u$ 满足 $|u|\leqslant C, \Omega_1$ 为 $\Omega$ 的有界闭集, 则对任意重指标 $\alpha$, 都有

$$|D^\alpha u| \leqslant C_\alpha,$$

其中 $C_\alpha$ 依赖于 $C,\alpha$ 以及 $\partial\Omega$ 与 $\overline{\Omega}_1$ 的距离.

我们再次强调, 虽然在本节中关于调和函数的性质都是对 $\mathbf{R}^3$ 上的调和函数来叙述与证明的, 但其结论对一般 $\mathbf{R}^n$ 上的调和函数也都是成立的.

## 习　题

1. 用 $B_r$ 记以原点为球心、半径为 $r$ 的球. 若 $u$ 是 $B_1$ 上的调和函数, 且在 $B_{\frac{1}{2}}$ 上恒为零, 证明: $u$ 在 $B_1$ 上恒为零.

2. 证明二维调和函数的可去奇点定理: 若 $A$ 是调和函数 $u(M)$ 的孤立奇点, 在点 $A$ 的邻域中成立着

$$u(M) = o\left(\ln\frac{1}{r_{AM}}\right),$$

则此时可以重新定义 $u(M)$ 在 $M=A$ 的值, 使它在点 $A$ 亦是调和的.

3. 证明: 如果三维调和函数 $u(M)$ 在奇点 $A$ 附近能表示为 $\dfrac{N}{r_{AM}^\alpha}$, 其中常数 $0<\alpha\leqslant 1$, 而 $N$ 是不为零的光滑函数, 则当 $M\to A$ 时它趋于无穷大的阶数必与 $\dfrac{1}{r_{AM}}$ 同阶, 即 $\alpha=1$.

4. 设区域 $\Omega$ 整个地包含在以原点 $O$ 为球心、$R$ 为半径的球 $K$ 中, $u(r,\theta,\varphi)$ 是此区域中的调和函数, 其中 $(r,\theta,\varphi)$ 表示 $\Omega$ 中动点 $M$ 的球面坐标. 设 $r_1=\dfrac{R^2}{r}$, 则点 $M_1=(r_1,\theta,\varphi)$ 就是点 $M$ 关于球 $K$ 的反演点, 从 $M(r,\theta,\varphi)$ 到 $M_1(r_1,\theta,\varphi)$ 的变换称为**逆矢径变换**或**反演变换**. 以 $\Omega_1$ 表示 $\Omega$ 的反演区域, 证明: 函数

$$v(r_1,\theta,\varphi) = \frac{R}{r_1}u\left(\frac{R^2}{r_1},\theta,\varphi\right)$$

是区域 $\Omega_1$ 中的调和函数 (无穷远点除外).

如果区域 $\Omega$ 为球 $K$ 以外的无界区域, 则函数 $v(r_1,\theta,\varphi)$ 在 $\Omega_1$ 中除去原点 $O$ 外是调和的. 函数 $v(r_1,\theta,\varphi)$ 称为函数 $u(r,\theta,\varphi)$ 的**开尔文** (Kelvin) **变换**.

5. 利用开尔文变换及可去奇点定理把狄利克雷外问题化为狄利克雷内问题.

6. 证明: 在空间一有界区域外定义的调和函数如在无穷远处趋于零, 那么它趋于零的阶数至少为 $O\left(\dfrac{1}{r}\right)$.

7. 证明: 处处满足平均值公式 (2.13) 的连续函数一定是调和函数.

## §5 霍普夫极值原理、第二边值问题解的唯一性

**1. 霍普夫极值原理** 我们知道, 调和方程描写的是稳态平衡的物理现象. 仍以稳定的热传导情形为例, 由极值原理知道, 温度的最高点及最低点必在物体的边界上取到. 对在边界上的温度最低点 (对温度最高点也可类似地讨论), 物体其他各点的热量必流向它, 并且通过它流向物体外部, 因此在该点应有 $\dfrac{\partial u}{\partial \boldsymbol{n}} \leqslant 0$ (这里 $\boldsymbol{n}$ 是外法线方向). 然而, 通过数学上进一步的分析和论证, 可得如下的更强的结果.

**定理 5.1** (**霍普夫极值原理**) 设在半径为 $R$ 的某一球上 (包括球面在内) 给定一个连续函数 $u(x,y,z)$, 它在此球内是调和的, 并且对此球的所有内点 $(x,y,z)$, 成立着 $u(x,y,z) > u(x_0,y_0,z_0)$, 其中 $(x_0,y_0,z_0)$ 是球面上的某定点. 如果函数 $u(x,y,z)$ 在点 $(x_0,y_0,z_0)$ 沿方向 $\boldsymbol{\nu}$ 的方向导数存在, 而方向 $\boldsymbol{\nu}$ 与球的内法线方向成锐角, 则在点 $(x_0,y_0,z_0)$ 成立

$$\frac{\partial u}{\partial \boldsymbol{\nu}} > 0.$$

**证** 因为调和函数在经过坐标轴的平移变换后仍然是调和函数, 我们不妨假设球心就是坐标原点. 又不妨设 $u(x_0,y_0,z_0) = 0$, 否则对调和函数 $u$ 减去一个常数即可达到这一点.

由于 $u(x,y,z)$ 在点 $(x_0,y_0,z_0)$ 取最小值, 因此在点 $(x_0,y_0,z_0)$ 总有

$$\frac{\partial u}{\partial \boldsymbol{\nu}} \geqslant 0.$$

我们要证明上式中的等号不能成立.

如果能引进一个函数 $\widetilde{u}(x,y,z)$, 它也满足 $\widetilde{u}(x_0,y_0,z_0) = 0$, 并使函数 $w(x,y,z) = u - \widetilde{u}$ 在点 $(x_0,y_0,z_0)$ 的附近仍成立 $w(x,y,z) \geqslant w(x_0,y_0,z_0) = 0$, 且函数 $\widetilde{u}(x,y,z)$ 在点 $(x_0,y_0,z_0)$ 处的方向导数 $\dfrac{\partial \widetilde{u}}{\partial \boldsymbol{\nu}} > 0$, 那么由于在点 $(x_0,y_0,z_0)$,

$$\frac{\partial u}{\partial \boldsymbol{\nu}} - \frac{\partial \widetilde{u}}{\partial \boldsymbol{\nu}} = \frac{\partial w}{\partial \boldsymbol{\nu}} \geqslant 0,$$

就有

$$\frac{\partial u}{\partial \boldsymbol{\nu}} \geqslant \frac{\partial \widetilde{u}}{\partial \boldsymbol{\nu}} > 0.$$

函数 $\widetilde{u}$ 将取成 $\varepsilon v$ 的形式, 使当 $\varepsilon$ 充分小时在 $(x_0,y_0,z_0)$ 的邻域中 $0 \leqslant \varepsilon v = \widetilde{u} < u$

成立, 而且还有 $\dfrac{\partial v}{\partial \boldsymbol{\nu}} > 0$. 函数 $v$ 可以有多种选取方式. 为了运算的方便, 我们将使它的形式尽可能地简单. 于是, 取 $v$ 是变量 $r$ 的函数 ($r = \sqrt{x^2+y^2+z^2}$), 且满足

(1) 在球面 $x^2+y^2+z^2=R^2$ 上 $v=0$;

(2) 在同心球壳所围成的闭区域 $D: \dfrac{R^2}{4} \leqslant x^2+y^2+z^2 \leqslant R^2$ 内 $v$ 具有二阶连续偏导数, 且 $\Delta v > 0$;

(3) $v$ 沿球的半径方向的导数 $\dfrac{\mathrm{d}v}{\mathrm{d}r}$ 存在, 且 $r>0$ 时 $\dfrac{\mathrm{d}v}{\mathrm{d}r} < 0$, 从而在球面 $x^2+y^2+z^2=R^2$ 上

$$\frac{\partial v}{\partial \boldsymbol{\nu}} = \frac{\mathrm{d}v}{\mathrm{d}r}\cos(\boldsymbol{\nu}, r) > 0.$$

如果这样的函数 $v(x,y,z)$ 存在, 则当 $\varepsilon>0$ 足够小时, $\varepsilon v$ 就是我们所要找的函数 $\widetilde{u}$. 事实上, 在点 $(x_0,y_0,z_0)$

$$\frac{\partial \widetilde{u}}{\partial \boldsymbol{\nu}} = \varepsilon \frac{\partial v}{\partial \boldsymbol{\nu}} > 0$$

显然满足, 因此我们只要证明当 $\varepsilon>0$ 足够小时, 在区域 $D$ 上成立

$$w(x,y,z) = u - \varepsilon v \geqslant 0$$

就行了. 由于在 $D$ 中, $\Delta w = -\Delta \widetilde{u} = -\varepsilon \Delta v < 0$, 因此函数 $w$ 在 $D$ 内不能取到其最小值. 但在区域 $D$ 的边界上恒有 $w(x,y,z) \geqslant 0$. 这是因为, 在球面 $x^2+y^2+z^2=\dfrac{R^2}{4}$ 上成立 $u(x,y,z)>0$, 故只要取 $\varepsilon>0$ 足够小就可使在该球面上 $w(x,y,z)=u-\varepsilon v>0$; 而在球面 $x^2+y^2+z^2=R^2$ 上显然有 $w(x,y,z) \geqslant 0$. 这样, 在整个区域 $D$ 上都有 $w(x,y,z) \geqslant 0$, 这就是所要证明的.

现在我们来证明上述函数 $v(x,y,z)$ 的确是存在的.

作函数 $v(x,y,z) = \mathrm{e}^{-a(x^2+y^2+z^2)} - \mathrm{e}^{-aR^2}$, 其中 $a$ 是一个待定的正常数. 我们只需验证: 当 $a$ 适当大时, 它就是满足上述要求的函数 $v$. 条件 (1) 和 (3) 显然满足, 下面来验证条件 (2). $v$ 的二阶偏导数为

$$\begin{aligned}
\frac{\partial^2 v}{\partial x^2} &= (-2a+4a^2x^2)\mathrm{e}^{-a(x^2+y^2+z^2)}, \\
\frac{\partial^2 v}{\partial y^2} &= (-2a+4a^2y^2)\mathrm{e}^{-a(x^2+y^2+z^2)}, \\
\frac{\partial^2 v}{\partial z^2} &= (-2a+4a^2z^2)\mathrm{e}^{-a(x^2+y^2+z^2)}.
\end{aligned}$$

因此

$$\Delta v = [-6a + 4a^2(x^2+y^2+z^2)]\mathrm{e}^{-a(x^2+y^2+z^2)}.$$

由于在 $D$ 上 $x^2+y^2+z^2 \geqslant \dfrac{R^2}{4}$, 故总可以取适当大的 $a>0$, 使在 $D$ 内成立 $\Delta v > 0$, 即条件 (2) 满足. 所以满足前述要求 (1)—(3) 的函数 $v$ 存在. 从而 $\widetilde{u} = \varepsilon v, w = u - \widetilde{u}$ 相继可以找到. 进而得知在点 $(x_0,y_0,z_0)$ 处 $\dfrac{\partial u}{\partial \boldsymbol{\nu}} > 0$. 定理证毕.

由上述关于球的霍普夫极值原理, 可以得到更一般区域的霍普夫极值原理.

**定理 5.2** 设区域 $\Omega$ 满足内切球条件, 即对 $\Omega$ 的边界 $\Gamma$ 上的任一点 $M$, 都可作一个属于区域 $\Omega$ (连同其边界 $\Gamma$) 的球 $K_M$, 使其在点 $M$ 与 $\Gamma$ 相切. 如果不恒等于常数的调和函数 $u(x,y,z)$ 在 $\Omega\cup\Gamma$ 上连续, 在边界点 $M_0$ 处取最小 (最大) 值, 则只要它在点 $M_0$ 处关于 $\Omega$ 的内法向导数存在, 方向 $\boldsymbol{\nu}$ 与内法向成锐角, 则在点 $M_0$ 处 $\dfrac{\partial u}{\partial \boldsymbol{\nu}}$ 的值必是正 (负) 的.

**证** 对任一边界点 $M_0$, 由假设条件知, 可取定一球 $K_{M_0}$, 使它的所有内点都属于 $\Omega$. 由于调和函数 $u(x,y,z)$ 不恒等于常数, 根据极值原理, 它不能在 $\Omega$ 的内点取到最小值, 因此 $u(x,y,z)$ 在 $K_{M_0}$ 的所有内点上的值恒大于 $u$ 在点 $M_0$ 的值. 由定理 5.1, 只要导数 $\dfrac{\partial u}{\partial \boldsymbol{\nu}}$ 存在, 它在点 $M_0$ 处的值必是正的. 定理证毕.

**2. 第二边值问题的解的唯一性** 上段得到的霍普夫极值原理可以用来研究调和方程的第二边值问题的解的唯一性.

现在研究调和方程 (1.1) 的诺伊曼内问题. 容易看出此问题的解如果存在, 那么就不会唯一. 因为如果 $u$ 是诺伊曼内问题的解, 那么 $u+c$ 也必是同一诺伊曼内问题的解, 其中 $c$ 为任意常数. 但我们可以证明下面的结论:

**定理 5.3** 如果区域 $\Omega$ 的边界 $\Gamma$ 满足定理 5.2 中的条件, 那么同一个诺伊曼内问题的解彼此间只能相差一个常数. 也就是说, 诺伊曼内问题的解除去一常数外是唯一的.

**证** 设 $u_1(x,y,z)$ 和 $u_2(x,y,z)$ 在 $\Omega$ 内都是调和函数, 在 $\Omega\cup\Gamma$ 上连续, 而且在 $\Gamma$ 上满足同样的边界条件: $\dfrac{\partial u_1}{\partial \boldsymbol{n}}=\dfrac{\partial u_2}{\partial \boldsymbol{n}}=f$, 那么函数 $u=u_1-u_2$ 在 $\Omega$ 内也是调和函数, 在 $\Omega\cup\Gamma$ 上连续, 而且在 $\Gamma$ 上 $\dfrac{\partial u}{\partial \boldsymbol{n}}=0$. 如果函数 $u$ 不恒等于常数, 则由极值原理, 知其最小值必在 $\Gamma$ 上达到. 再由定理 5.2 知, 在 $u$ 取最小值的点处导数 $\dfrac{\partial u}{\partial \boldsymbol{n}}$ 就不能等于零, 从而导致矛盾. 因此 $u$ 必等于一个常数. 定理证毕.

现在我们来讨论诺伊曼外问题的唯一性.

若区域 $\Omega$ 的边界 $\Gamma$ 具有这样的性质: 在其上每一点均可作一完全落在 $\Omega$ 外 (即在外部区域 $\Omega'$ 中) 且与 $\Gamma$ 在该点相切的球, 则称 $\Omega$ 满足外切球条件.

**定理 5.4** 设区域 $\Omega$ 满足外切球条件, 则方程 (1.1) 的诺伊曼外问题的解如果存在, 必是唯一的.

**证** 如果同一诺伊曼外问题有两个解 $u_1,u_2$, 令 $v=u_1-u_2$, 则 $v$ 满足边界条件 $\left.\dfrac{\partial v}{\partial \boldsymbol{n}'}\right|_{\Gamma}=0$ ($\boldsymbol{n}'$ 为区域 $\Omega'$ 的单位外法线方向), 在区域 $\Omega'$ 中为调和, 在 $\Omega'\cup\Gamma$ 上连续, 且在无穷远处一致地趋于零. 据此可以证明 $v\equiv 0$. 事实上, 对任一点 $P\in\Omega'$, 由于 $v$ 在无穷远处的极限为零, 故对任意给定的 $\varepsilon>0$, 必可找到充分大的 $R$, 使在以 $R$ 为半径的球面 $\Gamma_R: r=R$ 上恒有 $|v|\leqslant\varepsilon$. 于是在由 $\Gamma$ 及 $\Gamma_R$ 所围成的区域 $\Omega_R$ 上函数 $v$ 只能在球面 $r=R$ 上取到极值. 这是因为按极值原理, $v$ 不能在 $\Omega_R$ 内部取到极值. 再按

定理 5.2, 它又不能在 $\Gamma$ 上取到极值, 所以 $v$ 的极值只能在球面 $r=R$ 上取到. 因此在 $\Omega_R$ 上任一点都有 $|v|\leqslant\varepsilon$, 从而 $|v(P)|\leqslant\varepsilon$. 由于 $\varepsilon$ 可以任意小, 故 $v(P)=0$, 而由于 $P$ 是 $\Omega'$ 中任意点, 因此在整个 $\Omega'$ 上, 必有 $v\equiv 0$. 由此得到解的唯一性. 定理证毕.

**注** 利用霍普夫极值原理可以证明本章定理 2.3 所述的强极值原理 (留作习题). 由于在定理 2.3 的证明中利用了仅对调和方程成立的平均值定理, 所以其结论只能用于调和方程, 相反, 霍普夫极值原理可以推广到更一般的方程 (如见习题 6), 所以利用它能导出广泛得多的方程的强极值原理.

**3. 用能量积分法证明边值问题的解的唯一性** 我们已经用极值原理和霍普夫极值原理分别证明了调和方程第一边值问题与第二边值问题的解的唯一性. 如局限于讨论 $C^2(\Omega)\cap C^1(\overline{\Omega})$ 中的调和函数, 可以利用能量积分法更简洁地证明这两类边值问题的解的唯一性.

在有界区域 $\Omega$ 上的泊松方程的第一或第二边值问题的解的唯一性可以归结为讨论 $\Omega$ 中的调和函数 $u\in C^2(\Omega)\cap C^1(\overline{\Omega})$, 在边界 $\Gamma$ 上分别满足 $u=0$ 或 $\dfrac{\partial u}{\partial \boldsymbol{n}}=0$ 时的性态.

对调和函数 $u$, 可定义它的能量积分 (总势能) 为

$$\begin{aligned}E(u)&=\frac{1}{2}\iiint\limits_{\Omega}\left[\left(\frac{\partial u}{\partial x}\right)^2+\left(\frac{\partial u}{\partial y}\right)^2+\left(\frac{\partial u}{\partial z}\right)^2\right]\mathrm{d}x\mathrm{d}y\mathrm{d}z\\&=\frac{1}{2}\iiint\limits_{\Omega}\left[\frac{\partial}{\partial x}\left(u\frac{\partial u}{\partial x}\right)+\frac{\partial}{\partial y}\left(u\frac{\partial u}{\partial y}\right)+\frac{\partial}{\partial z}\left(u\frac{\partial u}{\partial z}\right)-u\Delta u\right]\mathrm{d}x\mathrm{d}y\mathrm{d}z.\end{aligned}$$

由于 $u$ 为调和函数, 利用格林公式可得

$$E(u)=\frac{1}{2}\iint\limits_{\Gamma}u\frac{\partial u}{\partial \boldsymbol{n}}\mathrm{d}S.$$

在讨论第一边值问题唯一性时, 成立 $u|_{\Gamma}=0$; 在讨论第二边值问题时, 成立 $\left.\dfrac{\partial u}{\partial \boldsymbol{n}}\right|_{\Gamma}=0$. 因此总成立

$$E(u)=0,$$

从而, 在 $\Omega$ 中成立

$$\frac{\partial u}{\partial x}=\frac{\partial u}{\partial y}=\frac{\partial u}{\partial z}=0,$$

即

$$u\equiv C\ (\text{常数}).$$

对第二边值问题, 上式已经意味着满足同一泊松方程第二边值问题的解最多只能相差一个常数, 即在允许相差一个任意常数的意义下, 解是唯一的.

对于第一边值问题, 由于在边界 $\Gamma$ 上成立 $u=0$, 因此只能成立

$$u\equiv 0,$$

这就证明了泊松方程第一边值问题的 $C^2(\Omega)\cap C^1(\overline{\Omega})$ 解是唯一的.[①]

## 习 题

1. 试用霍普夫极值原理来证明极值原理.

2. 利用极值原理及霍普夫极值原理证明: 当区域 $\Omega$ 的边界 $\Gamma$ 满足定理 5.2 中的条件时, 调和方程第三边值问题

$$\left(\frac{\partial u}{\partial \boldsymbol{n}}+\sigma u\right)\bigg|_{\Gamma}=f \quad (\sigma>0)$$

的解的唯一性.

3. 说明在证明霍普夫极值原理过程中, 不可能作出一个满足条件 (1) 和 (3) 的辅助函数 $v(x,y,z)$, 使它在整个球 $x^2+y^2+z^2\leqslant R^2$ 内满足 $\Delta v>0$.

4. 设 $\Omega$ 为 $\mathbf{R}^3$ 的有界区域, 边界为 $\Gamma, u$ 为定解问题

$$\begin{cases}-\Delta u+cu=f, & \text{其中 } c>0, f>0,\\ \left(\dfrac{\partial u}{\partial \boldsymbol{n}}+\sigma u\right)\bigg|_{\partial\Omega}=g, & \text{其中 } \sigma>0, g>0\end{cases}$$

的解. 证明: 在 $\overline{\Omega}$ 上 $u>0$.

5. 举例说明: 当 $\sigma>0$ 不成立时 (但 $\sigma$ 不恒等于零), 调和方程满足边界条件 $\left(\dfrac{\partial u}{\partial \boldsymbol{n}}+\sigma u\right)\bigg|_{\partial\Omega}=g$ 的解可以不唯一.

6. 对于一般的椭圆型方程

$$\sum_{i,j=1}^{n} a_{ij}\frac{\partial^2 u}{\partial x_i\partial x_j}+\sum_{i=1}^{n} b_i\frac{\partial u}{\partial x_i}+cu=0,$$

假设矩阵 $(a_{ij})$ 是正定的, 即对任意给定的实数 $\lambda_1,\lambda_2,\cdots,\lambda_n$, 成立

$$\sum_{i,j=1}^{n} a_{ij}\lambda_i\lambda_j\geqslant\alpha\sum_{i=1}^{n}\lambda_i^2 \quad (\alpha \text{ 为正常数}),$$

又设 $c\leqslant 0$, 试证明它的解也成立着霍普夫极值原理. 也就是说, 如果 $u(M)$ 在球 $\sum\limits_{i=1}^{n}x_i^2<R^2$ 内满足上述方程, 在闭球 $\sum\limits_{i=1}^{n}x_i^2\leqslant R^2$ 上连续, 在球面上的一点 $M_0$ 取到非正的最小值, 且在该点沿 $\boldsymbol{\nu}$ 方向的方向导数 $\dfrac{\partial u}{\partial \boldsymbol{\nu}}$ 存在, 其中 $\boldsymbol{\nu}$ 与球的内法线方向成锐角, 则在点 $M_0$ 有 $\dfrac{\partial u}{\partial \boldsymbol{\nu}}>0$.

7. 设 $\Omega$ 是具有光滑边界的有界区域, 边值问题

$$\begin{cases}\Delta u-u=0, & \text{在 } \Omega \text{ 内},\\ \dfrac{\partial u}{\partial \boldsymbol{n}}\bigg|_{\partial\Omega}=0\end{cases}$$

的解 $u\in C^2(\Omega)\cap C^1(\overline{\Omega})$ 在 $\Omega$ 内是否可能是严格正的?

---

① 通常只要求泊松方程的第一边值问题的经典解为 $C^2(\Omega)\cap C^0(\overline{\Omega})$ 函数, 这里的证明尚不能得出在 $C^2(\Omega)\cap C^0(\overline{\Omega})$ 函数类中解的唯一性.

8. 设 $\Omega$ 为平面上的椭圆环 $\{(x,y)|1\leqslant x^2+2y^2\leqslant 2\}, u(x,y)\in C^2(\overline{\Omega})$ 是如下的边值问题的解:

$$\begin{cases}\Delta u=0, \quad (x,y)\in\overline{\Omega},\\ u(x,y)=x+y, \quad x^2+2y^2=2,\\ \dfrac{\partial u(x,y)}{\partial \boldsymbol{n}}+(1-x)u(x,y)=0, \quad x^2+2y^2=1.\end{cases}$$

求 $\max\limits_{\overline{\Omega}}|u(x,y)|$.

# 第四章 二阶线性偏微分方程的分类与总结

在前面各章，我们分别讨论了弦振动方程、热传导方程与调和方程. 这三类方程虽然形式很特殊，但是在二阶线性偏微分方程中，它们却是三个典型的代表. 一般的二阶线性偏微分方程之间的共性与差异，往往可以从对这三类方程的研究得到. 本章中，我们就以关于这三类方程的知识为基础，研究一般的二阶线性偏微分方程，并对这三类方程的性质进行比较深入的总结与讨论. 在下面的讨论中，常将二阶线性偏微分方程简称为二阶线性方程.

## §1 二阶线性方程的分类

**1. 两个自变量的方程** 我们首先研究含两个自变量的二阶线性方程，前面遇到的一维热传导方程、弦振动方程以及二维调和方程都是其特例. 一般说来，方程所含的自变量越多，处理起来也越复杂. 先从含两个自变量的方程入手，较容易了解一般二阶线性方程应如何分类以及各种不同类型方程的特点，也将有助于对含多个自变量的二阶线性方程的研究.

若用 $(x, y)$ 记自变量，一般的二阶线性方程总可以写成如下的形式:

$$a_{11}u_{xx} + 2a_{12}u_{xy} + a_{22}u_{yy} + b_1u_x + b_2u_y + cu = f, \tag{1.1}$$

这里 $a_{11}, a_{12}, a_{22}, b_1, b_2, c$ 及 $f$ 都是变量 $x, y$ 在某一区域 $\Omega$ 上的实函数，并通常假定它们适当光滑，例如连续可导. 我们希望通过适当的自变量的变换与未知函数的线性变换使方程 (1.1) 简化，并在此基础上对方程进行分类.

通过种种变换使方程得到简化是偏微分方程研究中常用的方法. 例如，就自变量的变换来说，如果一个方程 (A) 经过可逆的自变量变换后得到方程 (B)，那么方程 (B) 与方程 (A) 就可以看成同一方程的不同表达形式，方程 (A) 的解经过自变量的这个变换后，就得到方程 (B) 的解，而方程 (B) 的解经过这个自变量变换的逆变换，也就得到方程 (A) 的解. 如果方程 (B) 的形式比方程 (A) 的形式简单，那么直接研究方程 (B) 就比较方便. 又如果许多方程都能通过自变量变换化成方程 (B)，则对 (B) 的研究就更具有典型意义. 关于未知函数的变换也可以作类似的说明.

**2. 两个自变量的二阶线性方程的化简** 我们现在开始对方程 (1.1) 在区域 $\Omega$ 中某点 $(x_0,y_0)$ 的附近进行简化. 为此, 作自变量的变换

$$\xi=\xi(x,y),\quad \eta=\eta(x,y). \tag{1.2}$$

假设变换 (1.2) 二次连续可导, 且使函数行列式

$$\frac{D(\xi,\eta)}{D(x,y)}=\begin{vmatrix}\xi_x & \xi_y\\ \eta_x & \eta_y\end{vmatrix} \tag{1.3}$$

在点 $(x_0,y_0)$ 不等于零. 根据隐函数存在定理, 在点 $(x_0,y_0)$ 附近变换 (1.2) 是可逆的. 利用变换 (1.2), 可以将方程 (1.1) 化成下述关于自变量 $\xi,\eta$ 的偏微分方程:

$$\overline{a}_{11}u_{\xi\xi}+2\overline{a}_{12}u_{\xi\eta}+\overline{a}_{22}u_{\eta\eta}+\overline{b}_1u_\xi+\overline{b}_2u_\eta+\overline{c}u=\overline{f}. \tag{1.4}$$

由于

$$\begin{cases}u_x=u_\xi\xi_x+u_\eta\eta_x,\\ u_y=u_\xi\xi_y+u_\eta\eta_y,\\ u_{xx}=u_{\xi\xi}\xi_x^2+2u_{\xi\eta}\xi_x\eta_x+u_{\eta\eta}\eta_x^2+u_\xi\xi_{xx}+u_\eta\eta_{xx},\\ u_{xy}=u_{\xi\xi}\xi_x\xi_y+u_{\xi\eta}(\xi_x\eta_y+\xi_y\eta_x)+u_{\eta\eta}\eta_x\eta_y+u_\xi\xi_{xy}+u_\eta\eta_{xy},\\ u_{yy}=u_{\xi\xi}\xi_y^2+2u_{\xi\eta}\xi_y\eta_y+u_{\eta\eta}\eta_y^2+u_\xi\xi_{yy}+u_\eta\eta_{yy},\end{cases} \tag{1.5}$$

故方程 (1.4) 中的 $\overline{a}_{11},\overline{a}_{12},\overline{a}_{22}$ 为

$$\begin{cases}\overline{a}_{11}=a_{11}\xi_x^2+2a_{12}\xi_x\xi_y+a_{22}\xi_y^2,\\ \overline{a}_{12}=a_{11}\xi_x\eta_x+a_{12}(\xi_x\eta_y+\xi_y\eta_x)+a_{22}\xi_y\eta_y,\\ \overline{a}_{22}=a_{11}\eta_x^2+2a_{12}\eta_x\eta_y+a_{22}\eta_y^2,\end{cases} \tag{1.6}$$

$\overline{b_1},\overline{b_2},\overline{c}$ 及 $\overline{f}$ 也可以相应地决定.

现在设法选取变换 (1.2), 使方程 (1.4) 的二阶偏导数项化成最简单的形式. 注意到 (1.6) 式中的第三式和第一式的形式是完全相同的, 仅是将 $\xi$ 换成了 $\eta$, 因此, 如果能选择到方程

$$a_{11}\varphi_x^2+2a_{12}\varphi_x\varphi_y+a_{22}\varphi_y^2=0 \tag{1.7}$$

的两个函数无关的解 $\varphi=\varphi_1(x,y)$ 及 $\varphi=\varphi_2(x,y)$, 取

$$\begin{cases}\xi=\varphi_1(x,y),\\ \eta=\varphi_2(x,y),\end{cases}$$

方程 (1.4) 中的系数 $\overline{a}_{11},\overline{a}_{22}$ 就变为零. 这样, (1.4) 式就较 (1.1) 式大为简化了. 现在考察这种选取的可能性.

我们知道关于 $\varphi$ 的一阶偏微分方程 (1.7) 的求解问题可以化为求下述常微分方程在 $(x,y)$ 平面上的积分曲线问题:

$$a_{11}\mathrm{d}y^2-2a_{12}\mathrm{d}x\mathrm{d}y+a_{22}\mathrm{d}x^2=0. \tag{1.8}$$

设 $\varphi_1(x,y)=c$ 是方程 (1.8) 的一族积分曲线, 则 $z=\varphi_1(x,y)$ 就是方程 (1.7) 的一个解. 方程(1.8)的积分曲线称为方程 (1.1) 的**特征线**, 方程 (1.8) 有时亦称为**特征方程**.

为了求得方程 (1.8) 的积分曲线, 将方程 (1.8) 分解成两个方程

$$\frac{\mathrm{d}y}{\mathrm{d}x}=\frac{a_{12}+\sqrt{a_{12}^2-a_{11}a_{22}}}{a_{11}}, \tag{1.9$_1$}$$

$$\frac{\mathrm{d}y}{\mathrm{d}x}=\frac{a_{12}-\sqrt{a_{12}^2-a_{11}a_{22}}}{a_{11}}. \tag{1.9$_2$}$$

这时有下面三种情形:

(1) 在点 $(x_0,y_0)$ 处 $\Delta=a_{12}^2-a_{11}a_{22}>0$, 则在该点的邻域中 $\Delta>0$. 此时方程 $(1.9)_1$ 及 $(1.9)_2$ 右端取相异的实值, 故 (1.8) 式的积分曲线为两族不相同的实曲线, 依次将它们表示为 $\varphi_1(x,y)=c$ 及 $\varphi_2(x,y)=c$. 假设 $\varphi_{1x}$ 及 $\varphi_{1y},\varphi_{2x}$ 及 $\varphi_{2y}$ 均不同时为零, 则变换

$$\xi=\varphi_1(x,y),\eta=\varphi_2(x,y) \tag{1.10}$$

是可逆变换, 这是因为

$$\begin{aligned}\frac{\varphi_{1x}}{\varphi_{1y}}&=-\frac{\mathrm{d}y_1}{\mathrm{d}x}=-\frac{a_{12}+\sqrt{a_{12}^2-a_{11}a_{22}}}{a_{11}},\\ \frac{\varphi_{2x}}{\varphi_{2y}}&=-\frac{\mathrm{d}y_2}{\mathrm{d}x}=-\frac{a_{12}-\sqrt{a_{12}^2-a_{11}a_{22}}}{a_{11}},\end{aligned}$$

而 $\Delta=a_{12}^2-a_{11}a_{22}>0$, 因此 $\dfrac{\varphi_{1x}}{\varphi_{1y}}\neq\dfrac{\varphi_{2x}}{\varphi_{2y}}$, 即变换 (1.10) 导出的函数行列式 $\dfrac{D(\varphi_1,\varphi_2)}{D(x,y)}\neq 0$. 因此在选取这样的变换后, 方程 (1.4) 中的 $\overline{a}_{11},\overline{a}_{22}$ 都化为零, 同时易知可逆变换不能将二阶偏微分方程变成一阶, 故此时必有 $\overline{a}_{12}\neq 0$ (也可以通过直接计算验证). 因此, (1.4) 式可化为

$$u_{\xi\eta}=Au_\xi+Bu_\eta+Cu+D \tag{1.11}$$

的形式, 其中 $A,B,C,D$ 为 $\xi,\eta$ 的函数.

若在 (1.11) 式中再作自变量的变换

$$\xi=\frac{1}{2}(s+t),\quad \eta=\frac{1}{2}(s-t),$$

则方程 (1.11) 进一步化为

$$u_{ss}-u_{tt}=A_1u_s+B_1u_t+C_1u+D_1 \tag{1.12}$$

的形式.

(2) 在点 $(x_0,y_0)$ 的一邻域中 $\Delta=a_{12}^2-a_{11}a_{22}\equiv 0$, 并且 $a_{11},a_{12},a_{22}$ 不全为零. 此时 (1.7) 式化为完全平方

$$(\sqrt{a_{11}}\varphi_x+\sqrt{a_{22}}\varphi_y)^2=0,$$

故特征线只有一族, 记为 $\varphi_1(x,y)=c$. 选取 $\xi=\varphi_1(x,y)$. 由于 $\Delta\equiv 0$,

$$\begin{aligned}\overline{a}_{12}&=a_{11}\xi_x\eta_x+a_{12}(\xi_x\eta_y+\xi_y\eta_x)+a_{22}\xi_y\eta_y\\&=(\sqrt{a_{11}}\xi_x+\sqrt{a_{22}}\xi_y)(\sqrt{a_{11}}\eta_x+\sqrt{a_{22}}\eta_y)=0,\end{aligned}$$

因此 $\overline{a}_{11}$ 及 $\overline{a}_{12}$ 同时为零. 任选一函数 $\eta=\varphi_2(x,y)$, 使 $\varphi_1,\varphi_2$ 函数无关, 则通过变换 (1.10), 方程 (1.1) 就化为

$$\overline{a}_{22}u_{\eta\eta}=Au_\xi+Bu_\eta+Cu+D$$

的形式, 其中 $\overline{a}_{22}\neq 0$. 以 $\overline{a}_{22}$ 除上式两端, 得到形状为

$$u_{\eta\eta}=A_1u_\xi+B_1u_\eta+C_1u+D_1 \tag{1.13}$$

的方程.

如果在 (1.13) 式中再作未知函数的线性变换

$$v=u\mathrm{e}^{-\frac{1}{2}\int_{\eta_0}^{\eta}B_1(\xi,\tau)\mathrm{d}\tau},$$

就得到关于 $v$ 的方程

$$v_{\eta\eta}=A_2v_\xi+C_2v+D_2, \tag{1.14}$$

其中不再出现关于 $\eta$ 的一阶偏导数项.

(3) 在点 $(x_0,y_0)$ 处 $\Delta=a_{12}^2-a_{11}a_{22}<0$, 则在该点的邻域中 $\Delta<0$. 此时不存在实的特征线, 方程 (1.8) 的通积分只能是复函数. 假设

$$\varphi(x,y)=\varphi_1(x,y)+\mathrm{i}\varphi_2(x,y)=c$$

是 $(1.9)_1$ 式的一个通积分, 即满足 $a_{11}\varphi_x=-\left(a_{12}+\sqrt{a_{12}^2-a_{11}a_{22}}\right)\varphi_y$[①], 并且 $\varphi_x,\varphi_y$ 不同时为零, 这里 $\varphi_1,\varphi_2$ 是实的函数, 则 $z=\varphi(x,y)$ 满足

$$a_{11}\varphi_x^2+2a_{12}\varphi_x\varphi_y+a_{22}\varphi_y^2=0.$$

为了避免引入复函数, 我们作变换

$$\begin{aligned}\xi&=\operatorname{Re}\varphi(x,y)=\varphi_1(x,y),\\ \eta&=\operatorname{Im}\varphi(x,y)=\varphi_2(x,y).\end{aligned}\tag{1.15}$$

① 假如 $a_{11},a_{12},a_{22}$ 都是关于自变量 $x,y$ 的解析函数, 此时利用柯西 – 柯瓦列夫斯卡娅 (Cauchy-Ковалевская) 定理 (参见第五章) 可以证明这种解的存在性. 在系数非解析的情形, 可以直接从

$$\begin{aligned}&a_{11}\xi_x^2+2a_{12}\xi_x\xi_y+a_{22}\xi_y^2=a_{11}\eta_x^2+2a_{12}\eta_x\eta_y+a_{22}\eta_y^2,\\&a_{11}\xi_x\eta_x+a_{12}(\xi_x\eta_y+\xi_y\eta_x)+a_{22}\xi_y\eta_y=0\end{aligned}$$

来求出 $\xi(x,y),\eta(x,y)$. 这可参见柯朗 (Courant)、希尔伯特的《数学物理方法 Ⅱ》(科学出版社), 第四章.

可以证明, $\varphi_1(x,y)$ 和 $\varphi_2(x,y)$ 是函数无关的. 事实上, 因为 $\varphi(x,y)=c$ 满足 $(1.9)_1$ 式, 故

$$a_{11}\varphi_x=-\left(a_{12}+\mathrm{i}\sqrt{a_{11}a_{22}-a_{12}^2}\right)\varphi_y. \tag{1.16}$$

把实部及虚部分开, 得到

$$\begin{cases} a_{11}\xi_x=-a_{12}\xi_y+\sqrt{a_{11}a_{22}-a_{12}^2}\eta_y, \\ a_{11}\eta_x=-a_{12}\eta_y-\sqrt{a_{11}a_{22}-a_{12}^2}\xi_y. \end{cases} \tag{1.16$'$}$$

由于 $a_{11}\neq 0$ (否则 $\Delta$ 不会小于零), 成立

$$\begin{vmatrix} \xi_x & \xi_y \\ \eta_x & \eta_y \end{vmatrix}=\frac{\sqrt{a_{11}a_{22}-a_{12}^2}}{a_{11}}(\xi_y^2+\eta_y^2).$$

这个行列式的值不等于零, 否则就会推出 $\xi_y=\eta_y=0$, 再由 $(1.16)'$ 式就得出 $\xi_x=\eta_x=0$, 从而 $\varphi_x=\varphi_y=0$, 但这与关于函数 $\varphi$ 的假定不符. 因此 (1.15) 中的 $\varphi_1,\varphi_2$ 是函数无关的.

由于 $\xi+\mathrm{i}\eta$ 满足方程 (1.7), 代入后将实部及虚部分开, 得到

$$\begin{aligned} &a_{11}\xi_x^2+2a_{12}\xi_x\xi_y+a_{22}\xi_y^2=a_{11}\eta_x^2+2a_{12}\eta_x\eta_y+a_{22}\eta_y^2, \\ &a_{11}\xi_x\xi_y+a_{12}(\xi_x\eta_y+\xi_y\eta_x)+a_{22}\xi_y\eta_y=0. \end{aligned}$$

因此, 由 (1.6) 式, 方程 (1.1) 化为

$$u_{\xi\xi}+u_{\eta\eta}=Au_\xi+Bu_\eta+Cu+D \tag{1.17}$$

的形式.

**3. 方程的分类**　我们看到, 两个自变量的二阶线性方程通过自变量的可逆变换能够化成哪种标准形, 可由二次型

$$Q(l,m)=a_{11}l^2+2a_{12}lm+a_{22}m^2$$

的代数性质如何来定, 或者说, 由 $(l,m)$ 平面上的二次曲线 $Q(l,m)=1$ 的性质而定. 由于方程 $Q(l,m)=1$ 所确定的二次曲线可以是一个椭圆、一个双曲线或者一个抛物线, 故我们相应地定义方程 (1.1) 在一点的类型如下:

若方程 (1.1) 中二阶偏导数项的系数 $a_{11},a_{12},a_{22}$ 在区域 $\Omega$ 中某点 $(x_0,y_0)$ 满足

$$\Delta=a_{12}^2-a_{11}a_{22}>0,$$

则称方程在点 $(x_0,y_0)$ 为**双曲型**的; 若在点 $(x_0,y_0)$ 满足

$$\Delta=a_{12}^2-a_{11}a_{22}=0,$$

则称方程在点 $(x_0, y_0)$ 为**抛物型**的; 若在点 $(x_0, y_0)$ 满足

$$\Delta = a_{12}^2 - a_{11}a_{22} < 0,$$

则称方程在点 $(x_0, y_0)$ 为**椭圆型**的.

其次, 如果方程在一个区域 $\Omega$ 中的每点均为双曲型, 那么就称方程在区域 $\Omega$ 中是双曲型的. 同样, 如方程在区域 $\Omega$ 中的每点均为抛物型或椭圆型的, 那么就称方程在区域 $\Omega$ 中是抛物型或椭圆型的. 因而上文的结果可表述为: 如果方程在一个区域 $\Omega$ 中为双曲型、抛物型或椭圆型的话, 那么它在区域 $\Omega$ 中任一点 $(x_0, y_0)$ 的附近就可分别化成 (1.11) (或 (1.12)), (1.13) (或 (1.14)) 和 (1.17) 的形式, 因而 (1.11) (或 (1.12)), (1.13) (或 (1.14)) 和 (1.17) 就分别称为双曲型、抛物型与椭圆型方程的标准形式.

容易看出, 如果点 $(x_0, y_0)$ 为方程 (1.1) 的双曲型点或椭圆型点, 那么一定存在该点的一个邻域, 使方程在这邻域内是双曲型或椭圆型的, 因此就能在这点的附近将方程化为标准形式. 但如点 $(x_0, y_0)$ 为抛物型点, 就不一定存在一个邻域, 使方程在这邻域内是抛物型的, 因此并不能保证在该点附近可化成抛物型方程的标准形式.

根据刚才所说的分类方法, 可以容易地看到弦振动方程是双曲型的, 一维热传导方程是抛物型的, 二维调和方程是椭圆型的. 由于弦振动方程描述波的传播现象, 它具有对时间可逆的性质; 热传导方程描述热的传导、物质的扩散等不可逆现象; 而调和方程描述平衡或定常的状态. 这三种方程所描述的自然现象的本质不同, 这三种方程的性质也各异. 由此可见, 两个自变量的二阶线性方程的上述分类方法, 是有其深刻的原因的.

最后, 我们指出, 有些方程在区域 $\Omega$ 的一个部分是双曲型的, 另一部分是椭圆型的, 而在它们的分界线上是抛物型的. 这样的方程在区域 $\Omega$ 中称为是**混合型**的. 例如特里科米 (Tricomi) 方程

$$y\frac{\partial^2 u}{\partial x^2} + \frac{\partial^2 u}{\partial y^2} = 0 \tag{1.18}$$

在上半平面 $y > 0$ 是椭圆型的, 而在下半平面 $y < 0$ 是双曲型的. 当所考察的区域 $\Omega$ 包含轴 $y = 0$ 上的某些线段时, 这方程在 $\Omega$ 中就是混合型的. 在研究空气动力学中的跨音速流问题时, 常遇到混合型方程.

**4. 例** 现在我们举出一些化两个自变量的二阶线性偏微分方程为标准形式的例子.

**例 1** 弦振动方程

$$u_{tt} - a^2 u_{xx} = 0.$$

若令 $x_1 = \dfrac{x}{a}$, 则上面的弦振动方程就化成标准形式 (1.12). 为化成标准形式 (1.11), 注意到该方程的特征线族为

$$x + at = c \quad 及 \quad x - at = c.$$

作变换 $\xi = x + at, \eta = x - at$ 后, 它即化为标准形式 (1.11)

$$\frac{\partial^2 u}{\partial\xi\partial\eta} = 0.$$

利用这种标准形式, 就容易作出它的通解. 事实上, 以 $v$ 表示 $\dfrac{\partial u}{\partial\eta}$, 即得 $\dfrac{\partial v}{\partial\xi} = 0$, 于是 $v = f(\eta)$, 其中 $f$ 是 $\eta$ 的一个任意函数. 再在方程

$$\frac{\partial u}{\partial\eta} = f(\eta)$$

中将 $\xi$ 视为参数, 关于 $\eta$ 积分, 就得到

$$u = \int f(\eta)\mathrm{d}\eta + \varphi(\xi)$$

或

$$u = \varphi(\xi) + \psi(\eta) = \varphi(x + at) + \psi(x - at), \tag{1.19}$$

其中 $\varphi$ 和 $\psi$ 是两个任意的二阶连续可导函数.

**例 2** 特里科米方程

$$y\frac{\partial^2 u}{\partial x^2} + \frac{\partial^2 u}{\partial y^2} = 0$$

的特征方程为

$$y\mathrm{d}y^2 + \mathrm{d}x^2 = 0.$$

在椭圆型区域 $y > 0$ 内, 它化为

$$\mathrm{d}x \pm \mathrm{i}\sqrt{y}\mathrm{d}y = 0,$$

故可得通积分

$$x \pm \mathrm{i}\frac{2}{3}y^{\frac{3}{2}} = c.$$

作变换

$$\xi = x, \quad \eta = \frac{2}{3}y^{\frac{3}{2}},$$

原方程化为

$$\frac{\partial^2 u}{\partial\xi^2} + \frac{\partial^2 u}{\partial\eta^2} + \frac{1}{3\eta}\frac{\partial u}{\partial\eta} = 0. \tag{1.20}$$

在双曲型区域 $y < 0$ 内, 特征方程为

$$\mathrm{d}x \pm \sqrt{-y}\mathrm{d}y = 0,$$

故得通积分

$$x \pm \frac{2}{3}(-y)^{\frac{3}{2}} = c.$$

作变换

$$\xi = x - \frac{2}{3}(-y)^{\frac{3}{2}}, \quad \eta = x + \frac{2}{3}(-y)^{\frac{3}{2}},$$

原方程化为

$$\frac{\partial^2 u}{\partial\xi\partial\eta} - \frac{1}{6(\xi-\eta)}\left(\frac{\partial u}{\partial\xi} - \frac{\partial u}{\partial\eta}\right) = 0. \tag{1.21}$$

## 扩 展 阅 读

**多个自变量的二阶偏微分方程的分类** 考察一般的多个自变量的二阶线性偏微分方程, 它的形式为

$$\sum_{i,j=1}^{n} a_{ij}\frac{\partial^2 u}{\partial x_i \partial x_j} + \sum_{i=1}^{n} b_i \frac{\partial u}{\partial x_i} + cu = f, \tag{1.22}$$

其中 $a_{ij}, b_i, c$ 及 $f$ 是 $n$ 维空间 $(x_1, x_2, \cdots, x_n)$ 中某区域 $\Omega$ 上的适当光滑的函数, 并总可取 $a_{ij} = a_{ji}$. 此时, 一般不能像两个自变量情形那样将方程在一个区域内化成标准形式, 但也有可能从一般形式的方程 (1.22) 中划分出若干典型类型的方程来进行研究.

我们注意到, 在对两个自变量的方程进行分类时, 作为分类标准所利用到的是方程中二阶偏导数的系数的代数性质: 使方程为椭圆型的点, 行列式 $\Delta < 0$, 这就是二次型 $A(\lambda) = a_{11}\lambda_1^2 + 2a_{12}\lambda_1\lambda_2 + a_{22}\lambda_2^2$ 为正定或负定的情形; 使方程为抛物型的点, $\Delta = 0$, 这就是二次型 $A(\lambda)$ 为退化的情形; 而对于使方程为双曲型的点, 二次型 $A(\lambda)$ 是既不为退化、又不是正定或负定的情形. 换言之, 这三种情形分别对应于二次型 $A(\lambda)$ 的特征根, 即方程

$$\begin{vmatrix} a_{11}-\lambda & a_{12} \\ a_{12} & a_{22}-\lambda \end{vmatrix} = 0 \tag{1.23}$$

的根为同号、有零根及异号的情形.

对方程 (1.22) 也可作二次型

$$A(\lambda) = \sum_{i,j=1}^{n} a_{ij}\lambda_i\lambda_j. \tag{1.24}$$

可以看到: 对多个自变量的拉普拉斯方程

$$\frac{\partial^2 u}{\partial x_1^2} + \frac{\partial^2 u}{\partial x_2^2} + \cdots + \frac{\partial^2 u}{\partial x_n^2} = 0$$

而言, 二次型 $A(\lambda) = \lambda_1^2 + \lambda_2^2 + \cdots + \lambda_n^2$ 是正定的, 它所对应的矩阵的所有特征根为同号. 对 $n+1$ 个自变量的波动方程

$$\frac{\partial^2 u}{\partial t^2} = a^2\left(\frac{\partial^2 u}{\partial x_1^2} + \frac{\partial^2 u}{\partial x_2^2} + \cdots + \frac{\partial^2 u}{\partial x_n^2}\right)$$

而言, $A(\lambda)=\lambda_0^2-a^2(\lambda_1^2+\lambda_2^2+\cdots+\lambda_n^2)$ 是既非退化、也非正定 (或负定) 的, 它所对应的矩阵的 $n+1$ 个特征根中, 有 $n$ 个同号 (即为 $-a^2$), 而另外一个取相反的符号 (即为 1). 对 $n+1$ 个自变量的热传导方程

$$\frac{\partial u}{\partial t}=a^2\left(\frac{\partial^2 u}{\partial x_1^2}+\frac{\partial^2 u}{\partial x_2^2}+\cdots+\frac{\partial^2 u}{\partial x_n^2}\right)$$

而言, $A(\lambda)=-a^2(\lambda_1^2+\lambda_2^2+\cdots+\lambda_n^2)$ 为退化的, 即它所对应的矩阵有一特征根为零. 这样, 我们可以自然地引入如下的定义: 如果方程 (1.22) 在某点 $P(x_1^0,x_2^0,\cdots,x_n^0)$, 所对应的二次型

$$A(\lambda)=\sum_{i,j=1}^{n}a_{ij}(P)\lambda_i\lambda_j$$

为正定或负定的 (即矩阵 $(a_{ij})$ 的特征根的符号完全相同), 那么称方程在点 $P$ 为**椭圆型**的; 如果 $A(\lambda)$ 在点 $P$ 非退化, 且在 $A(\lambda)$ 的特征根中有 $n-1$ 个为同号, 剩下的一个取相反的符号, 则称方程在点 $P$ 为**双曲型**的. 当自变量的个数超过 3 时可能出现这样的情况, $A(\lambda)$ 在点 $P$ 非退化, 且在 $A(\lambda)$ 的特征根中有不少于 2 个正根, 也有不少于 2 个负根. 这时称方程在点 $P$ 为**超双曲型**的.

当二次型 $A(\lambda)$ 在点 $P$ 退化时, 情形较复杂. 如果在点 $P$ 处 $A(\lambda)$ 的一个特征根为零, 而在该点的邻域中有部分为椭圆型, 部分为双曲型, 则称方程为**混合型**的. 若在点 $P$ 的某邻域中 $A(\lambda)$ 的一个特征根恒为零, 而 $A(\lambda)$ 的其余特征根非零且同号, 则称方程为**抛物型**的. 对于其他的退化情形, 尚未有确定的分类.

**例 3** 判定方程

$$\sum_{i,j=1}^{n}(\delta_{ij}-x_ix_j)\frac{\partial^2 u}{\partial x_ix_j}+2\sum_{i=1}^{n}x_i\frac{\partial u}{\partial x_i}+cu=f \tag{1.25}$$

的类型, 式中 $\delta_{ij}=\begin{cases}1, & i=j,\\ 0, & i\neq j.\end{cases}$

**解** 根据方程中二阶偏导数项的系数作出其特征二次型为

$$\begin{aligned}A(\lambda)&=\sum_{i,j=1}^{n}(\delta_{ij}-x_ix_j)\lambda_i\lambda_j=\sum_{i=1}^{n}\lambda_i^2-\sum_{i,j=1}^{n}x_ix_j\lambda_i\lambda_j\\&=\sum_{i=1}^{n}\lambda_i^2-\left(\sum_{i=1}^{n}x_i\lambda_i\right)^2.\end{aligned}$$

对于任意点 $x=(x_1,x_2,\cdots,x_n)$, 可以作坐标系的正交变换 $x=Sy$, 使 $(x_1,x_2,\cdots,x_n)$ 变到 $(y_1,y_2,\cdots,y_n)=(|x|,0,\cdots,0)$, 其中 $|x|=\left(\sum\limits_{i=1}^{n}x_i^2\right)^{1/2}$. 相应地, 令 $\lambda=S\mu$, 则

$$\sum_{i=1}^{n}x_i\lambda_i=\sum_{i=1}^{n}y_i\mu_i=\mu_1|x|.$$

从而 $A(\lambda)$ 变换为 $\mu$ 的二次型

$$B(\mu)=\sum_{i=1}^{n}\mu_i^2-\mu_1^2|x|^2=(1-|x|^2)\mu_1^2+\sum_{i=2}^{n}\mu_i^2.$$

易见, 当 $|x|<1$ 时, $B(\mu)$ 是正定二次型; 当 $|x|>1$ 时, $B(\mu)$ 是非退化二次型, 有 $n-1$ 个特征根为正, 一个为负. 故方程 (1.25) 在单位球面内为椭圆型, 在单位球面外为双曲型. 在球面上任意点的邻域中方程为混合型.

## 习　题

1. 证明: 两个自变量的二阶线性方程经过自变量的可逆变换后, 其类型不会改变, 即变换后 $\varDelta=a_{12}^2-a_{11}a_{22}$ 的符号不变.

2. 判定下述方程的类型:

(1) $x^2u_{xx}-y^2u_{yy}=0$;　(2) $u_{xx}+(x+y)^2u_{yy}=0$;

(3) $u_{xx}+xyu_{yy}=0$;　(4) $u_{xx}-4u_{xy}+2u_{xz}+4u_{yy}+u_{zz}=0$;

(5) $u_{xx}+(\operatorname{sgn}y)u_{yy}=0$, 其中 $\operatorname{sgn}y=\begin{cases}1, & y>0,\\ 0, & y=0,\\ -1, & y<0.\end{cases}$

3. 化下列方程为标准形式:

(1) $u_{xx}+4u_{xy}+5u_{yy}+u_x+2u_y=0$;　(2) $x^2u_{xx}+2xyu_{xy}+y^2u_{yy}=0$;

(3) $u_{xx}+yu_{yy}=0$;　(4) $u_{xx}-(2\cos x)u_{xy}-(3+\sin^2x)u_{yy}-yu_y=0$;

(5) $(1+x^2)u_{xx}+(1+y^2)u_{yy}+xu_x+yu_y=0$.

4. 证明: 两个自变量的二阶常系数双曲型方程或椭圆型方程一定可以经过自变量及未知函数的可逆变换

$$u=\mathrm{e}^{\lambda\xi+\mu\eta}v,$$

将它化成

$$v_{\xi\xi}\pm v_{\eta\eta}+cv=f$$

的形式.

5. 给定含参数 $\alpha$ 的二阶偏微分方程

$$u_{xx}+4u_{xy}-\alpha u_{yy}=0.$$

当 $\alpha$ 取值在什么范围时, 该方程可以通过自变量的线性变换 $(x,y)\to(t,z)$ 变成弦振动方程

$$u_{tt}-u_{zz}=0?$$

6. 空气动力学中的恰普雷金 (Чаплыгин) 方程的形式为

$$K(\sigma)u_{\theta\theta}+u_{\sigma\sigma}=0,$$

其中 $K(\sigma)$ 为一个二阶连续可微函数, $K(0)=0, K'(0)>0$, 试在 $\sigma<0$ 与 $\sigma>0$ 的区域中分别将恰普雷金方程化为标准形式.

# §2 二阶线性方程的特征理论

**1. 特征概念** 从上节关于二阶线性方程分类的讨论中知道, 三种类型方程的区分取决于它们二阶偏导数前的系数的代数性质. 例如, 就两个自变量的情形而言, 方程的一般形式为 (1.1). 如果 $a_{12}^2 - a_{11}a_{22} > 0$, 则从方程 (1.8) 可以解出两族特征线, 这时方程为双曲型的; 如果 $a_{12}^2 - a_{11}a_{22} \equiv 0$, 则从 (1.8) 可解出一族特征线 (这时两族特征线重合在一起, 构成重特征), 这时方程为抛物型的; 如果 $a_{12}^2 - a_{11}a_{22} < 0$, 则 (1.8) 无实解, 或者说方程没有实特征线, 这时方程为椭圆型的. 由此可见, 一个方程的特征线的性态决定了它的类型. 又从第一章知道, 对双曲型方程来说, 影响区域、决定区域和依赖区域都是由特征线或特征曲面来划分的, 所以有必要进一步讨论特征线与特征曲面的理论, 简称特征理论.

为了了解特征线及特征曲面的共同特点及其重要作用, 我们先介绍**弱间断解**的概念. 对于一个具有 $n$ 个自变量的二阶方程来说, 若有一函数 $u$ 在某个 $n$ 维区域内有一阶连续偏导数, 且在此区域内除了一个 $n-1$ 维光滑曲面 $S$ ($n=2$ 时它是曲线) 外, 有二阶连续偏导数, 并处处满足方程, 同时 $u$ 的二阶偏导数在 $S$ 上的左右极限均存在 (具有第一类间断), 那么称这个函数 $u$ 为方程的弱间断解. 这种弱间断解虽然在曲面 $S$ 上不满足方程, 但从物理学的角度来看, 它仍然是合理的. 事实上, 回忆一下前几章中建立几个典型方程的过程, 那时首先得到的是一个包含未知函数的一阶偏导数在内的积分等式. 而仅仅在利用格林公式将它化成偏微分方程时, 才要求未知函数有二阶连续偏导数, 而在原始物理问题中, 只要求未知函数有一阶连续偏导数就可以了, 所以有可能出现在物理学上有意义的弱间断解. 例如, 波传播的波阵面就是弱间断面.

下面以弦振动方程为例来说明这一点. 该方程的传播波解是 $f_1(x-at)$ 与 $f_2(x+at)$. 以右传播波为例, 它在 $x-at=$ 常数的特征线上为常数. 因此, 如果一右传播波 $u=f(x-at)$ 在初始 $t=0$ 时取值为

$$\varphi(x)=\begin{cases}(x^2-1)^2, & |x|\leqslant 1,\\ 0, & |x|>1,\end{cases}$$

其中函数 $\varphi(x)$ 在 $x=\pm1$ 处一阶导数连续、二阶导数有间断, 则相应的右传播波形式的解为

$$u(x,t)=\begin{cases}[(x-at)^2-1]^2, & |x-at|\leqslant 1,\\ 0, & |x-at|>1.\end{cases}$$

它在 $x-at=\pm1$ 处有弱间断. 如前所述, 上述解是有物理意义的, 而 $x-at=1$ 与 $x-at=-1$ 这两条弱间断线恰表示波的前阵面与后阵面.

从这个例子还可以看到弱间断曲线恰好是特征线, 或者说弱间断沿特征线发生、弱间断沿特征线传播等. 这并非巧合, 而是反映了一个很重要的事实. 一般来说, 对于给定的一个偏微分方程, 并非任何一个曲面 (曲线) 都可以作为方程的弱间断解的弱间断

曲面 (弱间断曲线). 而哪些曲面 (曲线) 可以作为弱间断曲面 (曲线), 哪些不可以, 这完全由方程本身的特性所决定. 下面我们将对一般的二阶线性方程来导出一个曲面 (曲线) 可能作为弱间断曲面 (曲线) 的条件, 并且也将满足此条件的曲面 (曲线) 称为**特征曲面 (特征线)**, 或简称为**特征**. 自然, 我们还得指出, 这样定义的特征概念与 §1 中引入的特征是一致的.

**2. 特征方程**　在 $n$ 维空间 $(x_1,x_2,\cdots,x_n)$ 的某区域 $\Omega$ 上, 考察下面一般的二阶线性方程:

$$\sum_{i,j=1}^{n} a_{ij}\frac{\partial^2 u}{\partial x_i\partial x_j}+\sum_{i=1}^{n} b_i\frac{\partial u}{\partial x_i}+cu=f, \tag{2.1}$$

其中 $a_{ij},b_i(i,j=1,2,\cdots,n),c$ 及 $f$ 为 $x=(x_1,x_2,\cdots,x_n)$ 的已知连续函数.

若在区域 $\Omega$ 中给定一个超曲面

$$S:\varphi(x_1,x_2,\cdots,x_n)=0, \tag{2.2}$$

其中 $\varphi(x_1,x_2,\cdots,x_n)$ 具有二阶连续偏导数, 且 $\sum\limits_{i=1}^{n}\left(\dfrac{\partial\varphi}{\partial x_i}\right)^2\neq 0$ 恒成立. 我们问, 在什么条件下超曲面 $S$ 可以成为方程 (2.1) 的某个弱间断解 $u$ 的弱间断曲面? 这个问题总是可以改为下面的提法: 如果在 $\varphi=0$ 上给定了函数 $u$ 及其所有一阶偏导数的值, 能不能利用这些值以及方程 (2.1) 来唯一地决定 $u$ 的二阶偏导数? 显然, 如果能够唯一地在 $S$ 上决定 $u$ 的二阶偏导数之值, 那么 $\varphi=0$ 就不可能成为某个弱间断解 $u$ 的弱间断曲面.

首先考察 $S$ 为坐标超平面 $x_n=0$ 的特殊情形. 若在 $S$ 上 $u$ 及其一阶偏导数 $\dfrac{\partial u}{\partial x_i}(i=1,2,\cdots,n)$ 之值为已知的 $(x_1,x_2,\cdots,x_{n-1})$ 的函数, 则显然二阶偏导数 $\dfrac{\partial^2 u}{\partial x_i\partial x_j}(i=1,2,\cdots,n;j=1,2,\cdots,n-1)$ 在 $S$ 上的值可以通过将 $\dfrac{\partial u}{\partial x_i}$ 对 $x_j$ 求导而唯一决定. 因此, 剩下需要决定的只是二阶偏导数 $\dfrac{\partial^2 u}{\partial x_n^2}$ 在 $S$ 上的值. 利用方程 (2.1) 易知, 若 $a_{nn}(x_1,x_2,\cdots,x_{n-1},0)\neq 0$, 就可以在 $S$ 上唯一地决定出 $\dfrac{\partial^2 u}{\partial x_n^2}$ 的值. 而若成立

$$a_{nn}\big|_S=a_{nn}(x_1,x_2,\cdots,x_{n-1},0)=0, \tag{2.3}$$

就不能在 $S$ 上唯一地决定出 $u$ 的一切二阶偏导数. 因此, (2.3) 式就是坐标超平面 $x_n=0$ 可能成为方程 (2.1) 的某个弱间断解的弱间断曲面的条件.

现在回到一般的情形 (2.2). 令 $x^0=(x_1^0,x_2^0,\cdots,x_n^0)$ 是 $S$ 上任意给定的一点, 则一定可以找到一个自变量的可逆变换 $\xi_i=g_i(x_1,x_2,\cdots,x_n)(i=1,2,\cdots,n)$, 将 $x^0$ 变为 $\xi$ 坐标中的原点, 而将 $x^0$ 在 $S$ 上的一个邻域变换到 $\xi$ 坐标中原点在 $\xi_n=0$ 上的一个邻域. 事实上, 因假设在超曲面 (2.2) 上有 $\left(\dfrac{\partial\varphi}{\partial x_1},\dfrac{\partial\varphi}{\partial x_2},\cdots,\dfrac{\partial\varphi}{\partial x_n}\right)\Bigg|_{x=x^0}\neq 0$, 于是, 至少有

某个 $j(1 \leqslant j \leqslant n)$, 使 $\left.\dfrac{\partial \varphi}{\partial x_j}\right|_{x=x^0} \neq 0$. 不妨设 $j=n$, 令

$$\begin{cases} \xi_i = x_i - x_i^0 \qquad (i=1,2,\cdots,n-1), \\ \xi_n = \varphi(x_1, x_2, \cdots, x_n), \end{cases} \tag{2.4}$$

易见这个自变量变换将 $x^0$ 变换为 $\xi$ 坐标中的坐标原点, 且其在点 $x^0$ 的雅可比 (Jacobi) 行列式为 $\left.\dfrac{\partial \varphi}{\partial x_n}\right|_{x=x^0} \neq 0$, 因而它是在 $x^0$ 邻域中的一个可逆变换, 并将超曲面 (2.2) 变换为坐标超平面 $\xi_n = 0$. 在坐标变换 (2.4) 下, 有

$$\begin{cases} \dfrac{\partial u}{\partial x_i} = \displaystyle\sum_{k=1}^{n} \frac{\partial u}{\partial \xi_k} \frac{\partial \xi_k}{\partial x_i}, \\ \dfrac{\partial^2 u}{\partial x_i \partial x_j} = \displaystyle\sum_{k,l=1}^{n} \frac{\partial^2 u}{\partial \xi_k \partial \xi_l} \frac{\partial \xi_k}{\partial x_i} \frac{\partial \xi_l}{\partial x_j} + \text{只包含 } u \text{ 的一阶偏导数的项}, \end{cases}$$

于是方程 (2.1) 就化为

$$\sum_{k,l=1}^{n} \widetilde{a}_{kl} \frac{\partial^2 u}{\partial \xi_k \partial \xi_l} + \cdots = f \tag{2.5}$$

的形式, 其中被省略的项仅包含 $u$ 及 $u$ 的一阶偏导数, 而

$$\widetilde{a}_{kl} = \sum_{i,j=1}^{n} a_{ij} \frac{\partial \xi_k}{\partial x_i} \frac{\partial \xi_l}{\partial x_j}. \tag{2.6}$$

由 (2.3) 式, 就可得到 $x^0$ 在 $S$ 上的邻域可能成为 (2.1) 的某个弱间断解的弱间断曲面的必要条件为

$$\widetilde{a}_{nn}(\xi_1, \xi_2, \cdots, \xi_{n-1}, 0) = 0,$$

即

$$\left.\sum_{i,j=1}^{n} a_{ij} \frac{\partial \xi_n}{\partial x_i} \frac{\partial \xi_n}{\partial x_j}\right|_{\xi_n=0} = 0.$$

注意到 (2.4) 式的最后一式, 上式又可写为

$$\sum_{i,j=1}^{n} a_{ij} \frac{\partial \varphi}{\partial x_i} \frac{\partial \varphi}{\partial x_j} = 0 \tag{2.7}$$

在 $S$ 上 $x^0$ 的一个邻域中成立. 由于 $x^0$ 是 $S$ 上的任意一点, 就得到: 在 $S$ 上成立 (2.7) 式是 $S$ 可能成为方程 (2.1) 的弱间断解的弱间断面的必要条件. 如果在曲面 $S$ 上成立 (2.7) 式, 就称 $S$ 为方程 (2.1) 的**特征曲面**.

由上可见, 特征曲面的定义只依赖于方程主部的系数 (即二阶偏导数的系数), 与低阶项的系数无关. 线性方程 (2.1) 特征曲面的定义也与其解无关. 此外, 如果 (2.7) 式不仅在 $S$ 上成立, 而且在所考察的空间区域中恒成立, 则 $\varphi =$ 常数构成一族特征曲面.

对于一个固定的点 $x$, 如果过该点的方向 $\boldsymbol{l}(\alpha_1,\alpha_2,\cdots,\alpha_n)$ 满足特征方程

$$\sum_{i,j=1}^{n} a_{ij}\alpha_i\alpha_j = 0, \tag{2.8}$$

则称 $\boldsymbol{l}$ 为此点 $x$ 的**特征方向**. 因为 $\left(\dfrac{\partial\varphi}{\partial x_1},\dfrac{\partial\varphi}{\partial x_2},\cdots,\dfrac{\partial\varphi}{\partial x_n}\right)$ 表示超曲面 $\varphi=0$ 的法向, 所以特征曲面也就是每点的法向为特征方向的曲面.

有时也称过一点以特征方向为法线方向的 $n-1$ 维超平面为该点的**特征平面**, 称过一固定点的所有由特征平面包络所成的锥面为过此点的**特征锥面.**

**3. 例** 现在举一些偏微分方程的例子, 求出它们的特征方向或特征曲面. 在考察这些例子时, 我们总是假设

$$\sum\alpha_i^2 = 1, \tag{2.9}$$

即取 $\alpha_i$ 为特征方向的方向余弦.

**例 1** 对于两个自变量的二阶线性偏微分方程

$$a_{11}\frac{\partial^2 u}{\partial x^2}+2a_{12}\frac{\partial^2 u}{\partial x\partial y}+a_{22}\frac{\partial^2 u}{\partial y^2}+b_1\frac{\partial u}{\partial x}+b_2\frac{\partial u}{\partial y}+cu=f,$$

其特征方程为

$$a_{11}\alpha_1^2+2a_{12}\alpha_1\alpha_2+a_{22}\alpha_2^2=0.$$

满足上述关系式的方向 $(\alpha_1,\alpha_2)$ 为特征方向①. 该方程的特征线

$$\varphi(x,y)=C\quad (C\text{ 为任意常数})$$

满足

$$a_{11}\varphi_x^2+2a_{12}\varphi_x\varphi_y+a_{22}\varphi_y^2=0.$$

这就是 §1 中特征线满足的方程. 因此, 这里的定义和 §1 中的定义是一致的.

**例 2** 拉普拉斯方程

$$\frac{\partial^2 u}{\partial x_1^2}+\frac{\partial^2 u}{\partial x_2^2}+\cdots+\frac{\partial^2 u}{\partial x_n^2}=0$$

的特征方程为

$$\alpha_1^2+\alpha_2^2+\cdots+\alpha_n^2=0,$$

因此拉普拉斯方程没有实的特征方向.

① 由上文可知, 在两个自变量的情形, 特征方向 $(\alpha_1,\alpha_2)$ 并不是特征线的方向, 而是和特征线垂直的方向. 此时特征线的方向 $(\beta_1,\beta_2)$ 满足方程

$$a_{11}\beta_2^2-2a_{12}\beta_1\beta_2+a_{22}\beta_1^2=0.$$

但有的书也称特征线的方向为特征方向.

**例 3** 对于二维波动方程

$$\frac{\partial^2 u}{\partial t^2}=a^2\left(\frac{\partial^2 u}{\partial x^2}+\frac{\partial^2 u}{\partial y^2}\right),$$

其特征方程为

$$\alpha_0^2=a^2(\alpha_1^2+\alpha_2^2).$$

由 (2.9) 式, 应有

$$\alpha_0^2+\alpha_1^2+\alpha_2^2=1.$$

所以

$$\frac{\alpha_0^2}{1-\alpha_0^2}=a^2,$$

或

$$\alpha_0=\pm\frac{a}{\sqrt{1+a^2}}.$$

因此过任一点的特征方向与 $t$ 轴的夹角为 $\arctan\dfrac{1}{a}$, 其方向余弦可以写为

$$\left(\frac{a}{\sqrt{1+a^2}},\frac{\cos\theta}{\sqrt{1+a^2}},\frac{\sin\theta}{\sqrt{1+a^2}}\right),$$

其中 $\theta$ 为参数. 这些特征方向的全体也构成一个锥面.

过一点 $(x_0,y_0,t_0)$ 作以此点的特征方向为法线方向的平面族 $a(t-t_0)+\cos\theta(x-x_0)+\sin\theta(y-y_0)=0$ ($\theta$ 为参数). 求出此平面族的包络, 可以得到过此点的一个曲面, 它就是前述的特征锥面. 事实上, 将此平面族的方程关于参数 $\theta$ 求导得

$$-\sin\theta(x-x_0)+\cos\theta(y-y_0)=0,$$

再消去参数 $\theta$, 即得到包络面的方程

$$(x-x_0)^2+(y-y_0)^2=a^2(t-t_0)^2,$$

它就是过点 $(x_0,y_0,t_0)$ 的特征锥面.

从特征曲面的定义可知特征曲面在其每点和由该点所作出的特征锥相切, 而从前面可以看到, 这种特征锥在波动方程中起着特别重要的作用. 对于三维 (或 $n$ 维) 空间的波动方程, 也有类似的结果.

**例 4** 热传导方程

$$\frac{\partial u}{\partial t}=a^2\left(\frac{\partial^2 u}{\partial x^2}+\frac{\partial^2 u}{\partial y^2}+\frac{\partial^2 u}{\partial z^2}\right)$$

的特征方程 (2.8) 为

$$\alpha_1^2+\alpha_2^2+\alpha_3^2=0.$$

由于 (2.9) 式, 应有

$$\alpha_0^2+\alpha_1^2+\alpha_2^2+\alpha_3^2=1,$$

故 $\alpha_0^2 = 1$. 因此特征曲面为超平面 $t =$常数. 热传导方程的柯西问题的初始条件恰巧给在特征曲面 $t = 0$ 上, 这和波动方程的情形不同; 对波动方程的柯西问题来说, 其初始平面 $t = 0$ 为非特征曲面.

## 扩展阅读

**特征与次特征的意义**　本节中指出二阶线性偏微分方程的弱间断只能在特征曲面上发生. 这是偏微分方程理论中一个很重要的事实, 它也适用于高阶的线性偏微分方程以至非线性方程的情形. 这个事实可以给以物理的解释. 将方程

$$\sum_{i,j=1}^{n} a_{ij}\frac{\partial^2 u}{\partial x_i \partial x_j} + \sum_{i=1}^{n}\frac{\partial u}{\partial x_i} + cu = f \tag{2.10}$$

的解视为一个波, 若在超曲面 $S$ 的一侧 $u \equiv 0$, 而在另一侧 $u \neq 0$, 则 $S$ 是波阵面. 在 $S$ 的 "前方", 即 $u = 0$ 的一侧, 一切都是平静的, 表示波还没有到达这里, 而在 $S$ 的另一侧 $u \neq 0$, 表示该区域已受到波的扰动影响. 如果在变量 $(x_1, x_2, \cdots, x_n)$ 中某个变量 (例如 $x_n$) 表示时间, 则 $S$ 可更清楚地表现出在空间 $(x_1, x_2, \cdots, x_{n-1})$ 中扰动随时间 $t$ 的运动.

这里所说的波的传播速度是指未知函数扰动传播的速度, 它与未知函数本身是否有速度的含义无关. 例如在三维波动方程

$$\frac{\partial^2 u}{\partial t^2} = a^2\left(\frac{\partial^2 u}{\partial x^2} + \frac{\partial^2 u}{\partial y^2} + \frac{\partial^2 u}{\partial z^2}\right)$$

中波的传播速度为 $a$, 但函数 $u$ 可以表示质点运动速度分量 (可能是小量), 也可以表示压力、密度等其他物理量. 当 $u$ 表示质点运动速度时, $a$ 一般要比 $u$ 大得多. 如果用波动方程 (一般不是简单的二阶线性波动方程) 来刻画水波的运动, 就可理解为什么水波的运动速度往往会远快于水速.

特征曲面需满足条件

$$\sum_{i,j=1}^{n} a_{ij}\frac{\partial \varphi}{\partial x_i}\frac{\partial \varphi}{\partial x_j} = 0. \tag{2.11}$$

将 (2.10) 式的左边写成 $Pu$, 其中 $P$ 是二阶偏微分算子, 其二阶主部是 $P_2$. 则 (2.11) 式也可视为一个一阶偏微分方程 $P_2\left(x, \dfrac{\partial \varphi}{\partial x}\right) = 0$. 于是它也有自己的特征, 即常微分方程组

$$\frac{\mathrm{d}x_i}{\mathrm{d}s} = \frac{\partial P_2}{\partial \xi_i}, \quad \frac{\mathrm{d}\xi_i}{\mathrm{d}s} = -\frac{\partial P_2}{\partial x_i} \quad (i = 1, 2, \cdots, n) \tag{2.12}$$

的积分曲线, 这个积分曲线称为 $P$ 的**次特征**. 次特征有重要的性质, 即若 $(x^0, \xi^0)$ 满足 $P_2(x^0, \xi^0) = 0$, 则过 $(x^0, \xi^0)$ 的次特征 $(x(s), \xi(s))$ 都在特征曲面上. 事实上,

$$\frac{\mathrm{d}}{\mathrm{d}s}P_2(x(s), \xi(s)) = \sum_{i=1}^{n}\left(\frac{\partial P_2}{\partial x_i}\frac{\mathrm{d}x_i}{\mathrm{d}s} + \frac{\partial P_2}{\partial \xi_i}\frac{\mathrm{d}\xi_i}{\mathrm{d}s}\right) = 0.$$

故沿着次特征 $x=x(s),\xi=\xi(s)$ 有 $P_2(x(s),\xi(s))\equiv 0$. 所以我们可以形象地说特征曲面 $\varphi=0$ 是由次特征织成的.

还可以进一步证明, 若方程 $Pu=f$ 的解在特征曲面上发生弱间断, 则其弱间断导数的跃度 $\mu$ 满足传输方程

$$\frac{\mathrm{d}\mu}{\mathrm{d}s}+A\mu=0, \tag{2.13}$$

其中 $A$ 是由算子 $P$ 决定的函数. 因此有

$$\mu(s)=\mu(0)\mathrm{e}^{-\int_0^s A\mathrm{d}s}. \tag{2.14}$$

所以, 只要 $\mu(0)\neq 0(\mu(0)=0)$, 沿着整个次特征就有 $\mu(s)\neq 0$ $(\mu(s)=0)$. 这表明弱间断必定沿着次特征传播. 这是对于弱间断只能发生在特征曲面上的结论的更精细刻画.

总之, 特征与次特征是偏微分方程理论中的基本概念. 它对于方程的分类、定解问题的提法, 以及研究解的存在性、唯一性及其他性质 (例如奇性传播) 都有重要的意义.

## 习　题

1. 求下列方程的特征方程和特征方向:

(1) $\dfrac{\partial^2 u}{\partial x_1^2}+\dfrac{\partial^2 u}{\partial x_2^2}=\dfrac{\partial^2 u}{\partial x_3^2}+\dfrac{\partial^2 u}{\partial x_4^2}$;　　(2) $\dfrac{\partial^2 u}{\partial t^2}=\dfrac{\partial^2 u}{\partial x_1^2}+\dfrac{\partial^2 u}{\partial x_2^2}+\dfrac{\partial^2 u}{\partial x_3^2}$;

(3) $\dfrac{\partial u}{\partial t}=\dfrac{\partial^2 u}{\partial x^2}-\dfrac{\partial^2 u}{\partial y^2}$.

2. 对波动方程 $u_{tt}-a^2(u_{xx}+u_{yy})=0$, 求过直线 $l: t=0, y=2x$ 的特征平面.

3. 证明: 经过可逆的坐标变换 $x_i=f_i(y_1,y_2,\cdots,y_n)(i=1,2,\cdots,n)$, 原方程的特征曲面变为经变换后的新方程的特征曲面, 即特征曲面关于可逆坐标变换具有不变性.

4. 试证: 二阶线性偏微分方程解的 $m$ 阶弱间断 (即直至 $m-1$ 阶的偏导数为连续, 而 $m$ 阶偏导数为第一类间断) 也只可能沿着特征发生.

5. 试定义 $n$ 阶线性偏微分方程的特征方程、特征方向和特征曲面.

6. 设 $l$ 是 $(t,x,y)$ 空间中的直线, 它与三个坐标轴的夹角分别为 $\alpha,\beta,\gamma$, 过直线 $l$ 作方程 $u_{tt}=a^2(u_{xx}+u_{yy})$ 的特征平面, 问: 这样的特征平面能作几个?

7. 说明方程 $u_{xy}+u_{yz}+u_{xz}=0$ 是双曲型方程, 并求出它过原点的特征锥面.

# §3　先验估计

在各类数学物理方程或更一般的偏微分方程理论研究中一个常用的方法是**先验估计**. 它的基本点是在所讨论的定解问题有解存在的先验假定下, 导出解所应当满足的估计, 其中常用的估计有关于解本身或关于解的某些导数的最大模估计、$L^2$ 模估计等. 先验估计本身就可能直接提供关于解的有界性、正则性、渐近性等方面的信息, 且一般可以很快地得到相应定解问题解的唯一性和稳定性. 此外, 结合其他一些分析方法, 还

常常可以利用先验估计推出所考察的定解问题解的存在性. 因此, 先验估计方法在偏微分方程的研究中被广泛地采用. 本书第一章中导出的波动方程的能量不等式与第二章中对热传导方程初边值问题解的最大模估计都属于先验估计的范畴. 本节中将对此作进一步的讨论.

**1. 椭圆型方程解的最大模估计** 设 $\Omega$ 为 $\mathbf{R}^n$ 中具有光滑边界 $\Gamma$ 的有界区域, $\Delta=\sum_{i=1}^{n}\dfrac{\partial^2}{\partial x_i^2}$ 为其上的拉普拉斯算子, 讨论在 $\Omega$ 上泊松方程狄利克雷问题

$$\begin{cases}\Delta u=f(x),\\ u|_{\Gamma}=\varphi(x)\end{cases}\tag{3.1}$$

的解的最大值估计. 在此我们已用 $x$ 简记 $\mathbf{R}^n$ 中的点, 即 $x=(x_1,x_2,\cdots,x_n)$. 我们先证明以下的极值原理.

**定理 3.1** 设 $u\in C^2(\Omega)\cap C(\overline{\Omega})$ 在 $\Omega$ 中满足

$$\Delta u\geqslant 0,\tag{3.2}$$

则成立

$$\max_{\overline{\Omega}}u=\max_{\Gamma}u.\tag{3.3}$$

**证** 若 (3.2) 式为严格的不等式, 则容易得到 (3.3) 式. 事实上, 若 $u$ 在 $\Omega$ 内部某点 $P$ 取极大值, 则对一切 $i$ 都有 $\dfrac{\partial^2 u}{\partial x_i^2}(P)\leqslant 0$, 从而 $\Delta u>0$ 不可能成立.

再考虑 (3.2) 式为非严格不等式的情形. 对于任意给定的 $\varepsilon>0$, 令 $w=u+\varepsilon\mathrm{e}^{x_1}$, 则

$$\Delta w=\Delta u+\varepsilon\mathrm{e}^{x_1}>0,$$

于是 $w$ 的最大值只能在边界上达到, 从而有

$$\max_{\overline{\Omega}}u(x)\leqslant\max_{\overline{\Omega}}w(x)=\max_{\Gamma}w(x)\leqslant\max_{\Gamma}u(x)+\varepsilon\max_{\Gamma}\mathrm{e}^{x_1},$$

再令 $\varepsilon\to 0$, 即得 (3.3) 式. 证毕.

**注** 满足不等式 (3.2) 的函数称为**下调和函数** (或**次调和函数**). 与第三章中证明的调和方程的解所满足的极值原理相比, 不等式 (3.2) 比相应的等式条件放宽了. 而且上述的证明方法也适用于讨论一般的二阶线性椭圆型方程的情形, 但所得到的结论为 “最大值必在边界上达到”, 它比 “除恒等于常数外, 最大值不能在内部达到” 弱. 故前者称为**弱极值原理**, 后者称为**强极值原理** (参见第三章定理 2.3 后面的注). 因为在解不等于常数的情形下, 前者允许解在区域内部某些点达到最大值, 而后者排除了这种可能.

利用定理 3.1 可以得到问题 (3.1) 的解的最大模估计.

**定理 3.2** 设 $u\in C^2(\Omega)\cap C(\overline{\Omega})$ 是问题 (3.1) 的解, 则成立

$$\max_{\overline{\Omega}}|u|\leqslant\Phi+CF,\tag{3.4}$$

其中 $\Phi=\max\limits_{\Gamma}|\varphi(x)|$ , $F=\sup\limits_{\Omega}|f(x)|$, 而 $C$ 是只依赖于 $n$ 与 $\Omega$ 的正常数.

**证** 不妨设 $\Omega$ 位于带形区域 $0<x_1<d$ 中, 作辅助函数

$$v(x)=\Phi+(\mathrm{e}^{ad}-\mathrm{e}^{ax_1})F, \tag{3.5}$$

其中 $a>1$. 于是, 在 $\Omega$ 中有

$$\Delta(u-v)=f+a^2\mathrm{e}^{ax_1}F\geqslant 0, \tag{3.6}$$

而在边界 $\Gamma$ 上

$$u-v\leqslant 0. \tag{3.7}$$

故由定理 3.1 知 $u-v\leqslant 0$ 在 $\Omega$ 内部也成立. 取 $C=\mathrm{e}^{ad}-1$, 即得

$$\max_{\overline{\Omega}}u\leqslant\Phi+CF.$$

同理可得 $\max\limits_{\overline{\Omega}}(-u)$ 也被同样的上界所控制. 这就证明了 (3.4) 式. 证毕.

**2. 抛物型方程解的最大模估计** 设 $\Omega$ 为 $\mathbf{R}^n$ 中具有光滑边界 $\Gamma$ 的有界区域, 讨论热传导方程在区域 $Q_T=\Omega\times(0,T)$ 上的初边值问题

$$\begin{cases}u_t-a^2\Delta u=f(x,t),\\ u|_{t=0}=\varphi(x),\\ u|_{\Gamma\times(0,T)}=g(x,t),\end{cases} \tag{3.8}$$

可以建立以下的最大模估计.

**定理 3.3** 设 $u(x,t)\in C^2(Q_T)\cap C(\overline{Q}_T)$ 是问题 (3.8) 的解, 则

$$\max_{\overline{Q}_T}|u|\leqslant FT+B, \tag{3.9}$$

其中

$$F=\sup_{Q_T}|f|,$$
$$B=\max\left(\max_{x\in\Omega}|\varphi|,\max_{x\in\Gamma,0\leqslant t\leqslant T}|g|\right).$$

**证** 首先, 利用证明第二章定理 4.1 相同的方法可以证明推广的极值原理: 若 $w(x,t)\in C^2(Q_T)\cap C^0(\overline{Q}_T)$, 且在 $Q_T$ 中满足

$$w_t-a^2\Delta w\leqslant 0, \tag{3.10}$$

则 $w(x,t)$ 的极大值必在 $Q_T$ 的抛物边界 $\Sigma_T:\{t=0,x\in\Omega\}\cup\{x\in\Gamma,0\leqslant t\leqslant T\}$ 上达到.

令

$$w(x,t)=u(x,t)-Ft-B. \tag{3.11}$$

易见在 $Q_T$ 中

$$w_t-a^2\Delta w=f-F\leqslant 0.$$

此外, 根据 $B$ 的选取可知 $w(x,t)$ 在抛物边界 $\Sigma_T$ 上非正, 所以由推广的极值原理知 $w(x,t)$ 在 $\overline{Q}_T$ 中非正, 从而

$$\max_{\overline{Q}_T} u(x,t)\leqslant FT+B.$$

同理, $\max\limits_{\overline{Q}_T}(-u)$ 也被同样的上界所控制. 故得 (3.9) 式. 证毕.

由于波动方程没有极值原理, 对于波动方程的解, 较少用最大模估计来研究解的性质, 而更多的是利用反映波动方程特性的均方模估计 (或称能量模估计).

**3. 双曲型方程解的能量估计** 现在考察双曲型方程初边值问题的解的能量估计. 对于波动方程的情形, 已在第一章 §6 中进行了讨论, 以下讨论一般形式的二阶线性双曲型方程的情形.

仍设 $\Omega$ 为 $\mathbf{R}^n$ 中的有界区域, 且具有光滑边界 $\Gamma$, 在区域 $Q_T=\Omega\times(0,T)$ 中考察二阶双曲型方程

$$\frac{\partial^2 u}{\partial t^2}-\sum_{i,j=1}^n a_{ij}(x,t)\frac{\partial^2 u}{\partial x_i\partial x_j}+\sum_{i=1}^n b_i(x,t)\frac{\partial u}{\partial x_i}+b_0(x,t)\frac{\partial u}{\partial t}+c(x,t)u=f(x,t). \tag{3.12}$$

在此, 我们作如下的假设:

(i) 系数 $a_{ij},b_i,b_0,c$ 及右端项 $f$ 都是 $\overline{Q}_T$ 上的连续函数, 而且 $a_{ij}$ 在 $\overline{Q}_T$ 上还具有一阶连续偏导数.

(ii) 对一切 $i,j=1,2,\cdots,n$, 成立 $a_{ij}=a_{ji}$, 且存在正常数 $\alpha>0$, 使得对一切 $(x,t)\in\overline{Q}_T$ 及任意给定的实向量 $(\xi_1,\xi_2,\cdots,\xi_n)$, 成立

$$\sum_{i,j=1}^n a_{ij}(x,t)\xi_i\xi_j\geqslant\alpha\sum_{i=1}^n\xi_i^2. \tag{3.13}$$

现给定如下的初始条件及边界条件:

$$t=0:\ u=\varphi(x),\ \frac{\partial u}{\partial t}=\psi(x),\ x\in\Omega, \tag{3.14}$$

$$u|_{\Sigma_T}=0, \tag{3.15}$$

其中 $\Sigma_T=\Gamma\times(0,T)$ 为区域 $Q_T$ 的侧边界. (3.12), (3.14) 及 (3.15) 构成了双曲型方程的初边值问题. 对于这个初边值问题的解 $u(x,t)$, 引入**能量函数**

$$E(t)=\frac{1}{2}\int_\Omega\left(u_t^2+\sum_{i,j=1}^n a_{ij}u_{x_i}u_{x_j}\right)\mathrm{d}x, \tag{3.16}$$

则成立以下的能量估计式.

**定理 3.4** 若 $u(x,t)$ 为初边值问题 (3.12), (3.14) 及 (3.15) 的解, 能量函数 $E(t)$ 按 (3.16) 式定义, 则成立能量估计式

$$E(t) \leqslant E(0)\mathrm{e}^{Ct} + C\mathrm{e}^{Ct}\int_0^t\int_\Omega f^2\mathrm{d}x\mathrm{d}t, \quad 0 \leqslant t \leqslant T, \tag{3.17}$$

其中 $C$ 为一个不依赖于 $u$ 的正常数.

**证** 如同波动方程情形一样, 仍以 $\dfrac{\partial u}{\partial t}$ 乘 (3.12) 式, 并在 $\Omega$ 上关于 $x$ 积分, 就得到对任何 $t(0 \leqslant t \leqslant T)$ 成立

$$\int_\Omega\left(u_tu_{tt} - u_t\sum_{i,j=1}^n a_{ij}u_{x_ix_j} + u_t\sum_{i=1}^n b_iu_{x_i} + b_0u_t^2 + cuu_t\right)\mathrm{d}x = \int_\Omega u_tf\mathrm{d}x. \tag{3.18}$$

(3.18) 式左端的第一项可以写为 $\dfrac{\mathrm{d}}{\mathrm{d}t}\displaystyle\int_\Omega\frac{1}{2}u_t^2\mathrm{d}x$; 对其第二项利用格林公式进行分部积分, 并注意到边界条件 (3.15) (它隐含着 $(u_t|_{\Sigma_T} = 0)$), 边界积分项为零, 于是第二项可以写为

$$\begin{aligned}-\int_\Omega u_t\sum_{i,j=1}^n a_{ij}u_{x_ix_j}\mathrm{d}x &= \int_\Omega\sum_{i,j=1}^n (u_ta_{ij})_{x_j}u_{x_i}\mathrm{d}x\\ &= \int_\Omega\sum_{i,j=1}^n u_{tx_j}a_{ij}u_{x_i}\mathrm{d}x + \int_\Omega\sum_{i,j=1}^n u_t(a_{ij})_{x_j}u_{x_i}\mathrm{d}x.\end{aligned}$$

利用系数 $a_{ij}$ 的对称性, 上式右边第一项又可写为

$$\int_\Omega\sum_{i,j=1}^n u_{tx_j}a_{ij}u_{x_i}\mathrm{d}x = \frac{\mathrm{d}}{\mathrm{d}t}\frac{1}{2}\int_\Omega\sum_{i,j=1}^n a_{ij}u_{x_i}u_{x_j}\mathrm{d}x - \frac{1}{2}\int_\Omega\sum_{i,j=1}^n u_{x_j}(a_{ij})_tu_{x_i}\mathrm{d}x,$$

从而 (3.18) 式可以写为

$$\begin{aligned}&\frac{\mathrm{d}}{\mathrm{d}t}\left[\frac{1}{2}\int_\Omega\left(u_t^2 + \sum_{i,j=1}^n a_{ij}u_{x_i}u_{x_j}\right)\mathrm{d}x\right] + \int_\Omega\sum_{i,j=1}^n u_t(a_{ij})_{x_j}u_{x_i}\mathrm{d}x -\\ &\frac{1}{2}\int_\Omega\sum_{i,j=1}^n u_{x_j}(a_{ij})_tu_{x_i}\mathrm{d}x + \int_\Omega\left(u_t\sum_{i=1}^n b_iu_{x_i} + b_0u_t^2 + cuu_t\right)\mathrm{d}x = \int_\Omega u_tf\mathrm{d}x,\end{aligned} \tag{3.19}$$

并简记为

$$\frac{\mathrm{d}E}{\mathrm{d}t} = \int_\Omega p(u,u_t,u_x)\mathrm{d}x + \int_\Omega u_tf\mathrm{d}x, \tag{3.20}$$

其右端第一项表示将 (3.19) 的左端除 $\dfrac{\mathrm{d}E}{\mathrm{d}t}$ 外的所有其余积分项移到右端的结果. 由关于系数可微性假设 (i), 有

$$\left|\int_\Omega p(u,u_t,u_x)\mathrm{d}x\right| \leqslant C_1\int_\Omega\left(u^2 + u_t^2 + \sum_{i=1}^n u_{x_i}^2\right)\mathrm{d}x, \tag{3.21}$$

其中 $C_1$ 为一个与 $u$ 无关的正常数.

为了估计 $u^2$ 在 $\Omega$ 上的积分, 我们先证明如下的事实.

**引理 3.1** 设 $u=u(x)$ 在有界区域 $\Omega\subset\mathbf{R}^n$ 上连续可微, 且在边界 $\Gamma$ 上为零, 则成立如下的**弗里德里希斯** (Friedrichs) **不等式**:

$$\int_\Omega u^2\mathrm{d}x\leqslant C_0\int_\Omega\sum_{i=1}^n u_{x_i}^2\mathrm{d}x,\tag{3.22}$$

其中 $C_0$ 是一个与 $u$ 无关的正常数.

**证** 不妨就 $n=2$ 的情形证明此不等式, 并不妨设 $\Omega$ 在第一象限内, 则由 $\Omega$ 的有界性可作矩形

$$\Omega_1=\{0\leqslant x_1\leqslant a, a\leqslant x_2\leqslant b\}\supset\Omega,$$

并在 $\Omega_1\setminus\Omega$ 上定义 $u\equiv 0$.

对于任意给定的一点 $(\overline{x}_1,\overline{x}_2)\in\Omega_1$, 成立

$$u(\overline{x}_1,\overline{x}_2)=\int_0^{\overline{x}_1}u_{x_1}(x_1,\overline{x}_2)\mathrm{d}x_1,$$

于是利用施瓦茨 (Schwarz) 不等式, 得

$$u^2(\overline{x}_1,\overline{x}_2)\leqslant\overline{x}_1\int_0^{\overline{x}_1}u_{x_1}^2(x_1,\overline{x}_2)\mathrm{d}x_1\leqslant a\int_0^a u_{x_1}^2(x_1,\overline{x}_2)\mathrm{d}x_1.$$

将上式两端在 $\Omega_1$ 上对 $(\overline{x}_1,\overline{x}_2)$ 积分, 得

$$\int_{\Omega_1}u^2(\overline{x}_1,\overline{x}_2)\mathrm{d}\overline{x}_1\mathrm{d}\overline{x}_2\leqslant a^2\int_{\Omega_1}u_{x_1}^2\mathrm{d}x_1\mathrm{d}x_2\leqslant a^2\int_{\Omega_1}(u_{x_1}^2+u_{x_2}^2)\mathrm{d}x_1\mathrm{d}x_2.$$

由于在 $\Omega$ 外 $u\equiv 0$, 故取 $C_0=a^2$, 就有

$$\int_\Omega u^2\mathrm{d}x_1\mathrm{d}x_2\leqslant C_0\int_\Omega(u_{x_1}^2+u_{x_2}^2)\mathrm{d}x_1\mathrm{d}x_2,$$

这就是 (3.22) 式, 引理证毕.

利用 (3.22) 式, 由 (3.21) 式即有

$$\left|\int_\Omega p(u,u_t,u_x)\mathrm{d}x\right|\leqslant C_1\int_\Omega\left(u_t^2+\sum_{i=1}^n u_{x_i}^2\right)\mathrm{d}x,\tag{3.23}$$

其中 $C_1$ 为一个与 $u$ 无关的正常数. 再注意到

$$\left|\int_\Omega u_t f\mathrm{d}x\right|\leqslant\frac{1}{2}\int_\Omega(u_t^2+f^2)\mathrm{d}x,\tag{3.24}$$

由 (3.20) 式并注意到 (3.13) 式, 就得到能量函数 $E(t)$ 满足

$$\frac{\mathrm{d}E}{\mathrm{d}t}\leqslant C\left[E(t)+\int_\Omega f^2\mathrm{d}x\right],\tag{3.25}$$

其中 $C$ 也是一个与 $u$ 无关的正常数. 如同第一章 §6 讨论波动方程的情形一样, 在 (3.25) 式两边乘 $\mathrm{e}^{-Ct}$ 再对 $t$ 积分, 即可得

$$E(t) \leqslant E(0)\mathrm{e}^{Ct} + C\mathrm{e}^{Ct}\int_0^t \int_\Omega f^2 \mathrm{d}x\mathrm{d}t.$$

定理 3.4 证毕.

与波动方程的情形相仿, 利用能量估计式 (3.17) 即可得到初边值问题 (3.12), (3.14) 及 (3.15) 的解的唯一性以及在均方模意义下解关于初始资料及右端项的稳定性.

**4. 抛物型方程解的能量估计** 在 $Q_T = \Omega \times (0, T)$ 上考察下列的二阶抛物型方程:

$$u_t - \sum_{i,j=1}^n a_{ij}(x,t)u_{x_i x_j} + \sum_{i=1}^n b_i(x,t)u_{x_i} + c(x,t)u = f(x,t), \tag{3.26}$$

其中对于系数及右端项仍假设上一段 "能量估计" 中的 (i), (ii) 成立. 由本章 §1 的定义, 方程 (3.26) 是在 $Q_T$ 中的抛物型方程. 现给出如下的初始条件及边界条件:

$$t = 0: \ u = \varphi(x), \ x \in \Omega, \tag{3.27}$$

$$u\big|_{\Sigma_T} = 0. \tag{3.28}$$

**定理 3.5** 若 $u(x,t)$ 为初边值问题 (3.26)—(3.28) 的解, 定义能量函数 $E(t) = \dfrac{1}{2}\displaystyle\int_\Omega u^2 \mathrm{d}x$, 则成立能量估计式

$$E(t) \leqslant E(0)\mathrm{e}^{Ct} + \mathrm{e}^{Ct}\int_0^t \int_\Omega f^2 \mathrm{d}x\mathrm{d}t, \quad 0 \leqslant t \leqslant T, \tag{3.29}$$

其中 $C$ 为一个不依赖于 $u$ 的正常数.

**证** 对于方程 (3.26) 的解所定义的能量函数 $E(t) = \dfrac{1}{2}\displaystyle\int_\Omega u^2 \mathrm{d}x$ 在物理上对应于系统的 "内能", 它与双曲型方程情形下能量函数为动能与势能 (总能量) 之和的意义是不同的. 为导出能量估计式 (3.29), 对方程 (3.26) 的两端乘 $u$, 然后在 $\Omega$ 上关于 $x$ 积分, 得到

$$\int_\Omega u\left(u_t - \sum_{i,j=1}^n a_{ij}u_{x_i x_j} + \sum_{i=1}^n b_i u_{x_i} + cu\right)\mathrm{d}x = \int_\Omega uf\mathrm{d}x. \tag{3.30}$$

上式左端的第一项可写为

$$\frac{\mathrm{d}}{\mathrm{d}t}\left(\frac{1}{2}\int_\Omega u^2 \mathrm{d}x\right);$$

对其第二项关于 $x$ 利用格林公式进行分部积分, 注意到由于边界条件 (3.28), 分部积分中出现的边界积分项为零, 于是第二项可写为

$$\int_\Omega \sum_{i,j=1}^n a_{ij}u_{x_i}u_{x_j}\mathrm{d}x + \int_\Omega \sum_{i,j=1}^n (a_{ij})_{x_j} u u_{x_i}\mathrm{d}x.$$

将上式中的第二项, 连同 (3.30) 式左端的第三、第四项移到 (3.30) 式右端, 并将其和记为

$$\int_\Omega Q(u, u_x)\mathrm{d}x,$$

则由关于系数的可微性假设 (i) 可得, 对一切 $0 \leqslant t \leqslant T$ 成立

$$\left|\int_\Omega Q(u, u_x)\mathrm{d}x\right| \leqslant C_T \int_\Omega \left(\sum_{i=1}^n |u|\,|u_{x_i}| + u^2\right)\mathrm{d}x, \tag{3.31}$$

其中 $C_T$ 为一个依赖于 $T$ 的正常数, 但与 $u$ 无关. 对任意给定的 $\varepsilon > 0$, 有

$$\int_\Omega \sum_{i=1}^n |u|\,|u_{x_i}|\,\mathrm{d}x \leqslant \frac{\varepsilon}{2}\int_\Omega \sum_{i=1}^n |u_{x_i}|^2\,\mathrm{d}x + \frac{n}{2\varepsilon}\int_\Omega u^2\mathrm{d}x, \tag{3.32}$$

取 $\varepsilon = \dfrac{\alpha}{C_T}$, 由 (3.31) 式就可得

$$\left|\int_\Omega Q(u, u_x)\mathrm{d}x\right| \leqslant \frac{\alpha}{2}\int_\Omega \sum_{i=1}^n |u_{x_i}|^2\,\mathrm{d}x + C_1\int_\Omega u^2\mathrm{d}x, \tag{3.33}$$

其中 $C_1 = \dfrac{nC_T^2}{2\alpha} + C_T$. 将 (3.33) 式代入 (3.30) 式, 容易得到

$$\frac{\mathrm{d}E}{\mathrm{d}t} + \int_\Omega \sum_{i,j=1}^n a_{ij}u_{x_i}u_{x_j}\mathrm{d}x \leqslant \frac{\alpha}{2}\int_\Omega \sum_{i=1}^n |u_{x_i}|^2\,\mathrm{d}x + \left(C_1 + \frac{1}{2}\right)\int_\Omega u^2\mathrm{d}x + \frac{1}{2}\int_\Omega f^2\mathrm{d}x. \tag{3.34}$$

再注意到由假设 (ii) 有

$$\int_\Omega \sum_{i,j=1}^n a_{ij}u_{x_i}u_{x_j}\mathrm{d}x \geqslant \alpha\int_\Omega \sum_{i=1}^n |u_{x_i}|^2\,\mathrm{d}x, \tag{3.35}$$

就可得到

$$\frac{\mathrm{d}E}{\mathrm{d}t} \leqslant C_2E(t) + \int_\Omega f^2\mathrm{d}x, \tag{3.36}$$

其中 $C_2 = 2C_1 + 1$. 与双曲型方程能量估计式的推导相仿, 可由 (3.36) 式推得 (3.29) 式. 证毕.

由定理 3.5 可以立刻推出抛物型方程初边值问题 (3.26)—(3.28) 的解的唯一性, 以及在均方模意义下解关于初始资料与右端项的稳定性.

**5. 椭圆型方程解的能量估计** 能量估计方法也可以用于讨论椭圆型方程的边值问题. 设 $\varOmega$ 是 $\mathbf{R}^n$ 中的一个具有光滑边界 $\varGamma$ 的有界区域, 在 $\varOmega$ 中考察下列二阶椭圆型方程:

$$\sum_{i,j=1}^n a_{ij}(x)u_{x_ix_j} + \sum_{i=1}^n b_i(x)u_{x_i} + c(x)u = f(x). \tag{3.37}$$

与前面相仿, 我们假设:

(i) 系数 $a_{ij}, b_i, c$ 及右端项 $f$ 都是 $\overline{\Omega}$ 上的连续函数, 而且 $a_{ij}$ 在 $\overline{\Omega}$ 上还具有一阶连续偏导数.

(ii) 对一切 $i, j = 1, 2, \cdots, n$, 成立 $a_{ij} = a_{ji}$, 且存在正常数 $\alpha > 0$, 使得对一切 $x \in \overline{\Omega}$ 及任意实向量 $(\xi_1, \xi_2, \cdots, \xi_n)$, 成立

$$\sum_{i,j=1}^{n} a_{ij}(x)\xi_i\xi_j \geqslant \alpha \sum_{i=1}^{n} \xi_i^2. \tag{3.38}$$

考察方程 (3.37) 满足边界条件

$$u\big|_{\Gamma} = 0 \tag{3.39}$$

的狄利克雷问题. 我们有

**定理 3.6**　存在一个仅依赖于区域 $\Omega, \alpha$ 以及 $\left|\dfrac{\partial a_{ij}}{\partial x_j}\right|, |b_i|\,(i, j = 1, 2, \cdots, n)$ 的最大值的正常数 $\lambda_0$, 当 $c(x) \leqslant -\lambda_0$ 时, 椭圆型方程边值问题 (3.37) 及 (3.39) 的解 $u = u(x)$ 满足

$$\int_{\Omega} \left( \sum_{i=1}^{n} |u_{x_i}|^2 + u^2 \right) \mathrm{d}x \leqslant C \int_{\Omega} f^2 \mathrm{d}x, \tag{3.40}$$

其中 $C$ 为一个不依赖于 $u$ 的正常数.

**证**　对方程 (3.37) 两端乘 $u$, 然后在 $\Omega$ 上积分, 得

$$\int_{\Omega} \left( \sum_{i,j=1}^{n} a_{ij} u_{x_i x_j} u + \sum_{i=1}^{n} b_i u_{x_i} u + cu^2 \right) \mathrm{d}x = \int_{\Omega} fu \mathrm{d}x. \tag{3.41}$$

将上式左端第一项利用格林公式进行分部积分, 并利用边界条件 (3.39), 可得

$$\begin{aligned}\int_{\Omega} \sum_{i,j=1}^{n} a_{ij} u_{x_i x_j} u \mathrm{d}x &= \int_{\Gamma} \sum_{i,j=1}^{n} a_{ij} u_{x_i} \cos(n, x_j) u \mathrm{d}S - \\ &\quad \int_{\Omega} \sum_{i,j=1}^{n} a_{ij} u_{x_i} u_{x_j} \mathrm{d}x - \int_{\Omega} \sum_{i,j=1}^{n} \frac{\partial a_{ij}}{\partial x_j} u_{x_i} u \mathrm{d}x \\ &= -\int_{\Omega} \sum_{i,j=1}^{n} a_{ij} u_{x_i} u_{x_j} \mathrm{d}x - \int_{\Omega} \sum_{i,j=1}^{n} \frac{\partial a_{ij}}{\partial x_j} u_{x_i} u \mathrm{d}x,\end{aligned} \tag{3.42}$$

于是 (3.41) 式可改写为

$$\int_{\Omega} \left( \sum_{i,j=1}^{n} a_{ij} u_{x_i} u_{x_j} - cu^2 \right) \mathrm{d}x = I, \tag{3.43}$$

其中

$$I = -\int_{\Omega} \sum_{i,j=1}^{n} \frac{\partial a_{ij}}{\partial x_j} u_{x_i} u \mathrm{d}x + \int_{\Omega} \sum_{i=1}^{n} b_i u_{x_i} u \mathrm{d}x - \int_{\Omega} fu \mathrm{d}x. \tag{3.44}$$

记

$$M = \max_i \max_{x \in \overline{\Omega}} \left( \sum_{j=1}^n \left| \frac{\partial a_{ij}}{\partial x_j} \right|, |b_i| \right), \tag{3.45}$$

则对任意给定的 $\varepsilon > 0$, 有

$$\begin{aligned} |I| &\leqslant 2M \int_\Omega \sum_{i=1}^n |u_{x_i}| \, |u| \, \mathrm{d}x + \int_\Omega |f| \, |u| \, \mathrm{d}x \\ &\leqslant 2M \left( \frac{\varepsilon}{2} \int_\Omega \sum_{i=1}^n |u_{x_i}|^2 \, \mathrm{d}x + \frac{n}{2\varepsilon} \int_\Omega u^2 \mathrm{d}x \right) + \frac{1}{2} \int_\Omega (u^2 + f^2) \mathrm{d}x \\ &= M\varepsilon \int_\Omega \sum_{i=1}^n |u_{x_i}|^2 \, \mathrm{d}x + \left( \frac{nM}{\varepsilon} + \frac{1}{2} \right) \int_\Omega u^2 \mathrm{d}x + \frac{1}{2} \int_\Omega f^2 \mathrm{d}x. \end{aligned}$$

取 $\varepsilon = \dfrac{\alpha}{2M}$, 则由 (3.43) 式及假设 (3.38) 式可得

$$\begin{aligned} &\alpha \int_\Omega \sum_{i=1}^n |u_{x_i}|^2 \, \mathrm{d}x - \int_\Omega c u^2 \mathrm{d}x \\ \leqslant \; &\frac{\alpha}{2} \int_\Omega \sum_{i=1}^n |u_{x_i}|^2 \, \mathrm{d}x + \left( \frac{2nM^2}{\alpha} + \frac{1}{2} \right) \int_\Omega u^2 \mathrm{d}x + \frac{1}{2} \int_\Omega f^2 \mathrm{d}x. \end{aligned} \tag{3.46}$$

令 $\lambda_0 = \dfrac{2nM^2}{\alpha} + \dfrac{1}{2}$, 则当 $c \leqslant -\lambda_0$ 时就有

$$\frac{\alpha}{2} \int_\Omega \sum_{i=1}^n |u_{x_i}|^2 \, \mathrm{d}x \leqslant \frac{1}{2} \int_\Omega f^2 \mathrm{d}x. \tag{3.47}$$

再利用边界条件 (3.39) 以及弗里德里希斯不等式 (3.22), 可知存在不依赖于 $u$ 的正常数 $C$, 使成立

$$\int_\Omega \left( \sum_{i=1}^n |u_{x_i}|^2 + u^2 \right) \mathrm{d}x \leqslant C \int_\Omega f^2 \mathrm{d}x.$$

证毕.

与双曲型方程、抛物型方程的情况相仿, 能量估计式 (3.40) 立即可导出椭圆型方程狄利克雷问题的解的唯一性以及在均方模意义下方程的解对右端项的连续依赖性.

我们强调指出, 在定理 3.6 中 $c(x) \leqslant -\lambda_0$ 的条件是重要的. 当这个条件不成立时, 能量估计式以及解的唯一性与稳定性都可能不成立. 试看下面的例子.

设 $\Omega$ 为平面上的矩形区域 $[0, \pi] \times [0, \pi]$, 在 $\Omega$ 上考察下列椭圆型方程的第一边值问题:

$$\Delta u + cu = f, \quad \text{在 } \Omega \text{ 中}, \tag{3.48}$$

$$u|_\Gamma = 0. \tag{3.49}$$

容易直接验证, 当 $c = 2n^2$ 时 (其中 $n$ 为任一正整数), 相应的齐次问题除了零解外, 还有非零解 $u = \sin nx \sin ny$. 换言之, 这时唯一性并不成立. 相应地, (3.40) 形式的能量估计式也不可能成立.

# 习 题

1. 设 $u(M)$ 为 $\mathbf{R}^3$ 中某区域 $\Omega$ 内的下调和函数, $M_0 \in \Omega$, 以 $M_0$ 为球心、$a$ 为半径的球体 $B_a$ 完全落在 $\Omega$ 内. 证明: 成立

$$u(M_0) \leqslant \frac{3}{4\pi a^2} \iiint\limits_{B_a} u\mathrm{d}V.$$

2. 设 $u(x_1, x_2, \cdots, x_n)$ 在区域 $\Omega$ 上非负, 且满足不等式

$$\sum_{i,j=1}^{n} a_{ij}(x) u_{x_i x_j} + \sum_{i=1}^{n} b_i(x) u_{x_i} + c(x) u \geqslant 0,$$

其中 $a_{ij}, b_i, c$ 在 $\overline{\Omega}$ 上具有一阶连续偏导数, 满足 (3.38) 式, 且 $c(x) \leqslant 0$, 证明: 极值原理 (3.3) 成立.

3. 设 $u \in C^2(\Omega) \cap C(\overline{\Omega})$ 是椭圆型方程狄利克雷问题

$$\begin{aligned}
&\sum_{i,j=1}^{n} a_{ij}(x) u_{x_i x_j} + \sum_{i=1}^{n} b_i(x) u_{x_i} + c(x) u = f(x), \\
&u|_{\Gamma} = \varphi(x)
\end{aligned}$$

的解, 系数 $a_{ij}, b_i, c$ 满足第 2 题中的条件, 证明: 成立最大模估计式 (3.4).

4. 在 $Q_T = (0, l) \times (0, T)$ 中考察下列初边值问题:

$$\begin{aligned}
&u_{tt} - a^2 u_{xx} + b(x,t) u_x + b_0(x,t) u_t + c(x,t) u = f(x,t), \\
&u|_{x=0} = 0, \qquad (u_x + ku)|_{x=l} = 0, \\
&u|_{t=0} = \varphi(x), \qquad u_t|_{t=0} = \psi(x),
\end{aligned}$$

证明其解的唯一性及稳定性.

5. 建立下列初边值问题的能量估计式:

$$\begin{aligned}
&u_t - \Delta u + \sum_{i=1}^{n} b_i(x,t) u_{x_i} + c(x,t) u = f(x,t), \\
&\left.\frac{\partial u}{\partial \boldsymbol{n}}\right|_{\Gamma} = 0, \\
&u|_{t=0} = \varphi(x).
\end{aligned}$$

6. 设 $c(x) < 0$, 证明椭圆型方程第一边值问题 (3.37), (3.39) 的解的唯一性.

7. 考察边值问题

$$\begin{aligned}
&\Delta u + \sum_{i=1}^{n} b_i(x) u_{x_i} + c(x) u = f, \\
&\left.\frac{\partial u}{\partial \boldsymbol{n}}\right|_{\Gamma} = 0.
\end{aligned}$$

试证当 $c(x)$ 充分负时, 其解在能量模意义下的稳定性.

# §4 三类方程的比较

现在我们以前面各章对三类典型方程的研究为基础, 就双曲型方程、抛物型方程和椭圆型方程这三种不同类型方程的解的性质、定解问题的提法与适定性等方面进行分析与总结, 了解这三类方程的共性与各自的特点. 我们将看到, 这三类方程之间不仅在形式上, 即在其系数的代数性质上有差别, 而且在方程的特性及其解的性质上有本质的差异, 这些差异也会导致对相应方程的研究方法有明显的差异.

**1. 线性方程的叠加原理** 我们先讨论三类方程以至更一般的线性方程的共性. 我们知道, 所谓算子 $L$ 是线性的, 就是指它满足可加性条件

$$L[C_1u_1+C_2u_2]=C_1L[u_1]+C_2L[u_2], \tag{4.1}$$

其中 $C_1, C_2$ 为任意给定的常数. 如果 $L$ 是线性微分算子, 那么方程

$$Lu=f$$

称为**线性微分方程**. 特别地, 当 $f\equiv 0$ 时方程

$$Lu=0$$

称为**齐次的**.

如果定解条件满足可加性条件, 那么称定解条件是线性的. 在前面各章中所遇到的各种定解条件 (如柯西问题, 第一、第二、第三边值问题等的定解条件) 都是线性的. 同样可以定义齐次定解条件.

对于线性方程 (或线性定解条件), 下面的叠加原理是显然的.

**叠加原理 I** 设 $u_i$ 满足线性方程 (或线性定解条件)

$$Lu_i=f_i \quad (i=1,2,\cdots,n),$$

则它们的线性组合 $u=\sum\limits_{i=1}^{n}C_iu_i$ (其中 $C_1,C_2,\cdots,C_n$ 为任意给定的常数) 必满足方程 (或定解条件)

$$Lu=\sum_{i=1}^{n}C_if_i.$$

特别地, 当 $u_i(i=1,2,\cdots,n)$ 满足齐次方程 (或齐次定解条件) 时, $u$ 也满足此齐次方程 (或齐次定解条件).

在前面的讨论中, 我们曾多次利用这个叠加原理, 把一些复杂的定解问题化为若干简单的定解问题来求解. 例如在求解非齐次方程 (或非齐次定解条件) 的问题中, 常通过找一个满足方程 (或定解条件) 的函数把它化为齐次方程 (或齐次定解条件) 的相应问题来解决.

在实际应用中, 我们不仅用有限个特解的叠加来作出问题的解, 更多的情况是用无限个特解来叠加, 这时就得到用级数或积分表示的 (形式) 解. 自然在后一情况, 还必须证明这些级数或积分是收敛的, 而且的确是问题的解答. 这样, 上面的叠加原理常拓广成下面的形式, 在实际问题中加以应用.

**叠加原理 II** 设 $u_i$ 满足线性方程 (或线性定解条件)

$$Lu_i = f_i \quad (i = 1, 2, \cdots),$$

又假设它们的线性组合 $u = \sum_{i=1}^{\infty} C_i u_i$ 满足一定的条件①, 那么 $u$ 满足方程 (或定解条件)

$$Lu = \sum_{i=1}^{\infty} C_i f_i.$$

特别, 当 $u_i(i = 1, 2, \cdots)$ 满足齐次方程 (或齐次定解条件) 时, $u$ 也满足此齐次方程 (或齐次定解条件).

**叠加原理 III** 设 $u(M, M_0)$ 满足线性方程 (或线性定解条件)

$$Lu = f(M, M_0),$$

其中 $M_0$ 为参数. 又假设 $U(M) = \int u(M, M_0) \mathrm{d}M_0$ 满足一定的条件②, 那么 $U(M)$ 满足方程 (或定解条件)

$$LU = \int f(M, M_0) \mathrm{d}M_0.$$

特别, 当 $u$ 满足齐次方程 (或齐次定解条件) 时, $U$ 也满足此齐次方程 (或齐次定解条件).

这些叠加原理虽是十分明显的, 但它们却是线性方程许多重要解法的基础. 例如, 当用分离变量法解齐次方程时, 就是利用方程和边界条件的齐次与线性的性质, 把解表示为满足方程和边界条件的一系列特解的叠加, 并使其和恰好符合初始条件. 又如, 在用齐次化原理求非齐次方程的解时, 也是把非齐次方程的解视为一系列在特定初始条件下齐次方程的解的叠加而构造得到的. 在本书第二章中介绍的傅里叶变换法与第三章中介绍的格林函数法, 也利用了叠加原理这一基本性质.

我们指出, 对非线性方程 (或者是线性方程具有非线性定解条件) 的情形, 叠加原理不成立. 此时, 在线性问题中许多行之有效的方法就不能直接使用, 而必须另外寻求新的方法, 所以对于非线性方程的讨论往往比线性方程要困难得多.

**2. 解的性质的比较** 前一段中说的是三类方程以至一般线性方程的共性, 现在我们来指出三类方程的一些差异. 它们之间数学性质的差异往往是相应的物理现象的本质差异在数学上的表现. 下面我们对三类典型方程来叙述其差别. 对于一般的变系数方程, 情况要复杂些, 但仍成立类似的结论.

① 这里所说的条件是指可以保证和式有意义以及微分和求和运算能交换的条件.

② 这里所说的条件是指可以保证积分式有意义以及微分和求积分运算能交换的条件.

**(1) 解的正则性** 在经典意义下, 作为一个二阶偏微分方程的解, 要求有方程中出现的那些二阶偏导数, 并且要求它们连续. 因而对经典解来说, 它总是所考虑区域中正则性较好的函数. 但是, 对不同类型的方程来说, 解的正则性可以很不相同. 例如, 对弦振动方程来说, 从达朗贝尔公式可见, 如初始条件 $u(0,x)=\varphi(x), u_t(0,x)=\psi(x)$ 中的 $\varphi(x)\in C^2, \psi(x)\in C^1$, 且 $\varphi(x)$ 的三阶导数不存在, 则解的三阶偏导数也不存在. 对高维波动方程, 利用泊松公式也可看到类似的事实. 对于热传导方程来说, 情况就不一样, 从热传导方程柯西问题解的表达式 (见第二章 (3.22) 式) 可以验证, 只要初始条件 $\varphi(x)$ 是有界的, 解 $u(x,t)$ 在 $t>0$ 时就是无穷可微的; 而当将 $t$ 固定时, 解还是空间变量的解析函数. 对于调和方程, 其解的正则性更好, 它的任何连续解在解的定义区域内都是解析函数.

可以从三类方程所代表的物理现象来解释这些事实. 调和方程描述平衡与稳定的状态, 表达这些状态的解应该是非常光滑的; 热传导现象具有能迅速地趋于平衡的特点, 因而解也比较光滑. 而双曲型方程描述的是波的传播现象, 在波的传播中, 可以将一定的弱间断性保留下来 (例如存在波阵面), 因而解的正则性就较差; 在解的更广泛意义下, 甚至还可以讨论具有更强的间断性的解.

附带指出, 如方程有非齐次项或者是变系数的时候, 解的正则性还要受到系数与非齐次项的正则性的影响.

**(2) 解的极值性质** 调和方程与热传导方程都存在极值原理, 但它们的表现形式是有区别的. 对调和方程而言, 它的解反映已处于稳定状态的物理量, 因而解在内部的最大值不能超过其边界上的最大值. 对于热传导方程, 它描述热的传导过程, 由于在该物理过程中热量总是从温度高处往低处流动, 故在内部无热源的情况下, 物体内部的温度不可能超过它边界上的温度与初始时刻温度的最大值. 这就引出**抛物边界**的概念, 即在初边值问题中将所考虑物体的边界与初始平面合称为抛物边界, 从而得到其形式上与调和方程极值原理相仿的表达方式. 在此我们还指出, 对调和方程与热传导方程 (以及它们所代表的椭圆型方程和抛物型方程) 而言, 霍普夫极值原理与强极值原理也都是成立的. 当然, 在热传导方程或一般抛物型方程的情形需要进一步的论证.

然而对于波动方程以及更一般的双曲型方程来说, 就没有类似的极值原理性质. 这是因为波动方程描述波的传播过程, 而波在传播过程中可以相互叠加, 扰动增大的现象往往会在波的叠加时出现.

**(3) 影响区域与依赖区域** 从影响区域与依赖区域来看, 三类方程也有很大的区别. 对波动方程而言, 一点的影响区域为以该点为顶点向上作出的特征锥内部 (在三维时为锥的表面), 决定特征锥斜度的 $a$ 就是波的传播速度; 一点的依赖区域就是以该点为顶点向下作出的特征锥与平面 $t=0$ 所交的圆 (或球面). 对热传导方程而言, 一点的影响区域是该点以上的整个上半平面, 因为只要经过一瞬时, 在极远处就会受到该点扰动的影响, 扰动传播的速度似乎是无限的; 而一点的依赖区间就是整个直线 $t=0$.

现在考察调和方程, 它是定常型的, 因而没有传播速度, 但我们可以考虑这样的问题: 在边界曲面 $\Gamma$ 的部分曲面 $\Gamma_1$ 上给出不等于零的边界值, 而在其余部分 $\Gamma - \Gamma_1$ 上假定解为零, 此时相应边值问题的解 $u(x,y,z)$ 是否只是在区域 $\Omega$ 的一部分区域 $\Omega_1$ 上取不等于零的值, 而在其余部分 $\Omega - \Omega_1$ 上恒为零? 如果这样, 那么这部分区域 $\Omega_1$ 就可以称为曲面 $\Gamma_1$ 的影响区域. 回答是否定的, 因为根据调和函数的解析性定理, 如果 $u$ 在一很小区域上恒等于零, 则它必在整个区域上恒等于零, 从而在 $\Gamma_1$ 上也只能取等于零的边界值. 因此在曲面 $\Gamma$ 上任意小的部分 $\Gamma_1$ 给出边界值, 它的影响区域必定是整个区域 $\Omega$. 附带指出, 由于解析性定理对于很广泛的一类椭圆型方程成立, 因而这事实也可以推广到这类方程.

上面的讨论也可由这些方程所反映的物理现象来说明. 波动方程所反映的波传播现象具有一定的传播速度, 因而一点的初始条件的影响范围是时空区域中的一个圆锥体. 由于热传导现象进行得十分迅速, 因而在方程中就近似地反映为无穷的传播速度, 并表现成热传导方程的影响区域为无限的①. 至于调和方程, 它表示定常状态, 或平衡状态, 这时不必考虑时间的因素, 因而不产生扰动的传播速度问题.

**(4) 解的渐近性态** 波动方程和热传导方程描述随时间变化的物理过程, 在方程中都含有时间变量 $t$. 因此研究这两类方程的解随时间 $t$ 的演变乃至在 $t$ 趋于无穷时解的渐近性态都是很有意义的. 但是, 在没有外力和阻尼的情形下, 波动方程描述的是一个能量守恒的保守系统 (见第一章), 而热传导方程描述的是热的传导或物质的扩散这样的耗散过程. 源于如此不同的物理背景, 当时间变量 $t$ 趋于无穷时, 解的渐近性态也有很大的不同. 如在第一章所述, 对在有界区间 $[0,l]$ 上具有齐次第一类或第二类边界条件的波动方程的初边值问题, 其能量函数是守恒的, 且从第一章中解的表达式 (3.15) 也可见到, 解表示为含有 $\sin\dfrac{k\pi a}{l}t$ 及 $\cos\dfrac{k\pi a}{l}t$ 的三角级数, 故解并不衰减. 而热传导方程的初边值问题的解, 如在第二章所见, 是以指数衰减的方法趋于它的平衡态的. 另一方面, 从第一及第二章的结果可以看到, 无论是波动方程还是热传导方程, 就解的渐近性态来说, 初边值问题的解与初值问题的解, 也有很大的不同. 例如, 对波动方程来说, 其具有齐次第一类或第二类边界条件的初边值问题的解并不衰减, 但是, 对初值问题而言, 在三维空间变量的情形, 当初值是紧支集时, 当 $t \to \infty$ 时, 解以 $t^{-1}$ 的衰减率趋于零. 一般地, 可以证明, 在 $n$ 个空间变量的情形, 解及其偏导数会以 $t^{-\frac{n-1}{2}}$ 的衰减率趋于零, 即衰减率是和空间变量的维数 $n$ 有关的. 对热传导方程来说, 初值问题和初边值问题之间的差别也很明显. 对热传导方程具有齐次第一类或第二类边界条件的初边值问题, 其解总以指数衰减率趋于它的平衡态, 而对初值问题而言, 解则以 $t^{-\frac{n}{2}}$ 的衰减率趋于零, 其中 $n$ 是空间变量的维数. 这些性质对相应的非线性方程的研究也是非常有用的.

**(5) 关于时间的反演** 对于随时间变化的物理过程还可考虑对时间的反演问题, 它的物理意义在于考察相应物理状态的变化过程是否可逆.

---

① 对于非线性抛物型方程, 由于其系数与解有关, 也可能出现扰动具有有限传播速度的情形. 但这已属于非线性偏微分方程的范围, 本书中不予进一步讨论.

一个物理状态, 其变化过程为可逆的是指: 设在某些外界条件下按某种规律变化的一物理状态, 在时刻 $t_1$ 时处于状态 $A$, 到时刻 $t_2$ 时变为状态 $B$; 如果在 $t_2$ 时刻的状态 $B$ 可以沿着相反的变化过程回复到原来的状态 $A$, 而使外界条件不发生其他的变化, 那么我们就说这物理状态的变化过程是可逆的, 否则, 我们就说这物理状态的变化过程是不可逆的.

一物理状态的变化过程是否可逆在数学上反映为所归结出来的方程关于时间变量 $t$ 是否对称, 即以 $-t$ 代替 $t$ 后方程是否不变.

在调和方程中不出现时间变量, 因而不会产生关于时间的反演问题.

波的传播是一个可逆过程. 事实上, 设以 $u(x,t)$ 表示描述波的传播过程的函数, 它满足方程

$$\frac{\partial^2 u}{\partial t^2}=a^2\frac{\partial^2 u}{\partial x^2},$$

在时刻 $t=0$, 其物理状态为 $u(x,0)$; 而在时刻 $t=t_0$, 其物理状态为 $u(x,t_0)$. 如果要考察从 $t_0$ 时的状态 $u(x,t_0)$ 沿原来变化过程的逆向过程能否回复到 $t=0$ 时的状态 $u(x,0)$, 只要在 $t\leqslant t_0$ 时求解下面的定解问题:

$$\begin{cases}\dfrac{\partial^2 u}{\partial t^2}=a^2\dfrac{\partial^2 u}{\partial x^2},\\ u\big|_{t=t_0}=u(x,t_0),\\ \dfrac{\partial u}{\partial t}\Big|_{t=t_0}=u_t(x,t_0),\end{cases}\tag{4.2}$$

并看它在 $0\leqslant t\leqslant t_0$ 时的状态是否与原来的状态 $u(x,t)$ 相符合就行了. 作变换 $t'=t_0-t$, 上面的问题就化为在 $t'\geqslant 0$ 时求解

$$\begin{cases}\dfrac{\partial^2 \widetilde{u}}{\partial t'^2}=a^2\dfrac{\partial^2 \widetilde{u}}{\partial x^2},\\ \widetilde{u}\big|_{t'=0}=u(x,t_0),\\ \dfrac{\partial \widetilde{u}}{\partial t'}\Big|_{t'=0}=-u_t(x,t_0).\end{cases}\tag{4.3}$$

容易看出, 这个问题的解就是

$$\widetilde{u}(x,t')=u(x,t_0-t')=u(x,t).\tag{4.4}$$

因此, 波的状态 $\widetilde{u}(x,t')$ 从 $t'=0(t=t_0)$ 变化到 $t'=t_0(t=0)$ 的过程相当于 $u(x,t)$ 从 $t=t_0$ 变化到 $t=0$ 的过程, 即 $\widetilde{u}(x,t')$ 是 $u(x,t)$ 的逆变化过程.

对于热传导方程, 情况就不一样. 如以 $u(x,t)$ 表示描述热传导过程的函数, 它满足热传导方程

$$\frac{\partial u}{\partial t}=a^2\frac{\partial^2 u}{\partial x^2},\tag{4.5}$$

那么 $\widetilde{u}(x,t')=u(x,t_0-t')$ 所满足的方程为

$$\frac{\partial \widetilde{u}}{\partial t'}+a^2\frac{\partial^2 \widetilde{u}}{\partial x^2}=0,\tag{4.6}$$

与原来的热传导方程不同. 与此相应的是对热传导方程在区域 $t<0$ 内求解柯西问题通常是不适定的. 在物理学中这是明显的, 因为热传导方程所描述的物理现象如传导、扩散等是温度由高到低、密度由密到稀的单向变化, 这种变化过程是不可逆的.

**3. 定解问题提法的比较**　因为三类方程所反映的物理现象有很大的差别, 所以它们可能遇到的定解问题也有很大的差别. 例如对椭圆型方程 (以调和方程为代表) 而言, 它反映了一些属于稳定、平衡状态的物理量的分布状况, 因此在其定解问题中, 只有边界条件而没有初始条件, 故一般不提柯西问题与初边值问题. 对双曲型方程 (以弦振动方程为代表) 与抛物型方程 (以热传导方程为代表), 虽然都可以提柯西问题与初边值问题, 但它们所需要的初始条件个数也不相同, 对抛物型方程的柯西问题和初边值问题, 其初始条件只需给一个, 而对双曲型方程来说, 却需要两个初始条件.

如果我们将弦振动方程、一个空间变量的热传导方程以及两个自变量的调和方程分别写成下列形式:

$$\frac{\partial^2 u}{\partial x^2}-\frac{\partial^2 u}{\partial y^2}=0, \tag{4.7}$$

$$\frac{\partial^2 u}{\partial x^2}-\frac{\partial u}{\partial y}=0 \tag{4.8}$$

及

$$\frac{\partial^2 u}{\partial x^2}+\frac{\partial^2 u}{\partial y^2}=0. \tag{4.9}$$

在 $Oxy$ 平面的区域 $0\leqslant x\leqslant a, 0\leqslant y\leqslant b$ 上考虑这些方程的定解问题, 前面研究过的一些定解问题中定解条件的提法可以用图 4.1 表示.

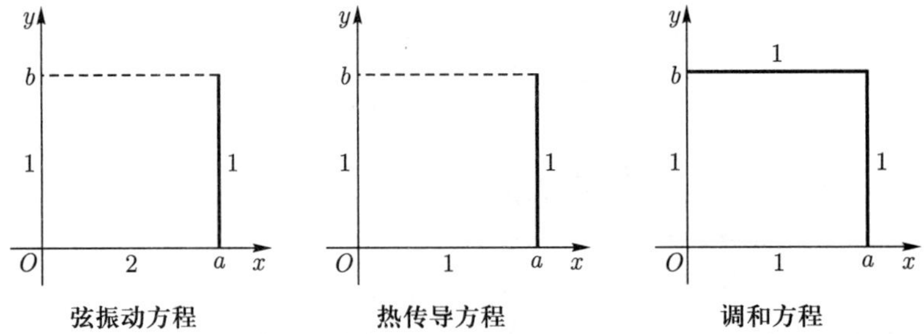


图 4.1

很自然会想到这样的问题, 是否可以对调和方程提出柯西问题和初边值问题, 对弦振动方程与热传导方程提出狄利克雷问题呢? 我们希望从数学理论上对这个问题给以分析和回答. 但要一般地说明对各种方程可以提出怎样的定解条件并不是一件容易的事情, 它是一个专门研究的课题. 下面我们仅举例说明有些定解问题不满足适定性的要求, 从而这些定解问题的提法是不完善的.

我们回忆一下第一章 §1 中提到的适定性概念, 它包含解的存在性、唯一性和稳定性三方面的内容. 存在性是指所讨论的定解问题至少有一个解; 唯一性是指这个问题的解最多只有一个; 而稳定性是指出现在定解条件中的资料变化很小时, 问题的解也变化很小. 关于稳定性, 我们在下面再作一些具体的说明.

设出现在定解条件中的资料为 $\varphi^{(i)}(i=1,2,\cdots,N)$, 它可能为一个函数 (例如热传导方程柯西问题中的初始条件), 也可能为几个函数 (例如弦振动方程柯西问题中的初始条件或在初边值问题的情形再加上一些边界条件), 我们将其看成某个函数空间 $\varPhi$ 中的元素, 问题的解 $u$ 也可看成另一函数空间 $U$ 中的元素. 设函数空间 $\varPhi$ 及 $U$ 都可按某种方式规定一个距离, 而形成一个距离空间. 那么, 稳定性的要求就可以表示为: 当 $\varPhi$ 中元素 $\varphi_1,\varphi_2$ 的距离 $\rho(\varphi_1,\varphi_2)$ 充分小时, 相应的解 $u_1,u_2$ 在 $U$ 中的距离 $\rho(u_1,u_2)$ 也充分小. 通常取作为函数空间的可以有连续函数空间 $C^0$、函数本身及其所有直至 $k$ 阶偏导数均为连续的函数空间 $C^k$、函数本身及其所有直至 $k$ 阶偏导数为平方可积的函数空间 $H^k$ 等. 这些空间中函数 $\varphi_1$ 与 $\varphi_2$ 的距离分别定义为

$$\max|\varphi_1-\varphi_2|,\quad \max_{0\leqslant i\leqslant k}\left|D^i\varphi_1-D^i\varphi_2\right|,$$

$$\left(\int_\Omega\sum_{0\leqslant i\leqslant k}\left|D^i\varphi_1-D^i\varphi_2\right|^2\mathrm{d}\Omega\right)^{\frac{1}{2}}$$

(其中 $D^i$ 表示对自变量的 $i$ 阶求导), 它们将相应于不同意义下的稳定性. 例如, 在第一章 §6 说明波动方程柯西问题的解的稳定性时, 取 $\varPhi$ 中距离为

$$\|\varphi_1-\varphi_2\|_{H^1(\Omega)}+\|\psi_1-\psi_2\|_{L^2(\Omega)},$$

而取 $U$ 中距离为 $\|u_1-u_2\|_{L^2(K)}$. 又在第二章及第三章讨论热传导方程柯西问题、初边值问题的解的稳定性以及调和方程狄利克雷问题的解的稳定性时, $\varPhi,U$ 的距离均按连续模来度量.

下面我们举几个不稳定的定解问题的例子. 将 $y$ 看成时间变量, 考察调和方程的初边值问题:

$$\frac{\partial^2u}{\partial x^2}+\frac{\partial^2u}{\partial y^2}=0,\quad 0<x<\pi,y>0,\tag{4.10}$$

$$\begin{cases}u|_{y=0}=0,\\ \left.\dfrac{\partial u}{\partial y}\right|_{y=0}=\dfrac{1}{n^k}\sin nx\quad(n\text{ 及 }k\text{ 均为正整数}),\\ u|_{x=0}=u|_{x=\pi}=0.\end{cases}\tag{4.11}$$

用分离变量法可得这个问题的解为

$$u_n(x,y)=\frac{1}{n^{k+1}}\sin nx\,\mathrm{sh}\,ny.$$

可以证明此定解问题的解是唯一的. 但容易看出这样的定解问题的解按最大模的意义并不是稳定的, 因为把这定解问题的解和方程 (4.10) 满足齐次的初始条件与边界条件

$$u|_{y=0}=\left.\frac{\partial u}{\partial y}\right|_{y=0}=u|_{x=0}=u|_{x=\pi}=0\tag{4.12}$$

的解 $u_0(x,y)\equiv 0$ 相比较, 虽然它们满足同样的边界条件, 而当 $n\to\infty$ 时, $u_n$ 所满足的初始条件本身以及它的直到 $k-1$ 阶导数都一致地趋于 $u_0$ 所满足的齐次初始条件, 但所对应的解

$$u_n(x,y)=\frac{1}{n^{k+1}}\sin nx\,\mathrm{sh}\,ny$$

不仅不一致地趋于零, 而且对于任意固定的一点 $(x,y), y>0$, 它和 $u_0\equiv 0$ 的差的振幅还趋于无穷; 不仅如此, 它们差的平方的积分

$$\|u_n-u_0\|^2=\int_0^y\int_0^{\pi}\left(\frac{1}{n^{k+1}}\sin nx\,\mathrm{sh}\,ny\right)^2\mathrm{d}x\mathrm{d}y=\frac{\pi}{8n^{2k+3}}(\mathrm{sh}\,2ny-2ny)$$

当 $n\to\infty$ 时也是趋于无穷的. 这就是著名的阿达马的例子. 它说明调和方程的初边值问题尽管解可能存在并且唯一, 但并不是稳定的. 类似的例子可以说明调和方程柯西问题的不稳定性.

再考察弦振动方程的狄利克雷问题. 为此, 将这个方程写成

$$\frac{\partial^2 u}{\partial\xi\partial\eta}=0 \tag{4.13}$$

的形式, 并在由 $\xi=a,\eta=b,\xi$ 轴和 $\eta$ 轴围成的矩形区域上求解狄利克雷问题 (图 4.2), 所给的边界条件是

$$\begin{cases}u(\xi,0)=f_1(\xi) & (0\leqslant\xi\leqslant a),\\ u(0,\eta)=f_2(\eta) & (0\leqslant\eta\leqslant b),\\ u(\xi,b)=f_3(\xi) & (0\leqslant\xi\leqslant a),\\ u(a,\eta)=f_4(\eta) & (0\leqslant\eta\leqslant b).\end{cases} \tag{4.14}$$

为使解 $u$ 在边界上连续, 我们还需有

$$f_1(0)=f_2(0),\quad f_1(a)=f_4(0),\quad f_3(0)=f_2(b),\quad f_3(a)=f_4(b)$$

等相容性条件. 由于方程 (4.13) 的通解为

$$u=f(\xi)+g(\eta),$$

由 (4.14) 式中的前面两条件已能完全决定解的表达式为

$$u=f_1(\xi)+f_2(\eta)-f_1(0).$$

所以, 必须成立

$$f_3(\xi)=f_1(\xi)+f_2(b)-f_1(0),$$
$$f_4(\eta)=f_1(a)+f_2(\eta)-f_1(0),$$

否则所提的定解问题就不会有解. 因而我们一般不能提弦振动方程的狄利克雷问题.

再考察热传导方程 (4.8) 在矩形区域 $OABC$ 中的定解问题, 如图 4.3 所示. 我们已知, 只要相容性条件满足, 方程 (4.8) 在 $OA$ 上给定初始条件, 在 $AB$ 与 $OC$ 上给定边界条件的初边值问题有唯一解, 故此时解在 $BC$ 上的值已经唯一确定, 它不可能再作为定解条件之一部分而任意给定. 所以热传导方程 (4.8) 在区域 $OABC$ 上的狄利克雷问题一般是没有解的.

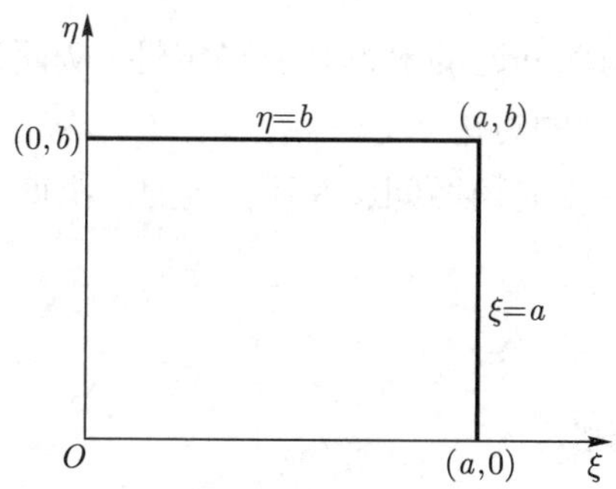


图 4.2

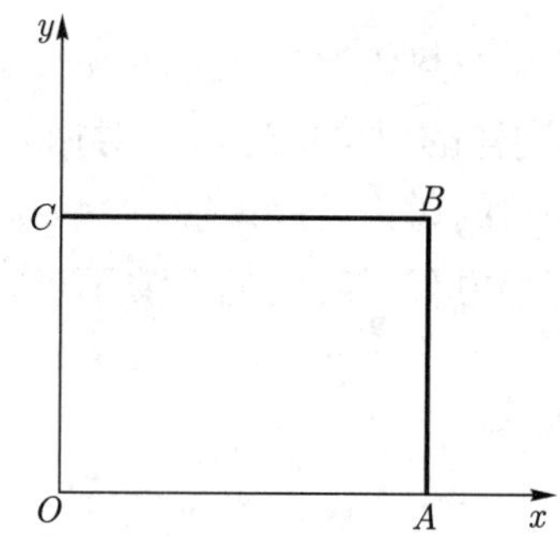


图 4.3

从上面的讨论可知, 三种不同类型方程定解问题的提法, 确实有显著的差异, 在前三章的讨论中, 对这些方程提出不同定解问题进行研究是有理由的. 这些问题的物理意义清楚, 数学提法合理, 从而也研究得最成熟. 然而, 随着科学、工程技术以及数学理论的日益发展, 所研究的数学物理方程及其定解问题的类型越来越多, 范围越来越广, 甚至对一些看来不甚合理的定解问题 (例如不满足某些适定性要求的问题) 也会在特定条件下需要进行研究. 但是, 了解三种不同类型方程的主要定解问题在提法上的基本差别仍然是十分重要的.

## 扩 展 阅 读

**热传导方程逆时向问题的不适定性**　热传导方程

$$\frac{\partial u}{\partial t}-a^2\frac{\partial^2 u}{\partial x^2}=0$$

在 $t<0$ 区域中的逆时向柯西问题是不适定的. 以下来证明这一点.

考察热传导方程的逆时向柯西问题

$$\begin{cases}\dfrac{\partial u}{\partial t}-a^2\dfrac{\partial^2 u}{\partial x^2}=0 & (-\infty<x<\infty, t<0),\\ u\big|_{t=0}=\varphi_n(x) & (-\infty<x<\infty).\end{cases}$$

对 $l>0$ 以及正整数 $k$, 取 $\varphi_n(x)=\dfrac{1}{n^k}\sin\dfrac{n\pi x}{l}$, 则上述柯西问题的解为

$$u_n(x,t)=\frac{1}{n^k}\sin\frac{n\pi x}{l}\exp\left[-\left(\frac{n\pi a}{l}\right)^2 t\right].$$

当 $n \to \infty$ 时,

$$\max_{-\infty<x<\infty} |\varphi_n(x)| = \frac{1}{n^k} \to 0,$$

但对于 $t<0$, 当 $n \to \infty$ 时,

$$\max_{-\infty<x<\infty} u_n(x,t) = \frac{1}{n^k} \exp\left[-\left(\frac{n\pi a}{l}\right)^2 t\right] \to \infty.$$

它说明热传导方程 $u_t - u_{xx} = 0$ 逆时向柯西问题的解不具有稳定性, 从而是不适定的. 同样的讨论也适用于对逆时向初边值问题的讨论.

相仿的讨论可以说明方程 $u_t + u_{xx} = 0$ 的正向柯西问题是不适定的, 由此也可说明热传导方程对时间的反演不可行.

## 习　题

1. 试回顾以前学过的求解偏微分方程定解问题的各种方法, 并指出叠加原理在哪里被用到.

2. 证明: 热传导方程

$$\frac{\partial u}{\partial t} = a^2 \frac{\partial^2 u}{\partial x^2}$$

的初边值问题

$$\begin{cases} u(0,t) = u(l,t) = 0, \\ u(x,0) = \varphi(x) \end{cases}$$

的解关于自变量 $x(0<x<l)$ 和 $t(t>0)$ 可进行任意次微分.

3. 举例说明弦振动方程不成立极值原理.

4. 试说明对于如图 4.3 所示区域 $OABC$ 中的方程

$$u_{xx} - u_y = 0$$

给定在边界 $AB, BC, OC$ 上函数 $u$ 值的定解问题不适定.

# 第五章 一阶偏微分方程组

本章介绍一阶偏微分方程组的若干知识, 并较多地讨论两个自变量的一阶双曲型方程组. 在 §1 中介绍了在力学和工程应用中可化为一阶偏微分方程组的例子, 并指出了其与高阶方程组的关系; 在 §2 中引进了特征的概念, 并由此出发对方程组进行分类; 在 §3 中对两个自变量的线性双曲型方程组的柯西问题进行了研究; 在 §4 中讨论了两个自变量的线性双曲型方程组的其他定解问题; 在 §5 中介绍了幂级数解法并证明了在偏微分方程一般理论中很重要的柯西 – 柯瓦列夫斯卡娅定理.

## §1 引　言

**1. 一阶偏微分方程组的例子**　在前面几章中, 我们着重介绍了三种类型的二阶方程, 讨论了某些定解问题的适定性和解的性质, 所讨论的方程都是包含一个未知函数的线性方程. 但是, 在比较复杂的问题中, 为了更精确地描述自然现象, 在我们归结方程时, 就必须同时考虑到更多的因素和它们之间的相互作用. 这样, 得到的偏微分方程就不止一个, 其中所包含的未知函数也不止一个, 这时我们就会得到偏微分方程组. 显然, 对它们的研究具有重要的意义.

**例 1**　我们在复变函数课程中已经知道, 解析函数的实部 $u$ 和虚部 $v$ 之间必须满足的柯西 – 黎曼方程组

$$\begin{cases} \dfrac{\partial u}{\partial x} = \dfrac{\partial v}{\partial y}, \\ \dfrac{\partial u}{\partial y} = -\dfrac{\partial v}{\partial x} \end{cases} \tag{1.1}$$

就是一个最简单的一阶线性偏微分方程组. 在流体力学中对平面定常不可压缩无旋流的研究, 也可归结为求解此方程组.

**例 2**　研究连续地分布在空间中的流体 (包括气体) 运动, 用 $\rho, p, e$ 分别表示流体的密度、压强、内能, 用 $\boldsymbol{u} = (u, v, w)$ 表示流体的流速, $\boldsymbol{F}$ 表示外力, 它们都是空间 $(x, y, z)$ 与时间 $t$ 的函数. 设流体是无黏性可压缩的, 则这些函数满足以下的流体力学方程组:

$$\begin{cases}\dfrac{\partial \rho}{\partial t}+\operatorname{div}(\rho \boldsymbol{u})=0, \\ \dfrac{\partial \boldsymbol{u}}{\partial t}+(\boldsymbol{u} \cdot \nabla) \boldsymbol{u}+\dfrac{1}{\rho} \operatorname{\mathbf{grad}} p=\boldsymbol{F}, \\ \dfrac{\partial}{\partial t}\left(e+\dfrac{1}{2}|\boldsymbol{u}|^{2}\right)+(\boldsymbol{u} \cdot \nabla)\left(e+\dfrac{1}{2}|\boldsymbol{u}|^{2}\right)+\dfrac{1}{\rho} \operatorname{div}(p \boldsymbol{u})=\boldsymbol{F} \cdot \boldsymbol{u}.\end{cases} \tag{1.2}$$

它们分别由质量守恒律、动量守恒律、能量守恒律导出, 其中密度、压强与内能还满足一个状态方程 $p=p(\rho, e)$. 这个方程组也称为欧拉方程组.

一阶偏微分方程组 (1.2) 关于未知函数的一阶偏导数是线性的, 但对于未知函数及其一阶偏导数总体而言并不是线性的, 这样的方程组称为**一阶拟线性偏微分方程组**.

当流体只在 $x$ 方向运动, 速度、密度与压强也只依赖于 $x$ (在一个细圆柱管道中流体的运动可近似地认为是这样的), 且又设外力为零时, 方程组 (1.2) 可以简化为

$$\begin{cases}\dfrac{\partial \rho}{\partial t}+\rho \dfrac{\partial u}{\partial x}+u \dfrac{\partial \rho}{\partial x}=0, \\ \dfrac{\partial u}{\partial t}+u \dfrac{\partial u}{\partial x}+\dfrac{1}{\rho} \dfrac{\partial p}{\partial x}=0, \\ \dfrac{\partial}{\partial t}\left(e+\dfrac{1}{2} u^{2}\right)+u \dfrac{\partial}{\partial x}\left(e+\dfrac{1}{2} u^{2}\right)+\dfrac{1}{\rho} \dfrac{\partial(p u)}{\partial x}=0.\end{cases} \tag{1.3}$$

**例 3** 一维非线性弹性振动方程具有形式

$$\frac{\partial^{2} u}{\partial t^{2}}-\frac{\partial}{\partial x}\left(\sigma\left(\frac{\partial u}{\partial x}\right)\right)=0, \tag{1.4}$$

其中 $\sigma(\cdot)$ 为一个非线性函数. 当考虑弦的横振动或弹性杆的纵振动时, 如果作用力与形变不服从胡克定律所描述的线性关系, 就会导致 (1.4) 式这样的非线性偏微分方程. 如果令 $p=\dfrac{\partial u}{\partial x}, q=\dfrac{\partial u}{\partial t}$, 即得一阶偏微分方程组

$$\begin{cases}\dfrac{\partial p}{\partial t}-\dfrac{\partial q}{\partial x}=0, \\ \dfrac{\partial q}{\partial t}-\dfrac{\partial \sigma(p)}{\partial x}=0.\end{cases} \tag{1.5}$$

在众多力学、物理学中常有一些重要的偏微分方程组, 描述在相应学科中的基本数量规律. 例如电动力学中的麦克斯韦 (Maxwell) 方程组、流体动力学中的欧拉方程组与纳维 – 斯托克斯 (Navier-Stokes) 方程组、弹性力学中的圣维南 (Saint-Venant) 方程组、描述微观粒子的薛定锷 (Schrödinger) 方程和狄拉克 (Dirac) 方程组, 在基本粒子研究中有重大作用的杨 – 米尔斯 (Yang-Mills) 方程组等. 在上述例子中的 (1.2) 式就是可压缩流体的欧拉方程组. 限于篇幅, 以上各类方程组的具体形式这里不一一列出了.

与单个方程的情况一样, 出现在方程组中所有偏导数的最高阶数称为方程组的**阶**, 而所谓方程组的**解**是指这样一组函数 $u_1, u_2, \cdots, u_N$ (它们的个数等于方程组中未知函数的个数), 它们具有该方程组中所出现的各阶偏导数, 且这些偏导数都是连续函数; 当

将这样的 $u_1, u_2, \cdots, u_N$ 以及它们的各阶偏导数代入方程组中时得到一组恒等式. 这样的解也称为**经典解**.

对于偏微分方程组也可以考察各类定解问题, 其中最易于讨论的通常是初值问题 (柯西问题). 在 §3 及 §4 中将对两个自变量的线性双曲型方程组的定解问题作较详细的讨论.

**2. 一阶方程组与高阶方程的关系** 在上一段的讨论中已经看到, 一阶偏微分方程组与高阶方程有密切的联系, 例如形式为 (1.4) 式的二阶方程可化为一阶方程组 (1.5).

一般来说, 对一个高阶偏微分方程 (或高阶偏微分方程组), 常可以通过引入新未知函数的方法将它化成一阶偏微分方程组. 特别是一类称为柯瓦列夫斯卡娅型的方程组, 总可化成一阶偏微分方程组. 在单个方程的情形, 柯瓦列夫斯卡娅型方程的形式为

$$\frac{\partial^m u}{\partial t^m} = F\left(t, x_1, x_2, \cdots, x_n, u, \cdots, \frac{\partial^k u}{\partial t^{k_0} \partial x_1^{k_1} \cdots \partial x_n^{k_n}}, \cdots\right), \tag{1.6}$$

其中 $k_0 + k_1 + \cdots + k_n = k \leqslant m, k_0 < m$, 也就是说, 方程的最高阶为 $m$ 阶, 且对选定的自变量 $t$, $\frac{\partial^m u}{\partial t^m}$ 可以明显地解出. 这时, 将相应的 $u$ 的各阶偏导数视为新的未知函数, 就可将 (1.6) 式化为一阶方程组.

但是, 必须指出, 一般形式的一阶偏微分方程组并不一定能化成一个高阶方程. 例如, 一般情形下, 方程组 (1.2) 就无法化成一个高阶方程. 因此, 对一阶偏微分方程组的研究要比对单个高阶方程的研究包含更丰富的内容, 通常也更困难些.

在将高阶方程化成一阶方程组时, 高阶方程的定解问题也化成相应的一阶方程组的定解问题. 以下我们以例 3 中的非线性弹性振动方程的柯西问题为例说明怎样将它化成一个等价的一阶方程组的柯西问题.

二阶方程 (1.4) 的柯西问题的一般形式为

$$\begin{cases} \text{方程 (1.4)}, \\ t = 0:\ u = \varphi_0(x),\ \dfrac{\partial u}{\partial t} = \varphi_1(x). \end{cases} \tag{1.7}$$

今构造一阶偏微分方程组的柯西问题如下:

$$\begin{cases} \text{方程组 (1.5)}, \\ t = 0:\ p = \varphi_0'(x),\ q = \varphi_1(x). \end{cases} \tag{1.8}$$

显然, 若 $u(x,t)$ 为问题 (1.7) 的 $C^2$ 解, 则令 $p = \frac{\partial u}{\partial x}, q = \frac{\partial u}{\partial t}$, 易见函数组 $(p,q) \in C^1$, 且满足 (1.5) 式, 而在 $t = 0$ 时 $(p,q)$ 满足问题 (1.8) 中所示的初始条件也可直接从其定义得出.

反之, 若有 $C^1$ 函数组 $(p,q)$ 为问题 (1.8) 的解, 作

$$u(x,t) = \varphi_0(0) + \int_{(0,0)}^{(x,t)} p\mathrm{d}x + q\mathrm{d}t. \tag{1.9}$$

由 (1.5) 式的第一式知, (1.9) 式右边的积分与路径无关, 所以 (1.9) 式定义了一个 $C^2$ 函数 $u(x,t)$, 且由曲线积分的性质知 $\dfrac{\partial u}{\partial x}=p, \dfrac{\partial u}{\partial t}=q$. 将它们代入 (1.5) 式的第二式, 就得到 (1.4) 式.

再看初始条件. 由 (1.9) 式及 $p$ 所满足的初始条件知

$$u(x,0)=\varphi_0(0)+\int_0^x p(x,0)\mathrm{d}x=\varphi_0(x),$$

又 $\dfrac{\partial u}{\partial t}(x,0)=q(x,0)=\varphi_1(x)$. 所以由 (1.9) 式所定义的 $u(x,t)$ 为柯西问题 (1.7) 的解.

## 扩 展 阅 读

以下介绍两个重要的具有偏微分方程组形式的数学物理方程.

**(1) 麦克斯韦方程组**

在 19 世纪 60 年代英国物理学家麦克斯韦总结了前辈科学家的研究成果, 特别是将法拉第的力线和场的概念用数学方法加以描述、论证和提升, 创立了一套完整的电磁场理论, 进而于 1873 年写下了描述电磁场运动规律的偏微分方程组, 后人称为麦克斯韦方程组. 这个方程组的一般形式为

$$\begin{cases}\mathbf{rot}\,\boldsymbol{H}=\dfrac{1}{c}\dfrac{\partial \boldsymbol{D}}{\partial t}+\dfrac{4\pi}{c}\boldsymbol{j},\\ \mathbf{rot}\,\boldsymbol{E}=-\dfrac{1}{c}\dfrac{\partial \boldsymbol{B}}{\partial t},\\ \mathrm{div}\,\boldsymbol{B}=0,\\ \mathrm{div}\,\boldsymbol{D}=4\pi\rho,\end{cases}\tag{1.10}$$

其中 $\boldsymbol{E}$ 表示电场强度向量, $\boldsymbol{H}$ 表示磁场强度向量, $\boldsymbol{D}$ 表示电感应强度向量, $\boldsymbol{B}$ 表示磁感应强度向量, $\boldsymbol{j}$ 表示传导电流的体积密度, $\rho$ 是电荷的体积密度, $c$ 是在真空中的光速. 上述诸物理量还满足场的物质方程

$$\boldsymbol{D}=\varepsilon\boldsymbol{E},\quad \boldsymbol{B}=\mu\boldsymbol{H},\quad \boldsymbol{j}=\sigma\boldsymbol{E},\tag{1.11}$$

其中 $\varepsilon$ 是介质的介电常数, $\mu$ 是磁导率, $\sigma$ 是电导率. 麦克斯韦从其建立的方程组出发得出了电磁场的波动性, 预言了电磁波的存在, 指出电磁波的传播速度为光速, 并进而指出光也是一种电磁波. 麦克斯韦方程组奠定了电动力学的基础, 也为后来爱因斯坦提出相对论作了准备.

**(2) 纳维 – 斯托克斯方程组**

法国力学家纳维在 1821 年和英国物理学家斯托克斯在 1845 年分别建立了描述黏性流体运动的基本偏微分方程组, 后人称之为纳维 – 斯托克斯方程 (组), 简称 N–S 方程. 该方程组由质量守恒律、动量守恒律、能量守恒律导出. 可压缩流体的纳维 – 斯托

克斯方程的向量形式为

$$\begin{cases}\dfrac{\partial\rho}{\partial t}+\operatorname{div}(\rho\boldsymbol{v})=0,\\\rho\dfrac{\mathrm{d}\boldsymbol{v}}{\mathrm{d}t}=\rho\boldsymbol{F}-\nabla p+\mu\Delta\boldsymbol{v}+\dfrac{\mu}{3}\nabla\operatorname{div}\boldsymbol{v},\\\rho T\dfrac{\mathrm{d}s}{\mathrm{d}t}=\varPhi+\operatorname{div}k\nabla T+\rho q,\end{cases}$$

其中 $t$ 表示时间, $\boldsymbol{v}$ 表示速度向量, $\rho$ 表示密度, $p$ 表示压强, $\boldsymbol{F}$ 表示外力, $T$ 表示温度, $s$ 表示热力学函数熵, $\mu$ 与 $k$ 分别表示黏性系数与热传导系数, $q$ 表示热源强度, $\varPhi$ 为耗散函数, $p,\rho$ 与 $T$ 满足给定的关系, 在方程中出现的 $\dfrac{\mathrm{d}}{\mathrm{d}t}$ 表示沿着流体质点运动轨迹对时间的导数.

纳维 – 斯托克斯方程可广泛用于描述各类流体运动. 但由于它是含有 5 个偏微分方程的方程组, 在方程组中的函数均含有 4 个自变量, 方程又呈现高度的非线性, 所以在一般情形的求解是一个很困难的问题.

对于不可压缩流体, 密度 $\rho$ 取常值, 纳维 – 斯托克斯方程的形式化为

$$\begin{cases}\operatorname{div}\boldsymbol{v}=0,\\\dfrac{\mathrm{d}\boldsymbol{v}}{\mathrm{d}t}=\boldsymbol{F}-\nabla p+\mu\Delta\boldsymbol{v}.\end{cases}$$

这个方程组的形式看起来似乎比可压缩流体的情形简单, 但实际上极为困难. 一般认为它的求解与流体力学中最困难的湍流的发生与发展机制紧密相连. 虽然有许多数学家专注于研究此方程, 但 3 维空间中纳维 – 斯托克斯方程整体解的存在性与正则性至今仍未解决, 且被美国克雷数学研究所于 2000 年列为 7 个千禧年问题之一.

## 习 题

1. 把波动方程

$$\frac{\partial^2u}{\partial t^2}=a^2\left(\frac{\partial^2u}{\partial x^2}+\frac{\partial^2u}{\partial y^2}+\frac{\partial^2u}{\partial z^2}\right)$$

带初始条件

$$\begin{cases}u|_{t=0}=\varphi(x,y,z),\\\left.\dfrac{\partial u}{\partial t}\right|_{t=0}=\psi(x,y,z)\end{cases}$$

的柯西问题化为一个一阶方程组的柯西问题, 并证明其解的等价性.

2. 把方程

$$\frac{\partial^2u}{\partial t^2}=\left(\frac{\partial u}{\partial x}\right)^2+\left(\frac{\partial u}{\partial y}\right)^2$$

带初始条件

$$\begin{cases}u|_{t=0}=0,\\\left.\dfrac{\partial u}{\partial t}\right|_{t=0}=\mathrm{e}^x\sin y\end{cases}$$

的柯西问题化为一个一阶偏微分方程组的柯西问题.

3. 证明柯瓦列夫斯卡娅型方程 (1.6) 满足初始条件

$$t=0:\ u=\varphi_0(x),\cdots,\frac{\partial^{m-1}u}{\partial t^{m-1}}=\varphi_{m-1}(x)$$

的柯西问题可以化为一阶方程组的柯西问题, 并证明其解的等价性.

# §2 两个自变量的一阶线性偏微分方程组的特征理论

我们考虑如下两个自变量的一阶线性偏微分方程组①:

$$L_i u\equiv\frac{\partial u_i}{\partial t}+\sum_{j=1}^{N}a_{ij}\frac{\partial u_j}{\partial x}+\sum_{j=1}^{N}b_{ij}u_j+c_i=0\quad(i=1,2,\cdots,N),\tag{2.1}$$

其中 $a_{ij},b_{ij},c_i(i,j=1,2,\cdots,N)$ 均为 $(x,t)$ 的连续可微函数. 记 $\boldsymbol{A}=(a_{ij}),\boldsymbol{B}=(b_{ij}),\boldsymbol{C}=(c_1,c_2,\cdots,c_N)^{\mathrm{T}},\boldsymbol{U}=(u_1,u_2,\cdots,u_N)^{\mathrm{T}}$, (2.1) 式又可写成

$$\frac{\partial \boldsymbol{U}}{\partial t}+\boldsymbol{A}\frac{\partial \boldsymbol{U}}{\partial x}+\boldsymbol{B}\boldsymbol{U}+\boldsymbol{C}=\boldsymbol{0}.\tag{2.1$'$}$$

**1. 特征方程、特征线** 从上一章对单个方程的讨论中已经看到, 方程的解的弱间断曲线对应着方程的特征曲线, 它在研究解的性质及反映各种类型方程的特性上起着重要的作用. 对方程组 (2.1), 我们可同样研究一曲线能作为解的弱间断曲线应具有的性质, 并由此引入特征理论. 在解的弱间断曲线上, 函数 $u_i(i=1,2,\cdots,N)$ 本身为连续, 但其一阶偏导数具有第一类间断. 因此, 一曲线如果能作为解的弱间断曲线, 那么, 利用方程组 (2.1) 及函数 $u_i(i=1,2,\cdots,N)$ 在它上面的数值就不能唯一地确定其所有一阶偏导数在它上面的数值. 具有此种性质的曲线称为方程组 (2.1) 的**特征曲线** (或**特征线**). 我们用下面的方法来确定它.

给定一光滑曲线 $C$:

$$t=t(\sigma),\quad x=x(\sigma),\tag{2.2}$$

并已知 $u_i$ 在曲线 $C$ 上的数值

$$u_i=f_i(\sigma)\quad(i=1,2,\cdots,N),\tag{2.3}$$

这里 $t(\sigma),x(\sigma),f_i(\sigma)$ 均为一阶连续可导的函数, $\sigma$ 为曲线 $C$ 的参数, 且 $[t'(\sigma)]^2+$

① 这里所有的讨论对于形如

$$\sum_{j=1}^{N}a_{ij}(x,y)\frac{\partial u_j}{\partial x}+\sum_{j=1}^{N}b_{ij}(x,y)\frac{\partial u_j}{\partial y}+\varPhi_i(x,y,u_1,u_2,\cdots,u_N)=0\quad(i=1,2,\cdots,N)$$

的方程组同样是适用的.

$[x'(\sigma)]^2 \neq 0$. 今试图利用 (2.3) 和 (2.1) 式来计算沿曲线 $C$ 的所有一阶偏导数 $\dfrac{\partial u_i}{\partial t}, \dfrac{\partial u_i}{\partial x}$ $(i = 1, 2, \cdots, N)$ 的数值. 由 (2.3) 式推出

$$\frac{\partial u_i}{\partial t} t'(\sigma) + \frac{\partial u_i}{\partial x} x'(\sigma) = f_i'(\sigma) \quad (i = 1, 2, \cdots, N). \tag{2.4}$$

利用 (2.1) 式替换 (2.4) 式中的 $\dfrac{\partial u_i}{\partial t}$, 可得 $\dfrac{\partial u_i}{\partial x}$ 的线性代数方程组, 其系数行列式为

$$\det\left(a_{ij} t'(\sigma) - \delta_{ij} x'(\sigma)\right).$$

由此可见, 如果沿曲线 $C$ 成立着

$$\det\left(a_{ij} t'(\sigma) - \delta_{ij} x'(\sigma)\right) \neq 0, \tag{2.5}$$

则一定能利用 (2.3) 和 (2.1) 式唯一地确定出沿曲线 $C$ 的一阶偏导数 $\dfrac{\partial u_i}{\partial t}, \dfrac{\partial u_i}{\partial x} (i = 1, 2, \cdots, N)$ 的值. 反之, 如果沿曲线 $C$ 成立着

$$\det\left(a_{ij} t'(\sigma) - \delta_{ij} x'(\sigma)\right) = 0 \tag{2.6}$$

或

$$\det\left(a_{ij} - \delta_{ij} \frac{\mathrm{d}x}{\mathrm{d}t}\right) = 0, \tag{2.7}$$

就不能利用 (2.3) 和 (2.1) 式唯一地确定出导数 $\dfrac{\partial u_i}{\partial t}, \dfrac{\partial u_i}{\partial x} (i = 1, 2, \cdots, N)$ 沿曲线 $C$ 的值. 因此 (2.7) 式就是曲线 $C$ 作为特征曲线所应满足的条件.

我们称 (2.7) 式为方程组 (2.1) 的**特征方程**, 把在一点 $(x, t)$ 满足 (2.7) 式的方向 $\dfrac{\mathrm{d}x}{\mathrm{d}t}$ 称为此点的**特征线方向**①. 因此, 如果给定一曲线, 其上每一点的切线方向都和此点的特征线方向一致, 这曲线就是特征线.

可以证明, 方程组 (2.1) 的特征线方向在未知函数的可逆变换下保持不变. 又在自变量的可逆坐标变换下, 方程组 (2.1) 在每一点的特征线方向也将变成变换后方程组在对应点的特征线方向. 这就是说, 特征线方向在未知函数可逆变换与自变量可逆变换下都具有不变性.

**2. 两个自变量的一阶线性偏微分方程组的分类** 利用特征线的概念可以对一阶偏微分方程组进行分类. 把特征方程 (2.7) 左端的 $\dfrac{\mathrm{d}x}{\mathrm{d}t}$ 改记为 $\lambda$, 就得到

$$\det\left(a_{ij} - \delta_{ij} \lambda\right) = 0, \tag{2.8}$$

及

$$\det\left(\boldsymbol{A} - \lambda \boldsymbol{I}\right) = 0. \tag{2.8$'$}$$

① 有的书上也称此为特征方向. 这里我们特别称此为特征线方向是为了避免与本书第四章 §2 中有关概念相混淆.

它是关于 $\lambda$ 的 $N$ 次代数方程. 如果在一区域 $G$ 中的每一点, 方程 (2.8) 都有 $N$ 个相异的实根, 从而在区域 $G$ 中的每一点都存在 $N$ 个两两相异的实特征线方向, 那么, 我们就称方程组 (2.1) 在此区域中为**严格双曲型方程组**. 如果在 $(x,t)$ 的某一区域内, 与方程组 (2.1) 相应的特征方程 (2.8) 有实根 $\lambda_1,\lambda_2,\cdots,\lambda_N$, 它们虽不一定两两互异, 但对应于这些特征根仍能找到 $N$ 个线性无关的特征向量. 这样的方程组称为**双曲型方程组**. 如果对在一区域 $G$ 中的每一点, 方程 (2.8) 都不存在任何实根, 从而在区域 $G$ 中每一点都不存在任何实特征线方向, 则称方程组 (2.1) 在此区域中为**椭圆型方程组**. 由于方程组 (2.1) 的解的弱间断曲线一定是特征曲线 (即弱间断沿特征线传播), 因此, 对于椭圆型方程组的解, 决不会存在实的弱间断曲线.

由于特征线方向在未知函数可逆变换与自变量可逆变换下都具有不变性, 方程组的类型也在上述两类变换下不变. 严格双曲型方程组与椭圆型方程组是最重要的两类一阶偏微分方程组, 对它们的研究相对来说也比较成熟. 但由于方程 (2.8) 的特征根 $\lambda$ 可能出现的情况较多 (例如有一部分实根、一部分复根, 或者出现实的重根等), 故在许多情形下一个一阶线性偏微分方程组并不属于上述两类, 此时也可根据需要另外划定一些类别进行研究.

我们还可以参照上述的分类方法对于两个自变量的一阶拟线性方程组进行分类. 这时 $a_{ij}$ 是 $x,t$ 和未知函数 $u_1,u_2,\cdots,u_N$ 的函数, 因而拟线性方程组的分类不仅与自变量所在的区域有关, 也与未知函数 $u_1,u_2,\cdots,u_N$ 的取值有关. 反之, 线性方程组在所考察的区域中属于双曲型还是椭圆型, 只决定于方程组中一阶偏导数前的系数在此区域中的数值, 而与未知函数在此区域中的数值无关.

**例 1** 考虑柯西 – 黎曼方程组

$$\begin{cases}\dfrac{\partial u}{\partial x}-\dfrac{\partial v}{\partial y}=0,\\[2mm]\dfrac{\partial v}{\partial x}+\dfrac{\partial u}{\partial y}=0.\end{cases}\tag{2.9}$$

它具有 (2.1) 式的形式, 其特征方程 (2.8) 为 $\lambda^2+1=0$, 由此推知方程组 (2.9) 是椭圆型的.

**例 2** 考虑一维的声学方程组

$$\begin{cases}\dfrac{\partial u}{\partial t}+\dfrac{c_0^2}{\rho_0}\dfrac{\partial \rho}{\partial x}=0,\\[2mm]\dfrac{\partial \rho}{\partial t}+\rho_0\dfrac{\partial u}{\partial x}=0,\end{cases}\tag{2.10}$$

其中 $u$ 和 $\rho$ 分别表示扰动后的质点速度及密度, 而 $\rho_0$ 和 $c_0$ 为正常数, 表示未受扰动时静止气体的密度和音速 ($c_0^2=p'(\rho_0)$).

其特征方程 (2.8) 为

$$\begin{vmatrix}\lambda & -\dfrac{c_0^2}{\rho_0}\\ -\rho_0 & \lambda\end{vmatrix}=\lambda^2-c_0^2=0.$$

由此推知, 方程组 (2.10) 是严格双曲型方程组, 其特征线方程为 $x \pm c_0 t =$常数, 过区域中的每一点均有两条特征线通过.

**3. 将严格双曲型方程组化为对角型** 下面我们着重讨论严格双曲型方程组, 它有较广泛的应用, 在数学处理上也比较简单, 有着较为完善的结果. 记方程 (2.8) 的 $N$ 个相异的实根为

$$\lambda_1, \lambda_2, \cdots, \lambda_N,$$

它们关于 $(x,t)$ 具有一阶连续导数, 且不妨假设成立着

$$\lambda_1(x,t) < \lambda_2(x,t) < \cdots < \lambda_N(x,t), \tag{2.11}$$

即设它们已按大小次序排列.

微分方程

$$\frac{\mathrm{d}x}{\mathrm{d}t} = \lambda_i(x,t) \quad (i = 1, 2, \cdots, N) \tag{2.12}$$

的积分曲线就是方程组 (2.1) 的特征曲线. 因此对严格双曲型方程组而言, 过区域中的每一点都有 $N$ 条不同的实特征曲线.

由于特征线方向互不重合, 对每个 $\lambda_k(k = 1, 2, \cdots, N)$, 矩阵 $(a_{ij} - \lambda_k \delta_{ij})$ 的秩为 $N-1$. 记方程组

$$\sum_{j=1}^{N} (a_{ij} - \lambda_k \delta_{ij}) r_k^{(j)} = 0 \quad (i = 1, 2, \cdots, N) \tag{2.13}$$

的非平凡解为 $(r_k^{(1)}, r_k^{(2)}, \cdots, r_k^{(N)})$, 这个解除一个因子以外是完全确定的. 记 $\boldsymbol{r}_k = (r_k^{(1)}, r_k^{(2)}, \cdots, r_k^{(N)})$, 它是对应于特征值 $\lambda_k$ 的 (右) 特征向量, 关于 $(x,t)$ 具有一阶连续导数. (2.13) 式又可简写为

$$\boldsymbol{A}\boldsymbol{r}_k = \lambda_k \boldsymbol{r}_k. \tag{2.14}$$

**引理 2.1** 若 $\lambda_k(k = 1, 2, \cdots, N)$ 是特征方程 (2.8) 的两两相异的实特征根, 则对应于它们的特征向量是线性无关的.

**证** 用反证法. 事实上, 若在某点 $\boldsymbol{r}_1, \boldsymbol{r}_2, \cdots, \boldsymbol{r}_N$ 线性相关, 则存在一组不全为零的常数 $c^1, c^2, \cdots, c^N$, 使得

$$\sum_{k=1}^{N} c^k \boldsymbol{r}_k = 0 \tag*{(2.15)$_1$}$$

在此点成立. 用 $\boldsymbol{A}$ 左乘上式, 并注意到 (2.14) 式, 就得到

$$\sum_{k=1}^{N} c^k \lambda_k \boldsymbol{r}_k = 0. \tag*{(2.15)$_2$}$$

同理可得

$$\sum_{k=1}^{N} c^k \lambda_k^2 \boldsymbol{r}_k = 0, \tag*{(2.15)$_3$}$$

$$\cdots,$$

$$\sum_{k=1}^{N} c^k \lambda_k^{N-1} \boldsymbol{r}_k = 0. \tag{2.15$_N$}$$

方程组 $(2.15)_1$—$(2.15)_N$ 均具有向量形式, 它的每一个分量均为零. 因此对每个固定的 $j$, 方程组 $(2.15)_1$—$(2.15)_N$ 的第 $j$ 个分量可以视为以

$$c^k r_k^{(j)} \quad (k = 1, 2, \cdots, N)$$

为变元的代数方程组, 其系数行列式为下列的范德蒙德 (Vandermonde) 行列式:

$$\begin{vmatrix} 1 & 1 & \cdots & 1 \\ \lambda_1 & \lambda_2 & \cdots & \lambda_N \\ \vdots & \vdots & & \vdots \\ \lambda_1^{N-1} & \lambda_2^{N-1} & \cdots & \lambda_N^{N-1} \end{vmatrix}.$$

由于所有的特征根两两互异, 这个行列式不等于零, 因此, 对任何 $j, k(j, k = 1, 2, \cdots, N)$ 成立

$$c^k r_k^{(j)} = 0.$$

但对任何固定的 $k, r_k^{(j)}(j = 1, 2, \cdots, N)$ 不会全部为零, 于是

$$c^k = 0 \quad (k = 1, 2, \cdots, N).$$

这和原先的假设矛盾. 引理证毕.

**引理 2.2** 若系数 $a_{ij}(i, j = 1, 2, \cdots, N)$ 为一阶连续可导函数的一阶线性偏微分方程组 (2.1) 是严格双曲型的, 则它必可通过未知函数的可逆线性变换化为**对角型方程组** (方程组的第 $i$ 个方程中只包含第 $i$ 个未知函数的偏导数).

**证** 由严格双曲型的定义知, 与该偏微分方程组相对应的特征方程 (2.8) 有两两互异的实特征根 $\lambda_k(k = 1, 2, \cdots, N)$, 并由引理 2.1 知, 对应于这些特征根的特征向量 $\boldsymbol{r}_1, \boldsymbol{r}_2, \cdots, \boldsymbol{r}_N$ 是线性无关的.

利用所引入的特征向量, 可以将方程组 (2.1)(或 (2.1)′) 化成较简单的形式. 事实上, 以 $\boldsymbol{R}$ 记由 $\boldsymbol{r}_1, \boldsymbol{r}_2, \cdots, \boldsymbol{r}_N$ 所组成的矩阵, 作未知函数的线性变换

$$\boldsymbol{U} = \boldsymbol{R}\boldsymbol{V}, \tag{2.16}$$

由 (2.1)′ 式可得

$$\boldsymbol{R}\frac{\partial \boldsymbol{V}}{\partial t} + \boldsymbol{A}\boldsymbol{R}\frac{\partial \boldsymbol{V}}{\partial x} + \left(\frac{\partial \boldsymbol{R}}{\partial t} + \boldsymbol{A}\frac{\partial \boldsymbol{R}}{\partial x} + \boldsymbol{B}\boldsymbol{R}\right)\boldsymbol{V} + \boldsymbol{C} = \boldsymbol{0}.$$

利用 (2.14) 式可得

$$\boldsymbol{R}\frac{\partial \boldsymbol{V}}{\partial t} + \boldsymbol{R}\boldsymbol{\Lambda}\frac{\partial \boldsymbol{V}}{\partial x} + \left(\frac{\partial \boldsymbol{R}}{\partial t} + \boldsymbol{A}\frac{\partial \boldsymbol{R}}{\partial x} + \boldsymbol{B}\boldsymbol{R}\right)\boldsymbol{V} + \boldsymbol{C} = \boldsymbol{0}, \tag{2.17}$$

其中 $\boldsymbol{\Lambda}$ 是以 $\lambda_1, \lambda_2, \cdots, \lambda_N$ 为元素的对角矩阵 $\mathrm{diag}(\lambda_1, \lambda_2, \cdots, \lambda_N)$. 在 (2.17) 式两端左乘 $\boldsymbol{R}^{-1}$, 即得

$$\frac{\partial \boldsymbol{V}}{\partial t} + \boldsymbol{\Lambda}\frac{\partial \boldsymbol{V}}{\partial x} + \widetilde{\boldsymbol{B}}\boldsymbol{V} + \widetilde{\boldsymbol{C}} = \boldsymbol{0}, \tag{2.18}$$

其中 $\widetilde{\boldsymbol{B}} = \boldsymbol{R}^{-1}\left(\dfrac{\partial \boldsymbol{R}}{\partial t} + \boldsymbol{\Lambda}\dfrac{\partial \boldsymbol{R}}{\partial x} + \boldsymbol{B}\boldsymbol{R}\right)$, $\widetilde{\boldsymbol{C}} = \boldsymbol{R}^{-1}\boldsymbol{C}$. (2.18) 式也可写成如下的形式:

$$\frac{\partial V_i}{\partial t} + \lambda_i(x,t)\frac{\partial V_i}{\partial x} = \sum_{j=1}^{N}\alpha_{ij}(x,t)V_j + \beta_i(x,t) \quad (i = 1, 2, \cdots, N), \tag{2.19}$$

其中 $\alpha_{ij}(x,t), \beta_i(x,t)$ 为 $x, t$ 的给定函数.

方程组 (2.19) 的第 $i$ 个方程中只包含第 $i$ 个未知函数 $V_i$ 沿第 $i$ 个特征线方向 $\dfrac{\mathrm{d}x}{\mathrm{d}t} = \lambda_i$ 的方向导数. 它是线性对角型方程组. 引理证毕.

这样, 我们看到, 对于线性严格双曲型方程组恒能通过未知函数的可逆线性变换化为形如 (2.19) 式的线性对角型方程组来考虑. 因而以下 §3 及 §4 中的讨论, 都是对线性对角型方程组进行的.

对于一般的双曲型方程组, 由于其具有和未知函数个数相同数量且线性无关的特征向量, 仍可以用引理 2.2 中的方法化成对角型方程组.

**例 3** 对于前面考察过的方程组 (2.10), 对应于特征线方向 $\dfrac{\mathrm{d}x}{\mathrm{d}t} = c_0$ 的特征向量可取为 $(c_0, \rho_0)^{\mathrm{T}}$, 对应于特征线方向 $\dfrac{\mathrm{d}x}{\mathrm{d}t} = -c_0$ 的特征向量可取为 $(c_0, -\rho_0)^{\mathrm{T}}$, 此时通过未知函数的下述线性变换 (请自行验证, 并考察它与 (2.16) 式的关系):

$$\begin{aligned} v_1 &= \rho_0 u + c_0\rho, \\ v_2 &= \rho_0 u - c_0\rho, \end{aligned}$$

就可将方程组 (2.10) 化为对角型方程组:

$$\begin{cases} \dfrac{\partial v_1}{\partial t} + c_0\dfrac{\partial v_1}{\partial x} = 0, \\ \dfrac{\partial v_2}{\partial t} - c_0\dfrac{\partial v_2}{\partial x} = 0. \end{cases} \tag{2.20}$$

这说明沿特征线 $x - c_0 t =$常数及 $x + c_0 t =$常数, 函数 $v_1$ 及 $v_2$ 分别等于常数值. 因此, 当给定 $t = 0$ 时 $u$ 和 $\rho$ (从而 $v_1$ 及 $v_2$) 的数值后, 我们就能立即确定方程组 (2.10) 在 $t > 0$ 时的解.

## 习 题

1. 求一阶方程

(1) $\frac{\partial u}{\partial t}+a(x,t)\frac{\partial u}{\partial x}+b(x,t)u+c(x,t)=0;$

(2) $\frac{\partial u}{\partial t}+a(x,t)\frac{\partial u}{\partial x}+b(x,t,u)=0$

的特征线和解沿特征线应成立的关系式.

2. 求下列一阶方程带初始条件 $u|_{t=0}=\varphi(x)$ 的柯西问题的解:

(1) $\frac{\partial u}{\partial t}+\frac{\partial u}{\partial x}=0;$　　(2) $\frac{\partial u}{\partial t}+\frac{\partial u}{\partial x}=u.$

3. 判断方程组

$$\frac{\partial u_1}{\partial t}=a(x,t)\frac{\partial u_1}{\partial x}-b(x,t)\frac{\partial u_2}{\partial x}+f_1,$$

$$\frac{\partial u_2}{\partial t}=b(x,t)\frac{\partial u_1}{\partial x}+a(x,t)\frac{\partial u_2}{\partial x}+f_2$$

属于何种类型.

4. 将下列各方程组化为对角型方程组:

(1) $\begin{cases}\frac{\partial u}{\partial t}+(1+\sin x)\frac{\partial u}{\partial x}+2\frac{\partial v}{\partial x}+x=0,\\ \frac{\partial v}{\partial t}+u=0;\end{cases}$　　(2) $\begin{cases}\frac{\partial u}{\partial t}=x\frac{\partial u}{\partial x}+\frac{\partial v}{\partial x},\\ \frac{\partial v}{\partial t}=a^2\frac{\partial u}{\partial x}+x\frac{\partial v}{\partial x}\quad(a>0);\end{cases}$

(3) $\begin{cases}\frac{\partial u_1}{\partial t}+6\frac{\partial u_1}{\partial x}+5\frac{\partial u_2}{\partial x}=0,\\ \frac{\partial u_2}{\partial t}+5\frac{\partial u_1}{\partial x}+6\frac{\partial u_2}{\partial x}=2u_1,\\ 3\frac{\partial u_3}{\partial t}+6\frac{\partial u_3}{\partial x}-3\frac{\partial u_1}{\partial x}=2u_2+3u_3-3u_1.\end{cases}$

5. 证明: 经过未知函数的任何实系数的可逆线性变换, 方程组 (2.1) 在每一点的特征线方向 (或特征曲线) 保持不变, 因此也不会改变方程组 (2.1) 所属的类型.

6. 证明: 方程组 (2.1) 在每一点的特征线方向 (或特征曲线) 经过自变量的任何可逆变换后就变成变换后方程组在对应点的特征线方向 (或特征曲线), 即特征线方向 (或特征曲线) 对可逆坐标变换具有不变性.

7. 证明: 对于两个未知函数的任何线性椭圆型方程组, 都可能通过未知函数的实系数的可逆线性变换, 化为下面的形式:

$$\frac{\partial V_1}{\partial t}=a\frac{\partial V_1}{\partial x}-b\frac{\partial V_2}{\partial x}+f_1,$$

$$\frac{\partial V_2}{\partial t}=b\frac{\partial V_1}{\partial x}+a\frac{\partial V_2}{\partial x}+f_2,$$

其中 $a,b$ 为 $x,t$ 的函数, 且 $b\neq 0$, 而 $f_1,f_2$ 为未知函数的线性函数.

## §3　两个自变量的线性双曲型方程组的柯西问题

**1. 化为积分方程组**　本节讨论对角型方程组

$$\frac{\partial V_i}{\partial t}+\lambda_i(x,t)\frac{\partial V_i}{\partial x}=\sum_{j=1}^{N}\alpha_{ij}(x,t)V_j+\beta_i(x,t)\quad(i=1,2,\cdots,N)\tag{3.1}$$

带初始条件

$$V_i(x,0)=\varphi_i(x) \quad (i=1,2,\cdots,N) \tag{3.2}$$

的柯西问题，并证明这个定解问题的适定性. 如上节所说，两个自变量的线性双曲型方程组都可化成对角型方程组，因而本节的结论也适用于一般形式的线性双曲型方程组.

假定在整个所考虑的区域内所有的特征值都不相同，并且满足

$$\lambda_1(x,t)<\lambda_2(x,t)<\cdots<\lambda_N(x,t), \tag{3.3}$$

则在这区域中的每一点都有 $N$ 条实特征曲线 $L_i(i=1,2,\cdots,N)$ 通过，它们分别由微分方程

$$\frac{\mathrm{d}x}{\mathrm{d}t}=\lambda_i(x,t) \quad (i=1,2,\cdots,N) \tag{3.4}$$

所确定.

假定初始条件 (3.2) 给定在 $x$ 轴的区间 $[a,b]$ 上. 经过点 $a$ 作特征线 $L_N$，经过点 $b$ 作特征线 $L_1$，它们和直线 $t=0$ 和直线 $t=T$ 围成一区域 $G$ (参看图 5.1). 假设在闭区域 $\overline{G}$ 上，函数 $\alpha_{ij},\beta_i$ 和 $\lambda_i(i,j=1,2,\cdots,N)$ 都连续，且有连续的一阶偏导数；在闭区间 $[a,b]$ 上函数 $\varphi_i(x)(i=1,2,\cdots,N)$ 也都连续可导. 在这样的条件下我们要证明方程组 (3.1) 带初始条件 (3.2) 的柯西问题在区域 $G$ 上的解是存在、唯一和稳定的，即证明：能找到方程组 (3.1) 在 $\overline{G}$ 上唯一的连续解 $V_i=V_i(t,x)(i=1,2,\cdots,N)$，它们在 $\overline{G}$ 上有连续的一阶偏导数，当 $t=0$ 时满足初始条件 (3.2)，并且连续地依赖于初始条件.

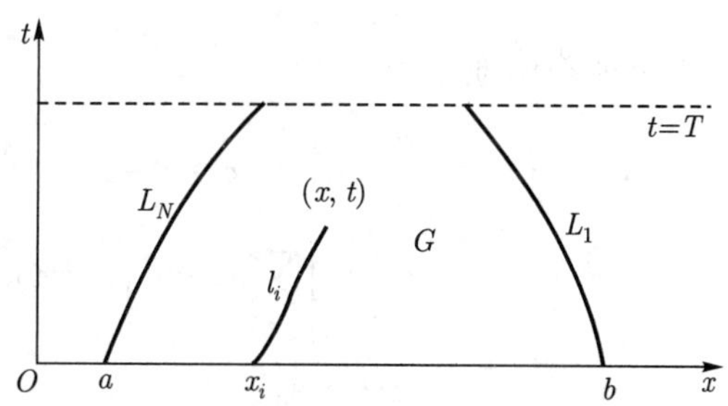

图 5.1

首先，从区域 $G$ 的作法中就可以看出它有如下的性质：通过 $\overline{G}$ 上的任何一点 $(x,t)$ 向下所作的任一条特征线在达到下底 ($x$ 轴上的区间 $[a,b]$) 以前，决不会越出区域 $\overline{G}$.

在区域 $\overline{G}$ 上任意给定一点 $(x,t)$，通过它向下作第 $i$ 条特征线 $L_i$，设此特征线和 $x$ 轴上闭区间 $[a,b]$ 的交点为 $(x_i,0)$，并以 $l_i$ 表示特征线 $L_i$ 上点 $(x,t)$ 和点 $(x_i,0)$ 之间的那一段曲线 (参看图 5.1).

我们注意到方程组 (3.1) 的第 $i$ 个方程，其左端就是函数 $V_i$ 沿曲线 $L_i$ 对 $t$ 的方向导数，把它沿弧段 $l_i$ 由点 $(x_i,0)$ 到点 $(x,t)$ 对 $t$ 积分，就得到

$$V_i(x,t)-V_i(x_i,0)=\int_{l_i}\left(\sum_{j=1}^{N}\alpha_{ij}V_j+\beta_i\right)\mathrm{d}\tau \quad (i=1,2,\cdots,N), \tag{3.5}$$

再注意到初始条件 (3.2)，就得到积分方程组

$$V_i(x,t)=\varphi_i(x_i)+\int_{l_i}\left(\sum_{j=1}^{N}\alpha_{ij}V_j+\beta_i\right)\mathrm{d}\tau \quad (i=1,2,\cdots,N). \tag{3.6}$$

显然, 方程组 (3.1) 的每个满足初始条件 (3.2) 的经典解, 都是积分方程组 (3.6) 的解. 反之, 如果积分方程组 (3.6) 有解, 并且组成这解的函数有关于 $x$ 和 $t$ 的连续偏导数, 那么施行将 (3.1) 化为 (3.6) 的相反的步骤, 就可以知道方程组 (3.6) 的这个解是原先所提出的柯西问题的解. 这样一来, 问题就化为对积分方程组 (3.6) 的讨论.

**2. 柯西问题解的存在性与唯一性** 现在我们来证明积分方程组 (3.6) 的解的存在性与唯一性, 由此立刻得到柯西问题 (3.1)—(3.2) 解的存在性与唯一性. 积分方程组 (3.6) 是沃尔泰拉 (Volterra) 型方程组, 它的连续解的存在性容易由常用的逐次逼近法得到. 令

$$V_i^{(0)}(x,t)=\varphi_i(x_i)\quad (i=1,2,\cdots,N),$$

并对 $n\geqslant 0$ 定义

$$V_i^{(n+1)}(x,t)=\varphi_i(x_i)+\int_{l_i}\left[\sum_{j=1}^N\alpha_{ij}V_j^{(n)}+\beta_i\right]\mathrm{d}\tau\quad (i=1,2,\cdots,N;\quad n=0,1,2,\cdots),$$

或更加确切地写为

$$\begin{aligned}V_i^{(n+1)}(x,t)=&\ \varphi_i(x_i(0;x,t))+\\&\int_0^t\left[\sum_{j=1}^N\alpha_{ij}(x_i(\tau;x,t),\tau)V_j^{(n)}(x_i(\tau;x,t),\tau)+\beta_i(x_i(\tau;x,t),\tau)\right]\mathrm{d}\tau\\&(i=1,2,\cdots,N),\end{aligned}\tag{3.7}$$

这里, $x=x_i(t;x^0,t^0)$ 表示经过点 $(x^0,t^0)$ 的第 $i$ 条特征线 $L_i$.

这样就得到了函数组序列

$$\{V_i^{(n)}(x,t)\}\quad (i=1,2,\cdots,N;\quad n=0,1,2,\cdots).$$

如果我们能证明此序列在闭区域 $\overline{G}$ 上的一致收敛, 那么极限函数组

$$V_i(x,t)\quad (i=1,2,\cdots,N)$$

就满足方程组 (3.6). 这相当于要证明级数

$$V_i^{(0)}(x,t)+\sum_{n=0}^{\infty}[V_i^{(n+1)}(x,t)-V_i^{(n)}(x,t)]\quad (i=1,2,\cdots,N)\tag{3.8}$$

在 $\overline{G}$ 上一致收敛. 下面我们就来证明这一点.

因为函数 $V_i^{(0)}(x,t)$ 和 $V_i^{(1)}(x,t)(i=1,2,\cdots,N)$ 在闭区域 $\overline{G}$ 上连续, 所以它们在此闭区域上有界. 记

$$\begin{aligned}M=&\max_{(x,t)\in\overline{G}}\left(|V_1^{(0)}|,|V_2^{(0)}|,\cdots,|V_N^{(0)}|,|V_1^{(1)}|,|V_2^{(1)}|,\cdots,|V_N^{(1)}|\right),\\A=&\max_{\substack{(x,t)\in\overline{G}\\(i,j=1,2,\cdots,N)}}|\alpha_{ij}|.\end{aligned}$$

在区域 $\overline{G}$ 上对 $i=1,2,\cdots,N$ 就成立

$$|V_i^{(1)}(x,t)-V_i^{(0)}(x,t)|\leqslant 2M,$$

$$|V_i^{(2)}(x,t)-V_i^{(1)}(x,t)|\leqslant\int_{l_i}\sum_{j=1}^{N}|\alpha_{ij}|\cdot|V_j^{(1)}-V_j^{(0)}|\mathrm{d}t\leqslant 2MANt,\ \cdots,$$

现在假定

$$|V_i^{(n)}(x,t)-V_i^{(n-1)}(x,t)|\leqslant 2M\frac{(ANt)^{n-1}}{(n-1)!}$$

成立, 则

$$|V_i^{(n+1)}(x,t)-V_i^{(n)}(x,t)|\leqslant\int_{l_i}\sum_{j=1}^{N}|\alpha_{ij}|\cdot|V_j^{(n)}-V_j^{(n-1)}|\mathrm{d}t\leqslant 2M\frac{(ANt)^n}{n!},$$

于是根据数学归纳法, 对于任何 $n$ 都有

$$|V_i^{(n+1)}(x,t)-V_i^{(n)}(x,t)|\leqslant 2M\frac{(ANt)^n}{n!}\quad(i=1,2,\cdots,N).$$

因为区域 $\overline{G}$ 是有界的, 在取定一个大于这个区域内一切 $t$ 值的定值 $T_0$ 后, 在整个区域 $\overline{G}$ 上就有

$$|V_i^{(n+1)}(x,t)-V_i^{(n)}(x,t)|\leqslant 2M\frac{(ANT_0)^n}{n!}\quad(i=1,2,\cdots,N).$$

但数项级数 $\sum\dfrac{(ANT_0)^n}{n!}$ 是收敛的, 所以级数 (3.8) 在整个闭区域 $\overline{G}$ 上为一致收敛. 这就证明了方程组 (3.6) 的解存在且连续.

现在证明方程组 (3.6) 在 $\overline{G}$ 上的连续解 (从而是一个有界解) 的唯一性. 假定方程组 (3.6) 有两个这样的解

$$V_1,V_2,\cdots,V_N\quad 和\quad \widetilde{V}_1,\widetilde{V}_2,\cdots,\widetilde{V}_N.$$

将这两个解代入该方程组中, 并由前者减去后者, 就得到

$$V_i(x,t)-\widetilde{V}_i(x,t)=\int_{l_i}\sum_{i,j=1}^{N}\alpha_{ij}(V_j-\widetilde{V}_j)\mathrm{d}t\quad(i=1,2,\cdots,N).$$

现在假定

$$\max_{\substack{(x,t)\in\overline{G}\\(i=1,2,\cdots,N)}}|V_i(x,t)-\widetilde{V}_i(x,t)|=M_1>0.$$

重复使用证明方程组 (3.6) 的解存在时所用的方法可知, 对于任何 $n$ 成立

$$M_1\leqslant M_1\frac{(ANT_0)^n}{n!},$$

当 $n$ 充分大时, 就导致矛盾, 所以必须有 $M_1=0$, 因而在 $\overline{G}$ 上成立

$$V_i(x,t)\equiv\widetilde{V}_i(x,t)\quad(i=1,2,\cdots,N),$$

即解是唯一的. 这也说明了方程组 (3.1) 带初始条件 (3.2) 的柯西问题的解是唯一的.

要完成方程组 (3.1) 带初始条件 (3.2) 的柯西问题经典解的存在性的证明, 还需要证明所求出的这些函数 $V_i(x,t)$ 有关于 $x$ 和 $t$ 的连续一阶偏导数. 这只需证明 $V_i(x,t)$ 在每一点有沿 $l_i$ 的连续的一阶方向导数和关于 $x$ 的连续的一阶偏导数, 因为由此并利用 $l_i$ 的光滑性, 就可以推出 $V_i(x,t)$ 关于 $x$ 和 $t$ 的偏导数在整个区域 $\overline{G}$ 上都是连续的.

函数 $V_i(x,t)$ 沿 $l_i$ 的方向导数的存在及连续性, 可以直接从方程组 (3.6) 及所得解的连续性推出. 为了证明偏导数 $\dfrac{\partial V_i}{\partial x}$ 的存在及连续性, 首先注意, 在函数 $\lambda_i(x,t)$ 为连续可导的假设下, 特征线 $l_i$ 与直线 $t=\tau$ 的交点坐标 $x_i = x_i(\tau_i;x,t)$ 也关于 $x,t$ 为连续可导的. 于是, 前面在证明方程组 (3.6) 的解存在时所作的各近似式都有对 $x$ 的连续偏导数. 将 (3.7) 式的两端对 $x$ 求导数, 就得到

$$\begin{aligned}\frac{\partial V_i^{(n+1)}(x,t)}{\partial x} = {} & \varphi_i'(x_i(0;x,t))\frac{\partial x_i(0;x,t)}{\partial x} + \\ & \int_0^t \left[\sum_{j=1}^N \frac{\partial \alpha_{ij}(x_i(\tau;x,t),\tau)}{\partial x_i} V_j^{(n)}(x_i(\tau;x,t),\tau) + \right. \\ & \sum_{j=1}^N \alpha_{ij}(x_i(\tau;x,t),\tau)\frac{\partial V_j^{(n)}(x_i(\tau;x,t),\tau)}{\partial x_i} + \\ & \left.\frac{\partial \beta_i(x_i(\tau;x,t),\tau)}{\partial x_i}\right]\frac{\partial x_i(\tau;x,t)}{\partial x}\mathrm{d}\tau \quad (i=1,2,\cdots,N). \end{aligned} \tag{3.9}$$

由此由数学归纳法可知, 函数序列 $\left\{\dfrac{\partial V_i^{(n)}}{\partial x}\right\}(i=1,2,\cdots,N;n=0,1,2,\cdots)$ 在 $\overline{G}$ 上连续. 此外, 根据对方程组 (3.1) 所作的假定, 利用上面证明 $\{V_i^{(n)}\}$ 一致收敛的方法 (在进行估计时只需把常数加以修改), 就可以证明函数序列

$$\left\{\frac{\partial V_i^{(n)}}{\partial x}\right\} \quad (i=1,2,\cdots,N;\quad n=0,1,2,\cdots)$$

的一致收敛性, 其极限函数就是 $\dfrac{\partial V_i}{\partial x}$. 于是得知 $\dfrac{\partial V_i}{\partial x}$ 连续. 这就是所要证明的.

**3. 对初始条件的连续依赖性** 我们还可以进一步证明所提柯西问题的解对初始条件的连续依赖性, 即证明: 如果柯西问题的初始函数 $\varphi_i(x)$ 用 $\overline{\varphi}_i(x)$ 来代替, 使 $\max\limits_i|\varphi_i(x)-\overline{\varphi}_i(x)|<\eta$, 那么以 $\overline{\varphi}_i(x)$ 为初始函数的柯西问题的解 $\overline{V}_i(x,t)$ 与以 $\varphi_i(x)$ 为初始函数的柯西问题的解 $V_i(x,t)$ 之差, 就会小于 $C\eta$, 其中 $C$ 是一个与 $\eta$ 无关的正常数.

事实上, 令

$$\begin{cases}\varphi_i(x)-\overline{\varphi}_i(x)=\eta_i(x), \\ V_i(x,t)-\overline{V}_i(x,t)=Z_i(x,t),\end{cases} \tag{3.10}$$

则函数 $Z_i(x,t)$ 满足积分方程组

$$Z_i(x,t)=\eta_i(x_i)+\int_{l_i}\sum_{j=1}^{N}\alpha_{ij}Z_j\mathrm{d}\tau \quad (i=1,2,\cdots,N). \tag{3.11}$$

记

$$\max_{\substack{(x,t)\in\overline{G}\\(i=1,2,\cdots,N)}}|Z_i(x,t)|=\varepsilon.$$

重复使用在上一小节中证明解的存在性时所用的方法, 就可以依次得到

$$|Z_i(x,t)|\leqslant\eta+A\varepsilon Nt,$$
$$|Z_i(x,t)|\leqslant\eta(1+ANt)+\varepsilon\frac{A^2N^2t^2}{2!},\cdots,$$
$$|Z_i(x,t)|\leqslant\eta\left[1+ANt+\cdots+\frac{(ANt)^{n-1}}{(n-1)!}\right]+\varepsilon\frac{(ANt)^n}{n!}.$$

令 $n\to\infty$, 就有

$$\varepsilon\leqslant\eta\mathrm{e}^{ANT_0},$$

而 $\mathrm{e}^{ANT_0}$ 是一个与 $\eta$ 无关的正常数, 这就得到所需之结论.

综合前面的讨论, 可以得到柯西问题 (3.1)—(3.2) 的适定性, 即

**定理 3.1** 设方程组 (3.1) 的系数在 §3 第 1 小节所述的闭区域 $\overline{G}$ 上连续可导, 初始资料 $\varphi_i(x)(i=1,2,\cdots,N)$ 在 $[a,b]$ 上连续可导, 则柯西问题 (3.1)—(3.2) 在 $\overline{G}$ 上存在唯一的具有连续一阶偏导数的解 $V_1(x,t),V_2(x,t),\cdots,V_N(x,t)$, 且在初始资料的扰动 (按函数最大值的意义) 小于 $\eta$ 时, 解在 $\overline{G}$ 上的扰动小于 $C\eta$, 其中 $C$ 为一个只依赖于 $T$ 和方程组的系数的正常数.

**4. 依赖区间、决定区域与影响区域** 从证明方程组 (3.1) 的柯西问题解的存在性和唯一性过程中可以看出, 解在区域 $\overline{G}$ 上任一点 $M(x,t)$ 的数值由 $x$ 轴上点 $A(x_N(0;x,t),0)$ 和 $B(x_1(0;x,t),0)$ 间线段上的初始值所唯一确定, 在此线段外的初始值不论如何改变, 对解在此点的值毫无影响. 我们称线段 $AB$ 为点 $M$ 的**依赖区间** (参见图 5.2). 由此也可以看出, 如果方程组 (3.1) 有两个解 $V_i(x,t)$ 和 $\widetilde{V}_i(x,t)(i=1,2,\cdots,N)$, 它们在 $x$ 轴的区间 $AB$ 上有相同的初始条件, 则它们在如图 5.3 所示的区域 $G_2$ 上完全相同, 这区域由区间 $AB$ 及过点 $A$ 的特征线 $L_N$ 和过点 $B$ 的特征线 $L_1$ 所界定, 称为区间 $AB$ 的**决定区域**. 此外, 如果对柯西问题 (3.1)—(3.2) 的解 $V_i(x,t)(i=1,2,\cdots,N)$, 改变它在 $x$ 轴的区间 $AB$ 上的初始条件, 而区间 $AB$ 之外的初始条件不予改变, 那么解只是在如图 5.4 所示的区域 $G_3$ 上发生变化, 这区域由区间 $AB$ 及过点 $A$ 的特征线 $L_1$ 和过点 $B$ 的特征线 $L_N$ 所界定, 称为区间 $AB$ 的**影响区域**. 特别, 点 $A$ 的影响区域是如图 5.5 所示的区域 $G_4$, 它由过点 $A$ 的特征线 $L_1$ 和 $L_N$ 所界定.

如果将自变量 $t$ 视为时间, 上面的事实使我们更容易理解扰动是沿着特征线传播的.

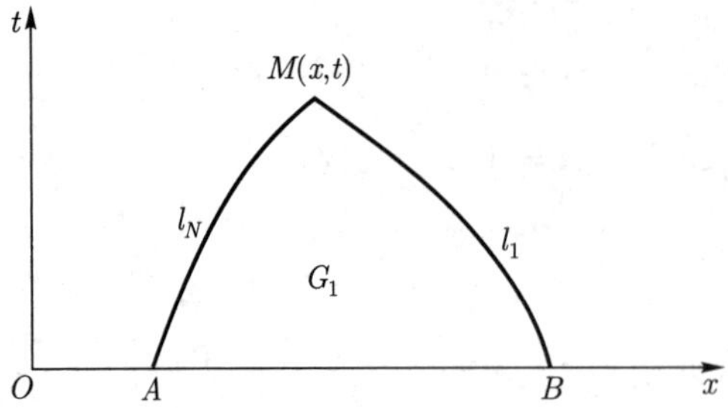


图 5.2

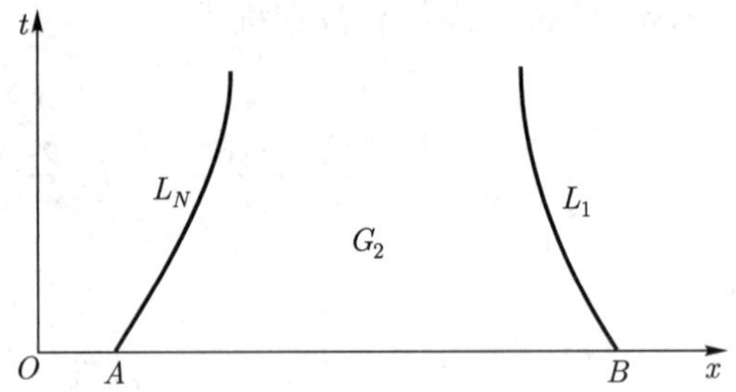


图 5.3

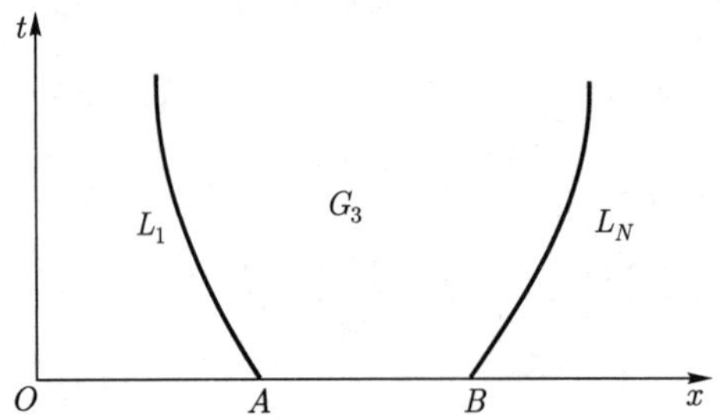


图 5.4

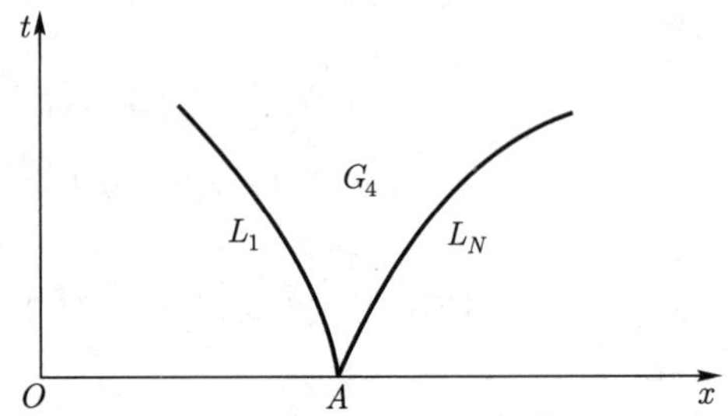


图 5.5

## 扩 展 阅 读

**关于柯西问题提法正确性的说明**　从上面我们已看到, 双曲型方程组柯西问题的解不仅存在和唯一, 而且具有对初始条件的连续依赖性. 为了使所提的柯西问题能正确反映某一自然现象的规律, 即为了保证柯西问题提法的正确性, 这些要求是必需的.

现在我们要指出, 一般说来, 只限于对某些特殊类型的方程组 (如双曲型方程组) 才能保证柯西问题提法的正确性.

以常系数一阶线性方程组

$$\frac{\partial u_k}{\partial t}+\sum_{j=1}^{N}A_{kj}\frac{\partial u_j}{\partial x}=0\quad(k=1,2,\cdots,N)\tag{3.12}$$

为例. 我们证明, 如果方程组 (3.12) 的特征方程

$$\det\left(A_{kj}-\lambda\delta_{kj}\right)=0$$

有一个复根 $\lambda=a+\mathrm{i}b$, 那么对方程组 (3.12) 就不能保证柯西问题提法的正确性. 因此, 为保证问题提法的正确性, 必须要求特征方程的所有的根都是实根.

为了说明这一点, 不妨假设 $b>0$. 考察方程组 (3.12) 下列形式的特解:

$$u_k=\xi_k\mathrm{e}^{\mathrm{i}(\nu t+\mu x)}\quad(k=1,2,\cdots,N),\tag{3.13}$$

其中 $\mu$ 为大于零的某个实数, $\xi_k$ 和 $\nu$ 都是某些待定常数. 把 (3.13) 式代入方程组 (3.12)

后, 我们看到, $-\dfrac{\nu}{\mu}$ 必须是特征方程的根. 今取 $\nu,\mu$ 使得 $-\dfrac{\nu}{\mu}=a+\mathrm{i}b$, 而 $(\xi_1,\xi_2,\cdots,\xi_N)$ 为相应的特征向量 (它可以相差一个常数因子), 则 (3.13) 式就是方程组 (3.12) 的解. 今将此解写为

$$u_k=\xi_k\mathrm{e}^{\mathrm{i}\mu(x-at)}\mathrm{e}^{\mu bt}\quad(k=1,2,\cdots,N).\tag{3.14}$$

在 $t=0$ 时它取值

$$u_k\big|_{t=0}=\xi_k\mathrm{e}^{\mathrm{i}\mu x}\quad(k=1,2,\cdots,N);\tag{3.15}$$

而在 $t=t_0>0$ 处的数值为

$$u_k\big|_{t=t_0}=\xi_k\mathrm{e}^{\mathrm{i}\mu(x-at_0)}\mathrm{e}^{\mu bt_0}\quad(k=1,2,\cdots,N).\tag{3.16}$$

如果把 (3.15) 式作为初始条件, 只要振幅 $\max(|\xi_1|,|\xi_2|,\cdots,|\xi_N|)$ 取得很小, 则不论其振动频率 $\mu$ 多么大, 总可以使初始条件 (3.15) 的数值充分小. 但此时解在任何 $t=t_0>0$ 处的数值 (3.16) 却可以任意大, 这是因为它的振幅增大了 $\mathrm{e}^{\mu bt_0}$ 倍, 而 $\mu$ 又可取得任意大的缘故. 它说明, 这时柯西问题的解并不稳定.

从上面的讨论就可以看到, 为什么我们只限于讨论双曲型方程组的柯西问题了.

## 习　题

1. 给定一阶偏微分方程组

$$\begin{cases}\dfrac{\partial u}{\partial t}+\dfrac{\partial u}{\partial x}=v,\\[2mm] \dfrac{\partial v}{\partial t}-\dfrac{\partial v}{\partial x}=u\end{cases}$$

满足初始条件 $(u,v)\big|_{t=0}=(1,0)$ 的柯西问题, 试用逐次逼近法求此柯西问题的解. 其中初次近似解可取为

$$(u^{(0)}(t,x),v^{(0)}(t,x))=(1,0).$$

2. 对第 1 题中的方程组, 若将初始条件改为

$$(u,v)\big|_{t=0}=(\sin x,\cos x),$$

试用逐次逼近法求此柯西问题的解, 其初次近似解可取为

$$(u^{(0)}(t,x),v^{(0)}(t,x))=(\sin x,\cos x).$$

3. 求解柯西问题:

$$\begin{cases}\dfrac{\partial u}{\partial t}-\dfrac{\partial u}{\partial x}=(x+t)v,\\[2mm] \dfrac{\partial v}{\partial t}+\dfrac{\partial v}{\partial x}+(x+t)u=0;\end{cases}$$
$$t=0:u=0,v=1.$$

4. 证明用 (3.9) 式表示的函数序列 $\left\{\dfrac{\partial V_i^{(n)}}{\partial x}\right\}(i=1,2,\cdots,N;n=0,1,2,\cdots)$ 在区域 $\overline{G}$ 上的一致收敛性.

5. 设 $V_i(x,t)(i=1,2,\cdots,N)$ 是方程组 (3.1) 带初始条件 (3.2) 的柯西问题在区域 $\overline{G}$ 上的解,且设

$$\varphi_0=\max_{\substack{(x,t)\in\overline{G}\\(i=1,2,\cdots,N)}}|\varphi_i(x)|,\quad \alpha=\max_{\substack{(x,t)\in\overline{G}\\(i=1,2,\cdots,N)}}\sum_{j=1}^{n}|\alpha_{ij}(x,t)|,$$

$$\beta(\tau)=\max_{\substack{t=\tau,(x,t)\in\overline{G}\\(i=1,2,\cdots,N)}}|\beta_i(x,t)|,$$

证明在区域 $\overline{G}$ 上成立着下面的估计式 (哈尔 (Haar) 估计式)

$$|V_i(x,t)|\leqslant\varphi_0\mathrm{e}^{\alpha t}+\int_0^t\beta(\tau)\mathrm{e}^{\alpha(t-\tau)}\mathrm{d}\tau\quad(i=1,2,\cdots,N),$$

并利用此估计式证明柯西问题 (3.1)—(3.2) 解的唯一性和对初始条件的连续依赖性.

## §4 两个自变量的线性双曲型方程组的其他定解问题

在实际应用中还会遇到双曲型方程组一些其他类型的定解问题. 这些定解问题的提法与特征分布密切相关. 它们的适定性可用类似上节的方法解决.

讨论具有以下形式的含两个未知函数的线性对角型方程组

$$\begin{cases}\dfrac{\partial u}{\partial t}+\lambda_1\dfrac{\partial u}{\partial x}=a_1u+b_1v+c_1,\\[2mm]\dfrac{\partial v}{\partial t}+\lambda_2\dfrac{\partial v}{\partial x}=a_2u+b_2v+c_2,\end{cases}\tag{4.1}$$

其中假定 $\lambda_1<\lambda_2$. 这时 $(x,t)$ 平面上有两族特征线, 并规定特征线的正方向是指向 $t$ 的增加方向. 现在, 我们把平面上的非特征方向分为两类: 过一点 $(x,t)$ 的一个方向 $(\alpha_1,\alpha_2)$, 如果其本身或它的负方向介于过此点的两个正特征方向之间, 则称为**时向**的, 否则称为**空向**的 (参见图 5.6). 特别当 $\lambda_1$ 与 $\lambda_2$ 的符号不同时, $t$ 轴的方向为时向的, $x$ 轴的方向为空向的. 一曲线若其每一点的切线方向都是空向的, 则称它为**空向曲线**; 一曲线若其每一点的切线方向都是时向的, 则称它为**时向曲线**.

下面简单介绍几种常见的定解问题的提法及求解方法.

**1. 广义柯西问题** 设在 $(x,t)$ 平面上给出一条处处不与特征方向相切的空向曲线段 $\overset{\frown}{AB}$, 并在 $\overset{\frown}{AB}$ 上给定函数 $u,v$ 的数值, 求在 $\overset{\frown}{AB}$ 一侧方程组 (4.1) 的解.

过点 $A$ 作特征线 $L_2$, 过点 $B$ 作特征线 $L_1$, 我们要在由 $\overset{\frown}{AB},L_1,L_2$ 所围成的区域 $G$ 上求方程组 (4.1) 的解 $(u(x,t),v(x,t))$, 使它们在 $\overset{\frown}{AB}$ 弧上取已给的数值 (参见图 5.7).

记 $\overset{\frown}{AB}$ 的方程为 $t=h(x),u,v$ 在 $\overset{\frown}{AB}$ 上的初值为 $\varphi(x),\psi(x)$, 则广义柯西问题为

$$\begin{cases}\text{方程组 (4.1), 在 } G \text{ 中},\\u(t,x)=\varphi(x),v(t,x)=\psi(x),\text{在 } \overset{\frown}{AB} \text{ 上}.\end{cases}\tag{4.2}$$

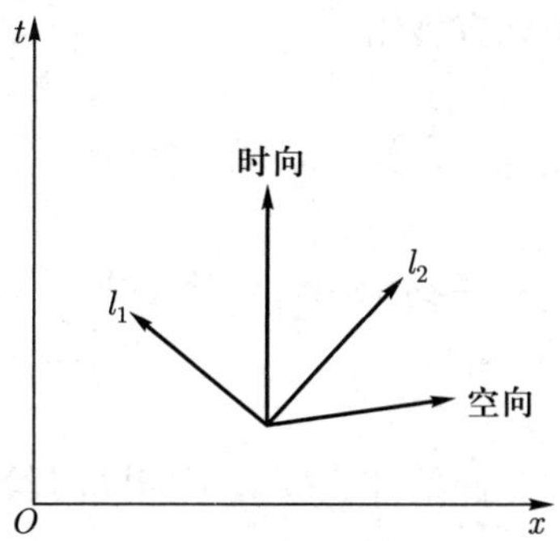


图 5.6

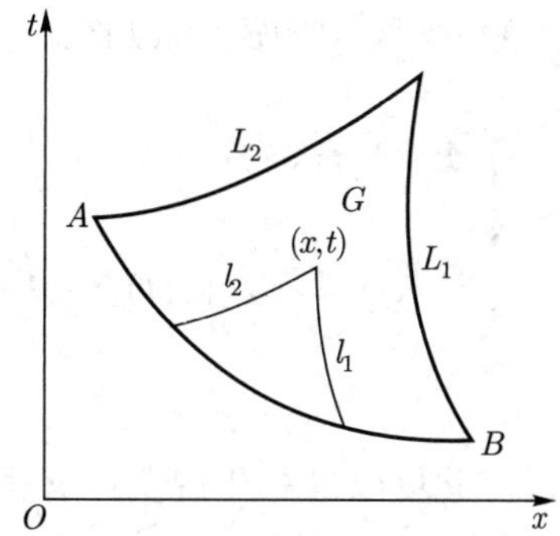


图 5.7

过区域 $G$ 上的任何一点 $(x,t)$ 都能作全落在 $G$ 上的两条特征线 $l_1, l_2$ 与曲线段 $\overparen{AB}$ 相交, 如图 5.7 所示. 由于 $\overparen{AB}$ 的方程为 $t = h(x)$, 则 $l_1, l_2$ 与 $AB$ 的交点的横坐标由

$$\xi = x_i(h(\xi); x, t) \tag{4.3}$$

所定. 记问题 (4.2) 的两个解为 $\xi_1(x,t)$ 与 $\xi_2(x,t)$, 则方程组 (4.1) 取这样初值的广义柯西问题就等价于积分方程组:

$$\begin{cases} u(x,t) = \varphi(\xi_1(x,t)) + \displaystyle\int_{h(\xi_1(x,t))}^{t} (a_1 u + b_1 v + c_1)(x_1(\tau; x,t), \tau)\mathrm{d}\tau, \\ v(x,t) = \psi(\xi_2(x,t)) + \displaystyle\int_{h(\xi_2(x,t))}^{t} (a_2 u + b_2 v + c_2)(x_2(\tau; x,t), \tau)\mathrm{d}\tau. \end{cases} \tag{4.4}$$

类似于上节, 可以用逐次逼近法证明积分方程组 (4.4) 存在唯一的 $C^1$ 解. 从而得到广义柯西问题 (4.2) 解的存在唯一性.

**2. 古尔萨问题** 设 $\overparen{PA}$ 和 $\overparen{PB}$ 分别是过点 $P$ 的第一和第二族特征线, 它们的方程是 $\overparen{PB}: t = h_1(x)$ 与 $\overparen{PA}: t = h_2(x)$, 在 $\overparen{PB}$ 上给定函数 $u = \varphi(x)$, 在 $\overparen{PA}$ 上给定函数 $v = \psi(x)$, 求在由 $\overparen{PA}$ 与 $\overparen{PB}$ 所夹的角状区域中方程组 (4.1) 的解.

过点 $A$ 作特征线 $L_2$, 过点 $B$ 作特征线 $L_1$. 我们要在由 $\overparen{PA}, \overparen{PB}, L_1, L_2$ 所围成的区域 $G$ 上求方程组 (4.1) 的解 $(u(x,t), v(x,t))$, 使其在特征线 $\overparen{PA}, \overparen{PB}$ 上分别取给定的值 (参见图 5.8).

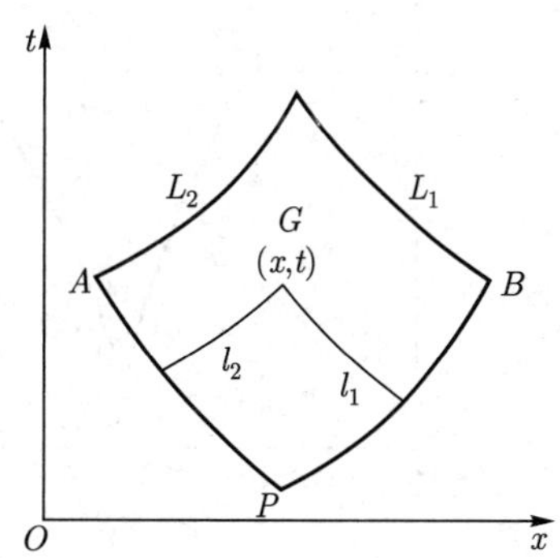


图 5.8

由于过区域 $G$ 上的任何一点 $(x,t)$ 都能作特征线 $l_1$ 及 $l_2$ 分别与曲线段 $\overparen{PB}$ 及 $\overparen{PA}$ 相交, 且保持这些特征线不越出区域 $G$, 因此若 $l_1$ 与 $\overparen{PB}$ 交点的横坐标由 $\xi = x_1(h_1(\xi); x, t)$ 决定, 记为 $\xi_1(x,t), l_2$ 与 $\overparen{PA}$ 交点的横坐标由 $\xi = x_2(h_2(\xi); x, t)$ 决定, 记为 $\xi_2(x,t)$ ($\xi = x_i(\tau; x, t)$ 是方程组 (4.1) 过点 $(x,t)$ 的第 $i$

族特征线的方程). 则仍然可以将古尔萨问题化为积分方程组

$$\begin{cases} u(x,t)=\varphi(\xi_1(x,t))+\displaystyle\int_{h_1(\xi_1(x,t))}^{t}(a_1u+b_1v+c_1)(x_1(\tau;x,t),\tau)\mathrm{d}\tau, \\ v(x,t)=\psi(\xi_2(x,t))+\displaystyle\int_{h_2(\xi_2(x,t))}^{t}(a_2u+b_2v+c_2)(x_2(\tau;x,t),\tau)\mathrm{d}\tau \end{cases} \tag{4.5}$$

求解.

我们在此可以进一步说明广义柯西问题的两个定解条件为什么不能同时给在特征线上. 因为如果在特征线 $\overset{\frown}{PA}$ 上给定了函数 $u$ 和 $v$ 的值, 那么方程组 (4.1) 的第一式就是在 $\overset{\frown}{PA}$ 上必须成立的微分关系式; 若此关系式不成立, 则问题显然是无解的. 但是如果它们满足此微分关系式, 那么问题的解就不是唯一的, 因为若在过点 $P$ 的另一条特征线 $\overset{\frown}{PB}$ 上任意给定函数 $u$ 的值, 只要在 $\overset{\frown}{PA}$ 及 $\overset{\frown}{PB}$ 上所给的函数值在点 $P$ 满足保持连续性的连接条件, 我们就能通过求解古尔萨问题求得问题的解 $(u(x,t),v(x,t))$.

**3. 一般角状区域上的边值问题**　上述的古尔萨问题是一阶双曲型方程组 (4.1) 在由两条特征线为边界且开口向上的角状区域中的定解问题. 对于一般开口向上的角状区域, 也可以考虑适当的定解问题. 此时有两种情况. 若 $\overset{\frown}{AB},\overset{\frown}{AC}$ 为两条时向曲线, 它们构成一个向着 $t$ 的正方向的角状区域 $G$ (参见图 5.9), 在 $\overset{\frown}{AC}$ 上给定 $v$ 的值, 在 $\overset{\frown}{AB}$ 上给定 $u$ 的值, 求在区域 $G$ 上方程组 (4.1) 的解. 这时我们可以用与古尔萨问题相同的处理办法, 将特征线 $l_1$ 与 $\overset{\frown}{AB}$ 的交点替代上节中的 $(x_1,0)$, 将特征线 $l_2$ 与 $\overset{\frown}{AC}$ 的交点替代上节中的 $(x_2,0)$, 从而将问题化为积分方程组进行求解.

还有一种情况是, 设 $\overset{\frown}{AB}$ 为已知的空向曲线, $\overset{\frown}{AC}$ 为已知的时向曲线, 考虑在 $\overset{\frown}{AB}$, $\overset{\frown}{AC}$ 所夹的区域 $G$ 上 (参见图 5.10) 对方程组 (4.1) 的求解. 这时, 在曲线 $\overset{\frown}{AB}$ 上应给定函数 $u,v$ 的值, 在曲线 $\overset{\frown}{AC}$ 上给定函数 $v$ 的值 (它们满足在点 $A$ 的连接条件, 即所给 $v$ 的值在点 $A$ 要保持连续).

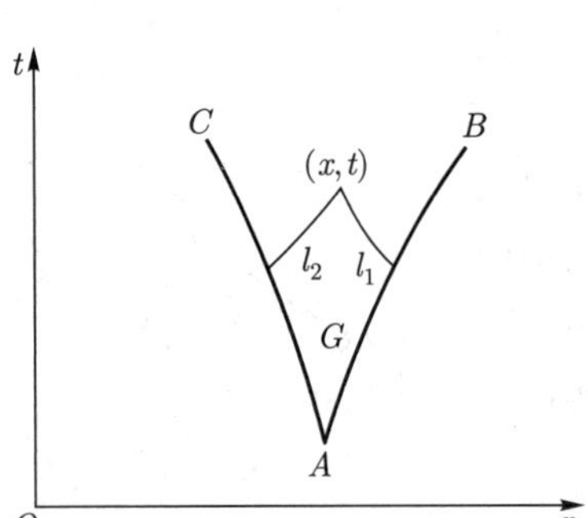


图 5.9

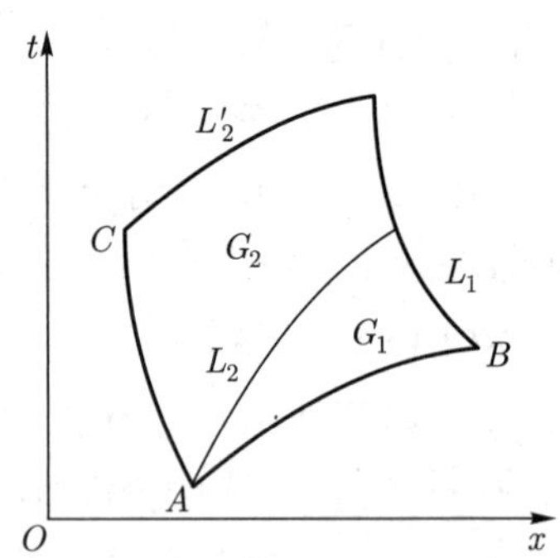


图 5.10

由曲线 $\overset{\frown}{AB}$ 与 $\overset{\frown}{AC}$ 的位置知, 过点 $A$ 的第二族特征线 $L_2$ 位于 $\overset{\frown}{AB},\overset{\frown}{AC}$ 之间. 于是, 为决定在区域 $G$ 上方程组 (4.1) 满足 $\overset{\frown}{AB},\overset{\frown}{AC}$ 上给定边界条件的解, 可以分两步来进行. 首先, 我们根据在 $\overset{\frown}{AB}$ 上给定的条件可在由 $\overset{\frown}{AB},L_2,L_1$ ($L_1$ 为过点 $B$ 的第一族特征线) 所包围的区域 $G_1$ 中求解广义柯西问题, 得到解 $(u(x,t),v(x,t))$. 这时, 在

$L_2$ 上函数 $u$ 的值就成为已知 (由于 $L_2$ 是特征线, 在其上函数 $u$ 和 $v$ 的值只有一个是独立的). 其次, 在余下来的区域 $G_2$ 上, 利用在 $L_2$ 上所求得的函数 $u$ 的值及在曲线 $\widehat{AC}$ 上给定的函数 $v$ 的值, 我们可用处理古尔萨问题的类似方法进行求解. 这样, 上述定解问题就得到了解决.

需要注意的是, 上面所得到的解一般具有弱间断, 其弱间断曲线就是特征线 $L_2$. 为了使所得到的解在整个区域上连续可导, 在 $\widehat{AB}, \widehat{AC}$ 上所给定的函数在点 $A$ 的方向导数的值还必须满足相应的相容性条件.

在以上讨论中一个重要的事实是, 在特征曲线或时向曲线上只能给出两个未知函数中一个的值, 而在空向曲线上必须同时给出两个未知函数的值. 这一事实有更普遍的意义. 对于含 $N$ 个未知函数的严格双曲型偏微分方程组, 过一点可以作 $N$ 条特征线. 如果考虑在一个角状区域中的边值问题, 在边界上应该给定的边界条件个数与过边界上每一点发出的特征线的方向有关. 一般来说, 若过某个边界上一点有 $k$ 条特征线向上指向区域内部, 则在这一边界上就应提出 $k$ 个边界条件. 当然, 这 $k$ 个边界条件该怎样给法才能保证相应定解问题的适定性, 还得作进一步的分析.

## 习　题

1. 用逐次逼近法求方程组

$$\begin{cases} \dfrac{\partial u}{\partial t} + \dfrac{\partial u}{\partial x} = v, \\ \dfrac{\partial v}{\partial t} - \dfrac{\partial v}{\partial x} = u \end{cases}$$

满足条件

$$\begin{cases} u\big|_{x=-t} = \sin x, \\ v\big|_{x=t} = \cos x \end{cases}$$

的解 (其初次近似解可取为 $(u^{(0)}(x,t), v^{(0)}(x,t)) = (\sin x, \cos x)$).

2. 证明: 方程组 (3.1) 的任何广义柯西问题 (即在某一处处不与特征方向相切的曲线 $C: t = t(\sigma), x = x(\sigma)$ 上给定函数 $u_i$ 的数值 $u_i = \varphi_i(\sigma)(i = 1, 2, \cdots, N)$, 要在曲线 $C$ 的某一侧求方程组 (3.1) 满足此定解条件的解), 都可通过适当的坐标变换化为普通的柯西问题来解决.

3. 求解边值问题

$$\begin{cases} 2\dfrac{\partial u}{\partial t} + \dfrac{\partial u}{\partial x} + \dfrac{\partial v}{\partial x} = 0, & \\ & (x > 0, t > 0), \\ 2\dfrac{\partial v}{\partial t} + 3\dfrac{\partial u}{\partial x} - \dfrac{\partial v}{\partial x} = 0 & \\ u\big|_{t=0} = 0, \quad v\big|_{t=0} = x, & x > 0, \\ u\big|_{x=0} = u^0(x), & t > 0. \end{cases}$$

4. 证明积分方程组 (4.4) 存在唯一的 $C^1$ 解, 并证明该解满足问题 (4.2).

## §5　幂级数解法、柯西 - 柯瓦列夫斯卡娅定理

**1. 幂级数解法**　在本节中，我们首先介绍幂级数解法，进而在系数和初始资料都是解析的情形下，证明一阶的柯瓦列夫斯卡娅型方程组的柯西问题在初始曲面的一个邻域中存在唯一的解析解. 由于高阶的柯瓦列夫斯卡娅型方程组的柯西问题均能化为相应的一阶柯瓦列夫斯卡娅型方程组的柯西问题来解决，所以本节中给出的结论，具有相当的普遍性.

考虑一阶拟线性偏微分方程组

$$\frac{\partial u_i}{\partial t}=\sum_{j=1}^{N}\sum_{\alpha=1}^{n}a_{ij}^{\alpha}\frac{\partial u_j}{\partial x_\alpha}+f_i\quad(i=1,2,\cdots,N)\tag{5.1}$$

带初始条件

$$u_i(0,x_1,x_2,\cdots,x_n)=\varphi_i(x_1,x_2,\cdots,x_n)\quad(i=1,2,\cdots,N)\tag{5.2}$$

的柯西问题，其中 $a_{ij}^{\alpha},f_i\ (i,j=1,2,\cdots,N;\alpha=1,2,\cdots,n)$ 为 $t,x_\beta,u_k\ (\beta=1,2,\cdots,n;$ $k=1,2,\cdots,N)$ 的函数; $\varphi_i(i=1,2,\cdots,N)$ 是给定在超平面 $t=0$ 上某一区域 $G_0$ 内的已知函数.

为简单起见，假设原点 $O(t=0,x_1=0,x_2=0,\cdots,x_n=0)$ 落在区域 $G_0$ 之中. 否则，由坐标的适当平移变换总可以做到这一点.

记

$$\varphi_i^{(0)}=\varphi_i(0,0,\cdots,0)\quad(i=1,2,\cdots,N).\tag{5.3}$$

我们指出，如果方程组 (5.1) 的所有系数 $a_{ij}^{\alpha},f_i\ (i,j=1,2,\cdots,N;\alpha=1,2,\cdots,n)$ 对其所有的变元在点 $(x_1=0,x_2=0,\cdots,x_n=0,u_1=\varphi_1^{(0)},u_2=\varphi_2^{(0)},\cdots,u_N=\varphi_N^{(0)})$ 具有各阶连续偏导数，函数 $\varphi_i(i=1,2,\cdots,N)$ 对其所有的变元在点 $(x_1=0,x_2=0,\cdots,x_n=0)$ 亦具有各阶连续偏导数，那么我们就可以利用方程组 (5.1) 及初始条件 (5.2) 唯一地确定出未知函数 $u_i(i=1,2,\cdots,N)$ 在原点的各阶偏导数的值. 事实上，由初始条件 (5.2) 就可以唯一确定在原点的所有形如

$$\frac{\partial^{\alpha_1+\alpha_2+\cdots+\alpha_n}u_i}{\partial x_1^{\alpha_1}\partial x_2^{\alpha_2}\cdots\partial x_n^{\alpha_n}}\tag{5.4}$$

的偏导数的值，它们等于函数 $\varphi_i$ 的相应偏导数在原点的值. 在求得这些偏导数的值以后，把方程组 (5.1) 对 $x_1$ 微分 $\alpha_1$ 次，对 $x_2$ 微分 $\alpha_2$ 次，$\cdots$，对 $x_n$ 微分 $\alpha_n$ 次，于是在左端得到形如

$$\frac{\partial^{1+\alpha_1+\alpha_2+\cdots+\alpha_n}u_i}{\partial t\partial x_1^{\alpha_1}\partial x_2^{\alpha_2}\cdots\partial x_n^{\alpha_n}}\tag{5.5}$$

的偏导数, 而在右端只包含未知函数以及方程组的系数关于 $x_1,x_2,\cdots,x_n$ 的偏导数, 它们在原点的值已由初始条件及方程组所唯一确定, 这样, 我们就可唯一地确定出所有形如 (5.5) 式的偏导数在原点的值. 把方程组 (5.1) 对 $t$ 微分 1 次, 对 $x_1$ 微分 $\alpha_1$ 次, 对 $x_2$ 微分 $\alpha_2$ 次, $\cdots$, 对 $x_n$ 微分 $\alpha_n$ 次, 于是在左端得到形如

$$\frac{\partial^{2+\alpha_1+\alpha_2+\cdots+\alpha_n}u_i}{\partial t^2\partial x_1^{\alpha_1}\partial x_2^{\alpha_2}\cdots\partial x_n^{\alpha_n}}\tag{5.6}$$

的偏导数, 而在右端只包含未知函数及其形如 (5.4) 与 (5.5) 式的偏导数, 它们在原点的值已在前面唯一确定了, 这样, 我们就可唯一地确定出所有形如 (5.6) 式的偏导数在原点的值. 继续做下去, 就可以得到 $u_i$ 的各阶偏导数在原点的数值. 因此, 我们可以得到用下面的幂级数表示的柯西问题 (5.1)—(5.2) 的形式解

$$u_i(t,x_1,x_2,\cdots,x_n)=\sum_{\alpha_0,\alpha_1,\alpha_2,\cdots,\alpha_n}A^i_{\alpha_0\alpha_1\alpha_2\cdots\alpha_n}t^{\alpha_0}x_1^{\alpha_1}x_2^{\alpha_2}\cdots x_n^{\alpha_n}\quad(i=1,2,\cdots,N),\tag{5.7}$$

其中系数 $A^i_{\alpha_0\alpha_1\alpha_2\cdots\alpha_n}$ 由下式确定:

$$A^i_{\alpha_0\alpha_1\alpha_2\cdots\alpha_n}=\frac{1}{\alpha_0!\alpha_1!\alpha_2!\cdots\alpha_n!}\left(\frac{\partial^{\alpha_0+\alpha_1+\alpha_2+\cdots+\alpha_n}u_i}{\partial t^{\alpha_0}\partial x_1^{\alpha_1}\partial x_2^{\alpha_2}\cdots\partial x_n^{\alpha_n}}\right)_0,\tag{5.8}$$

而这里 $\left(\dfrac{\partial^{\alpha_0+\alpha_1+\alpha_2+\cdots+\alpha_n}u_i}{\partial t^{\alpha_0}\partial x_1^{\alpha_1}\partial x_2^{\alpha_2}\cdots\partial x_n^{\alpha_n}}\right)_0$ 就是我们在上面利用方程组 (5.1) 及初始条件 (5.2) 所唯一确定出的 $u_i$ 的各阶偏导数在原点 $O$ 的值.

容易看出, 如果在原点 $O$ 附近存在着柯西问题 (5.1)—(5.2) 的解析解 $u_i=u_i(t,x_1,x_2,\cdots,x_n)(i=1,2,\cdots,N)$, 那么它们在原点展开的幂级数必然就是级数 (5.7). 当然, 如果要说明 (5.7) 确实是柯西问题 (5.1)—(5.2) 的解, 还必须证明该幂级数的收敛性. 另外, 在实际应用中, 我们也可以取幂级数 (5.7) 的部分和来作为柯西问题在原点附近的近似解. 上面这种求具有幂级数形式的解或近似解的方法, 就称为**幂级数解法**.

利用 (5.8) 式所决定的形式幂级数 (5.7) 在原点附近的收敛性, 可以得到下面关于方程组 (5.1) 柯西问题解的存在性与唯一性定理.

**定理 5.1 (柯西 – 柯瓦列夫斯卡娅定理)** 如果方程组 (5.1) 中的所有系数 $a_{ij}^{\alpha}$, $f_i$ $(i,j=1,2,\cdots,N;\alpha=1,2,\cdots,n)$ 在点 $(t=0,x_1=0,x_2=0,\cdots,x_n=0,u_1=\varphi_1^{(0)},u_2=\varphi_2^{(0)},\cdots,u_N=\varphi_N^{(0)})$ 的某一邻域内是解析的, 而且初始函数 $\varphi_i(i=1,2,\cdots,N)$ 在原点 $O(t=0,x_1=0,x_2=0,\cdots,x_n=0)$ 的某一邻域内也是解析的, 那么柯西问题 (5.1)—(5.2)在原点 $O$ 的某一邻域内就存在一个解析解, 并且在解析函数范围内它是唯一的.

**2. 广义柯西问题**　考虑一般形式一阶偏微分方程组的广义柯西问题. 设方程组的形式为

$$\sum_{j=1}^{N}\sum_{\alpha=1}^{n}a_{ij}^{\alpha}\frac{\partial u_j}{\partial x_\alpha}=f_i\quad(i=1,2,\cdots,N)\tag{5.9}$$

(此处自变量个数仍记为 $n$, 它与 (5.1) 式中自变量个数为 $n+1$ 不同), 其初始资料给在曲面

$$\Sigma : \varphi(x_1, x_2, \cdots, x_n) = 0 \quad \left(\sum \varphi_{x_i}^2 \neq 0\right) \tag{5.10}$$

上, 其所给的初始资料为

$$u_i = \psi_i(x_1, x_2, \cdots, x_n) \quad (i = 1, 2, \cdots, N). \tag{5.11}$$

设在 (5.9)—(5.11) 中出现的函数都是解析的, 为了在 $x^{(0)} = (0, 0, \cdots, 0)$ 的邻域中考察广义柯西问题 (5.9)—(5.11) 的求解, 我们先通过一个自变量的坐标变换将它化为通常的柯西问题. 不妨设 $\varphi_{x_n}(0, 0, \cdots, 0) \neq 0$, 则在原点的邻域中 $\varphi_{x_n} \neq 0$. 于是可作变换

$$y_i = x_i (i = 1, 2, \cdots, n-1), \quad y_n = \varphi(x_1, x_2, \cdots, x_n). \tag{5.12}$$

这是一个解析的可逆变换, 它将 $x$ 空间中原点的邻域变换到 $y$ 空间中原点的邻域, 且将 $\Sigma$ 变换成 $y_n = 0$ 平面. 相应地, 方程组 (5.9) 变换成

$$\sum_{j=1}^{N} \sum_{\alpha=1}^{n} \sum_{\beta=1}^{n} a_{ij}^{\alpha} \frac{\partial u_j}{\partial y_\beta} \frac{\partial y_\beta}{\partial x_\alpha} = f_i \quad (i = 1, 2, \cdots, N), \tag{5.13}$$

其中关于 $y_n$ 导数项的系数矩阵为

$$\boldsymbol{M} = \left( \sum_{\alpha=1}^{n} a_{ij}^{\alpha} \frac{\partial \varphi}{\partial x_\alpha} \right). \tag{5.14}$$

若矩阵 $\boldsymbol{M}$ 满秩, 则可以在 (5.14) 式两边乘矩阵 $\boldsymbol{M}^{-1}$, 得到

$$\frac{\partial u_i}{\partial y_n} + \sum_{j=1}^{N} \sum_{\beta=1}^{n-1} b_{ij}^{\beta} \frac{\partial u_j}{\partial y_\beta} = g_i \quad (i = 1, 2, \cdots, N), \tag{5.15}$$

其中系数 $b_{ij}^{\beta}$ 与 $g_i$ 均在原点某一邻域中解析, 其表达式容易由矩阵乘法得出. 方程组 (5.15) 为柯西 – 柯瓦列夫斯卡娅型. 在初始平面 $y_n = 0$ 上的初始资料也可由 (5.11) 式得到. 当条件 $\det \boldsymbol{M} \neq 0$ 成立时, $\Sigma$ 为非特征曲面 (在 $n = 2$ 时, 它与 (2.5) 式一致). 于是利用定理 5.1 可以得到如下形式的柯西 – 柯瓦列夫斯卡娅定理:

**定理 5.2**　如果方程组 (5.9) 中所有系数 $a_{ij}^{\alpha}, f_i (i, j = 1, 2, \cdots, N; \alpha = 1, 2, \cdots, n)$ 在点 $(x_1 = x_2 = \cdots = x_n = 0, u_1 = \psi_1^{(0)}, u_2 = \psi_2^{(0)}, \cdots, u_N = \psi_N^{(0)})$ 的某一邻域中是解析的, 曲面 (5.10) 在原点满足非特征条件, 函数 $\varphi(x)$ 与 $\psi_1(x), \psi_2(x), \cdots, \psi_N(x)$ 在原点的某一邻域解析, 那么柯西问题 (5.9)—(5.11) 在原点的某一邻域内存在唯一的解析解.

柯西 – 柯瓦列夫斯卡娅定理已被推广到更一般的情形, 适用于高阶方程组的情形或非线性的情形等. 因为该定理中除了对系数 (以及对初始资料等) 为解析的要求外, 没有对方程的类型加以限制, 所以是一个很基本的定理, 在偏微分方程理论中十分重要, 其应用也很广泛.

# 扩展阅读

## 柯西 – 柯瓦列夫斯卡娅定理的证明

以下证明定理 5.1. 柯西问题 (5.1)—(5.2) 在原点的某一邻域中解析解的唯一性, 可由前面的叙述中明显地看出. 因为解析解必能在原点的某一邻域中展开为幂级数 (5.7), 而此幂级数的所有系数 (5.8) 都由方程组及初始条件所完全确定, 因而解析解必是唯一的.

为了证明解析解的存在性, 只需证明幂级数 (5.7) 的右端 (其系数由 (5.8) 所确定) 在原点的某一邻域中是收敛的. 事实上, 如果这幂级数收敛, 那么由它们所表示的解析函数 $u_i(t,x_1,x_2,\cdots,x_n)(i=1,2,\cdots,N)$ 及其关于 $x_1,x_2,\cdots,x_n$ 的所有偏导数在原点的值都和函数 $\varphi_i(x_1,x_2,\cdots,x_n)(i=1,2,\cdots,N)$ 及其相应的偏导数在原点的值相等, 因此在 $t=0$ 时, 这些函数满足初始条件 (5.2). 至于这些函数满足方程组 (5.1) 是由下面的事实推知的: 根据这些函数的作法, 如果把这组函数代入方程组 (5.1) 的两端, 那么左端函数及其对 $t,x_1,x_2,\cdots,x_n$ 的所有偏导数在原点的值和右端函数及其相应的偏导数在原点的值相等, 从而, 在原点的某一邻域中方程组的左端与右端恒等.

为了证明所得的幂级数 (5.7) 的收敛性, 可以利用**强函数方法** (也称**强级数法**).

首先介绍强函数的概念及其构造方法. 如果函数 $\psi(t,x_1,x_2,\cdots,x_n)$ 在原点的某一邻域中是解析函数, 而 $\varPsi(t,x_1,x_2,\cdots,x_n)$ 在这个邻域中也是解析的, 其在原点展开的幂级数的系数均为非负, 而且这些系数不小于函数 $\psi(t,x_1,x_2,\cdots,x_n)$ 的幂级数展开式中对应项系数的绝对值, 那么就称 $\varPsi$ 为 $\psi$ 的一个**强函数**.

设

$$\psi(t,x_1,x_2,\cdots,x_n)=\sum c_{\alpha_0\alpha_1\alpha_2\cdots\alpha_n}t^{\alpha_0}x_1^{\alpha_1}x_2^{\alpha_2}\cdots x_n^{\alpha_n}, \tag{5.16}$$

且右端的级数在某一点

$$t=\rho_0,\ x_1=\rho_1,\ x_2=\rho_2,\ \cdots,\ x_n=\rho_n$$

(其中所有的 $|\rho_i|>0$) 绝对收敛, 则存在正数 $M$, 使得对于所有的非负整数 $\alpha_0,\alpha_1,\alpha_2,\cdots,\alpha_n$, 都有

$$|c_{\alpha_0\alpha_1\alpha_2\cdots\alpha_n}\rho_0^{\alpha_0}\rho_1^{\alpha_1}\rho_2^{\alpha_2}\cdots\rho_n^{\alpha_n}|\leqslant M.$$

从而, 对于所有的 $\alpha_0,\alpha_1,\alpha_2,\cdots\alpha_n$, 都有

$$|c_{\alpha_0\alpha_1\alpha_2\cdots\alpha_n}|\leqslant\frac{M}{|\rho_0|^{\alpha_0}\,|\rho_1|^{\alpha_1}\,|\rho_2|^{\alpha_2}\cdots|\rho_n|^{\alpha_n}}.$$

因此函数

$$
\begin{aligned}
\Psi(t,x_1,x_2,\cdots,x_n) &= \frac{M}{\left(1-\dfrac{t}{|\rho_0|}\right)\left(1-\dfrac{x_1}{|\rho_1|}\right)\left(1-\dfrac{x_2}{|\rho_2|}\right)\cdots\left(1-\dfrac{x_n}{|\rho_n|}\right)} \\
&= M\left[\sum_{\alpha_0=0}^{\infty}\left(\frac{t}{|\rho_0|}\right)^{\alpha_0}\sum_{\alpha_1=0}^{\infty}\left(\frac{x_1}{|\rho_1|}\right)^{\alpha_1}\sum_{\alpha_2=0}^{\infty}\left(\frac{x_2}{|\rho_2|}\right)^{\alpha_2}\cdots\sum_{\alpha_n=0}^{\infty}\left(\frac{x_n}{|\rho_n|}\right)^{\alpha_n}\right] \\
&= \sum_{\alpha_0,\alpha_1,\alpha_2,\cdots,\alpha_n}\frac{M}{|\rho_0|^{\alpha_0}|\rho_1|^{\alpha_1}|\rho_2|^{\alpha_2}\cdots|\rho_n|^{\alpha_n}}t^{\alpha_0}x_1^{\alpha_1}x_2^{\alpha_2}\cdots x_n^{\alpha_n} \qquad (5.17)
\end{aligned}
$$

就是函数 $\psi(t,x_1,x_2,\cdots,x_n)$ 的一个强函数.

我们还可以构造其他形式的强函数. 例如由级数 (5.16) 所表示的函数 $\psi(t,x_1,x_2,\cdots,x_n)$ 也以函数

$$
\Psi_1(t,x_1,x_2,\cdots,x_n) = \frac{M}{1-\dfrac{t+x_1+x_2+\cdots+x_n}{\rho}} \qquad (5.18)
$$

为其强函数, 其中 $\rho=\min(|\rho_0|,|\rho_1|,|\rho_2|,\cdots,|\rho_n|)$. 事实上, 当 $|t|+|x_1|+|x_2|+\cdots+|x_n|<\rho$ 时, 函数 $\Psi_1$ 可以展开为幂级数

$$
\begin{aligned}
&M\sum_{\alpha=0}^{\infty}\frac{(t+x_1+x_2+\cdots+x_n)^{\alpha}}{\rho^{\alpha}} \\
&= M\sum_{\alpha=0}^{\infty}\frac{1}{\rho^{\alpha}}\sum_{\alpha_0+\alpha_1+\alpha_2+\cdots+\alpha_n=\alpha}\frac{\alpha!}{\alpha_0!\alpha_1!\alpha_2!\cdots\alpha_n!}t^{\alpha_0}x_1^{\alpha_1}x_2^{\alpha_2}\cdots x_n^{\alpha_n}, \qquad (5.19)
\end{aligned}
$$

其系数都是正的, 且由于

$$
\frac{(\alpha_0+\alpha_1+\alpha_2+\cdots+\alpha_n)!}{\alpha_0!\alpha_1!\alpha_2!\cdots\alpha_n!}\geqslant 1,
$$

$$
\frac{1}{\rho^{\alpha}}\geqslant\frac{1}{|\rho_0|^{\alpha_0}|\rho_1|^{\alpha_1}|\rho_2|^{\alpha_2}\cdots|\rho_n|^{\alpha_n}},
$$

级数 (5.19) 的系数不小于级数 (5.17) 的对应系数, 因此函数 (5.18) 也是函数 (5.16) 的一个强函数.

同样, 函数 $\psi(t,x_1,x_2,\cdots,x_n)$ 亦以函数

$$
\begin{aligned}
\Psi_2(t,x_1,x_2,\cdots,x_n) &= \frac{M}{1-\dfrac{\dfrac{t}{\lambda}+x_1+x_2+\cdots+x_n}{\rho}} \\
&= M\sum_{\alpha=0}^{\infty}\frac{\left(\dfrac{t}{\lambda}+x_1+x_2+\cdots+x_n\right)^{\alpha}}{\rho^{\alpha}} \qquad (5.20)
\end{aligned}
$$

(式中 $\rho$ 的定义如前, 而 $0<\lambda<1$ 为任意常数) 为其强函数. 事实上, 如果也把 $\Psi_2(t,x_1,x_2,\cdots,x_n)$ 展开成关于 $t,x_1,x_2,\cdots,x_n$ 的幂级数, 那么所得到的系数都是正

的, 并且大于级数 (5.19) 的对应系数, 这是因为级数 (5.20) 的系数是由级数 (5.19) 的对应系数乘 $\left(\dfrac{1}{\lambda}\right)^{\alpha_0}$ 而得到, 而 $0<\lambda<1$.

现在我们回过来证明带初始条件 (5.2) 的方程组 (5.1) 的柯西问题的解析解的存在性. 不妨假定

$$\varphi_i \equiv 0 \quad (i=1,2,\cdots,N).$$

事实上, 只要引入新未知函数

$$v_i(t,x_1,x_2,\cdots,x_n)=u_i(t,x_1,x_2,\cdots,x_n)-\varphi_i(x_1,x_2,\cdots,x_n)$$

来代替未知函数 $u_i$, 就易知函数 $v_i(i=1,2,\cdots,N)$ 满足和 (5.1) 同样类型的方程组和零初始条件. 因此我们以下就认为函数 $u_i$ 已满足零初始条件

$$u_i(0,x_1,x_2,\cdots,x_n)\equiv 0 \quad (i=1,2,\cdots,N). \tag{5.21}$$

为叙述简单计, 以下我们只限于对方程组 (5.1) 为线性的情形加以证明. 在线性情形下, (5.1) 式可写为

$$\frac{\partial u_i}{\partial t}=\sum_{j=1}^{N}\sum_{\alpha=1}^{n}a_{ij}^{\alpha}\frac{\partial u_j}{\partial x_\alpha}+\sum_{j=1}^{N}b_{ij}u_j+c_i \quad (i=1,2,\cdots,N), \tag{5.22}$$

其中所有系数 $a_{ij}^{\alpha}(t,x_1,x_2,\cdots,x_n), b_{ij}(t,x_1,x_2,\cdots,x_n), c_i(t,x_1,x_2,\cdots,x_n)(i,j=1,2,\cdots,N;\alpha=1,2,\cdots,n)$ 在原点的某一邻域中都是解析的. 为方便计, 把柯西问题 (5.22)、(5.21) 叫做 "问题 I", 而方程组 (5.22) 叫做 "方程组 I".

假定已经求得方程组 (5.22) 的系数和初始函数的一组强函数, 这时我们得到一个新的方程组和新的柯西问题, 分别叫它们做 "强方程组"(或 "方程组 II") 和 "问题 II". 我们要指出, "问题 II" 的解析解就是 "问题 I" 的解析解的一个强函数. 这就是说, 如果 "问题 I" 的解在原点的某一邻域中以幂级数

$$u_i=\sum a^{(i)}_{\alpha_0\alpha_1\alpha_2\cdots\alpha_n}t^{\alpha_0}x_1^{\alpha_1}x_2^{\alpha_2}\cdots x_n^{\alpha_n} \tag{5.23}$$

表示出来, 而 "问题 II" 的解由幂级数

$$U_i=\sum A^{(i)}_{\alpha_0\alpha_1\alpha_2\cdots\alpha_n}t^{\alpha_0}x_1^{\alpha_1}x_2^{\alpha_2}\cdots x_n^{\alpha_n} \tag{5.24}$$

表示出来, 那么在这两个幂级数的系数之间成立着不等式

$$\left|a^{(i)}_{\alpha_0\alpha_1\alpha_2\cdots\alpha_n}\right|\leqslant A^{(i)}_{\alpha_0\alpha_1\alpha_2\cdots\alpha_n}. \tag{5.25}$$

事实上, 在 $\alpha_0=0$ 的情形, 这些不等式可以直接由 "问题II" 的初始函数是 "问题 I" 的初始函数的强函数推出. 在 $\alpha_0>0$ 的情形, 系数 $a^{(i)}_{\alpha_0\alpha_1\alpha_2\cdots\alpha_n}(A^{(i)}_{\alpha_0\alpha_1\alpha_2\cdots\alpha_n})$ 可由具有较小的下标 $\alpha_0$ 的系数 $a^{(i)}(A^{(i)})$ 以及方程组 I (方程组 II) 的系数及其偏导数在原点 $O$ 的

值经过加法和乘法而得到. 因此很容易证明, 如当 $\alpha_0 < \alpha$ 时不等式 (5.25) 成立, 那么它们当 $\alpha_0 = \alpha$ 时也成立. 这表示不等式 (5.25) 对于展开式 (5.23) 和 (5.24) 中的所有系数都成立.

因此, 由 "问题 II" 的可解性 (级数 (5.24) 的收敛性) 可推出 "问题 I" 的可解性 (级数 (5.23) 的收敛性). 但是 "问题 II" 可以在相当大的程度内任意构造, 因为我们可以对 "方程组 I" 的系数和 "问题 I" 的初始函数任意地选择其强函数.

我们用下面的方式来选择 "问题 II", 使得它的解可以很简单地求出. 为此选择两数 $M > 0$ 及 $\rho > 0$, 使函数

$$\frac{M}{1 - \dfrac{\dfrac{t}{\lambda} + x_1 + x_2 + \cdots + x_n}{\rho}}$$

为方程组 (5.22) 中所有系数 (包括自由项) 的强函数 (其中 $0 < \lambda < 1$). 这种做法的可能性在于对方程组 (5.22) 的每一个系数都有这种形式的强函数存在, 所以要构造这些系数的公共强函数只需取 $M$ 为对应于不同系数中的最大值, 而取数 $\rho$ 为它们之间的最小值. 这样选择好两个数 $M$ 及 $\rho$ 以后, 我们就可以把方程组 (5.22) 的强方程组取为

$$\frac{\partial U_i}{\partial t} = \frac{M}{1 - \dfrac{\dfrac{t}{\lambda} + x_1 + x_2 + \cdots + x_n}{\rho}} \left( \sum_{j=1}^{N} \sum_{\alpha=1}^{n} \frac{\partial U_j}{\partial x_\alpha} + \sum_{j=1}^{N} U_j + 1 \right) \quad (i = 1, 2, \cdots, N), \tag{5.26}$$

其中数 $\lambda (0 < \lambda < 1)$ 在下面确定.

我们看到强方程组 (5.26) 中的每一个方程对于任何 $i (i = 1, 2, \cdots, N)$ 都具有相同的形式, 而且其右端是完全一样的. 在初始函数尚未确定前我们就可寻求方程组 (5.26) 的一个具有下列形式的解:

$$\begin{aligned} U_1(t, x_1, x_2, \cdots, x_n) &\equiv U_2(t, x_1, x_2, \cdots, x_n) \equiv \cdots \equiv U_N(t, x_1, x_2, \cdots, x_n) \\ &\equiv U(t, x_1, x_2, \cdots, x_n) = U\left(\frac{t}{\lambda} + x_1 + x_2 + \cdots + x_n\right) = U(z), \end{aligned}$$

其中 $z = \dfrac{t}{\lambda} + x_1 + x_2 + \cdots + x_n$. 把它代入方程组 (5.26), 就得到函数 $U(z)$ 所应该满足的方程为

$$\frac{1}{\lambda} \frac{\mathrm{d}U}{\mathrm{d}z} = A(z) \left( Nn \frac{\mathrm{d}U}{\mathrm{d}z} + NU + 1 \right), \tag{5.27}$$

其中

$$A(z) = \frac{M}{1 - \dfrac{z}{\rho}}.$$

将方程 (5.27) 分离变量得

$$\frac{\mathrm{d}U}{NU+1}=\frac{A(z)}{\dfrac{1}{\lambda}-nNA(z)}\mathrm{d}z.$$

我们选取数 $\lambda>0$ 这样小, 使在坐标原点即点 $z=0$ 的某一邻域内

$$\frac{1}{\lambda}-nNA(z)>0,$$

于是 $B(z)=\dfrac{A(z)}{\dfrac{1}{\lambda}-nNA(z)}$ 就是这邻域中的一个解析函数.

方程 (5.27) 有特解

$$U(z)=\frac{1}{N}\left[\mathrm{e}^{N\int_0^z B(z)\mathrm{d}z}-1\right]. \tag{5.28}$$

我们证明, 它就是 "问题 I" 的解的一个强函数. 事实上, 函数

$$U_i(t,x_1,x_2,\cdots,x_n)=U\left(\frac{t}{\lambda}+x_1+x_2+\cdots+x_n\right)$$

满足原方程组 (5.22) 的强方程组 (5.26). 为了证明它是 "问题 I" 的解的强函数, 只要证明 (5.28) 式是原点一邻域中的解析函数, 在 $t=0$ 时它关于变量 $x_1,x_2,\cdots,x_n$ 所展开的幂级数具有非负的系数, 即它是 "问题 I" 的初值 (5.21) 的强函数. 由于函数

$$A(z)=\frac{M}{1-\dfrac{z}{\rho}}$$

关于 $z$ 在 $z=0$ 附近可以展开为具有非负系数的幂级数, 因而

$$B(z)=\frac{\lambda A(z)}{1-nN\lambda A(z)}=\lambda A(z)[1+nN\lambda A(z)+n^2N^2\lambda^2A^2(z)+\cdots]$$

也可以展开为关于 $z$ 的具有非负系数的幂级数, 从而函数

$$\mathrm{e}^{N\int_0^z B(z)\mathrm{d}z}-1$$

和 $U(z)$ 也具有这性质. 这就是说, 特解 (5.28)

$$U_i(t,x_1,x_2,\cdots,x_n)=U\left(\frac{t}{\lambda}+x_1+x_2+\cdots+x_n\right)=U(z)$$

在 $z=0$ 附近可展开为关于 $z$ 的具有非负系数的幂级数, 因而它在原点一邻域中可展开为关于 $t,x_1,x_2,\cdots,x_n$ 的具有非负系数的幂级数, 即它是解析函数; 且当 $t=0$ 时, 它关于 $x_1,x_2,\cdots,x_n$ 的幂级数的系数都是非负的, 因而 $U_i(0,x_1,x_2,\cdots,x_n)$ 确实是零的一个强函数.

这样, 我们就在线性方程组的情形下证明了柯西 – 柯瓦列夫斯卡娅定理.

对于一阶拟线性方程组的柯西 – 柯瓦列夫斯卡娅定理可以用类似的方法证得.

在高阶方程组的情形, 定义**柯瓦列夫斯卡娅型方程组**为如下形式的方程组:

$$\frac{\partial^{n_i} u_i}{\partial t^{n_i}} = F_i\left(t, x_1, x_2, \cdots, x_n, u_1, u_2, \cdots u_N, \cdots, \frac{\partial^k u_j}{\partial t^{k_0}\partial x_1^{k_1}\partial x_2^{k_2}\cdots\partial x_n^{k_n}}, \cdots\right) \tag{5.29}$$

$$(i, j = 1, 2, \cdots, N; k_0 + k_1 + k_2 + \cdots + k_n = k \leqslant n_j; k_0 < n_j).$$

其特点是方程的个数等于未知函数的个数, 出现在方程组中的每一个函数 $u_i$ 的最高阶偏导数的阶为 $n_i$, 在这些 $n_i$ 阶偏导数中必须包含有导数 $\dfrac{\partial^{n_i} u_i}{\partial t^{n_i}}$, 而且方程组是关于这些偏导数解出的. 考察这样的方程组的柯西问题, 在 $t = t_0$ 时给定的初始条件为

$$\frac{\partial^k u_i}{\partial t^k} = \varphi_i^{(k)}(x_1, x_2, \cdots, x_n) \quad (i = 1, 2, \cdots, N; \quad k = 0, 1, \cdots, n_i - 1). \tag{5.30}$$

通过将未知函数的偏导数视为新未知函数以及关于方程组求导的方法, 可以将柯西问题 (5.29)—(5.30) 化成形式为 (5.1)—(5.2) 的柯西问题, 因此在问题 (5.29)—(5.30) 中出现的函数都为解析的假定下, 也可以用关于一阶拟线性方程组柯西问题局部解析解的存在唯一性定理导出柯西问题 (5.29)—(5.30) 的局部解析解的存在唯一性定理.

由柯西 – 柯瓦列夫斯卡娅给出的偏微分方程柯西问题局部解析解存在唯一性定理在偏微分方程理论中起着重要的作用.

## 习　题

1. 利用幂级数求形式解的方法解下列的柯西问题:

$$\begin{cases} \dfrac{\partial u}{\partial t} = \dfrac{\partial u}{\partial x} + (x - t)u - \mathrm{e}^{xt}, \\ u|_{t=0} = x. \end{cases}$$

2. 用幂级数法求方程组

$$\begin{cases} \dfrac{\partial u}{\partial t} + \dfrac{\partial u}{\partial x} = v, \\ \dfrac{\partial v}{\partial t} - \dfrac{\partial v}{\partial x} = u \end{cases}$$

带初始条件

$$u|_{t=0} = \sin x, \quad v|_{t=0} = \cos x$$

的柯西问题在点 $(t = 0, x = 1)$ 附近的近似解 (算到幂级数的三次项).

3. 对于一阶拟线性方程组, 证明柯西 – 柯瓦列夫斯卡娅定理.

4. 对于形如

$$\sum_{j=1}^N a_{ij}(x,t)\frac{\partial u_j}{\partial t} + \sum_{j=1}^N b_{ij}(x,t)\frac{\partial u_j}{\partial x} + \sum_{j=1}^N c_{ij}(x,t)u_j + d_i(x,t) = 0 \quad (i = 1, 2, \cdots, N)$$

的方程组, 初始条件给在曲线 $\varPhi(x,t) = 0$ 上为 $u_i = \varphi_i(x,t)(i = 1, 2, \cdots, n)$ 的广义柯西问题, 只要 $\varPhi(x,t) = 0$ 在点 $(x_0, t_0)$ 附近为非特征曲线, 证明同样成立柯西 – 柯瓦列夫斯卡娅定理, 即证明如果 $a_{ij}, b_{ij}, c_{ij}, d_i(i, j = 1, 2, \cdots, N)$ 均为 $x, t$ 的解析函数, $\varPhi, \varphi_i(i = 1, 2, \cdots, N)$ 也解析, 则方程组在 $(x_0, t_0)$ 附近存在唯一的满足初始条件的解析解.

# 第六章 广义函数与广义解

20 世纪 50 年代以来, 各类现代分析工具、特别是广义函数理论已被广泛地应用于数学物理方程的研究, 解的概念也相应地以各种方式被加以拓广. 本章中将对此作一个简要的介绍. §1 介绍一些广义解的概念, §2 到 §4 介绍广义函数的概念及其一些基本性质, §5 将据此寻求某些数学物理方程的基本解.

## §1 广 义 解

**1. 研究广义解的必要性** 在前几章中, 我们讨论了一些数学物理方程及其定解问题的经典解. 这种解在求解区域中具有方程中所出现的连续偏导数, 并按通常意义满足方程与定解条件, 也就是说, 将解代入方程及定解条件后即可使其化为恒等式. 经典解的概念是最容易理解的, 应用起来也最为方便. 但是, 在实际求解数学物理方程的定解问题时, 往往不一定能得到经典解. 例如, 在第一章讨论波动方程初边值问题时, 如果初始条件不够光滑 (初始资料本身或它的导数有间断), 或者所给定的初始条件与边界条件不满足相容性条件, 那么经典解就不存在, 但另一方面, 这样的定解条件却仍可能对应于一个合理的物理过程. 所以, 在研究数学物理方程的定解问题时, 就需要拓广解的概念, 考察非经典意义下的解, 即**广义解**.

此外, 由于数学物理方程定解问题的经典解应具有较高的正则性, 要寻求这样的解往往比较困难. 一个常用的技巧是先寻求一个正则性较低的函数, 它按较弱的意义满足方程与定解条件, 然后再进一步证明这个函数实际上就是原来问题的经典解. 这种将一个问题分成两步解决的过程似乎长了一些, 但在直接求解有困难的情形, 仍是一种值得考虑的途径. 这里按较弱的意义满足定解问题的函数也就是**广义解**.

从研究数学物理方程经典解过渡到研究广义解拓广了人们的视野, 也使得相应的理论和方法上升到一个更高的层次. 可以说, 它是由数学物理方程的经典理论发展为现代理论的一个突出的标志.

但是, 广义解的定义是多种多样的. 上面所说的在较弱的意义下满足方程及定解条件可以有多种不同的形式, 这就给出了按各种不同的方式定义广义解的可能性. 下面我们将选择最常用的一些广义解的概念给以介绍. 需要指出的是, 尽管广义解的定义多种多样, 但它们均应满足一个共同的要求, 即经典解一定是广义解, 而且只要所考察的广义解具有定解问题中所要求的正则性, 它就应该是经典解.

**2. 强解**　一种最常用的广义解是通过逼近过程来定义的, 下面以波动方程的柯西问题为例加以说明.

如第一章中所指出的, 在求解波动方程的柯西问题

$$\begin{cases} \dfrac{\partial^2 u}{\partial t^2} - a^2\left(\dfrac{\partial^2 u}{\partial x^2} + \dfrac{\partial^2 u}{\partial y^2}\right) = 0, \\ u|_{t=0} = \varphi(x,y), \quad \left.\dfrac{\partial u}{\partial t}\right|_{t=0} = \psi(x,y) \end{cases} \tag{1.1}$$

时, 如果 $\varphi \in C^3, \psi \in C^2$, 由泊松公式 (见第一章 (4.30) 式) 所给出的函数 $u$ 就是柯西问题的经典解. 但当初始条件的正则性较低, 如 $\varphi \in C^2, \psi \in C^1$ 时, 由泊松公式所给出的函数 $u$ 一般不再二阶连续可导, 因此它不满足经典解的定义. 对于给定的正则性较低的 $(\varphi, \psi)$, 如能找到 $C^3$ 函数列 $\{\varphi_n\}$ 与 $C^2$ 函数列 $\{\psi_n\}$, 使 $(\varphi_n, \psi_n)$ 与 $(\varphi, \psi)$ 充分接近, 而且以 $(\varphi_n, \psi_n)$ 为初始资料的柯西问题的解 $u_n$ 在 $n$ 很大时与函数 $u$ 充分接近, 就有理由将 $u$ 视为波动方程以 $(\varphi, \psi)$ 为初始资料的柯西问题的广义解. 下面我们利用能量不等式来确切地表达上述想法, 并给出在这种意义下广义解的严格定义.

设 $\varphi(x,y)$ 及其偏导数 $\varphi_x(x,y), \varphi_y(x,y)$ 是平方可积函数, $\psi(x,y)$ 也是平方可积函数, 那么总可以通过适当方法找到 $C^3$ 函数列 $\{\varphi_n(x,y)\}$ 与 $C^2$ 函数列 $\{\psi_n(x,y)\}$①, 使得当 $n \to \infty$ 时,

$$\begin{aligned} &\|\varphi_n(x,y) - \varphi(x,y)\|_{L^2(\mathbf{R}^2)} \to 0, \quad \|\varphi_{nx}(x,y) - \varphi_x(x,y)\|_{L^2(\mathbf{R}^2)} \to 0, \\ &\|\varphi_{ny}(x,y) - \varphi_y(x,y)\|_{L^2(\mathbf{R}^2)} \to 0, \quad \|\psi_n(x,y) - \psi(x,y)\|_{L^2(\mathbf{R}^2)} \to 0. \end{aligned} \tag{1.2}$$

记以 $(\varphi_n, \psi_n)$ 为初始资料的柯西问题的解为 $u_n(x,y,t)$. 那么, 对任意的 $n, m$, 函数

$$u_n(x,y,t) - u_m(x,y,t)$$

是下列柯西问题的解:

$$\begin{cases} u_{tt} - a^2(u_{xx} + u_{yy}) = 0, \\ u|_{t=0} = \varphi_n(x,y) - \varphi_m(x,y), \quad u_t|_{t=0} = \psi_n(x,y) - \psi_m(x,y). \end{cases} \tag{1.3}$$

由 (1.2) 式容易得到, 在 $n, m \to \infty$ 时,

$$\begin{aligned} &\|\varphi_n(x,y) - \varphi_m(x,y)\|_{L^2(\mathbf{R}^2)} \to 0, \quad \|\varphi_{nx}(x,y) - \varphi_{mx}(x,y)\|_{L^2(\mathbf{R}^2)} \to 0, \\ &\|\varphi_{ny}(x,y) - \varphi_{my}(x,y)\|_{L^2(\mathbf{R}^2)} \to 0, \quad \|\psi_n(x,y) - \psi_m(x,y)\|_{L^2(\mathbf{R}^2)} \to 0. \end{aligned} \tag{1.4}$$

令 $K$ 为第一章 §6 中引入的锥体

$$(x - x_0)^2 + (y - y_0)^2 \leqslant (R - at)^2, \tag{1.5}$$

它与 $t = 0$ 平面之截面为圆

$$\Omega_0: \quad (x - x_0)^2 + (y - y_0)^2 \leqslant R^2. \tag{1.6}$$

① 例如可以通过 $\varphi, \psi$ 与下节例 2 中定义的函数 $\alpha_{1/n}$ 求卷积的方法得到 $\{\varphi_n\}, \{\psi_n\}$.

根据第一章 §6 中建立的能量不等式, 有

$$\|u_n - u_m\|^2_{L^2(K)} \leqslant C[\|\varphi_n - \varphi_m\|^2_{L^2(\Omega_0)} + \|\varphi_{nx} - \varphi_{mx}\|^2_{L^2(\Omega_0)} + \\ \|\varphi_{ny} - \varphi_{my}\|^2_{L^2(\Omega_0)} + \|\psi_n - \psi_m\|^2_{L^2(\Omega_0)}]. \tag{1.7}$$

由 (1.4) 式知, 不等式 (1.7) 的右端当 $n, m \to \infty$ 时趋于零. 于是, $\{u_n(x,y,t)\}$ 按均方模构成在锥体 $K$ 上的一个柯西序列, 从而根据平方可积函数的性质知, 存在一个在 $K$ 上为平方可积的函数 $u(x,y,t)$, 使得

$$\|u_n - u\|_{L^2(K)} \to 0. \tag{1.8}$$

由于 (1.5) 式中的 $x_0, y_0, R$ 都是任意的, 故函数 $u(x,y,t)$ 实际上在整个上半空间 $t \geqslant 0$ 都有定义, 且 $u(x,y,t)$ 是波动方程以 $(\varphi_n(x,y), \psi_n(x,y))$ 为初始资料的柯西问题经典解 $u_n(x,y,t)$ 的极限. $u(x,y,t)$ 就称为柯西问题 (1.1) 的**广义解**. 这种广义解也称为**强解**.

在第一章 §3 讨论弦振动方程初边值问题时, 如果初始资料不满足定理 3.1 中的正则性要求, 我们仍可用分离变量法求出该初边值问题的形式解, 那种形式解也是强解.

对于热传导方程和调和方程的各类定解问题, 也可以类似地定义强解.

我们还可以撇开定解条件而单独考虑数学物理方程的强解. 仍以波动方程为例, 如果 $f(x,y,t)$ 不连续, 而只是平方可积函数, 那么波动方程

$$\frac{\partial^2 u}{\partial t^2} - a^2\left(\frac{\partial^2 u}{\partial x^2} + \frac{\partial^2 u}{\partial y^2}\right) = f(x,y,t) \tag{1.9}$$

就不可能有经典解. 但是, 如果有函数列 $\{u_n(x,y,t)\}$ 与 $\{f_n(x,y,t)\}$, 使得对每个 $n$, 函数 $u_n(x,y,t)$ 是方程

$$\frac{\partial^2 u_n}{\partial t^2} - a^2\left(\frac{\partial^2 u_n}{\partial x^2} + \frac{\partial^2 u_n}{\partial y^2}\right) = f_n(x,y,t) \tag{1.10}$$

的经典解, 而且当 $n \to \infty$ 时, $u_n(x,y,t)$ 与 $f_n(x,y,t)$ 按一定意义分别收敛 (例如按 $L^2$ 意义收敛) 于 $u(x,y,t)$ 与 $f(x,y,t)$, 则称 $u(x,y,t)$ 是方程 (1.9) 的**强解**.

由于函数的逼近可以按不同的意义给出, 由上面的讨论可以看出, 数学物理方程或其各类定解问题强解的定义可以是多种多样的.

**3. 弱解** 另一种最常用的广义解是通过分部积分的方法来定义的.

为了下面讨论方便, 先介绍函数支集的概念. 对于一个 $C^\infty$ 函数 $\varphi(x)$, 我们将使 $\varphi(x) \neq 0$ 的点的全体构成的点集的闭包称为 $\varphi(x)$ 的**支集**, 记作 $\operatorname{supp}\varphi(x)$, 即

$$\operatorname{supp}\varphi(x) = \overline{\{x |\, \varphi(x) \neq 0\}}. \tag{1.11}$$

如果 $\varphi(x)$ 的支集是 $\mathbf{R}^n$ 中的紧集, 则称 $\varphi(x)$ 具有**紧支集**.

回到广义解的概念的讨论, 仍以波动方程为例, 如果 $u(x,y,t)$ 是方程 (1.9) 的经典解, 那么, 对于任意一个具有紧支集含在上半空间 $t \geqslant 0$ 中 (即在 $t < 0$ 或 $x^2 + y^2 + t^2$

充分大时等于零) 的适当正则的函数 (称为试验函数) $\varphi(x,y,t)$, 利用格林公式, 必成立

$$\iiint_{\mathbf{R}_+^3}\left[\frac{\partial^2\varphi}{\partial t^2}-a^2\left(\frac{\partial^2\varphi}{\partial x^2}+\frac{\partial^2\varphi}{\partial y^2}\right)\right]u\mathrm{d}x\mathrm{d}y\mathrm{d}t=\iiint_{\mathbf{R}_+^3}f\varphi\mathrm{d}x\mathrm{d}y\mathrm{d}t. \tag{1.12}$$

由于在 (1.12) 式左端关于 $u$ 的偏导数都已转移成关于 $\varphi$ 的偏导数, 因此, 在 $\varphi(x,y,t)$ 为二阶连续可导的假定下, 只要 $u$ 与 $f$ 为勒贝格 (Lebesgue) 可积, (1.12) 式就有意义. 我们将 (1.12) 式视为方程 (1.9) 的一种较弱的形式. 也就是说, 如果函数 $u(x,y,t)$ 可积, 又对于任一具有紧支集含在上半空间 $t\geqslant 0$ 中的二阶连续可导函数 $\varphi(x,y,t)$, 总成立 (1.12) 式, 则称 $u(x,y,t)$ 为波动方程 (1.9) 的**广义解**. 这种广义解又称为**弱解**.

很明显, 如果我们对 (1.12) 式的左端只进行一次分部积分, 就可得到

$$-\iiint_{\mathbf{R}_+^3}\left[\frac{\partial\varphi}{\partial t}\frac{\partial u}{\partial t}-a^2\left(\frac{\partial\varphi}{\partial x}\frac{\partial u}{\partial x}+\frac{\partial\varphi}{\partial y}\frac{\partial u}{\partial y}\right)\right]\mathrm{d}x\mathrm{d}y\mathrm{d}t=\iiint_{\mathbf{R}_+^3}f\varphi\mathrm{d}x\mathrm{d}y\mathrm{d}t. \tag{1.13}$$

它是方程 (1.9) 的另一种弱的形式. 如果函数 $u(x,y,t)$ 及其一阶偏导数可积, 又对于任一具有紧支集含在上半空间 $t\geqslant 0$ 中的具一阶连续导数的函数 $\varphi(x,y,t)$, 总成立 (1.13) 式, 则也称 $u(x,y,t)$ 为波动方程 (1.9) 的弱解. 显然, 这种弱解与由 (1.12) 式所定义的弱解有所区别, 因为其正则性的要求稍高一些. 由此也可以看到弱解定义的多样性.

对于数学物理方程的各类定解问题也可通过分部积分的方法来定义弱解, 这里不一一列举了.

从上面的讨论可以看出, 在不同的弱解定义中, 对于定义式中所引入的试验函数 $\varphi$ 的正则性要求是不同的. 如果要求 $\varphi$ 是一阶连续可导的, 则可以定义一阶偏导数为可积的弱解; 如果要求 $\varphi$ 是二阶连续可导的, 则可以定义性质更差的弱解, 它可以只是一个可积函数. 由此可想到, 如果将所取的试验函数范围限得更窄, 即要求 $\varphi$ 有更高的正则性, 是否可以得到意义更广的广义解. 在下一节中我们将引入的广义函数解就是从这一想法引申而得的. 但是, 为了导出广义函数解的概念, 先要将函数的概念进行推广.

## 习 题

1. 试写出热传导方程柯西问题与初边值问题的强解的定义.
2. 证明: 波动方程的经典解一定是强解, 也一定是弱解.
3. 证明: 波动方程的弱解如果是二阶连续可导函数, 则它必定也是经典解.

# §2 广义函数的概念

**1. 广义函数的物理背景** 在上一节中我们讨论了偏微分方程的广义解, 即在 “较差” 的函数类中寻求相应定解问题按拓广意义下的解. 但在前面的讨论中, 性质最 “差”

的函数也至少是勒贝格可积函数, 而在有些实际问题中, 还可能会遇到更 “坏” 的情形.

例如在弦振动问题中, 若在初始时刻对处于一给定位置的弦在某处给了一集中冲量的作用, 要考察该弦的运动. 这时, 集中冲量可以视为作用在某一点上. 当然, 作为一个实际的物理问题, 冲量不可能作用在一个严格意义的数学点上, 但根据我们的生活经验或物理实验可知, 只要所作用的冲量集中在该点邻近的一个很窄的范围里, 在一段很短的时间内对弦的运动状态起主要作用的是所作用冲量的大小, 而该冲量作用范围的宽度不起重要作用. 因此, 将集中冲量视为作用在一点上, 更方便于揭示问题的本质. 但是, 若将这样的问题视为一个弦振动方程的柯西问题, 弦的初始速度是什么呢?

又如, 在研究热传导问题中, 若初始时所给定的物体在某处储存一定的热量, 要考察该物体以后的温度分布. 同样, 只要热量储存在某点邻近的一个很小的范围内, 以后对该物体温度分布起主要作用的是所储存热量的总量, 而热量储存在该点邻近多大的范围内对以后温度分布的影响不大. 因此, 将这些热量视为是储存在一点处将更方便于揭示问题的本质. 但若将这样一个问题视为热传导方程的柯西问题, 物体的初始温度分布又该如何给定?

在其他物理问题中也会有类似的情形出现. 事实上, 在物理上经常会遇到一些集中分布的量, 例如集中质量、集中电荷、集中冲量、集中热量等. 以集中质量为例, 设在一直线上, 有一单位质量集中在原点附近, 如果其集中程度很大, 即其分布的范围与我们在同一问题中所遇到的其他长度来比较小得可以忽略, 这时, 简单地说质量集中在原点是方便的. 但我们知道, 一个物体中的质量分布是与密度分布相应的. 若有一直线棒, 其线密度分布为 $\rho=\rho(x)$, 则 $\displaystyle\int_{x_1}^{x_2}\rho(x)\mathrm{d}x$ 就表示在 $[x_1,x_2]$ 一段中棒的质量; 反之, 若已知每一段棒的质量, 则对一个固定的点 $x$ 来说, 取一包含 $x$ 点的区间 $\Delta l$, 并记该段棒的质量为 $\Delta M$, 则 $\rho(x)=\lim\limits_{\Delta l\to 0}\dfrac{\Delta M}{\Delta l}$. 若质量集中在原点, 则当 $x\neq 0$ 时, $\rho(x)=0$, 而当 $x=0$ 时, $\dfrac{\Delta M}{\Delta l}$ 在 $\Delta l\to 0$ 时趋于无穷大, 这时, 用经典的 “每点对应一个函数值” 的函数概念就无法表达集中质量相应的密度分布. 那么, 相应于集中质量的密度分布是什么呢? 类似地, 局限于经典函数的概念也无法表达前面例子中涉及的集中冲量所对应的速度分布或集中热量对应的温度分布等. 因为实际上这种集中分布的量常常会遇到, 所以很需要发展相应的数学工具来描述它. 历史上, 20 世纪 30 年代时, 物理上已广泛地使用这种集中分布量来讨论各种问题, 但直到四五十年代, 才逐步建立了严格的数学基础. 此后, 这种集中分布量就不再是一种不合常理的直观表示, 而有了正确的、严格的数学含义. 这反过来也给物理学及其他学科提供了一类新的数学工具, 从而促进了物理学及其他学科的发展.

**2. 广义函数的数学概念** 以下我们将不限于表达 “集中质量” 所对应的密度分布问题, 而讨论如何扩充经典的函数概念, 并将被扩充了的函数称为**广义函数**.

为了引出广义函数的概念, 我们先考察 $[a,b]$ 上的平方可积函数. 我们知道, 如果 $f(x)\in L^2[a,b]$, 则它以下列方式定义了 $L^2[a,b]$ 上的一个线性连续泛函:

$$F(\varphi) = \langle f, \varphi \rangle = \int_a^b f(x)\varphi(x)\mathrm{d}x, \quad \forall \varphi(x) \in L^2[a,b]. \tag{2.1}$$

反之, 根据里斯 (Riesz) 表现定理知道, 对于 $L^2[a,b]$ 上的任意一个给定的线性连续泛函, 就有唯一的一个函数 $f(x) \in L^2[a,b]$ 与之对应, 并将这个泛函表现为 (2.1) 式的形式. 因此, 在 (2.1) 式的泛函表现形式中, $L^2[a,b]$ 函数与 $L^2[a,b]$ 空间上的泛函可以认为是等同的. 从而, 今后我们常常将 $L^2[a,b]$ 函数与空间 $L^2[a,b]$ 上的泛函不加区别, 而看做是一样的.

如果考察 $L^p[a,b](p>2)$, 那么, 每个 $L^q[a,b]$ 函数 $f(x)$ $\left(\text{其中 } \frac{1}{p}+\frac{1}{q}=1\right)$ 均可类似于 (2.1) 式定义一个 $L^p[a,b]$ 上的线性连续泛函; 反之, 根据泛函分析的知识知道, 每个 $L^p[a,b]$ 上的线性连续泛函也必定可表示为 $L^q[a,b]$ 中的一个函数. 由于 $p>2$, 故 $q<2<p$, 这样, $L^p[a,b]$ 上的线性连续泛函就比原空间的函数类更广, 或者说, 我们用定义泛函的方式得到了一些不属于原函数空间的函数.

如果考察光滑性更好的函数空间, 例如考察 $[a,b]$ 上的连续函数全体 $C[a,b]$. 这时, 由 $L^1[a,b]$ 中的任一函数 (即勒贝格可积函数) $f(x)$, 仍可类似于 (2.1) 式定义一个 $C[a,b]$ 上的线性连续泛函, 但反过来, $C[a,b]$ 上的线性连续泛函却不一定可用某个常义函数 $f$ 表示为 (2.1) 式中积分的形式. 例如, 若 $0 \in (a,b)$, 则对任何给定的 $\varphi(x) \in C[a,b]$, 定义

$$F(\varphi) = \varphi(0), \tag{2.2}$$

就得到了一个线性泛函. 而且若有 $\varphi_\nu(x) \in C[a,b]$, 当 $\nu \to \infty$ 时满足

$$\|\varphi_\nu(x)\|_{C[a,b]} = \max_{x\in[a,b]} |\varphi_\nu(x)| \to 0,$$

则 $F(\varphi_\nu) = \varphi_\nu(0) \to 0$, 所以 $F(\varphi)$ 是连续的. 但是却找不到一个可积函数 $f(x)$, 使泛函 $F(\varphi)$ 表示成 (2.1) 式中的积分①.

我们称由 (2.2) 式表达的泛函为狄拉克 δ 函数, 并形式地记为 $F(\varphi) = \langle \delta, \varphi \rangle$. 为了更直观地了解 δ 函数, 取 $h < \min(|a|,|b|)$, 并引进如下的脉冲函数列:

$$\delta_h = \begin{cases} \dfrac{1}{h}, & -\dfrac{h}{2} \leqslant x \leqslant \dfrac{h}{2}, \\ 0, & a \leqslant x < -\dfrac{h}{2} \text{ 或 } \dfrac{h}{2} < x \leqslant b, \end{cases} \tag{2.3}$$

则利用积分中值定理, 有

$$\int_a^b \delta_h(x)\varphi(x)\mathrm{d}x = \frac{1}{h}\int_{-\frac{h}{2}}^{\frac{h}{2}} \varphi(x)\mathrm{d}x = \varphi(\xi),$$

① 事实上, 假若有这样的函数 $f(x)$ 存在, 则可以证明它在任一不含有原点的区间 $[a,b]$ 上必几乎处处为零, 从而在 $(-\infty,\infty)$ 中 $f(x)$ 几乎处处为零, 但这又与 (2.2) 式矛盾.

这里 $\xi\in\left(-\frac{h}{2},\frac{h}{2}\right)$. 当 $h\to 0$ 时, $\varphi(\xi)\to\varphi(0)$, 于是, 对任意给定的 $\varphi\in C[a,b]$,

$$\lim_{h\to 0}\int_a^b \delta_h(x)\varphi(x)\mathrm{d}x=\varphi(0)=F(\varphi).$$

这样, δ 函数可以看成是由 $\delta_h(x)$ 当 $h\to 0$ 时按下述意义的极限 (注意, 不是经典意义下的极限): 对于任何给定的连续函数 $\varphi$, 有

$$\lim_{h\to 0}\langle\delta_h,\varphi\rangle=\langle\delta,\varphi\rangle. \tag{2.4}$$

作为 $\delta_h(x)$ 的极限, 我们就可以想象 $\delta(x)$ 是在 $x\neq 0$ 时为 $0, x=0$ 时为 $\infty$ 的一个 "函数", 且其积分值为 1 (注意, 这只是一种 "想象", 不能作为 $\delta(x)$ 的严格数学定义!). 按 (2.2) 式定义的 $\delta(x)$ 就是我们前面所说的集中在原点的单位质量的密度分布的数学表达.

从前面的讨论中可以想象, 如果对出现在 (2.1) 式积分中的 $\varphi(x)$ 所属的函数类要求越高, 则由该式所定义的泛函就越多. 我们今后就将定义在某些特定函数空间上的线性连续泛函, 称为**广义函数**.

**3. 基本函数空间** 从前面的讨论可见, 广义函数作为一个线性连续泛函与它作用于哪一个函数空间密切相关. 为了一般地定义广义函数, 首先要将 $\varphi(x)$ 所属的函数空间描述清楚. 称 $\varphi(x)$ 所属的函数空间为**基本函数空间**. 以下介绍几个常用的基本函数空间.

(1) 空间 $C^\infty(\mathbf{R}^n)$. $C^\infty(\mathbf{R}^n)$ 中的元素是在 $\mathbf{R}^n$ 中无穷次连续可导的函数 (可以取复值). 在 $C^\infty(\mathbf{R}^n)$ 中引入如下的极限关系: 若 $\varphi_\nu\in C^\infty(\mathbf{R}^n)$, 且对 $\mathbf{R}^n$ 中任一紧集 (即有界闭集) $K$ 和任意的重指标 $\alpha$, 使

$$\partial^\alpha\varphi_\nu\to 0^{①}$$

在 $K$ 上一致成立, 则称 $\varphi_\nu\to 0(C^\infty(\mathbf{R}^n))$. $C^\infty(\mathbf{R}^n)$ 也记为 $\mathscr{E}(\mathbf{R}^n)$.

(2) 空间 $C_c^\infty(\mathbf{R}^n)$. $C_c^\infty(\mathbf{R}^n)$ 中的元素是在 $\mathbf{R}^n$ 中无穷次可导而且具有紧支集 (见上节) 的函数. 在 $C_c^\infty(\mathbf{R}^n)$ 中引入的极限关系是: 如果 $\varphi_\nu\in C_c^\infty(\mathbf{R}^n)$, 且满足

1) 所有 $\varphi_\nu$ 的支集在一个共同的紧集内;

2) 对每个重指标 $\alpha$, 在上述紧集上

$$\partial^\alpha\varphi_\nu\to 0$$

一致成立,

则称 $\varphi_\nu\to 0(C_c^\infty(\mathbf{R}^n))$. $C_c^\infty(\mathbf{R}^n)$ 也记为 $\mathscr{D}(\mathbf{R}^n)$.

现在我们举几个例子.

---

① 这里重指标 $\alpha=(\alpha_1,\alpha_2,\cdots,\alpha_n),\partial^\alpha$ 是 $\left(\frac{\partial}{\partial x_1}\right)^{\alpha_1}\left(\frac{\partial}{\partial x_2}\right)^{\alpha_2}\cdots\left(\frac{\partial}{\partial x_n}\right)^{\alpha_n}$ 的简写, 以后也常用这种写法.

**例 1** 令

$$\varphi(x)=\begin{cases}\mathrm{e}^{\frac{1}{|x|^2-1}}, & |x|<1,\\ 0, & |x|\geqslant 1.\end{cases} \tag{2.5}$$

容易验证 $\varphi(x)$ 是一个任意阶导数均为连续的函数, 且 $\operatorname{supp}\varphi(x)$ 为单位球 $|x|\leqslant 1$, 于是 $\varphi(x)\in C_c^\infty(\mathbf{R}^n)$. $\varphi(x)$ 在 $\mathbf{R}^n$ 上的积分是一有限值 $c$, 从而

$$\alpha(x)=\frac{1}{c}\varphi(x)$$

也是 $C_c^\infty(\mathbf{R}^n)$ 中的元素, $\operatorname{supp}\alpha(x)$ 为单位球 $|x|\leqslant 1$, 且 $\displaystyle\int_{\mathbf{R}^n}\alpha(x)\mathrm{d}x=1$.

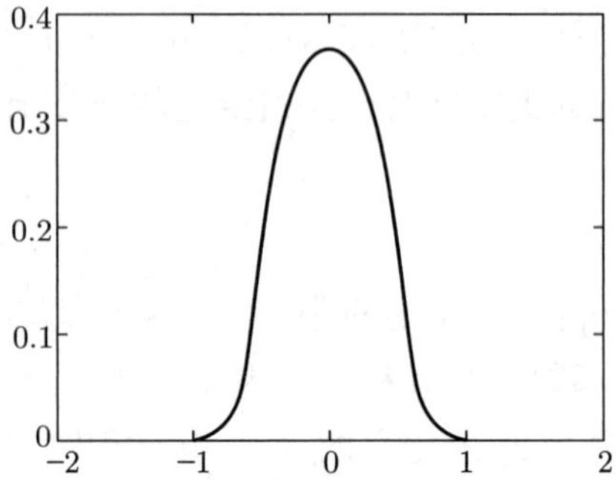

图 6.1

在单个自变量的情形, $\alpha(x)$ 的图形见图 6.1.

**例 2** 记 $\alpha_\varepsilon(x)=\dfrac{1}{\varepsilon^n}\alpha\left(\dfrac{x}{\varepsilon}\right)$, 则 $\alpha_\varepsilon(x)\in C_c^\infty(\mathbf{R}^n)$, $\operatorname{supp}\alpha_\varepsilon(x)$ 为球 $|x|\leqslant\varepsilon$, 且 $\alpha_\varepsilon(x)$ 也满足

$$\int_{\mathbf{R}^n}\alpha_\varepsilon(x)\mathrm{d}x=1.$$

这里引入的 $\alpha_\varepsilon(x)$ 在今后的讨论中将常常用到.

**例 3** 设 $R>1$, 而 $\chi_R(x)$ 为球 $B_R(|x|<R)$ 的**特征函数**, 即

$$\chi_R(x)=\begin{cases}1, & x\in B_R,\\ 0, & x\notin B_R.\end{cases} \tag{2.6}$$

作

$$\begin{aligned}\beta_R(x)&=\int\chi_R(x-t)\alpha(t)\mathrm{d}t\\ &=\int\chi_R(t)\alpha(x-t)\mathrm{d}t,\end{aligned}$$

其中 $\alpha(x)$ 为例 1 所定义的函数. $\beta_R(x)$ 表示函数 $\chi_R(x)$ 在以 $x$ 为心、以 1 为半径的球中的加权平均值. 容易证明, $\beta_R(x)\in C_c^\infty(\mathbf{R}^n)$, 且在 $|x|\leqslant R-1$ 时, $\beta_R(x)\equiv 1$.

对于任给的 $\varphi\in C^\infty(\mathbf{R}^n)$, 作 $\varphi_\nu(x)=\beta_\nu(x)\varphi(x)$, 则 $\varphi_\nu\in C_c^\infty(\mathbf{R}^n)$, 它在 $|x|\leqslant\nu-1$ 时恒等于 $\varphi(x)$, 在 $|x|\geqslant\nu+1$ 时恒等于零, 而且当 $\nu\to\infty$ 时 $\varphi_\nu(x)\to\varphi(x)(C^\infty(\mathbf{R}^n))$. 由此可见, $C_c^\infty(\mathbf{R}^n)$ 中的函数是很多的, 它构成 $C^\infty(\mathbf{R}^n)$ 中的稠密集.

**例 4** 我们再举一个例子说明 $C_c^\infty(\mathbf{R}^n)$ 与 $C^\infty(\mathbf{R}^n)$ 中的极限关系的不同. 取 $\alpha(x)$ 为例 1 中定义的函数, 并作

$$\varphi_\nu(x)=\alpha(x_1-\nu,x_2,\cdots,x_n),$$

则当 $\nu\to\infty$ 时, $\varphi_\nu(x)$ 的支集渐趋于无穷远, 从而在任一有界集上, 从某一个 $\nu$ 值起, $\varphi_\nu\equiv 0$. 这样, 按 $C^\infty(\mathbf{R}^n)$ 的极限关系来说, 有 $\varphi_\nu\to 0$. 但 $\varphi_\nu(x)$ 的支集不可能被一个有界集所包含, 故按 $C_c^\infty(\mathbf{R}^n)$ 的极限关系来说, $\varphi_\nu\nrightarrow 0$.

(3) 空间 $\mathscr{S}(\mathbf{R}^n)$. 如果定义在 $\mathbf{R}^n$ 上的函数 $\varphi(x)$ 满足如下性质:

1) $\varphi(x)$ 为 $\mathbf{R}^n$ 中的 $C^\infty$ 函数;

2) $\varphi(x)$ 在无穷远处急速下降, 即对于任意的重指标 $\alpha, p$, 在 $\mathbf{R}^n$ 上一致成立

$$\lim_{|x|\to\infty} x^\alpha \partial^p \varphi(x) = 0^{①}, \tag{2.7}$$

则称 $\varphi(x)$ 为**速降函数**. 我们记速降函数全体为 $\mathscr{S}(\mathbf{R}^n)$.

$\mathscr{S}(\mathbf{R}^n)$ 中的极限关系规定如下:

如果有 $\mathscr{S}(\mathbf{R}^n)$ 中的一函数列 $\{\varphi_\nu(x)\}$, 对任意的重指标 $\alpha, p$, 在 $\mathbf{R}^n$ 上一致地成立

$$x^\alpha \partial^p \varphi_\nu(x) \to 0 \quad (\nu \to \infty),$$

则称 $\varphi_\nu \to 0(\mathscr{S}(\mathbf{R}^n))$.

**例 5** $\mathrm{e}^{-|x|^2} \in \mathscr{S}(\mathbf{R}^n)$.

事实上, 对任意的重指标 $\alpha, p$, 函数 $x^\alpha \partial^p \mathrm{e}^{-|x|^2}$ 都是形为 $c_\beta x^\beta \mathrm{e}^{-|x|^2}$ 的项的和, 而当 $|x| \to \infty$ 时, $\mathrm{e}^{-|x|^2}$ 比 $x$ 的任意次幂都更快地趋于零, 所以 $\mathrm{e}^{-|x|^2}$ 在无穷远处是速降的.

上面所引进的三个基本函数空间之间的包含关系为

$$C_c^\infty(\mathbf{R}^n) \subset \mathscr{S}(\mathbf{R}^n) \subset C^\infty(\mathbf{R}^n), \tag{2.8}$$

且每一个在其后面一个中稠密 (因为 $C_c^\infty(\mathbf{R}^n)$ 在 $C^\infty(\mathbf{R}^n)$ 中稠密, 而 $\mathscr{S}(\mathbf{R}^n)$ 的元素比 $C_c^\infty(\mathbf{R}^n)$ 的元素更多, 则自然它也在 $C^\infty(\mathbf{R}^n)$ 中稠密). 此外, 这三个空间的极限关系一个比一个强, 即若 $\varphi_\nu \to 0(C_c^\infty(\mathbf{R}^n))$, 则必有 $\varphi_\nu \to 0(\mathscr{S}(\mathbf{R}^n))$; 又若 $\varphi_\nu \to 0(\mathscr{S}(\mathbf{R}^n))$, 则必有 $\varphi_\nu \to 0(C^\infty(\mathbf{R}^n))$.

**4. $\mathscr{D}'(\mathbf{R}^n), \mathscr{S}'(\mathbf{R}^n), \mathscr{E}'(\mathbf{R}^n)$ 广义函数** 前面已说过, 广义函数就是基本函数空间上的线性连续泛函. 我们分别称 $C_c^\infty(\mathbf{R}^n)$ (也记为 $\mathscr{D}(\mathbf{R}^n)$) 上的线性连续泛函为 $\mathscr{D}'(\mathbf{R}^n)$ 广义函数, 称 $\mathscr{S}(\mathbf{R}^n)$ 上的线性连续泛函为 $\mathscr{S}'(\mathbf{R}^n)$ 广义函数, 而称 $C^\infty(\mathbf{R}^n)$ 上的线性连续泛函为 $\mathscr{E}'(\mathbf{R}^n)$ 广义函数. 它们的全体各自构成线性空间, 在规定了相应的极限关系以后 (见下节) 就得到相应的广义函数空间, 仍分别记为 $\mathscr{D}'(\mathbf{R}^n)$ 及 $\mathscr{S}'(\mathbf{R}^n), \mathscr{E}'(\mathbf{R}^n)$. 它们之间的包含关系可以用下式表达:

$$\mathscr{D}'(\mathbf{R}^n) \supset \mathscr{S}'(\mathbf{R}^n) \supset \mathscr{E}'(\mathbf{R}^n). \tag{2.9}$$

对在确定的基本空间上定义的广义函数 $F$, 作用在该基本空间中任一给定元素 $\varphi$ 的值可记为 $F(\varphi)$ 或 $\langle F, \varphi\rangle$, 后者也称为**对偶积**.

下面举一些广义函数的例子.

**例 6** 任一局部可积函数都是 $\mathscr{D}'$ 广义函数.

---

① 这里 $\alpha = (\alpha_1, \alpha_2, \cdots, \alpha_n), x^\alpha = x_1^{\alpha_1} x_2^{\alpha_2} \cdots x_n^{\alpha_n}, p = (p_1, p_2, \cdots, p_n), \partial^p = \partial_{x_1}^{p_1} \partial_{x_2}^{p_2} \cdots \partial_{x_n}^{p_n}$.

局部可积函数是指在 $\mathbf{R}^n$ 的任一有界区域上均为可积的函数. 若 $f(x)$ 是这样的函数, 则对任一给定的 $\varphi(x)\in C_c^\infty(\mathbf{R}^n)$, 积分式 $\int f(x)\varphi(x)\mathrm{d}x$ 有意义, 于是

$$\langle f,\varphi\rangle=\int f(x)\varphi(x)\mathrm{d}x \tag{2.10}$$

定义了一个 $C_c^\infty(\mathbf{R}^n)$ 上的线性泛函. 当 $\varphi_\nu\to 0(C_c^\infty(\mathbf{R}^n))$ 时, 由于 $\varphi_\nu(x)$ 的支集都含于某有界集 $K$ 中,

$$|\langle f,\varphi_\nu\rangle|\leqslant \max|\varphi_\nu|\int_K |f(x)|\,\mathrm{d}x\to 0,$$

故 $\langle f,\varphi\rangle$ 为连续. 于是 $f$ 就定义了一个 $C_c^\infty(\mathbf{R}^n)$ 上的广义函数.

特别地, 当 $f(x)$ 为 $\mathbf{R}^n$ 上的连续函数时, 有 $f(x)\in\mathscr{D}'(\mathbf{R}^n)$. 对于这样的广义函数 $f(x)$, 才可以说到它在特定点 $x_0$ 的取值; 而对一般的广义函数, 说到它在某点 $x_0$ 的取值是不一定有意义的.

**例 7** δ 函数为 $\mathscr{D}',\mathscr{S}'$ 或 $\mathscr{E}'$ 广义函数.

前已指出, δ 函数作用于基本空间的任一给定函数 $\varphi(x)$ 上得到的值为

$$\langle\delta,\varphi\rangle=\varphi(0).$$

显然, 这是一个线性连续泛函, 而且无论按 $C_c^\infty(\mathbf{R}^n),\mathscr{S}(\mathbf{R}^n)$ 还是 $C^\infty(\mathbf{R}^n)$ 的极限意义, 当 $\varphi_{\varphi'}(x)\to 0$ 时, 都有 $\varphi_\nu(0)\to 0$, 所以 δ 函数是 $\mathscr{D}',\mathscr{S}'$ 或 $\mathscr{E}'$ 广义函数.

以后还会用到一个广义函数在 $\mathbf{R}^n$ 的一个开子集上取值的概念, 对此有如下的

**定义** 若有一广义函数 $T\in\mathscr{D}'(\mathbf{R}^n)$, 对于任一函数 $\varphi\in C_c^\infty(\Omega)$ (即 $\varphi\in C^\infty$, 且其支集在 $\Omega$ 中), 都成立

$$\langle T,\varphi\rangle=0,$$

则称 $T$ 在 $\Omega$ 中为 0, 或者说 $T$ 在 $\Omega$ 中取零值.

据此定义, 对广义函数 $T_1,T_2$, 在 $\Omega$ 中 $T_1-T_2$ 取零值, 就称 $T_1,T_2$ 在 $\Omega$ 中相等. 于是, 一个广义函数可以在 $\mathbf{R}^n$ 的某个开子集上等于一个常义函数, 甚至是 $C^\infty$ 光滑函数. 例如, δ 函数仅在含原点的开集内是 "广义"的, 而在不含原点的任一开集上, 取值恒为 0.

利用上述概念可以对广义函数的支集作如下定义:

**定义** 使广义函数 $T$ 取零值的最大开集的余集称为**广义函数 $T$ 的支集**, 记为 $\operatorname{supp}T$.

易见, 对于广义函数 $T$ 与基本函数 $\varphi$, 当 $\operatorname{supp}T$ 与 $\operatorname{supp}\varphi$ 不相交时, 必有 $\langle T,\varphi\rangle=0$.

**例 8** δ 函数的支集为原点 $\{O\}$.

在结束本节时, 我们指出, 在考虑基本函数与广义函数时, 自变量 $x$ 的变化范围也可以不是整个 $\mathbf{R}^n$, 而是 $\mathbf{R}^n$ 中的某个开集 $\Omega$. 这时, 只要将有关定义中在 $\mathbf{R}^n$ 中的紧集改为在 $\Omega$ 中的紧集 (即与 $\Omega$ 的边界有一个正的距离的有界闭集), 就可得到基本函

数空间 $C_c^\infty(\Omega)$ 及 $C^\infty(\Omega)$ 等, 而相应的线性连续泛函就分别是 $\mathscr{D}'(\Omega)$ 及 $\mathscr{E}'(\Omega)$ 广义函数.

## 习　题

1. 证明: 若 $\varphi_\nu(x) \in C_c^\infty(\mathbf{R}_x^n), \psi(y) \in C_c^\infty(\mathbf{R}_y^m)$, 则 $\varphi_\nu(x)\psi(y) \in C_c^\infty(\mathbf{R}_x^n \times \mathbf{R}_y^m)$, 且当 $\varphi_\nu(x) \to 0(C_c^\infty(\mathbf{R}_x^n))$ 时, $\varphi_\nu(x)\psi(y) \to 0(C_c^\infty(\mathbf{R}_x^n \times \mathbf{R}_y^m))$.

2. 证明: 在本节例 3 中引入的 $\beta_R(x)$ 为 $C^\infty$ 函数.

3. 证明: (1) $C_c^\infty(\mathbf{R}^n)$ 在 $L^p(\mathbf{R}^n)$ 中稠密;

(2) $C_c^\infty(\Omega)$ 在 $L^p(\Omega)$ 中稠密.

4. 若 $P(x), Q(x)$ 为常系数多项式, $Q(\partial)$ 为将 $Q(x)$ 中的 $x_i$ 用 $\dfrac{\partial}{\partial x_i}$ 代替后所得到的偏微分算子, 证明下列条件等价:

(1) $\varphi(x) \in \mathscr{S}(\mathbf{R}^n)$;

(2) $P(x)Q(\partial)\varphi(x) \in \mathscr{S}(\mathbf{R}^n)$;

(3) $Q(\partial)(P(x)\varphi(x)) \in \mathscr{S}(\mathbf{R}^n)$.

5. 同第 4 题的记号, 试证 $\nu \to \infty$ 时下列命题等价:

(1) $\varphi_\nu(x) \to 0(\mathscr{S}(\mathbf{R}^n))$;

(2) 对任意给定的 $P(x), Q(x), P(x)Q(\partial)\varphi_\nu(x) \to 0$ 在 $\mathbf{R}^n$ 上一致成立;

(3) 对任意给定的 $P(x), Q(x), Q(\partial)(P(x)\varphi_\nu(x)) \to 0$ 在 $\mathbf{R}^n$ 上一致成立.

6. 证明: 若 $f(x) \in L^p(\mathbf{R}^n)$, 则它是一个 $\mathscr{S}'$ 广义函数.

7. 判断下列一元函数属于哪些广义函数空间?

(1) $\sin x$;　　(2) $x$;

(3) $\mathrm{e}^{x^2}$;　　(4) $f(x) = \begin{cases} 1, & |x| \leqslant 1, \\ 0, & x > 1. \end{cases}$

# §3 广义函数的性质与运算

本节着重讨论 $\mathscr{D}'$ 广义函数的一些基本性质与运算规则. 如不加特别说明, 它们对于 $\mathscr{S}', \mathscr{E}'$ 广义函数也是适合的.

**1. 广义函数的极限**　广义函数的极限可以有多种定义, 这里仅介绍一种常用的弱极限, 并简称为极限. 若有一列广义函数 $\{T_k\}$, 对于基本函数空间中任一给定的元素 $\varphi$, 当 $k \to \infty$ 时成立

$$\langle T_k, \varphi \rangle \to 0, \tag{3.1}$$

则称 $T_k$ **弱收敛**于零, 或简称 $T_k$ **收敛**于零, $T_k$ 以零为**极限**等. 如果 $T_k - T$ 的极限是零, 则称 $T_k$ 的**极限**为 $T$, 记为 $T_k \to T$.

根据这一定义就可以知道, 在 §2 中定义的 $\delta_h(x)$ 确实是弱收敛于 $\delta(x)$ 的.

其他的函数列也可以以 $\delta(x)$ 为极限. 例如在一元函数的情形, 取

$$f_\nu(x)=\frac{1}{\pi}\frac{\sin\nu x}{x},$$

则对任一给定的 $C_c^\infty$ 函数 $\varphi(x)$, 利用黎曼–勒贝格引理知当 $\nu\to\infty$ 时

$$\langle f_\nu,\varphi\rangle=\frac{1}{\pi}\int_{-\infty}^{\infty}\frac{\sin\nu x}{x}\varphi(x)\mathrm{d}x\to\varphi(0)=\langle\delta,\varphi\rangle,$$

因此 $f_\nu\to\delta$.

**2. 广义函数的导数** 设 $T$ 为广义函数, 定义 $T$ 关于 $x_k$ 的偏导数 $\dfrac{\partial T}{\partial x_k}$ 为满足下述要求的广义函数:

$$\left\langle\frac{\partial T}{\partial x_k},\varphi\right\rangle=-\left\langle T,\frac{\partial\varphi}{\partial x_k}\right\rangle,\quad\forall\varphi\in C_c^\infty(\mathbf{R}^n).\tag{3.2}$$

由于从 $\varphi\in C_c^\infty(\mathbf{R}^n)$ 可以推知 $\dfrac{\partial\varphi}{\partial x_k}\in C_c^\infty(\mathbf{R}^n)$, 且从 $\varphi_\nu\to 0(C_c^\infty(\mathbf{R}^n))$ 可以推知 $\dfrac{\partial\varphi_\nu}{\partial x_k}\to 0(C_c^\infty(\mathbf{R}^n))$, 所以, (3.2) 式确实定义了一个 $\mathscr{D}'(\mathbf{R}^n)$ 广义函数 $\dfrac{\partial T}{\partial x_k}$. 容易验证, 当 $T$ 具有一阶连续偏导数时, 这一定义与普通偏导数是一致的.

类似地, 可以定义高阶偏导数. 对于重指标 $\alpha$, 有

$$\langle\partial^\alpha T,\varphi\rangle=(-1)^{|\alpha|}\langle T,\partial^\alpha\varphi\rangle,\quad\forall\varphi\in C_c^\infty(\mathbf{R}^n),\tag{3.3}$$

其中 $|\alpha|$ 表示 $\alpha_1+\alpha_2+\cdots+\alpha_n$. 于是容易得到广义函数的以下一些性质.

**性质 1** 广义函数的任意阶导数存在.

**性质 2** 广义函数的导数与求导的次序无关.

例如, 就二阶导数而言, 有

$$\frac{\partial^2 T}{\partial x_j\partial x_k}=\frac{\partial^2 T}{\partial x_k\partial x_j}.\tag{3.4}$$

这是因为对任一给定的 $\varphi\in C_c^\infty(\mathbf{R}^n)$ 成立

$$\left\langle\frac{\partial^2 T}{\partial x_j\partial x_k},\varphi\right\rangle=\left\langle T,\frac{\partial^2\varphi}{\partial x_k\partial x_j}\right\rangle=\left\langle T,\frac{\partial^2\varphi}{\partial x_j\partial x_k}\right\rangle=\left\langle\frac{\partial^2 T}{\partial x_k\partial x_j},\varphi\right\rangle.$$

**性质 3** 若广义函数序列 $\{f_\nu\}$ 按弱收敛的意义以 $f$ 为极限, 则对于任意重指标 $\alpha$, 成立

$$\partial^\alpha f_\nu\to\partial^\alpha f.$$

**例** 考虑赫维赛德 (Heaviside) 函数

$$H(x)=\begin{cases}1, & x>0,\\ 0, & x\leqslant 0.\end{cases}\tag{3.5}$$

作为一个常义函数来说, $H(x)$ 在 $x=0$ 处不存在导数, 但作为广义函数, 它在 $\mathbf{R}$ 上可导. 事实上, 对于任一给定的 $\varphi\in C_c^\infty(\mathbf{R})$, 有

$$\begin{aligned}\left\langle\frac{\mathrm{d}H}{\mathrm{d}x},\varphi\right\rangle&=-\left\langle H,\frac{\mathrm{d}\varphi}{\mathrm{d}x}\right\rangle=-\int_0^\infty\frac{\mathrm{d}\varphi}{\mathrm{d}x}\mathrm{d}x\\&=\varphi(0)=\langle\delta,\varphi\rangle,\end{aligned}$$

所以

$$\frac{\mathrm{d}}{\mathrm{d}x}H(x)=\delta(x).$$

**3. 广义函数的乘子** 设 $T$ 为广义函数, $\alpha(x)\in C^\infty(\mathbf{R}^n)$, 则定义 $\alpha$ 与 $T$ 的乘积 $\alpha T$ 为

$$\langle\alpha T,\varphi\rangle=\langle T,\alpha\varphi\rangle,\quad\forall\varphi\in C_c^\infty(\mathbf{R}^n).\tag{3.6}$$

由于从 $\varphi\in C_c^\infty(\mathbf{R}^n)$ 可以推出 $\alpha\varphi\in C_c^\infty(\mathbf{R}^n)$, 又从 $\varphi_\nu\to0(C_c^\infty(\mathbf{R}^n))$ 可以推出 $\alpha\varphi_\nu\to0(C_c^\infty(\mathbf{R}^n))$, 所以 (3.6) 式确实定义了一个广义函数. $\alpha(x)$ 称为**乘子**.①

结合 (3.3) 与 (3.6) 式可知, 以 $C^\infty$ 函数为系数的线性偏微分算子

$$P(x,\partial)=\sum_{|\alpha|\leqslant m}a_\alpha(x)\partial^\alpha\tag{3.7}$$

作用于广义函数 $T$ 是有意义的, 从而我们可以在广义函数的意义下考察偏微分方程 (例如波动方程、热传导方程、调和方程等)

$$P(x,\partial)u=f.\tag{3.8}$$

如果广义函数 $u$ 满足 (3.8) 式 (即 $u$ 为 (3.8) 的广义函数解), 就表示对任一给定的 $C_c^\infty$ 函数 $\varphi$, 成立

$$\langle u,P^*(x,\partial)\varphi\rangle=\langle f,\varphi\rangle,\tag{3.9}$$

其中 $P^*(x,\partial)\varphi=\sum\limits_{|\alpha|\leqslant m}(-1)^{|\alpha|}\partial^\alpha(a_\alpha(x)\varphi)$. 对照 §1 中弱解的定义, 偏微分方程的广义函数解可以看成是更弱意义下的弱解.

**4. 广义函数的卷积** 若 $f(x),g(x)$ 为两个 $L^1(-\infty,\infty)$ 函数, 它们的卷积为

$$(f*g)(x)=\int_{-\infty}^\infty f(x-y)g(y)\mathrm{d}y.$$

当 $x,y$ 在 $\mathbf{R}^n$ 中变化, $f,g$ 为 $L^1(\mathbf{R}^n)$ 中的元素时, 也可相应地定义卷积为

$$(f*g)(x)=\int_{\mathbf{R}^n}f(x-y)g(y)\mathrm{d}y.\tag{3.10}$$

① 对于 $\mathscr{S}'(\mathbf{R}^n)$ 广义函数, 它的乘子在无穷远处的增长性应加上一些限制, 如任一有界的或增长速度不超过多项式的 $C^\infty$ 函数都可以作为 $\mathscr{S}'(\mathbf{R}^n)$ 广义函数的乘子.

如果将 $f*g$ 视为 $\mathscr{D}'$ 广义函数, 将其作用于任一给定的 $C_c^\infty(\mathbf{R}^n)$ 函数 $\varphi(x)$ 上, 就有

$$\begin{aligned}\langle (f*g)(x),\varphi(x)\rangle &= \int_{\mathbf{R}^n}\varphi(x)\int_{\mathbf{R}^n} f(x-y)g(y)\mathrm{d}y\mathrm{d}x\\ &= \int_{\mathbf{R}^n}\left[\int_{\mathbf{R}^n}\varphi(x+y)f(x)g(y)\mathrm{d}y\right]\mathrm{d}x\\ &= \langle f(x),\langle g(y),\varphi(x+y)\rangle\rangle\\ &= \langle g(y),\langle f(x),\varphi(x+y)\rangle\rangle. \end{aligned}\tag{3.11}$$

相应地, 我们定义两个广义函数 $S,T$ 的卷积为

$$\langle S*T,\varphi\rangle = \langle S_x,\langle T_y,\varphi(x+y)\rangle\rangle,\quad \forall\varphi\in C_c^\infty(\mathbf{R}^n).\tag{3.12}$$

这里 $S,T$ 的下标 $x,y$ 表示它们是分别作用在 $C_c^\infty(\mathbf{R}_x^n)$ 与 $C_c^\infty(\mathbf{R}_y^n)$ 上的广义函数.

这里要指出两点. 一是并非任何两个广义函数都可以求卷积, 但是只要两个广义函数中有一个是 $\mathscr{E}'$ 广义函数, 它们的卷积就存在. 二是如果两个广义函数可以求卷积的话, 求卷积的次序是可以变换的, 即 $S*T=T*S$. 这两个事实的详细证明在本书中从略, 有兴趣的读者可以参看有关广义函数的著作.

关于广义函数的卷积还有如下的性质 (假定下面所写出的卷积都是存在的).

**性质 1**
$$(R*S)*T = R*(S*T).\tag{3.13}$$

事实上, 上式两端对于任一 $C_c^\infty(\mathbf{R}^n)$ 中的函数 $\varphi$ 的作用都可表示

$$\langle R_x,\langle S_y,\langle T_z,\varphi(x+y+z)\rangle\rangle\rangle.$$

**性质 2**
$$\delta*T = T.\tag{3.14}$$

因为对任一给定的 $\varphi\in C_c^\infty(\mathbf{R}^n)$, 有

$$\begin{aligned}\langle \delta*T,\varphi\rangle &= \langle T_x,\langle \delta_y,\varphi(x+y)\rangle\rangle\\ &= \langle T_x,\varphi(x)\rangle = \langle T,\varphi\rangle.\end{aligned}$$

**性质 3**
$$\partial_k T = (\partial_k\delta)*T,\tag{3.15}$$

其中 $\partial_k$ 表示 $\dfrac{\partial}{\partial x_k}$.

因为对任一给定的 $\varphi\in C_c^\infty(\mathbf{R}^n)$, 有

$$\begin{aligned}\langle \partial_k T_x,\varphi(x)\rangle &= -\langle T_x,\partial_k\varphi(x)\rangle\\ &= -\langle T_x,\langle \delta_y,\partial_k\varphi(x+y)\rangle\rangle\\ &= \langle T_x,\langle (\partial_k\delta)_y,\varphi(x+y)\rangle\rangle\\ &= \langle (\partial_k\delta)*T,\varphi\rangle.\end{aligned}$$

**性质 4**
$$\partial_k(S*T) = (\partial_k S)*T = S*\partial_k T.\tag{3.16}$$

事实上, 利用前面几个性质可得

$$\begin{aligned}\partial_k(S*T)&=(\partial_k\delta)*(S*T)\\&=(\partial_k\delta*S)*T\\&=(\partial_kS)*T.\end{aligned}$$

类似地可得 $\partial_k(S*T)=S*\partial_kT$.

根据 (3.16) 式, 如果有一个常系数的线性偏微分算子 $P(\partial)=\sum\limits_{|\alpha|\leqslant m}a_\alpha\partial^\alpha$ 作用于两个广义函数的卷积上, 也只要将它作用于这两个中间的一个就行了, 即成立

$$P(\partial)(E*T)=[P(\partial)E]*T. \tag{3.17}$$

## 习 题

1. 将在第一象限中为 1, 其外为 0 的二元函数 $T$ 视为广义函数, 求 $\dfrac{\partial T}{\partial x},\dfrac{\partial T}{\partial y}$ 及 $\dfrac{\partial^2 T}{\partial x\partial y}$.

2. 证明: 若 $T$ 为 $\mathscr{D}'$ 广义函数, $\alpha$ 为 $\mathscr{D}'(\mathbf{R}^n)$ 的乘子, 则

$$\partial_j(\alpha T)=\partial_j\alpha\cdot T+\alpha\cdot\partial_jT.$$

3. 设

$$f(x)=\begin{cases}x^2, & x\geqslant 1,\\ x, & x<1,\end{cases}$$

试求 $\dfrac{\mathrm{d}f}{\mathrm{d}x},\dfrac{\mathrm{d}^2f}{\mathrm{d}x^2}$ 及 $\dfrac{\mathrm{d}^3f}{\mathrm{d}x^3}$.

4. 用

$$\left\langle\frac{\partial T}{\partial x_k},\varphi\right\rangle=-\left\langle T,\frac{\partial\varphi}{\partial x_k}\right\rangle,\quad \forall\varphi\in\mathscr{S}(\mathbf{R}^n)$$

来定义 $\mathscr{S}'(\mathbf{R}^n)$ 上的广义函数的导数. 试证: $\dfrac{\partial}{\partial x_k}$ 是 $\mathscr{S}'(\mathbf{R}^n)$ 上的一个线性连续映射.

5. 若 $\alpha(x)\in C_c^\infty(\mathbf{R}^n)$, 证明: $\alpha(x)\delta(x)=\alpha(0)\delta(x)$.

6. 若 $\alpha_\varepsilon(x)$ 为上节例 2 中定义的函数, 试证:

(1) 若 $\varphi(x)\in C^\infty(\mathbf{R}^n)$, 则 $\alpha_\varepsilon*\varphi\to\varphi(C^\infty(\mathbf{R}^n))$;

(2) 若 $\varphi(x)\in C_c^\infty(\mathbf{R}^n)$, 则 $\alpha_\varepsilon*\varphi\to\varphi(C_c^\infty(\mathbf{R}^n))$.

7. 设 $\alpha_\varepsilon(x)$ 为上节例 2 中引入的函数, 试证: 当 $\varepsilon\to 0$ 时 $\alpha_\varepsilon(x)$ 弱收敛于 $\delta(x)$.

8. 试证下列函数作为广义函数弱收敛于 $\delta(x)$:

(1) $(4\pi t)^{-\frac{1}{2}}\exp\left(-\dfrac{x^2}{4t}\right)\quad(t\to 0)$;

(2) $\dfrac{1}{\pi}\dfrac{\alpha}{\alpha^2+x^2}\quad(\alpha\to 0)$.

# §4 广义函数的傅里叶变换

本节中我们介绍广义函数的傅里叶变换. 它是经典的傅里叶变换的推广, 但是由于有广义函数理论作为基础, 就可以去掉原先在定义与应用中对函数所加的一些限制, 使傅里叶变换成为更为灵活与有力的工具, 在近代偏微分方程理论的研究中被普遍使用.

**1. $\mathscr{S}(\mathbf{R}^n)$ 上的傅里叶变换** 由于 $\mathscr{S}(\mathbf{R}^n)$ 中任一函数绝对可积, 对于任一给定函数 $f(x) \in \mathscr{S}(\mathbf{R}^n)$, 可以像第二章中那样定义其傅里叶变换

$$F[f] = \int_{\mathbf{R}^n} f(x) \mathrm{e}^{-\mathrm{i}x\cdot\xi} \mathrm{d}x, \tag{4.1}$$

同样, 对于任一给定的 $g(\xi) \in \mathscr{S}(\mathbf{R}^n)$, 可以定义其傅里叶逆变换

$$F^{-1}[g] = \frac{1}{(2\pi)^n} \int_{\mathbf{R}^n} g(\xi) \mathrm{e}^{\mathrm{i}x\cdot\xi} \mathrm{d}\xi, \tag{4.2}$$

且因为 $f(x)$ 是连续可导的, 所以有

$$F^{-1}[F[f]] = f. \tag{4.3}$$

下面我们列举 $\mathscr{S}(\mathbf{R}^n)$ 空间上傅里叶变换的一些性质, 其中有些性质在一个自变量的情形已在第二章中证明过, 这里不再作类似的证明. 在今后的讨论中, 有时为了便于表明傅里叶变换 $F[f]$ 的自变量, 也记 $F[f]$ 为 $\widetilde{f}(\xi)$.

**性质 1** 傅里叶变换是线性变换, 即对任意复数 $\alpha_1, \alpha_2$, 成立

$$F[\alpha_1 f_1 + \alpha_2 f_2] = \alpha_1 F[f_1] + \alpha_2 F[f_2]. \tag{4.4}$$

**性质 2** 傅里叶变换将微分运算变为乘幂函数的运算, 反过来也将乘幂函数的运算变为微分运算, 即成立

$$F[\partial_j f] = \mathrm{i}\xi_j F[f], \tag{4.5}$$

$$F[\partial^\alpha f] = \mathrm{i}^{|\alpha|}\xi^\alpha F[f], \tag{4.6}$$

$$F[-\mathrm{i}x_j f] = \frac{\partial}{\partial \xi_j} F[f], \tag{4.7}$$

$$F[(-\mathrm{i})^{|\alpha|} x^\alpha f] = \partial^\alpha F[f]. \tag{4.8}$$

**性质 3** 傅里叶变换将卷积运算变为乘法运算, 反之, 将乘法运算变为卷积运算, 即成立

$$F[f * g] = F[f] \cdot F[g], \tag{4.9}$$

$$F[f \cdot g] = (2\pi)^{-n} F[f] * F[g]. \tag{4.10}$$

**性质 4** 傅里叶变换建立了一个从 $\mathscr{S}(\mathbf{R}^n)$ 到 $\mathscr{S}(\mathbf{R}^n)$ 的同构对应.

**证** 先证明对于任一给定的 $f\in\mathscr{S}(\mathbf{R}^n)$, 经过傅里叶变换后仍然是速降函数. 事实上, 由性质 2 知, 对于任意的重指标 $\alpha,p$, 成立

$$\mathrm{i}^{|\alpha|+|p|}\xi^\alpha\partial^p F[f]=\int_{\mathbf{R}^n}\partial^\alpha[x^p f(x)]\mathrm{e}^{-\mathrm{i}x\cdot\xi}\mathrm{d}x. \tag{4.11}$$

由于 $\partial^\alpha[x^p f(x)]\in\mathscr{S}(\mathbf{R}^n)$, 故对于任意给定的正整数 $k$,

$$(1+|x|^2)^k\big|\partial^\alpha[x^p f(x)]\big|$$

在 $\mathbf{R}^n$ 中有界. 选取 $k$ 使

$$\int_{\mathbf{R}^n}\frac{1}{(1+|x|^2)^k}\mathrm{d}x=C<\infty,$$

就有

$$\begin{aligned}|\xi^\alpha\partial^p F[f]|&\leqslant\int_{\mathbf{R}^n}|\partial^\alpha[x^p f(x)]|\,\mathrm{d}x\\&=\int_{\mathbf{R}^n}\frac{1}{(1+|x|^2)^k}(1+|x|^2)^k\big|\partial^\alpha[x^p f(x)]\big|\mathrm{d}x\\&\leqslant C\cdot\sup_{x\in\mathbf{R}^n}(1+|x|^2)^k\big|\partial^\alpha[x^p f(x)]\big|.\end{aligned}\tag{4.12}$$

这说明, 对任意的 $\alpha,p$, 都有 $\xi^\alpha\partial^p F[f]$ 有界, 从而 $F[f]\in\mathscr{S}(\mathbf{R}^n)$. 同时可知, 当 $f_\nu\to 0(\mathscr{S}(\mathbf{R}^n))$ 时, 也有 $F[f_\nu]\to 0(\mathscr{S}(\mathbf{R}^n))$. 因此, 傅里叶变换是一个从 $\mathscr{S}(\mathbf{R}^n)$ 到 $\mathscr{S}(\mathbf{R}^n)$ 的线性连续映射.

再注意到傅里叶逆变换的形式与傅里叶变换的形式是相似的, 同理可知傅里叶逆变换也是 $\mathscr{S}(\mathbf{R}^n)$ 到 $\mathscr{S}(\mathbf{R}^n)$ 的线性连续映射. 因此, 傅里叶变换建立了一个从 $\mathscr{S}(\mathbf{R}^n)$ 到 $\mathscr{S}(\mathbf{R}^n)$ 的同构对应 (保持线性结构与极限关系不变). 证毕.

由于 $C^\infty(\mathbf{R}^n)$ 中的任一函数不一定可进行傅里叶变换, 而 $C_c^\infty(\mathbf{R}^n)$ 中的函数经过傅里叶变换后一般不再在 $C_c^\infty(\mathbf{R}^n)$ 中, 所以傅里叶变换建立从 $\mathscr{S}(\mathbf{R}^n)$ 到 $\mathscr{S}(\mathbf{R}^n)$ 间的同构对应这一事实使 $\mathscr{S}(\mathbf{R}^n)$ 及其上的广义函数空间 $\mathscr{S}'(\mathbf{R}^n)$ 在研究傅里叶变换中起着重要的作用, 这也正是引进速降函数空间 $\mathscr{S}(\mathbf{R}^n)$ 的目的.

**2. $\mathscr{S}'(\mathbf{R}^n)$ 上的傅里叶变换** 对于任一给定的 $\mathscr{S}'(\mathbf{R}^n)$ 广义函数 $T$, 定义它的傅里叶变换 $F[T]$ 为

$$\langle F[T],\varphi\rangle=\langle T,F[\varphi]\rangle,\quad\forall\varphi\in\mathscr{S}(\mathbf{R}^n). \tag{4.13}$$

前面已经指出, 若 $\varphi\in\mathscr{S}(\mathbf{R}^n)$, 则 $F[\varphi]\in\mathscr{S}(\mathbf{R}^n)$, 且若 $\varphi_\nu\to 0(\mathscr{S}(\mathbf{R}^n))$, 则 $F[\varphi_\nu]\to 0(\mathscr{S}(\mathbf{R}^n))$, 于是 (4.13) 式确实定义了一个 $\mathscr{S}'(\mathbf{R}^n)$ 广义函数. 同样, 可定义广义函数 $T$ 的傅里叶逆变换 $F^{-1}[T]$ 为

$$\langle F^{-1}[T],\varphi\rangle=\langle T,F^{-1}[\varphi]\rangle,\quad\forall\varphi\in\mathscr{S}(\mathbf{R}^n). \tag{4.14}$$

如果 $T$ 是 $\mathbf{R}^n$ 上的绝对可积函数, 则对任一给定的函数 $\varphi\in\mathscr{S}(\mathbf{R}^n)$, 有

$$\begin{aligned}\langle F[T],\varphi\rangle&=\langle T,F[\varphi]\rangle\\&=\int_{\mathbf{R}^n_x}\left[\int_{\mathbf{R}^n_\xi}\varphi(\xi)\mathrm{e}^{-\mathrm{i}x\cdot\xi}\mathrm{d}\xi\right]T(x)\mathrm{d}x\\&=\int_{\mathbf{R}^n_\xi}\left[\int_{\mathbf{R}^n_x}T(x)\mathrm{e}^{-\mathrm{i}x\cdot\xi}\mathrm{d}x\right]\varphi(\xi)\mathrm{d}\xi,\end{aligned}$$

所以 $F[T]=\int_{\mathbf{R}^n_x}T(x)\mathrm{e}^{-\mathrm{i}x\cdot\xi}\mathrm{d}x$. 这说明按经典意义可以进行傅里叶变换的函数, 按广义函数意义也可以作傅里叶变换, 而且两者相等. 这样, 前面的讨论就大大扩充了傅里叶变换的概念与应用范围.

**例 1** 求 $\delta$ 函数的傅里叶变换.

**解** 对任意给定的 $\varphi\in\mathscr{S}(\mathbf{R}^n)$, 由于

$$\begin{aligned}\langle F[\delta(x-a)],\varphi\rangle&=\langle\delta(x-a),F[\varphi]\rangle\\&=\left\langle\delta(x-a),\int\varphi(\xi)\mathrm{e}^{-\mathrm{i}x\cdot\xi}\mathrm{d}\xi\right\rangle\\&=\int\varphi(\xi)\mathrm{e}^{-\mathrm{i}a\cdot\xi}\mathrm{d}\xi\\&=\langle\mathrm{e}^{-\mathrm{i}a\cdot\xi},\varphi\rangle,\end{aligned}$$

所以

$$F[\delta(x-a)]=\mathrm{e}^{-\mathrm{i}a\cdot\xi}.\tag{4.15}$$

特别地, 当 $a$ 取 0 值时,

$$F[\delta(x)]=1.\tag{4.16}$$

**例 2** 求函数 $\mathrm{e}^{\mathrm{i}ax}$ 的傅里叶变换.

**解** 对于任一给定的 $\varphi\in\mathscr{S}(\mathbf{R}^n)$, 记 $F[\varphi]=\psi$, 则 $F^{-1}[\psi]=\varphi$, 故有

$$\begin{aligned}\langle F[\mathrm{e}^{\mathrm{i}ax}],\varphi\rangle&=\langle\mathrm{e}^{\mathrm{i}ax},F[\varphi]\rangle=\int\mathrm{e}^{\mathrm{i}ax}\psi(x)\mathrm{d}x\\&=(2\pi)^n\varphi(a)=\langle(2\pi)^n\delta(\xi-a),\varphi\rangle,\end{aligned}$$

从而

$$F[\mathrm{e}^{\mathrm{i}ax}]=(2\pi)^n\delta(\xi-a).\tag{4.17}$$

特别地, 当 $a=0$ 时有

$$F[1]=(2\pi)^n\delta.\tag{4.18}$$

下面列举 $\mathscr{S}'(\mathbf{R}^n)$ 广义函数的傅里叶变换的部分性质.

**性质 1** 傅里叶变换建立了一个 $\mathscr{S}'(\mathbf{R}^n)$ 到 $\mathscr{S}'(\mathbf{R}^n)$ 的同构对应.

线性同构是明显的. 为说明这个对应保持极限关系不变, 考察在 $\mathscr{S}'(\mathbf{R}^n)$ 中以 0 为极限的序列 $\{T_\nu\}$. 因为对于任意给定的 $\varphi \in \mathscr{S}(\mathbf{R}^n)$, 有 $F[\varphi] \in \mathscr{S}(\mathbf{R}^n)$, 且

$$\langle F[T_\nu], \varphi\rangle = \langle T_\nu, F[\varphi]\rangle, \tag{4.19}$$

所以由 $T_\nu \to 0$ 知道 $\langle T_\nu, F[\varphi]\rangle \to 0$, 也就是 $\langle F[T_\nu], \varphi\rangle \to 0$, 从而 $F[T_\nu]$ 也收敛于 0. 这样, 按照 $\mathscr{S}'(\mathbf{R}^n)$ 中的极限关系, 傅里叶变换建立了一个线性连续映射; 同理, 傅里叶逆变换也是这样的映射, 这就证明了性质 1.

**性质 2** 若 $T \in \mathscr{S}'(\mathbf{R}^n)$, 则

$$F^{-1}[F[T]] = T. \tag{4.20}$$

**证** 因为对任意给定的 $\varphi \in \mathscr{S}(\mathbf{R}^n)$, 成立

$$\begin{aligned}\langle F^{-1}[F[T]], \varphi\rangle &= \langle F[T], F^{-1}[\varphi]\rangle \\ &= \langle T, F[F^{-1}[\varphi]]\rangle = \langle T, \varphi\rangle.\end{aligned}$$

**性质 3** 若 $T \in \mathscr{S}'(\mathbf{R}^n)$, 则成立

$$F[\partial_j T] = \mathrm{i}\xi_j F[T], \tag{4.21}$$

$$F[\partial^\alpha T] = \mathrm{i}^{|\alpha|}\xi^\alpha F[T], \tag{4.22}$$

$$F[-\mathrm{i}x_j T] = \frac{\partial}{\partial \xi_j} F[T], \tag{4.23}$$

$$F[(-\mathrm{i})^{|\alpha|}x^\alpha T] = \partial^\alpha F[T]. \tag{4.24}$$

**证** 我们只就 (4.21) 式加以证明. 对于任一给定的 $\varphi \in \mathscr{S}(\mathbf{R}^n_\xi)$, 有

$$\begin{aligned}\langle F[\partial_j T], \varphi\rangle &= \langle \partial_j T, F[\varphi]\rangle = -\langle T, \partial_j F[\varphi]\rangle \\ &= -\langle T, F[-\mathrm{i}\xi_j\varphi]\rangle = -\langle F[T], -\mathrm{i}\xi_j\varphi\rangle \\ &= \langle \mathrm{i}\xi_j F[T], \varphi\rangle,\end{aligned}$$

从而 (4.21) 式成立. 其他几式的证明相仿.

**性质 4** 与 $\mathscr{S}(\mathbf{R}^n)$ 上的傅里叶变换相类似, $\mathscr{S}'(\mathbf{R}^n)$ 广义函数的傅里叶变换也将乘积运算变换成卷积运算, 将卷积运算变换成乘积运算. 但因为任意两个 $\mathscr{S}'(\mathbf{R}^n)$ 广义函数的乘积或卷积不一定存在, 所以有关等式的成立是有条件的. 例如, 我们有:

如果 $\varphi \in \mathscr{S}(\mathbf{R}^n), T \in \mathscr{S}'(\mathbf{R}^n)$, 则

$$F[\varphi * T] = F[\varphi] \cdot F[T]; \tag{4.25}$$

又如果 $R \in \mathscr{E}'(\mathbf{R}^n), T \in \mathscr{S}'(\mathbf{R}^n)$, 则

$$F[R * T] = F[R] \cdot F[T]. \tag{4.26}$$

这两个等式在此不详细证明了.

## 习 题

1. 证明 (4.11) 式.
2. 证明 (4.22), (4.23) 及 (4.24) 诸式.
3. 已知 $P(x)$ 为多项式, 试求 $P(x)$ 与 $P(x)\mathrm{e}^{ax}$ 的傅里叶变换.
4. 设 $f \in \mathscr{S}'(\mathbf{R}^n)$. 试证下列诸条件等价:
(1) $\partial^\alpha f \in L^2(\mathbf{R}^n), \forall |\alpha| \leqslant m$;
(2) $\xi^\alpha \widetilde{f}(\xi) \in L^2(\mathbf{R}^n), \forall |\alpha| \leqslant m$;
(3) $P(\xi)\widetilde{f}(\xi) \in L^2(\mathbf{R}^n)$ 对所有次数不超过 $m$ 的多项式 $P(\xi)$ 成立;
(4) $(1+|\xi|^2)^{m/2}\widetilde{f}(\xi) \in L^2(\mathbf{R}^n)$.

# §5 基 本 解

正如第三章 §2 中所述, 调和方程的基本解在构造调和方程边值问题的解以及研究解的性质中起了重要的作用. 广义函数理论的建立使我们可以利用广义函数给出基本解的严格定义, 并建立基本解的系统理论与方法.

**1. 偏微分方程的基本解** 如果给定一个 $m$ 阶常系数偏微分方程

$$P(\partial)u \equiv \sum_{|\alpha|\leqslant m} a_\alpha \partial^\alpha u = 0, \tag{5.1}$$

若能够找到一个广义函数 $E \in \mathscr{D}'(\mathbf{R}^n)$, 使

$$P(\partial)E = \delta \tag{5.2}$$

成立, 则称 $E$ 为方程 (5.1) 的**基本解**. 有时, 也称 $E$ 为偏微分算子 $P(\partial)$ 的**基本解**.

如果已经知道了方程 (5.1) 的基本解 $E$, 那么, 非齐次方程

$$P(\partial)u = f \tag{5.3}$$

的解通常就可以通过卷积方法得到. 事实上, 若 $E*f$ 存在, 则由 §3 关于卷积的性质可知

$$P(\partial)(E*f) = [P(\partial)E]*f = \delta*f = f,$$

所以 $E*f$ 就是方程 (5.3) 的解. 这样, 与第二章热传导方程柯西问题的基本解相仿, 偏微分方程的基本解也可以用来构造其他解, 或用于讨论解的性质.

以下讨论调和方程的基本解, 若有一广义函数 $E \in \mathscr{D}'(\mathbf{R}^n)$ 满足

$$\Delta E = \delta, \tag{5.4}$$

则称 $E$ 为**调和方程的基本解**(也称为调和算子的基本解).

现在来给出调和方程基本解的具体形式, 先考虑二维的情形. 由于二维调和方程在平面坐标的旋转变换下形式不变, 我们考虑只依赖于向径 $r$ 的基本解 $E(r)$. 在极坐标 $(r,\theta)$ 中拉普拉斯算子的形式为

$$\frac{\partial^2}{\partial r^2}+\frac{1}{r}\frac{\partial}{\partial r}+\frac{1}{r^2}\frac{\partial^2}{\partial \theta^2}.$$

对于任一给定的 $C_c^\infty$ 函数 $\varphi$, 以 $\overline{\varphi}(r)=\dfrac{1}{2\pi}\displaystyle\int_0^{2\pi}\varphi(r,\theta)\mathrm{d}\theta$ 表示 $\varphi(r,\theta)$ 在以原点为心、$r$ 为半径的圆周上的平均, 则 $\overline{\varphi}(r)$ 与 $\theta$ 无关, 且 $r$ 充分大时 $\overline{\varphi}(r)\equiv 0$, 又易知成立

$$\begin{aligned}\Delta\overline{\varphi}&=\left(\frac{\partial^2}{\partial r^2}+\frac{1}{r}\frac{\partial}{\partial r}\right)\cdot\frac{1}{2\pi}\int_0^{2\pi}\varphi(r,\theta)\mathrm{d}\theta\\&=\frac{1}{2\pi}\int_0^{2\pi}\left(\frac{\partial^2}{\partial r^2}+\frac{1}{r}\frac{\partial}{\partial r}\right)\varphi(r,\theta)\mathrm{d}\theta\\&=\frac{1}{2\pi}\int_0^{2\pi}\left(\frac{\partial^2}{\partial r^2}+\frac{1}{r}\frac{\partial}{\partial r}+\frac{1}{r^2}\frac{\partial^2}{\partial\theta^2}\right)\varphi(r,\theta)\mathrm{d}\theta\\&=\overline{\Delta\varphi}.\end{aligned}$$

这样, 对于基本解 $E$, 有

$$\begin{aligned}\langle\Delta E,\varphi\rangle&=\langle E,\Delta\varphi\rangle\\&=2\pi\int_0^\infty E(r)\overline{\Delta\varphi}\cdot r\mathrm{d}r\\&=2\pi\int_0^\infty E(r)\Delta\overline{\varphi}\cdot r\mathrm{d}r\\&=2\pi\int_0^\infty E(r)\frac{\mathrm{d}}{\mathrm{d}r}\left[r\frac{\mathrm{d}}{\mathrm{d}r}\overline{\varphi}(r)\right]\mathrm{d}r\\&=2\pi\left\{\left[E(r)r\frac{\mathrm{d}}{\mathrm{d}r}\overline{\varphi}\right]_0^\infty-\int_0^\infty E'(r)r\frac{\mathrm{d}}{\mathrm{d}r}\overline{\varphi}(r)\mathrm{d}r\right\}.\end{aligned}$$

上式右端第一项为 0, 而若 $E'(r)r=\dfrac{1}{2\pi}$, 则第二项化为

$$-\int_0^\infty\frac{\mathrm{d}}{\mathrm{d}r}\overline{\varphi}(r)\mathrm{d}r=\overline{\varphi}(0)=\varphi(0)=\langle\delta,\varphi\rangle,$$

这正说明 $\Delta E=\delta$. 于是为求 $E$, 只要解

$$rE'(r)=\frac{1}{2\pi}.$$

容易看出, 上式的解 (不计一个附加常数) 可写成

$$E(r)=-\frac{1}{2\pi}\ln\frac{1}{r},\tag{5.5}$$

这就是我们所求的基本解.

类似地可以推得, 三维调和方程的基本解为 $-\dfrac{1}{4\pi r}$①. 有的书中, 也分别称 $\dfrac{1}{2\pi}\ln\dfrac{1}{r}$ 与 $\dfrac{1}{4\pi r}$ 为二维与三维调和方程的基本解.

利用调和方程的基本解可以构造泊松方程

$$\Delta u=f \tag{5.6}$$

的解. 例如, 对三维泊松方程, 当 $f$ 在区域 $\overline{\Omega}$ 中为赫尔德连续时, 方程 (5.6) 的解就可以用基本解 $E$ 与 $f$ 的卷积形式表示出来, 即

$$u(x,y,z)=-\frac{1}{4\pi}\iiint\frac{f(\xi,\eta,\zeta)}{[(x-\xi)^2+(y-\eta)^2+(z-\zeta)^2]^{1/2}}\mathrm{d}\xi\mathrm{d}\eta\mathrm{d}\zeta. \tag{5.7}$$

**2. 柯西问题的基本解**　我们还可以定义偏微分方程柯西问题的基本解, 以下先以热传导方程的柯西问题为例引入柯西问题基本解的概念以及柯西问题的相应求解方法. 已知热传导方程的柯西问题为

$$\begin{cases}\dfrac{\partial u}{\partial t}=a^2\dfrac{\partial^2 u}{\partial x^2},\\ u(x,0)=u_0(x).\end{cases} \tag{5.8}$$

今在广义函数的意义下来考察这一定解问题. 当初始值 $u_0(x)$ 取成 $\delta(x)$ 时, 问题 (5.8) 的解 $E(x,t)$ 就称为**热传导方程柯西问题的基本解**.

基本解 $E(x,t)$ 满足

$$\begin{cases}\dfrac{\partial E}{\partial t}=a^2\dfrac{\partial^2 E}{\partial x^2},\\ E(x,0)=\delta(x).\end{cases} \tag{5.9}$$

若 $E(x,t)$ 已求得, 则问题 (5.8) 的解可以写成 $E(x,t)*u_0(x)$. 事实上, 我们有

$$\begin{aligned}\left(\frac{\partial}{\partial t}-a^2\frac{\partial^2}{\partial x^2}\right)u(x,t)&=\left(\frac{\partial}{\partial t}-a^2\frac{\partial^2}{\partial x^2}\right)[E(x,t)*u_0(x)]\\&=\left[\left(\frac{\partial}{\partial t}-a^2\frac{\partial^2}{\partial x^2}\right)E(x,t)\right]*u_0(x)\\&=0*u_0(x)=0.\end{aligned}$$

$$u(x,0)=E(x,0)*u_0(x)=\delta(x)*u_0(x)=u_0(x).$$

现在来求热传导方程柯西问题的基本解. 将 (5.9) 式中的两端分别对变量 $x$ 作傅里叶变换, 得到

$$\begin{cases}\dfrac{\mathrm{d}\widetilde{E}}{\mathrm{d}t}=-a^2s^2\widetilde{E},\\ \widetilde{E}\Big|_{t=0}=1,\end{cases}$$

① 本节中基本解的系数 $-\dfrac{1}{2\pi}$ 与 $-\dfrac{1}{4\pi}$ 是为保证 $\Delta E=\delta$ 而引入的. 在第三章中我们仅强调了基本解的奇性以及它能构造一般解的特点, 从而直接称 $\ln\dfrac{1}{r}$ 与 $\dfrac{1}{r}$ 为二维与三维调和方程的基本解.

其解为

$$\widetilde{E}(s,t)=\mathrm{e}^{-a^2s^2t}.$$

求其傅里叶逆变换, 即得热传导方程柯西问题的基本解为

$$E(x,t)=\frac{1}{2a\sqrt{\pi t}}\mathrm{e}^{-\frac{x^2}{4a^2t}}. \tag{5.10}$$

相应地, 热传导方程柯西问题 (5.8) 的解为

$$\begin{aligned}u(x,t)&=E(x,t)*u_0(x)\\&=\frac{1}{2a\sqrt{\pi t}}\int_{-\infty}^{\infty}u_0(\xi)\mathrm{e}^{-\frac{(x-\xi)^2}{4a^2t}}\mathrm{d}\xi,\end{aligned} \tag{5.11}$$

在这个卷积中视变量 $t$ 为参数.

容易看到, 这里的求解过程与最终结果和第二章中的推导是一致的.

下面我们利用傅里叶变换来求三维波动方程柯西问题的基本解, 并由此求三维波动方程取一般初始条件柯西问题的解.

先求下述柯西问题的解 $E$:

$$\frac{\partial^2E}{\partial t^2}=a^2\left(\frac{\partial^2E}{\partial x_1^2}+\frac{\partial^2E}{\partial x_2^2}+\frac{\partial^2E}{\partial x_3^2}\right), \tag{5.12}$$

$$E|_{t=0}=0,$$

$$\left.\frac{\partial E}{\partial t}\right|_{t=0}=\delta(x_1,x_2,x_3), \tag{5.13}$$

并称 $E$ 为**三维波动方程柯西问题的基本解**. 将这些式子关于变量 $x_1,x_2,x_3$ 进行傅里叶变换, 得到

$$\frac{\mathrm{d}^2\widetilde{E}}{\mathrm{d}t^2}+a^2(s_1^2+s_2^2+s_3^2)\widetilde{E}=0,$$

$$\left.\widetilde{E}\right|_{t=0}=0,$$

$$\left.\frac{\mathrm{d}\widetilde{E}}{\mathrm{d}t}\right|_{t=0}=1.$$

这个问题的解为

$$\widetilde{E}=\frac{\sin a\rho t}{a\rho}\qquad\left(\rho=|\boldsymbol{s}|=\sqrt{s_1^2+s_2^2+s_3^2}\right).$$

再求其傅里叶逆变换

$$\begin{aligned}E(x_1,x_2,x_3,t)&=\frac{1}{(2\pi)^3}\iiint\limits_{\mathbf{R}^3}\frac{\sin a\rho t}{a\rho}\mathrm{e}^{\mathrm{i}(s_1x_1+s_2x_2+s_3x_3)}\mathrm{d}s_1\mathrm{d}s_2\mathrm{d}s_3\\&=\frac{1}{(2\pi)^3}\int_0^{\infty}\iint\limits_{S^2}\frac{\sin a\rho t}{a\rho}\mathrm{e}^{\mathrm{i}\boldsymbol{s}\cdot\boldsymbol{x}}\rho^2\mathrm{d}\omega\mathrm{d}\rho,\end{aligned}$$

这里已将 $\mathbf{R}^3$ 上的积分化成在单位球面 $S^2$ 上的积分与关于矢径 $\rho$ 的积分. 在球面上建立以 $x_3$ 方向为北极方向的球面坐标 $(\theta,\varphi)$, 则有

$$\boldsymbol{s}\cdot\boldsymbol{x}=\rho r\cos\theta \qquad (r=|\boldsymbol{x}|=\sqrt{x_1^2+x_2^2+x_3^2}),$$
$$\mathrm{d}\omega=\sin\theta\mathrm{d}\varphi,$$

从而

$$\begin{aligned}
E(x_1,x_2,x_3,t)&=\frac{1}{(2\pi)^3}\int_0^{\infty}\int_0^{\pi}\int_0^{2\pi}\frac{\rho\sin a\rho t}{a}\mathrm{e}^{\mathrm{i}\rho r\cos\theta}\sin\theta\mathrm{d}\theta\mathrm{d}\varphi\mathrm{d}\rho\\
&=\frac{1}{(2\pi)^2a}\int_0^{\infty}\sin a\rho t\left(\int_0^{\pi}\mathrm{e}^{\mathrm{i}\rho r\cos\theta}\rho\sin\theta\mathrm{d}\theta\right)\mathrm{d}\rho\\
&=\frac{1}{4\pi^2ar}\int_0^{\infty}2\sin a\rho t\cdot\sin\rho r\mathrm{d}\rho\\
&=\frac{1}{4\pi^2ar}\lim_{A\to\infty}\int_0^{A}[\cos\rho(r-at)-\cos\rho(r+at)]\mathrm{d}\rho\\
&=\frac{1}{4\pi^2ar}\lim_{A\to\infty}\left[\frac{\sin A(r-at)}{r-at}-\frac{\sin A(r+at)}{r+at}\right].
\end{aligned}$$

由于我们只考察区域 $t>0$, 故恒有 $r+at>0$. 这样, 作为广义函数的极限, 括号中前一项是 $\pi\delta(r-at)$ (见 §3), 而后一项为 0, 于是得三维波动方程柯西问题的基本解是

$$E=\frac{\delta(r-at)}{4\pi ar}. \tag{5.14}$$

利用 (5.14) 式可以得到三维波动方程柯西问题

$$\begin{cases}\dfrac{\partial^2u}{\partial t^2}=a^2\left(\dfrac{\partial^2u}{\partial x_1^2}+\dfrac{\partial^2u}{\partial x_2^2}+\dfrac{\partial^2u}{\partial x_3^2}\right),\\ u|_{t=0}=0,\\ \left.\dfrac{\partial u}{\partial t}\right|_{t=0}=\varphi(x_1,x_2,x_3)\end{cases} \tag{5.15}$$

的解为

$$u(x,t)=E*\varphi. \tag{5.16}$$

现写出 (5.16) 式的解析表达式. 由 (5.14) 式, 有

$$u(x,t)=\iiint\limits_{\mathbf{R}^3_\xi}\frac{\delta(|x-\xi|-at)}{4\pi a|x-\xi|}\varphi(\xi)\mathrm{d}\xi.$$

仍记 $|x-\xi|$ 为 $r$, 将关于 $\xi$ 的积分化成以 $x$ 为中心的球面坐标来进行, 则有

$$\begin{aligned}
u(x,t)&=\int_0^{\infty}\iint\limits_{|x-\xi|=r}\frac{\delta(r-at)}{4\pi ar}\varphi(\xi)r^2\sin\theta\mathrm{d}r\mathrm{d}\theta\mathrm{d}\varphi\\
&=\int_0^{\infty}\frac{r^2\delta(r-at)}{4\pi ar}\left[\iint\limits_{|x-\xi|=r}\varphi(\xi)\sin\theta\mathrm{d}\theta\mathrm{d}\varphi\right]\mathrm{d}r.
\end{aligned}$$

若以

$$[\varphi]_r = \frac{1}{4\pi} \iint\limits_{|x-\xi|=r} \varphi(\xi) \sin\theta \mathrm{d}\theta \mathrm{d}\varphi$$

记函数 $\varphi$ 在球面 $|x-\xi| = r$ 上的平均, 就得到

$$\begin{aligned} u(x,t) &= \int_0^{\infty} \frac{1}{4\pi a r} \delta(r - at) \cdot 4\pi[\varphi]_r \cdot r^2 \mathrm{d}r \\ &= \frac{1}{a} \int_0^{\infty} \delta(r - at) \cdot r[\varphi]_r \mathrm{d}r \\ &= \frac{1}{a} \cdot at[\varphi]_{r=at} \\ &= t[\varphi]_{r=at}. \end{aligned} \tag{5.17}$$

这个表达式与第一章中的 (4.30) 式一致.

三维波动方程柯西问题的解也可以直接从对 (5.15) 式进行傅里叶变换来求出, 最后自然应得到与 (5.17) 式相同的结果.

**3. 其他类型的基本解** 偏微分算子的基本解通常不是唯一的. 例如, 若 $E$ 为偏微分算子 $P(\partial)$ 的基本解, 即它满足 $P(\partial)E = \delta$, 则若函数 $u$ 为方程 $P(\partial)u = 0$ 的经典解, 也必有

$$P(\partial)(E + u) = \delta, \tag{5.18}$$

所以 $E + u$ 也是算子 $P(\partial)$ 的基本解. 于是根据偏微分方程定解问题提法的多样性, 还可以引出其他形式的基本解. 例如, 我们在第三章中曾介绍过调和方程的格林函数

$$G(M, M_0) = \frac{1}{4\pi r_{MM_0}} - g(M, M_0),$$

它在以 $M$ 为变动点的区域 $\Omega$ 中除了点 $M_0$ 外满足 $\Delta u = 0$, 在边界 $\Gamma$ 上取值为 0. 因为 $g(M, M_0)$ 是 $\Delta u = 0$ 的一个正则解, 所以格林函数 $G(M, M_0)$ 按广义函数意义满足

$$\Delta G = -\delta(M - M_0), \tag{5.19}$$

又由于它满足

$$G(M, M_0)\big|_{M \in \Gamma} = 0, \tag{5.20}$$

故也称格林函数 $G(M, M_0)$ 为调和方程第一边值问题的基本解. 在第三章中已看到, 有了 $G(M, M_0)$ 以后, 就很容易得到第一边值问题解的表达式.

还可以将边界条件 (5.20) 加以推广. 若函数 $u$ 按广义函数的意义满足 (5.19) 式, 在 $M \neq M_0$ 时连续可导, 且满足边界条件

$$\left. \left( a\frac{\partial u}{\partial n} + bu \right) \right|_{\Gamma} = 0, \tag{5.21}$$

则称这个解为调和方程取边界条件 (5.21) 的基本解, 也称它为相应的格林函数. 当 $(a,b)$ 为 (0, 1), (1, 0) 及 (1, 1) 时分别相应于第一、第二及第三边值问题. 各类格林函数在构造相应边值问题的解时起着重要的作用.

又如, 对热传导方程而言, 可以定义问题

$$\begin{cases} \dfrac{\partial u}{\partial t}-a^2\dfrac{\partial^2 u}{\partial x^2}=0 \qquad (t>0, 0<x<l), \\ u(x,0)=\delta(x-\xi) \qquad (\xi\in(0,l)), \\ u(0,t)=u(l,t)=0 \qquad (t>0) \end{cases} \tag{5.22}$$

的解为热传导方程第一初边值问题的基本解. 它也可以用来构造齐次与非齐次热传导方程的第一初边值问题的解, 并讨论解的性质.

## 习　　题

1. 试直接用傅里叶变换导出三维调和方程的基本解.

2. 利用热传导方程的基本解将下述定解问题化为相应的积分方程:

$$\begin{cases} \dfrac{\partial u}{\partial t}=\dfrac{\partial^2 u}{\partial x^2}+A(x,t)u+b(x,t), \\ u|_{t=0}=0 \quad (-\infty<x<\infty). \end{cases}$$

3. 利用三维波动方程的基本解来给出点 $(x_{10},x_{20},x_{30},t_0)$ 的影响区域, 并指出方程中系数 $a$ 即波的传播速度.

4. 导出弦振动方程柯西问题的基本解.

# 第七章 偏微分方程的数值解

在实际求解偏微分方程的定解问题时,除了在一些特殊的情况下可以求得其解的解析表达式外,在多数情况当方程或定解条件具有比较复杂的形式或求解区域具有比较复杂的形状时,往往做不到这一点.只能通过定性的分析得知该定解问题确实有解,但没有解的表达式;或即使有了解的表达式,但由于表达式过于复杂(例如用无穷级数表示)也不便于计算.实际的需要促使我们去寻求偏微分方程定解问题的近似解,特别是数值近似解,简称**数值解**.

求偏微分方程数值解的方法是多种多样的,它本身已形成了一个独立的研究方向,其要点是对偏微分方程定解问题进行离散化.本章中将以二维调和方程的狄利克雷问题、一维热传导方程与一维波动方程的初边值问题为例,说明将这些连续型的问题转化为相应的离散型问题的主要处理方法.

## §1 调和方程狄利克雷问题的数值解

在本节中,我们讨论如下二维调和方程狄利克雷问题的数值解:

$$\begin{cases}\dfrac{\partial^2 u}{\partial x^2}+\dfrac{\partial^2 u}{\partial y^2}=0, & (1.1)\\ u|_{\Gamma}=f, & (1.2)\end{cases}$$

其中方程 (1.1) 在 $Oxy$ 平面的一个有界区域 $\Omega$ 中满足, $\Gamma$ 为 $\Omega$ 的边界, 设其为分段光滑, 而 $f$ 为在 $\Gamma$ 上给定的连续函数.

**1. 有限差分法** 要求得狄利克雷问题 (1.1)—(1.2) 的数值近似解, 首先要将相应的微分方程离散化, **有限差分法**就是最常用的离散化方法之一.

为说明方便起见, 设求解区域 $\Omega$ 为单位矩形 $\{(x,y)|0\leqslant x\leqslant 1, 0\leqslant y\leqslant 1\}$, 见图 7.1. 近似求解方法的要点如下:

(1) 取步长 $h=\dfrac{1}{n}$ ($n>0$ 为整数), 用 $x=ih(i=0,1,\cdots,n)$ 及 $y=jh(j=0,1,\cdots,n)$ 这些平行于坐标轴

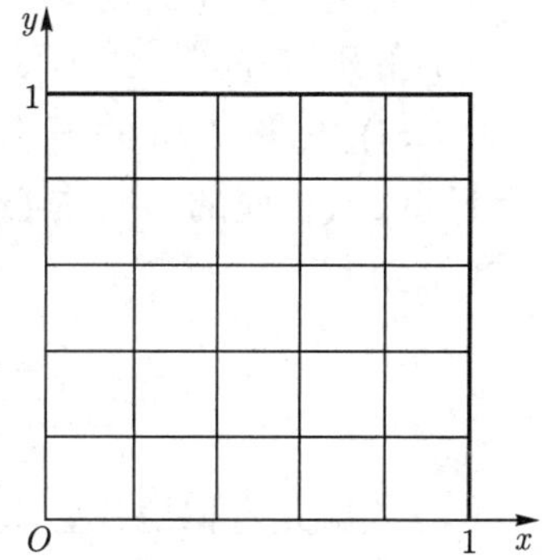


图 7.1

的直线在区域上画出网格. 网格线的交点称为**节点**, 其坐标为 $(x,y)=(ih,jh)$, 简记为 $(x_i,y_j)(i,j=0,1,\cdots,n)$ 或 $(i,j)$. 近似处理的第一步是: 代替求整个区域 $\Omega$ 上的解 $u=u(x,y)$, 只要求在节点上解的近似值 $u_{ij}(i,j=0,1,\cdots,n)$. 注意到当步长 $h$ 越来越小时, 网格将越来越密, 从而有可能获得关于解 $u(x,y)$ 的越来越多的信息. 这样做就将求区域 $\Omega$ 上的一个未知函数的问题化为求在节点上的解的近似值这有限个未知数的问题, 从而将一个无限维的问题化成了一个有限维的问题.

(2) 近似处理的第二步是: 用差商来代替导数, 即将方程中出现的偏导数近似地改为节点上解值的差商, 从而将微分方程用**差分方程**来近似代替. 因为导数是相应的差商的极限, 这样的处理在 $h$ 相当小时应该是合理的.

但是用差商来代替导数, 却有多种的可能性. 例如对函数 $y=f(x)$ 的一阶导数 $f'(x)$ 来说, 可分别用前向差商

$$\frac{f(x+h)-f(x)}{h},$$

后向差商

$$\frac{f(x)-f(x-h)}{h}$$

或中心差商

$$\frac{f(x+h)-f(x-h)}{2h}$$

等来近似代替. 事实上, 利用泰勒 (Taylor) 展开式容易证明, 当 $h\to 0$ 时, 上述这些差商均以 $f'(x)$ 为极限. 同样的原因, 对于二阶导数 $f''(x)$, 通常可用二阶中心差商

$$\frac{f(x+h)-2f(x)+f(x-h)}{h^2}$$

来近似, 等等. 这样, 对同一个偏微分方程来说, 往往可以列出多种多样的差分格式, 我们可以根据实际求解的需要来进行优选, 这就给偏微分方程的差分解法提供了丰富的内容和广阔的选择余地.

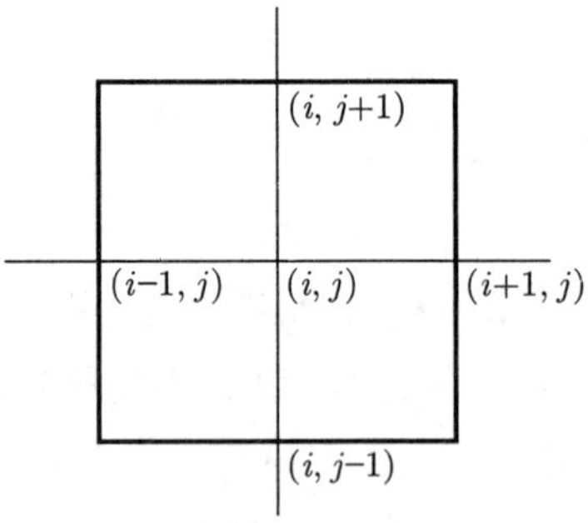


图 7.2

现在回到所考虑的狄利克雷问题 (1.1)—(1.2). 对任一不落在边界 $\Gamma$ 上的节点 (称为**内节点**) $(x_i,y_j)$ (亦记为 $(i,j)$, 见图 7.2), 将其上 $u$ 对 $x$ 及对 $y$ 的二阶偏导数分别改成相应的二阶中心差商, 并代入调和方程 (1.1), 就得到

$$\frac{u_{i+1,j}-2u_{ij}+u_{i-1,j}}{h^2}+\frac{u_{i,j+1}-2u_{ij}+u_{i,j-1}}{h^2}=0, \tag{1.3}$$

(1.3) 式就是近似地代替微分方程 (1.1) 的差分方程. 将 (1.3) 式整理后即得

$$u_{ij}=\frac{1}{4}(u_{i+1,j}+u_{i,j-1}+u_{i-1,j}+u_{i,j+1})\quad ((i,j)\text{ 为内节点}). \tag{1.4}$$

这说明在内节点 $(i,j)$ 处的解值应等于上、下、左、右四节点处解值的算术平均值. 这一事实是调和函数的平均值定理在用差分方法离散化时的表现. (1.4) 式通称为**五点格式**.

这样, 对每一个内节点 $(x_i, y_j)$ 都可以列出形如 (1.4) 式的一个方程, 而对落在边界 $\Gamma$ 上的节点 (称为**边界节点**), 其上的 $u$ 值可由狄利克雷边界条件 (1.2) 直接给出, 是已知的

$$u_{ij} = f(x_i, y_j) \quad ((i,j)\ \text{为边界节点}). \tag{1.5}$$

因此, 对于每一个节点都可列出一个线性代数方程, 我们就得到一个以各节点上的函数值为未知数的线性代数方程组. 可以证明, 这个线性代数方程组恒有唯一的解, 且可以通过直接法或迭代法来求得, 它就是我们要求的狄利克雷问题 (1.1)—(1.2) 的 (近似的) 数值解. 我们还可以证明, 当步长 $h \to 0$ 时, 上述有限差分法所求得的数值解收敛于原问题 (1.1)—(1.2) 的精确解. 因此, 当步长相当小时, 可以用有限差分法来求得足够近似的解.

可以看到, 采用有限差分法的好处是对规则形状的区域列计算格式比较简便, 但当求解区域 $\Omega$ 具有比较复杂的形状时, 用多个正方形组成的多边形来近似区域 $\Omega$ 会造成较大的误差. 这时, 区域 $\Omega$ 需用多角形区域来加以近似. 所有节点仍可分为内节点和边界节点两类, 但对边界节点上的计算格式往往需要进行比较复杂的处理以减少复杂边界产生的误差.

**2. 元体平衡法**　由格林公式, 若 $u(x,y) \in C^2(\Omega)$, 对 $\Omega$ 内任一分段光滑的闭环路 $L$ 成立

$$\int_L \frac{\partial u}{\partial \boldsymbol{n}} \mathrm{d}s = \iint\limits_{\mathscr{D}} \Delta u \mathrm{d}x \mathrm{d}y, \tag{1.6}$$

其中 $\mathscr{D}$ 是 $L$ 所包围的区域, $\boldsymbol{n}$ 是 $L$ 上的单位外法线向量.

于是, 若 $u(x,y)$ 是调和方程狄利克雷问题 (1.1)—(1.2) 的解, 它应满足: 对 $\Omega$ 中任一分段光滑的闭环路 $L$ 成立

$$\oint_L \frac{\partial u}{\partial \boldsymbol{n}} \mathrm{d}s = 0, \tag{1.7}$$

而在 $\Omega$ 的边界 $\Gamma$ 上

$$u|_\Gamma = f. \tag{1.8}$$

以稳定温度场为例, (1.7) 式表示在 $L$ 上总热流量为零的平衡条件.

从 (1.7)—(1.8) 式出发求其相应的数值解, 可导出以下的**元体平衡法**.

(1) 仍设求解区域 $\Omega$ 为单位矩形 $\{0 \leqslant x \leqslant 1, 0 \leqslant y \leqslant 1\}$, 并仍借用前述的直交网格 (见图 7.1). 和有限差分法时一样, 近似处理的第一步是: 代替求整个区域 $\Omega$ 上的解 $u = u(x,y)$, 只要求在节点上解的近似值 $u_{ij} (i,j = 0,1,\cdots,n)$.

(2) 近似处理的第二步是: 代替要求在任一闭环路 $L$ 上成立平衡条件 (1.7), 改为在某些环绕节点的特定的闭环路 $L$ 上成立 (1.7) 式, 这种围绕节点的特定的闭环路所包围的区域称为**元体**. 要求每一个节点都有一个相应的元体, 不同的元体间互不重叠, 而且所有这些元体正好合并成整个求解区域 $\Omega$. 这样, 由在每个元体上成立平衡条件, 就可得出在整个区域 $\Omega$ 上成立平衡条件.

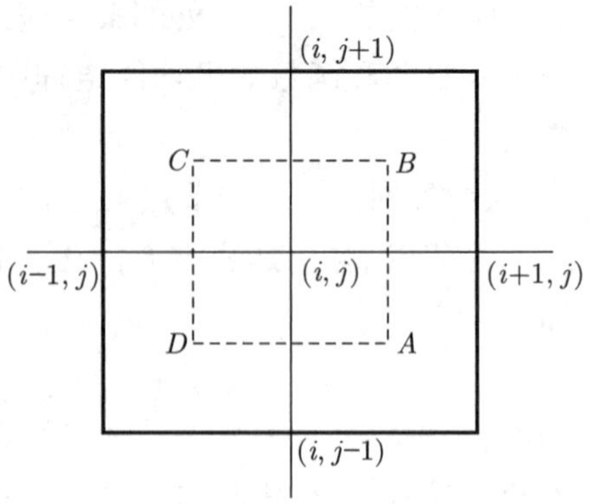

图 7.3

元体的选取方法原则上可以是任意的, 但为了求解的方便, 应尽可能采取比较简单的方式. 参照所给的直交网格, 对任一内节点 $(i,j)$, 可如图 7.3 中虚线所示的那样由过两节点的中点作平行于坐标轴的直线来构成相应的元体 $ABCD$; 对于边界节点, 其所相应的元体可以类似地构造. 由于在边界节点上的解值为已知, 即已有 (1.5) 式, 我们下面只对内节点考虑其相应的元体, 并列出在其上的平衡条件

$$\int_{ABCDA}\frac{\partial u}{\partial \boldsymbol{n}}\mathrm{d}s=0 \quad ((i,j) \text{ 为内节点}) \tag{1.9}$$

来代替原先的平衡条件 (1.7).

(3) 近似处理的第三步是: 在条件 (1.9) 中用差商代替一阶偏导数. 注意到

$$\int_{ABCDA}\frac{\partial u}{\partial \boldsymbol{n}}\mathrm{d}s=\int_{AB}\frac{\partial u}{\partial x}\mathrm{d}y+\int_{CB}\frac{\partial u}{\partial y}\mathrm{d}x-\int_{DC}\frac{\partial u}{\partial x}\mathrm{d}y-\int_{DA}\frac{\partial u}{\partial y}\mathrm{d}x,$$

用相应的中心差商来近似地代替上式右端第一项积分中的导数 (参见图 7.3), 就有

$$\int_{AB}\frac{\partial u}{\partial x}\mathrm{d}y\sim\frac{u_{i+1,j}-u_{ij}}{h}h=u_{i+1,j}-u_{ij},$$

类似地, 有

$$\int_{CB}\frac{\partial u}{\partial y}\mathrm{d}x\sim\ u_{i,j+1}-u_{ij},$$

$$\int_{DC}\frac{\partial u}{\partial x}\mathrm{d}y\sim\ u_{ij}-u_{i-1,j},$$

$$\int_{DA}\frac{\partial u}{\partial y}\mathrm{d}x\sim\ u_{ij}-u_{i,j-1}.$$

将它们一起代入 (1.9) 式, 就得到: 对任一内节点 $(i,j)$, 仍成立五点格式 (1.4) 式. 至于边界节点, 则已有 (1.5) 式.

这样, 和有限差分法的情形相同, 对每一节点可得到一个线性代数方程, 最后得到关于节点上解的近似值 $u_{ij}(i,j=0,1,\cdots,n)$ 的一个线性代数方程组. 此时这个线性代数方程组和有限差分法情形所得到的线性代数方程组是完全一样的. 它有唯一的解, 且当 $h\to 0$ 时, 近似解收敛于原狄利克雷问题的精确解.

上述方法基于在每个元体上列出平衡方程, 故称为**元体平衡法**. 和有限差分法不同, 元体平衡法对形状不规则的区域仍然可以方便地加以应用, 这是它的一个突出的优点.

为了说明这一点, 不妨设区域 $\Omega$ 是一个多角形, 这时采用直交网格显然是不方便的, 但仍可以通过下列步骤用元体平衡法来列出相应的计算格式.

(1)′ 将区域 $\Omega$ 分割为有限个互不重叠的三角形元素, 要求每个三角形元素的顶点也是其相邻三角形元素的顶点, 而不是其边的内点. 取这些三角形元素的顶点为**节点**, 并按一定的顺序将其编号, 分别记为 $1,2,\cdots,N$. 这一步骤称为**有限元分割**. 由此所得到的节点配置方式自然是相当任意的, 我们可以在对计算精度要求较高的地方配置较为密集的节点, 但要求在节点疏密过渡时每个三角形元素的三内角大小相差不太悬殊, 以保证计算的精度. 这种有限元分割方式的灵活性, 是直交网格达不到的. 即使边界的形状比较复杂, 也可以将边界节点直接地配置在边界上.

和前面一样, 今后所要求的只是解在节点上的近似值 $u_i(i=1,2,\cdots,N)$.

(2)′ 对每一内节点 $i$, 可以根据所作的有限元分割, 构造一个相应的元体. 例如, 对三角形元素 $e$ (以 $i,j,m$ 为顶点的三角形, 见图 7.4), 可利用三边的中线将它分为三块, 并使每一块对应于一个相应的节点, 作为环绕此节点所作的元体的一个组成部分. 对内节点 $i$, 将其周围以其为顶点的一切三角形元素中对应于它的这一块合并起来, 就得到围绕此节点的一个元体, 见图 7.5.

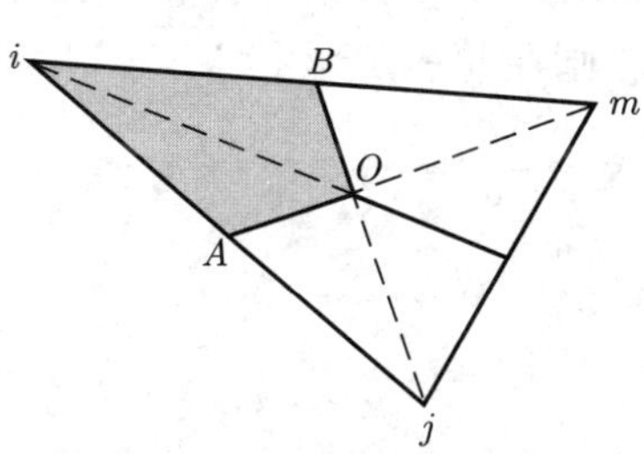

图 7.4

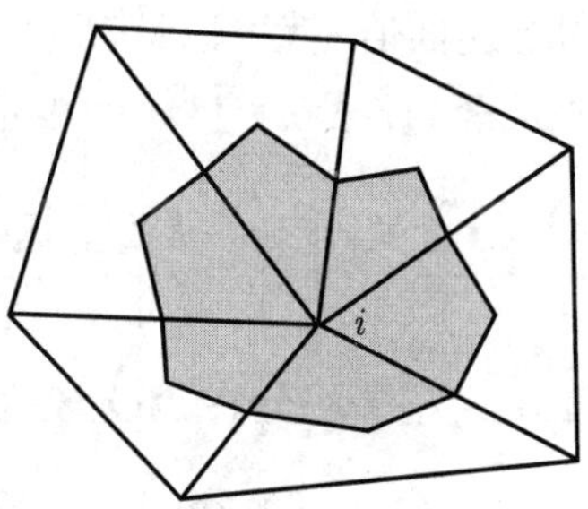

图 7.5

这样, 对每一个内节点有一个相应的元体, 从而可列出其上的平衡条件, 即在围绕节点 $i$ 的元体的边界 $\Gamma_i$ 上, 成立

$$\int_{\Gamma_i}\frac{\partial u}{\partial \boldsymbol{n}}\mathrm{d}s=0. \tag{1.10}$$

对于边界节点, 则可直接利用 (1.5) 式.

(3)′ 现在将 (1.10) 式的左端离散化. 为此, 我们先根据在节点上的解值 $u_i(i=1,2,\cdots,N)$ 进行适当的插值, 使得 $u$ 在整个求解区域 $\Omega$ 上有定义, 然后就可以计算 (1.10) 式左端的积分.

为此, 只需在每一三角形元素上进行插值即可. 任取一个三角形元素 $e$, 其三顶点

按逆时针顺序的编号设为 $i,j,m$ (见图 7.4). 设 $u$ 在此三角形元素 $e$ 上是线性函数

$$u=\alpha_1+\alpha_2x+\alpha_3y, \tag{1.11}$$

在元素 $e$ 相当小时, 这个假设是合理的近似. 设 $u$ 在这三节点上的值分别为 $u_i,u_j$ 及 $u_m$, 就有

$$\begin{cases}u_i=\alpha_1+\alpha_2x_i+\alpha_3y_i,\\ u_j=\alpha_1+\alpha_2x_j+\alpha_3y_j,\\ u_m=\alpha_1+\alpha_2x_m+\alpha_3y_m.\end{cases} \tag{1.12}$$

由此可唯一决定出 $\alpha_1,\alpha_2,\alpha_3$ 的值, 将它们代入 (1.11) 式, 可得

$$u=\sum_{i,j,m}(a_i+b_ix+c_iy)u_i, \tag{1.13}$$

其中求和的记号表示对 $i,j,m$ 轮流作和, 而 $a_i,b_i,c_i$ 都是节点坐标 $x_i,y_i,x_j,y_j,x_m,y_m$ 的已知函数.

这样, 如果给定了所有节点上函数的数值, 就可以在每个元素上作上述的线性插值, 从而在整个求解区域上得到一个插值函数. 由于在两个相邻元素上分别插值所得到的函数, 在其公共边界上必保持连续, 因此, 在整个区域中所得的插值函数是一个分块线性的连续函数.

利用上述插值, 就可以计算 (1.10) 式中的环路积分. 例如, 设 $i$ 为所考察的内节点, 在三角形元素 $e(i,j,m)$ 上 $u$ 的表示式为 (1.13) 式, 则在此三角形中

$$\frac{\partial u}{\partial x}=\sum_{i,j,m}b_iu_i,\quad \frac{\partial u}{\partial y}=\sum_{i,j,m}c_iu_i, \tag{1.14}$$

从而 (1.10) 式左端积分在 $AO$ 段为

$$\begin{aligned}\int_{AO}\frac{\partial u}{\partial \boldsymbol{n}}\mathrm{d}s&=\int_{AO}\left(\frac{\partial u}{\partial x}\alpha_x+\frac{\partial u}{\partial y}\alpha_y\right)\mathrm{d}s\\ &=|AO|\left(\alpha_x\sum_{i,j,m}b_iu_i+\alpha_y\sum_{i,j,m}c_iu_i\right)\\ &=|AO|\sum_{i,j,m}(\alpha_xb_i+\alpha_yc_i)u_i,\end{aligned} \tag{1.15}$$

式中 $\alpha_x,\alpha_y$ 为边界 $AO$ 的外法线方向余弦, $|AO|$ 为边界 $AO$ 的长度. 类似地可以得到 (1.10) 式左端积分在其他边界段上的积分值.

参见图 7.5, 将以 $i$ 为节点的一切三角形元素上的上述积分相加, 就可得到对应于内节点 $i$ 及其周围一圈节点上的解值的一个线性代数方程, 其具体表达式这里从略.

这样, 对每一个内节点可以列出一个线性代数方程, 而对每一边界节点则已有 (1.5) 式, 因此, 仍可得到一个以节点上的解值 $u_i(i=1,2,\cdots,N)$ 为未知数的线性代数方程

组, 这就是用元体平衡法所列的计算格式. 求解这个线性代数方程组, 就得到原狄利克雷问题 (1.1)—(1.2) 的近似数值解.

**3. 有限元法 (里茨** (Ritz) **法)** 由第三章 §1 叙述的变分原理, 令

$$J(v)=\frac{1}{2}\iint\limits_{\Omega}\left[\left(\frac{\partial v}{\partial x}\right)^2+\left(\frac{\partial v}{\partial y}\right)^2\right]\mathrm{d}x\mathrm{d}y \tag{1.16}$$

及

$$\widetilde{V}=\{v|v\in C^2(\Omega)\cap C^0(\overline{\Omega}),v|_{\Gamma}=f,J(v)<\infty\},$$

若 $u(x,y)$ 为调和方程狄利克雷问题 (1.1)—(1.2) 的经典解, 且使 $J(u)$ 有限, 则 $J(u)$ 在函数类 $\widetilde{V}$ 中取极小, 即成立

$$J(u)=\min_{v\in\widetilde{V}}J(v). \tag{1.17}$$

在上述变分问题中, 将求泛函极值的函数集合 $\widetilde{V}$ 适当扩大为

$$V=\{v|v\in C^0(\overline{\Omega}),\text{在 }\Omega\text{ 中分块 }C^1,v|_{\Gamma}=f,J(v)<\infty\}, \tag{1.18}$$

若函数 $u=u(x,y)\in V$, 且满足

$$J(u)=\min_{v\in V}J(v), \tag{1.19}$$

则称 $u=u(x,y)$ 为狄利克雷问题 (1.1)—(1.2) 的广义解.

对变分问题 (1.19) 进行离散化, 就导致另一种数值求解方法, 称为**有限元法**.

方法的要点如下:

(1) 不妨设 $\Omega$ 为一个多角形区域. 和第 2 段中一样将 $\Omega$ 分割为有限个互不重叠的三角形元素, 并取三角形元素的三个顶点为节点. 为保持计算的精度, 每个三角形元素的三个内角的大小相差不宜太悬殊, 因此在节点疏密配置不均匀时, 元素由小到大要逐步过渡.

对给定的有限元分割, 将节点按一定的顺序进行编号, 分别记为 $1,2,\cdots,N$; 同时, 将元素也按一定的顺序进行编号, 分别记为 $1,2,\cdots,M$. 和前面一样, 今后所要求的只是解在节点上的近似值 $u_i(i=1,2,\cdots,N)$, 从而将问题化为一个有限维的问题.

(2) 为了利用使泛函 $J(v)$ 取极小的条件来列计算格式, 必须要求积分, 因此, 必须首先利用节点上的 $u_i(i=1,2,\cdots,N)$ 值通过分块线性插值得到整个区域 $\Omega$ 上的函数. 例如, 在每个元素 $e(i,j,m)$ 上作线性插值 (1.13) 式, 则在整个区域 $\Omega$ 上就得到一个连续且分块线性的插值函数, 它完全由节点上的数值 $u_i(i=1,2,\cdots,N)$ 所唯一决定. 由于 (1.5) 式, 在边界节点上的解值是已知的, 只有内部节点上的解值未知. 为了说明方便起见, 设内节点的个数为 $N_0(<N)$, 且编号分别为 $1,2,\cdots,N_0$, 则上述分块线性插值函数完全由 $u_i(i=1,2,\cdots,N_0)$ 之值所唯一决定. 在内节点上的数值 $u_i(i=1,2,\cdots,N_0)$

变化时, 相应的插值函数也发生变化, 它们的全体构成一个插值函数类 $V_h$. 这是一个有限维的集合, 其维数等于内节点的个数 $N_0$.

(3) 代替在由 (1.18) 式定义的集合 $V$ 上考察泛函 $J(v)$ 的极小, 现改为在插值函数类 $V_h$ 上考察泛函 $J(v)$ 的极小, 即将变分问题 (1.19) 近似地改为

$$J(u)=\min_{v\in V_h} J(v),\quad u\in V_h. \tag{1.20}$$

因为在边界节点上的解值已由 (1.5) 式给定, (1.20) 式意味着: 要求出在内节点上的解值 $u_i(i=1,2,\cdots,N_0)$, 使相应的插值函数 $u$ 所对应的总势能 $J(u)$, 比在内节点上其他可能的解值 $v_i(i=1,2,\cdots,N_0)$ 所对应的插值函数 $v$ 的总势能 $J(v)$ 为小. 由于插值函数 $v$ 由 $v_i(i=1,2,\cdots,N_0)$ 之值唯一决定, $J(v)$ 是一个包含 $N_0$ 个自变数 $v_i(i=1,2,\cdots,N_0)$ 的多元函数. 因此, 用 (1.20) 式来代替 (1.19) 式, 就将一个泛函求极值的变分问题化为一个多元函数求极值的问题, 即将一个无限维的问题化为一个有限维的问题, 从而使问题得到了离散化.

注意到元素 $e(i,j,m)$ 上, 插值函数的一阶偏导数由 (1.14) 式给出, 我们有

$$\begin{aligned}J(v)&=\frac{1}{2}\iint\limits_{\Omega}\left[\left(\frac{\partial v}{\partial x}\right)^2+\left(\frac{\partial v}{\partial y}\right)^2\right]\mathrm{d}x\mathrm{d}y\\&=\frac{1}{2}\sum_{e=1}^{M}\iint\limits_{e}\left[\left(\frac{\partial v}{\partial x}\right)^2+\left(\frac{\partial v}{\partial y}\right)^2\right]\mathrm{d}x\mathrm{d}y\\&=\sum_{i,j=1}^{N}k_{ij}v_iv_j,\end{aligned}\tag{1.21}$$

其中 $k_{ij}(i,j=1,2,\cdots,N)$ 是与插值函数 $v$ 无关的常数. 再将边界值 (1.5) 式代入, 得

$$J(v)=\sum_{i,j=1}^{N_0}k_{ij}v_iv_j-\sum_{i=1}^{N_0}p_iv_i+c, \tag{1.22}$$

其中 $p_i(i=1,2,\cdots,N_0)$ 及 $c$ 为某些常数. 可以证明, 这里的矩阵 $\boldsymbol{K}=(k_{ij})(i,j=1,2,\cdots,N_0)$ 是一个对称正定矩阵, 称为**刚度矩阵**.

由 (1.20) 式所示的极值性质, 应成立

$$\left.\frac{\partial J(v)}{\partial v_i}\right|_{v=u}=0\quad(i=1,2,\cdots,N_0),$$

于是得

$$\sum_{j=1}^{N_0}k_{ij}u_j=\frac{1}{2}p_i\quad(i=1,2,\cdots,N_0). \tag{1.23}$$

这就是内节点上的解值 $u_i(i=1,2,\cdots,N_0)$ 所应满足的一个线性代数方程组, 它的系数矩阵是一个对称正定矩阵 —— 刚度矩阵 $\boldsymbol{K}=(k_{ij})$. (1.23) 式就是用有限元法所列出的计算格式. 解出它, 就得到解在节点上的近似值. 可以证明, 当元素以一定的方式越分越小时, 所得的近似解必按某种意义收敛于原狄利克雷问题 (1.1)—(1.2) 的精确解.

我们指出, 若采用同一有限元分割, 上述用有限元法所列的计算格式和前段用元体平衡法所列的计算格式实际上是完全相同的. 然而, 如果在一部分边界上给出的是诺伊曼条件或第三类边界条件, 在边界节点上二者所列的计算格式一般并不相同.

我们还指出, 若特别采用直交网格所导出的三角形有限元分割 (见图 7.6), 则用上述有限元法在内节点处所得的计算格式就是五点格式 (1.4), 和有限差分法的情形是相同的.

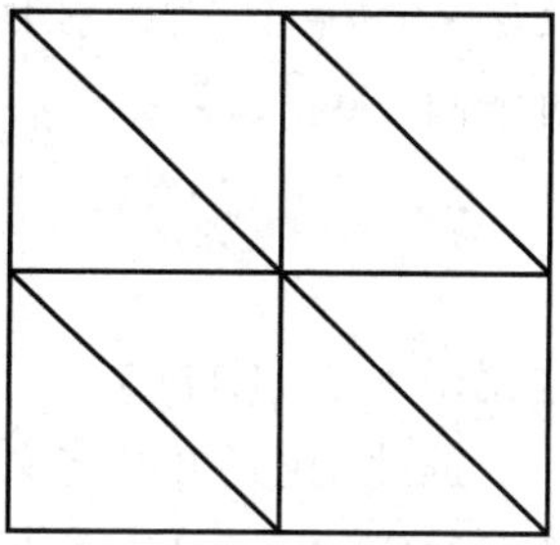

图 7.6

可以看到, 节点配置的灵活性是有限元法的一个优点. 又由于在列计算格式时各个元素的地位是平等的, 因此可以用一个统一的方法来形成计算格式, 易于将程序标准化, 在使用计算机求解问题时特别方便, 这是有限元法的又一个突出的优点. 此外, 有限元法的核心是元素, 可以根据不同问题的具体特点构造出多种多样的元素形式, 从而可以通过改善元素的性能来不断提高计算的精度, 这是其他方法所不及的.

**4. 有限元法 (伽辽金 (Галёркин) 法)** 与调和方程狄利克雷问题 (1.1)—(1.2) 等价的变分问题还有另外一种形式.

先在 $u \in C^2(\Omega) \cap C^0(\overline{\Omega})$ 且 $J(u)$ 为有限的假设下考察解. 由于 $u|_\Gamma = f$, 由 $u$ 使 $J(u)$ 取到极小的性质, 对任一给定的实数 $\lambda$, 任一给定的 $w \in \widetilde{V}_0$, 成立

$$J(u) \leqslant J(u + \lambda w), \tag{1.24}$$

其中

$$\widetilde{V}_0 = \{w | w \in C^2(\Omega) \cap C^0(\overline{\Omega}), w|_\Gamma = 0, J(w) < \infty\}. \tag{1.25}$$

注意到

$$\begin{aligned} J(u+\lambda w) &= \frac{1}{2}\iint\limits_\Omega \left\{ \left[\frac{\partial(u+\lambda w)}{\partial x}\right]^2 + \left[\frac{\partial(u+\lambda w)}{\partial y}\right]^2 \right\} \mathrm{d}x\mathrm{d}y \\ &= J(u) + \lambda \iint\limits_\Omega \left( \frac{\partial u}{\partial x}\frac{\partial w}{\partial x} + \frac{\partial u}{\partial y}\frac{\partial w}{\partial y} \right) \mathrm{d}x\mathrm{d}y + \lambda^2 J(w), \end{aligned} \tag{1.26}$$

且当 $\lambda = 0$ 时它达到极小值, 因此有

$$\left.\frac{\mathrm{d}J(u+\lambda w)}{\mathrm{d}\lambda}\right|_{\lambda=0} = 0,$$

从而对任何给定的 $w \in \widetilde{V}_0$, 成立

$$\iint\limits_\Omega \left( \frac{\partial u}{\partial x}\frac{\partial w}{\partial x} + \frac{\partial u}{\partial y}\frac{\partial w}{\partial y} \right) \mathrm{d}x\mathrm{d}y = 0. \tag{1.27}$$

反之, 若 $u \in \widetilde{V}$, 且对任何给定的 $w \in \widetilde{V}_0$ 成立 (1.27) 式, 则必有 (1.17) 式成立. 事实上, 对任何 $v \in \widetilde{V}$, 令 $w = v - u \in \widetilde{V}_0$, 由 (1.26), (1.27) 式就有

$$J(v) = J(u+w) = J(u) + J(w) \geqslant J(u),$$

这就得到了 (1.17) 式.

据此, 我们可以定义广义解如下: 若函数 $u = u(x,y) \in V$ (由 (1.18) 式定义), 且对任何给定的 $w \in V_0$, 满足

$$\iint\limits_{\Omega} \left( \frac{\partial u}{\partial x}\frac{\partial w}{\partial x} + \frac{\partial u}{\partial y}\frac{\partial w}{\partial y} \right) \mathrm{d}x\mathrm{d}y = 0, \tag{1.28}$$

其中

$$V_0 = \{w | w \in C^0(\overline{\Omega}), \text{在 } \Omega \text{ 中分块 } C^1, w|_{\Gamma} = 0, J(w) < \infty\}, \tag{1.29}$$

则称 $u = u(x,y)$ 为狄利克雷问题 (1.1)—(1.2) 的**广义解**.

现考察求狄利克雷问题 (1.1)—(1.2) 按上述意义的广义解的离散化方法. 这种数值求解方法仍称为有限元法. 为与上一段所叙述的里茨有限元法相区别, 本段中介绍的方法称为**伽辽金法**.

仍设 $\Omega$ 为一个多角形区域, 并和上一段那样进行三角形有限元分割. 近似处理的第一步仍是只考察解在内节点的近似值 $u_i (i = 1, 2, \cdots, N_0)$.

由于在 (1.28) 式中涉及两个函数 $u$ 及 $w$, 为了将此式离散化, 除了要求 $u$ 属于前一段所定义的插值函数类 $V_h$ 以外, 还必须对试验函数 $w$ 作类似的处理. 由于 $w|_{\Gamma} = 0$, 最方便的方法就是对同一有限元分割, 要求 $w \in V_h^0$, 其中 $V_h^0$ 表示在边界节点上取零值时所构造的插值函数类. 由于在边界节点上取零值, $V_h^0$ 是一个有限维的线性空间, 其维数仍等于内节点的个数 $N_0$. 这样, 就可以将 (1.28) 式近似地改为

$$u \in V_h, \quad \iint\limits_{\Omega} \left( \frac{\partial u}{\partial x}\frac{\partial w}{\partial x} + \frac{\partial u}{\partial y}\frac{\partial w}{\partial y} \right) \mathrm{d}x\mathrm{d}y = 0, \text{其中 } w \text{ 为 } V_h^0 \text{ 中任意给定的元素}. \tag{1.30}$$

对任何 $i = 1, 2, \cdots, N_0$, 以 $w_i(x,y)$ 表示在内节点 $i$ 取值为 1, 而在其余节点取值为零时所构成的插值函数, 它是一个"伞状函数". 显然, $w_i(x,y) \in V_h^0$; 且对任何 $w(x,y) \in V_h^0$, 设其在内节点分别取值 $g_1, g_2, \cdots, g_{N_0}$, 则有

$$w(x,y) = \sum_{i=1}^{N_0} g_i w_i(x,y).$$

因此, $\{w_i(x,y)\} (i = 1, 2, \cdots, N_0)$ 是线性空间 $V_h^0$ 的一组基. 这样, (1.30) 式就可以等价地改写为

$$u \in V_h, \iint\limits_{\Omega} \left( \frac{\partial u}{\partial x}\frac{\partial w_i}{\partial x} + \frac{\partial u}{\partial y}\frac{\partial w_i}{\partial y} \right) \mathrm{d}x\mathrm{d}y = 0 \quad (i = 1, 2, \cdots, N_0). \tag{1.31}$$

由 (1.14) 式, 这里共有 $N_0$ 个以内节点处解值 $u_i(i=1,2,\cdots,N_0)$ 为未知数的线性代数方程, 即是一个线性代数方程组. 解出它, 就可以得到解在节点上的近似值.

由于两种变分问题的等价性, 而 $u$ 及 $w$ 又均用同一插值方式进行插值, 用伽辽金法最后列出的计算格式和上一段中用里茨法列出的计算格式是完全相同的, 即此时这两种数值求解方法是相同的.

但是, 如果对 (1.28) 式中出现的两个函数 $u$ 及 $w$, 分别采用不同的方式进行插值, 例如采用不同的有限元分割方式, 或采用不同精度的插值, 等等, 就可以导致不同的计算格式. 具体说来, 若要求 $u\in V_h, w\in W_h^0$, 而 $V_h$ 与 $W_h^0$ 是分别用不同的方式所得到的插值函数类, 但具有相同的维数, 就可以得到相应的计算格式为

$$u\in V_h,\quad \iint\limits_{\Omega}\left(\frac{\partial u}{\partial x}\frac{\partial w}{\partial x}+\frac{\partial u}{\partial y}\frac{\partial w}{\partial y}\right)\mathrm{d}x\mathrm{d}y=0,\quad \text{其中 } w \text{ 为 } W_h^0 \text{ 中任意给定的元素}. \tag{1.32}$$

这就和前一段中用里茨法所得的计算格式不同. 因此, 伽辽金法这种数值求解方法可以含有更丰富的内容.

综上所述, 我们对同一狄利克雷问题 (1.1)—(1.2), 基于对解的概念的不同理解, 分别介绍了数值求解的四种常用的方法. 可以看到, 每一方法都有其特点及优点, 而且在特定的情况下还给出相同的计算格式. 此外, 不同的方法在各自范围内都有其或大或小的变通性, 这为我们提供了多种选择余地, 在具体使用这些方法的时候应该充分地注意到这一点.

我国数学家冯康在创建有限元法求偏微分方程数值解的理论中做出了重要的贡献. 他在 1965 年发表的论文《基于变分原理的差分格式》被国际学术界视为中国独立发展有限元法的重要里程碑.

## 习　题

1. 证明: 用有限差分法所列的计算格式 (1.4) 及 (1.5) 恒有唯一的解.

2. 若对所考察的有限元分割, 没有一个元素是钝角三角形, 证明: 此时对狄利克雷问题 (1.1)—(1.2) 用元体平衡法所列的计算格式, 必成立极值原理, 即除非节点上的解值恒等于常数, 在内节点处的解值不可能取到在所有节点上解值的最大值或最小值. 由此证明用元体平衡法得到的计算格式恒有唯一的解.

3. 证明: 出现在 (1.22) 式中的刚度矩阵 $\boldsymbol{K}=(k_{ij})(i,j=1,2,\cdots,N_0)$ 是一个对称正定矩阵.

4. 证明: 对狄利克雷问题 (1.1)—(1.2), 若采用同一有限元分割, 则用有限元法所列的计算格式与用元体平衡法所列的计算格式是完全相同的.

5. 证明: 若采用图 7.6 所示的有限元分割, 则用有限元法在任一内节点处所列的计算格式必为五点格式 (1.4).

6. 证明: 若采用同一有限元分割, 且 $u$ 及 $w$ 采用同一插值方式进行插值, 则对狄利克雷问题 (1.1)—(1.2) 用里茨法和用伽辽金法所得的计算格式是完全相同的.

# §2　热传导方程的差分法

**1. 一维热传导方程的显式差分格式**　考察一维热传导方程的初边值问题

$$\begin{cases} \dfrac{\partial u}{\partial t} - a^2\dfrac{\partial^2 u}{\partial x^2} = 0 \quad (0 < x < l, t > 0), \\ u|_{t=0} = \varphi(x) \quad (0 < x < l), \\ u|_{x=0} = \mu_1(t), u|_{x=l} = \mu_2(t) \quad (t > 0). \end{cases} \tag{2.1}$$

为了保证解的连续性, 所给的初始条件与边界条件须满足相容性条件 $\varphi(0)=\mu_1(0), \varphi(l)=\mu_2(0)$. 以下介绍用差分法求初边值问题 (2.1) 的近似解的方法. 对这种典型问题的处理方法, 可以推广应用于更一般的情况 (例如变系数的情况等).

为了建立初边值问题 (2.1) 的差分格式, 首先在它的求解区域 $R(0 \leqslant x \leqslant l, t \geqslant 0)$ 上作矩形网格 (图 7.7). 在 $x$ 轴上以步长 $\Delta x = \dfrac{l}{J}$ ($J$ 是一正整数) 把 $[0,l]$ 区间 $J$ 等分, 并于各分点作平行于 $t$ 轴的网格线. 在 $t$ 轴以步长 $\Delta t$ 作平行于 $x$ 轴的网格线. 上面所作的两族直线的交点 $(x_j, t_n) = (j\Delta x, n\Delta t)$ 称为**网格节点**.

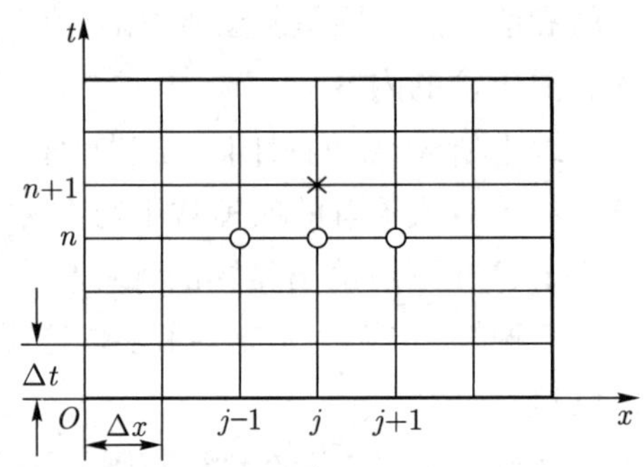

图 7.7

用 $u_j^n, \left(\dfrac{\partial u}{\partial t}\right)_j^n$ 及 $\left(\dfrac{\partial^2 u}{\partial x^2}\right)_j^n$ 分别表示初边值问题 (2.1) 的解 $u(x,t)$ 及其偏导数 $\dfrac{\partial u(x,t)}{\partial t}$ 及 $\dfrac{\partial^2 u(x,t)}{\partial x^2}$ 在点 $(x_j, t_n)$ 之值. 当初边值问题 (2.1) 的解在区域内部适当光滑时, 对任一区域内部的节点 $(x_j, t_n)$ 利用泰勒展开式可以得到

$$\frac{u_j^{n+1} - u_j^n}{\Delta t} - \left(\frac{\partial u}{\partial t}\right)_j^n = \frac{\Delta t}{2}\frac{\partial^2 u(x_j, \widetilde{t}\,)}{\partial t^2} \quad (t_n \leqslant \widetilde{t} \leqslant t_{n+1}),$$

$$\frac{u_{j+1}^n - 2u_j^n + u_{j-1}^n}{(\Delta x)^2} - \left(\frac{\partial^2 u}{\partial x^2}\right)_j^n = \frac{(\Delta x)^2}{12}\frac{\partial^4 u(\widetilde{x}, t_n)}{\partial x^4} \quad (|\widetilde{x} - x_j| \leqslant \Delta x).$$

由上面两式解出 $\left(\dfrac{\partial u}{\partial t}\right)_j^n, \left(\dfrac{\partial^2 u}{\partial x^2}\right)_j^n$, 并代入 (2.1) 式的第一式, 得到

$$\frac{u_j^{n+1} - u_j^n}{\Delta t} - a^2\frac{u_{j+1}^n - 2u_j^n + u_{j-1}^n}{(\Delta x)^2} = \frac{\Delta t}{2}\frac{\partial^2 u(x_j, \widetilde{t}\,)}{\partial t^2} - a^2\frac{(\Delta x)^2}{12}\frac{\partial^4 u(\widetilde{x}, t_n)}{\partial x^4}. \tag{2.2}$$

又限于在节点上考察, (2.1) 式中的初始条件与边界条件可分别化为

$$\begin{cases} u_j^0 = \varphi(j\Delta x) \quad (j = 1, 2, \cdots, J-1), \\ u_0^n = \mu_1(n\Delta t), u_J^n = \mu_2(n\Delta t) \quad (n = 0, 1, 2, \cdots). \end{cases} \tag{2.3}$$

略去 (2.2) 式右端的小量, 就得到用差分方法求解初边值问题 (2.1) 的格式 I:

$$\begin{cases} \dfrac{U_j^{n+1}-U_j^n}{\Delta t} - a^2\dfrac{U_{j+1}^n - 2U_j^n + U_{j-1}^n}{(\Delta x)^2} = 0, \\ U_j^0 = \varphi(j\Delta x) \quad (j=1,2,\cdots,J-1), \\ U_0^n = \mu_1(n\Delta t), U_J^n = \mu_2(n\Delta t) \quad (n=0,1,2,\cdots). \end{cases} \tag{2.4}$$

这里由于差分方程 (2.4) 的解 $U$ 与原初边值问题 (2.1) 的解 $u$ 一般是不同的, 故用不同的记号表示之.

很明显, 用格式 I 近似热传导方程的初边值问题 (2.1), 所忽略掉的项, 即**截断误差**是 $O(\Delta t)+O((\Delta x)^2)$.

记

$$\lambda = a^2\frac{\Delta t}{(\Delta x)^2},$$

格式 I 可以简写为

$$\begin{cases} U_j^{n+1} = \lambda U_{j+1}^n + (1-2\lambda)U_j^n + \lambda U_{j-1}^n, \\ U_j^0 = \varphi(j\Delta x) \quad (j=1,2,\cdots,J-1), \\ U_0^n = \mu_1(n\Delta t), U_J^n = \mu_2(n\Delta t) \quad (n=0,1,2,\cdots). \end{cases} \tag{2.5}$$

它表示未知函数 $U$ 在第 $n+1$ 排任一内节点上之值依赖于它在第 $n$ 排上三个节点上之值 (如图 7.7 所示).

可以清楚地看到, 差分方程 (2.5) 可按 $t$ 增加的方向逐排求解. 事实上, 根据初始条件与边界条件, 可以知道第 0 排上 $U_j^0(j=0,1,\cdots,J)$ 的值; 再用 (2.5) 式的第一式及第三式, 可以算出第一排上 $U_j^1(j=0,1,\cdots,J)$ 的值; 类似地又可以算出第二排上 $U_j^2(j=0,1,\cdots,J)$ 的值; 如此进行下去, 一直可以算出任意第 $n_0$ 排上 $U_j^{n_0}(j=0,1,\cdots,J)$ 的值. 如果一个差分格式, 其每一排各节点上的数值可直接由前面各排节点的数值计算得到, 则称为**显式差分格式**. 很明显, 格式 I 是一种显式差分格式. 反之, 如果一个差分格式每一排各节点的数值需要通过解一个线性代数方程组同时确定, 这样的格式称为**隐式差分格式**.

**2. 显式差分格式的收敛性和稳定性** 现在我们要问差分格式 (2.4) 是否收敛, 即当 $\Delta t\to 0, \Delta x\to 0$ 时差分方程 (2.4) 的解是否收敛于初边值问题 (2.1) 的解? 当 $\lambda\leqslant\dfrac{1}{2}$ 时, 回答是肯定的. 我们有

**定理 2.1** 假设初边值问题 (2.1) 的解 $u(x,t)$ 在区域 $R(0\leqslant x\leqslant l, 0\leqslant t\leqslant T)$ 上存在、连续, 且具有连续的偏导数 $\dfrac{\partial^2 u}{\partial t^2}, \dfrac{\partial^4 u}{\partial x^4}$, 则当

$$\lambda - a^2\frac{\Delta t}{(\Delta x)^2} \leqslant \frac{1}{2}$$

时, 差分方程 (2.4) 的解 $U$ 收敛于原初边值问题 (2.1) 的解 $u$.

本定理的证明从略.

用差分方法求解问题时, 除了必须考虑其解的收敛性外, 还必须考虑计算过程中舍入误差的影响, 这就导致了差分方程稳定性的概念.

由于计算过程的每一步都会有舍入误差 (包括初始数据和边界条件的舍入误差), 而且每一步的舍入误差对以后的计算结果还会发生影响. 我们实际计算得到的并非差分方程的精确解 $U_j^n$, 而是它的近似解 $\widetilde{U}_j^n$. 在按 $t$ 增加的方向逐排求解时, 由于对固定的 $T$, 当步长 $\Delta t \to 0$ 时, 其所在的排数 $n \to \infty$, 因此, 在区域 $0 \leqslant t \leqslant T$ 中求解问题, 随着步长的缩小, 计算的排数要不断增大. 这样, 尽管每一步的舍入误差之值甚微, 但得到的差分问题的近似解 $\widetilde{U}_j^n$ 与差分方程精确解 $U_j^n$ 的偏差并不一定小, 相反这种误差的积累却可能对解发生极大的影响, 甚至使计算过程无法进行下去. 如果出现这种情况, 就称所考察的差分格式不稳定. 而当差分方程的解由于舍入误差的影响所产生的偏差可以得到控制时, 就称所考察的差分格式为稳定的.

现在, 我们来考察差分格式 I 的稳定性. 由于成立叠加原理, 我们可以只考虑在某一排上产生舍入误差而在其他各排没有舍入误差产生的情况. 不失一般性, 可以假定舍入误差就产生于第零排, 即产生于初始条件的计算上, 而边界条件的计算不产生误差.

设计算初始条件时在各节点上产生的舍入误差是

$$\varepsilon_j \quad (j = 1, 2, \cdots, J-1),$$

此时, 我们求得的差分方程的近似解 $\widetilde{U}_j^n$ 满足

$$\begin{cases} \widetilde{U}_j^{n+1} = \lambda \widetilde{U}_{j+1}^n + (1-2\lambda)\widetilde{U}_j^n + \lambda \widetilde{U}_{j-1}^n, \\ \widetilde{U}_j^0 = \varphi(j\Delta x) + \varepsilon_j \quad (j = 1, 2, \cdots, J-1), \\ \widetilde{U}_0^n = \mu_1(n\Delta t), \widetilde{U}_J^n = \mu_2(n\Delta t) \quad (n = 0, 1, 2, \cdots). \end{cases} \tag{2.6}$$

用 $V_j^n = \widetilde{U}_j^n - U_j^n$ 表示差分问题近似解与差分方程精确解的偏差. 由 (2.6) 和 (2.5) 式, $V_j^n$ 满足差分方程

$$\begin{cases} V_j^{n+1} = \lambda V_{j+1}^n + (1-2\lambda)V_j^n + \lambda V_{j-1}^n, \\ V_j^0 = \varepsilon_j \quad (j = 1, 2, \cdots, J-1), \\ V_0^n = V_J^n = 0 \quad (n = 0, 1, 2, \cdots). \end{cases} \tag{2.7}$$

引入偏差 $V_j^n$ 以后, 就可以给出差分格式稳定性的确切定义. 例如, 可以给出如下的

**定义** 如果对于任意给定的 $\varepsilon > 0$, 存在与 $\Delta t$ 和 $\Delta x$ 无关的 $\delta$, 使得当

$$\max_j \left|V_j^0\right| \leqslant \delta$$

时, 对一切 $n = 0, 1, \cdots, N\left(= \left[\dfrac{T}{\Delta t}\right]\right)$, 成立

$$\max_j \left|V_j^n\right| \leqslant \varepsilon,$$

则称格式 (2.5) 是**稳定的**.

类似地, 也可按其他的度量误差的方式来定义差分方程的稳定性.

从定理 2.1 知, 差分格式的收敛性与步长比 $\lambda = a^2\dfrac{\Delta t}{(\Delta x)^2}$ 有密切关系. 现指出, 差分格式的稳定性与此也有密切的关系. 事实上, 有

**定理 2.2** 当 $\lambda \leqslant \dfrac{1}{2}$ 时, 热传导方程初边值问题 (2.1) 显式差分格式 (2.5) 是稳定的.

**证** 当 $\lambda \leqslant \dfrac{1}{2}$ 时, 由 (2.7) 式可知, 对任意的 $j$, 有

$$\left|V_j^{n+1}\right| \leqslant \lambda\left|V_{j+1}^n\right| + (1-2\lambda)\left|V_j^n\right| + \lambda\left|V_{j-1}^n\right| \leqslant \max_j\left|V_j^n\right|,$$

所以

$$\max_j\left|V_j^{n+1}\right| \leqslant \max_j\left|V_j^n\right|. \tag{2.8}$$

由于 (2.8) 式对任意的 $n$ 都成立, 因此, 对一切 $n$ 成立

$$\max_j\left|V_j^n\right| \leqslant \max_j\left|V_j^0\right| = \max_j\left|\varepsilon_j\right|,$$

由此立刻可得所需的稳定性.

还可以进一步证明, 当 $\lambda > \dfrac{1}{2}$ 时, 差分格式 (2.5) 是不稳定的, 此处从略.

**3. 隐式差分格式及其稳定性** 从上面的讨论可以看到, 用显式格式进行数值求解热传导方程的定解问题, 优点是计算比较简便, 但是由于必须满足稳定性条件 $\lambda = a^2\dfrac{\Delta t}{(\Delta x)^2} \leqslant \dfrac{1}{2}$, 因此 $t$ 方向的步长必须取得满足条件

$$\Delta t \leqslant \frac{(\Delta x)^2}{2a^2},$$

而为了提高数值解的精确度, 必须缩小步长 $\Delta x$, 此时 $\Delta t$ 就要相应地变得更小. 这样, 由于差分方程是按 $t$ 增加的方向逐排求解的, 这种逐排求解的步骤必须重复很多次, 使计算量大大增加, 计算时间大大加长. 这是显式差分格式的一个很大的缺陷. 为了避免这种缺点, 下面提出一种隐式差分格式.

若 $u(x,t)$ 是初边值问题 (2.1) 的精确解, 类似于 (2.2) 式可以利用泰勒展开式得到

$$\frac{u_j^{n+1}-u_j^n}{\Delta t} - a^2\frac{u_{j+1}^{n+1}-2u_j^{n+1}+u_{j-1}^{n+1}}{(\Delta x)^2} = -\frac{\Delta t}{2}\frac{\partial^2 u(x_j,\widetilde{t}\,)}{\partial t^2} - a^2\frac{(\Delta x)^2}{12}\frac{\partial^4 u(\widetilde{x},t_{n+1})}{\partial x^4}$$
$$(t_n \leqslant \widetilde{t} \leqslant t_{n+1}, |\widetilde{x}-x_j| \leqslant \Delta x).$$

略去上式右端部分, 就可得热传导方程的另一差分近似, 而对初始条件与边界条件的差分近似可与前面一样处理, 这就得到求解初边值问题 (2.1) 的差分格式 Ⅱ:

$$\begin{cases} \dfrac{U_j^{n+1}-U_j^n}{\Delta t} - a^2\dfrac{U_{j+1}^{n+1}-2U_j^{n+1}+U_{j-1}^{n+1}}{(\Delta x)^2} = 0, \\ U_j^0 = \varphi(j\Delta x) \quad (j=1,2,\cdots,J-1), \\ U_0^n = \mu_1(n\Delta t), U_J^n = \mu_2(n\Delta t) \quad (n=0,1,2,\cdots), \end{cases} \tag{2.9}$$

或者写成

$$
\begin{cases}
-\lambda U_{j-1}^{n+1}+(1+2\lambda)U_j^{n+1}-\lambda U_{j+1}^{n+1}=U_j^n, \\
U_j^0=\varphi(j\Delta x) \quad (j=1,2,\cdots,J-1), \\
U_0^n=\mu_1(n\Delta t), U_J^n=\mu_2(n\Delta t) \quad (n=0,1,2,\cdots),
\end{cases} \tag{2.10}
$$

其中 $\lambda=a^2\dfrac{\Delta t}{(\Delta x)^2}$.

由上面推导, 容易知道格式 II 的截断误差也是 $O(\Delta t)+O((\Delta x)^2)$.

(2.10) 式的第一式表示第 $n+1$ 排上相邻三节点之解值与第 $n$ 排上一节点之解值之间的关系 (见图 7.8). 由此可知, 差分格式 II 虽然仍要按 $t$ 增加的方向来逐排求解, 但已不能像显式格式 I 那样直接由第 $n$ 排的解值逐个地求得第 $n+1$ 排的解值 $U_j^{n+1}(j=0,1,\cdots,J)$, 而必须在已知了整个第 $n$ 排上的解值 $U_j^n(j=0,1,\cdots,J)$ 后, 利用 (2.10) 式的第一式及第 $n+1$ 排上的边界条件通过求解下述线性代数方程组同时求得 $U_j^{n+1}(j=0,1,\cdots,J)$:

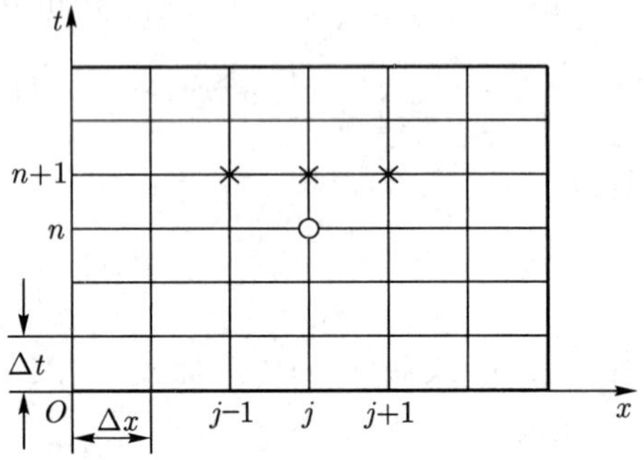


图 7.8

$$
\begin{cases}
-\lambda U_{j-1}^{n+1}+(1+2\lambda)U_j^{n+1}-\lambda U_{j+1}^{n+1}=U_j^n \quad (j=1,2,\cdots,J-1), \\
U_0^{n+1}=\mu_1((n+1)\Delta t), \\
U_J^{n+1}=\mu_2((n+1)\Delta t).
\end{cases} \tag{2.11}
$$

正因为这样, 称这种差分格式为**隐式差分格式**.

可以证明无需对步长加任何条件, 隐式格式 II 都是稳定的, 即格式 II 是无条件稳定的.

## 习 题

1. 对热传导方程的初边值问题

$$
\begin{cases}
\dfrac{\partial u}{\partial t}-\dfrac{\partial^2 u}{\partial x^2}=0, \\
t=0: u=\sin \pi x, \\
x=0: u=0, \\
x=1: u=0,
\end{cases}
$$

取 $\Delta x=1/J$ ($J$ 为正整数), 列出其显式差分格式 I, 并指出此时的稳定性条件.

2. 试列出热传导方程初边值问题

$$
\begin{cases}
\dfrac{\partial u}{\partial t}-a^2(x)\dfrac{\partial^2 u}{\partial x^2}=0 \quad (a(x)\geqslant a_0>0), \\
u(x,0)=\varphi(x), \\
u(0,t)=u(1,t)=0
\end{cases}
$$

的显式差分格式.

## §3 波动方程的差分法

**1. 波动方程初边值问题的差分格式** 为叙述简单起见, 我们讨论弦振动方程的初边值问题

$$\begin{cases}\dfrac{\partial^2 u}{\partial t^2}-a^2\dfrac{\partial^2 u}{\partial x^2}=0, & (3.1)\\ t=0: u=\varphi(x), \dfrac{\partial u}{\partial t}=\psi(x)\quad (0\leqslant x\leqslant l), & (3.2)\\ x=0: u=\mu_1(t), & \\ x=l: u=\mu_2(t) & (3.3)\end{cases}$$

的差分格式, 其基本思想可以应用到更复杂的情况.

为了保证解的连续性, 假设所给的初始条件与边界条件满足相容性条件: $\varphi(0)=\mu_1(0), \varphi(l)=\mu_2(0)$.

类似于上节热传导方程的初边值问题, 可以列出问题 (3.1)—(3.3) 的差分格式如下:

$$\begin{cases}\dfrac{U_j^{n+1}-2U_j^n+U_j^{n-1}}{(\Delta t)^2}-a^2\dfrac{U_{j+1}^n-2U_j^n+U_{j-1}^n}{(\Delta x)^2}=0 & \\ \qquad (j=1,2,\cdots,J-1;\quad n=1,2,\cdots), & (3.4)\\ U_j^0=\varphi(j\Delta x),\quad U_j^1=\varphi(j\Delta x)+\psi(j\Delta x)\Delta t & \\ \qquad (j=1,2,\cdots,J-1), & (3.5)\\ U_0^n=\mu_1(n\Delta t), U_J^n=\mu_2(n\Delta t) & \\ \qquad (n=0,1,2,\cdots). & (3.6)\end{cases}$$

记

$$\lambda=a\frac{\Delta t}{\Delta x}, \tag{3.7}$$

差分格式 (3.4)—(3.6) 可改写为

$$\begin{cases}U_j^{n+1}=\lambda^2U_{j+1}^n+2(1-\lambda^2)U_j^n+\lambda^2U_{j-1}^n-U_j^{n-1} & \\ \qquad (j=1,2,\cdots,J-1; n=1,2,\cdots), & (3.8)\\ U_j^0=\varphi(j\Delta x), U_j^1=\varphi(j\Delta x)+\psi(j\Delta x)\Delta t & \\ \qquad (j=1,2,\cdots,J-1), & (3.9)\\ U_0^n=\mu_1(n\Delta t), U_J^n=\mu_2(n\Delta t) & \\ \qquad (n=0,1,2,\cdots). & (3.10)\end{cases}$$

易见上述差分方程中第 $n+1$ 排诸节点上解值可逐个地确定, 因而它也是一种显式差分格式.

**2. CFL 条件 (柯朗 – 弗里德里希斯 – 列维** (Courant-Friedrichs-Lewy) **条件)** 对差分格式 (3.8)—(3.10), 步长 $\Delta x$ 和 $\Delta t$ 的比值应有一定的限制, 事实上, 有

**定理 3.1** 不论步长 $\Delta x, \Delta t$ 取得如何小, 只要步长比满足条件 $\lambda = \dfrac{a\Delta t}{\Delta x} > 1$ ($\lambda$ 是常数), 差分方程 (3.8)—(3.10) 的解 $U_j^n$ 就不会收敛于相应的弦振动方程初边值问题 (3.1)—(3.3) 的解 $u(x_j, t_n)$.

**证** 过 $x$ 轴上区间 $[0, l]$ 的两端点 $x = 0$ 和 $x = l$, 分别作斜率为 $\dfrac{1}{a}$ 及 $-\dfrac{1}{a}$ 的直线 (特征线), 其交点为 $P$, 并设此两直线和 $x$ 轴所围成的三角形区域为 $G$ (如图 7.9, 其上特征线用虚线表示). 由第一章的讨论知道, $G$ 就是 $x$ 轴上区间 $[0, l]$ 的决定区域, 其上弦振动方程 (3.1) 的解可完全由初始条件 (3.2) 决定; 而点 $P$ 的依赖区间就是 $[0, l]$.

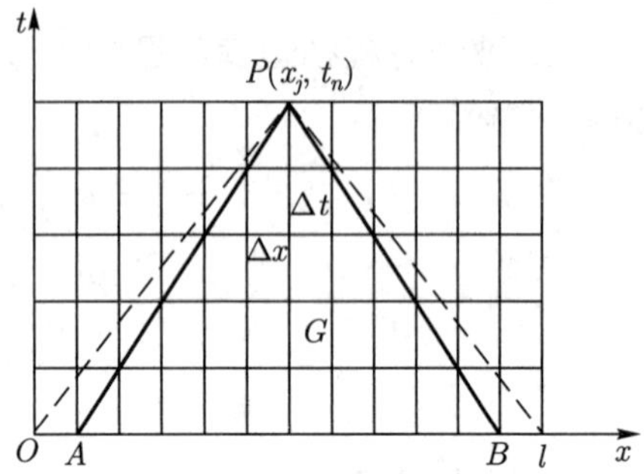


图 7.9

为证明简单起见, 假设点 $P$ 就是一个网格节点 $(x_j, t_n)$, 并考察差分方程的解 $U_j^n$ 在此点的收敛情况. 由 (3.8) 式知, 在点 $P$ 差分方程的解 $U(x_j, t_n)$ 依赖于下一排的三个节点 $(x_{j-1}, t_{n-1}), (x_j, t_{n-1})$ 与 $(x_{j+1}, t_{n-1})$ 上的解值 $U(x_{j-1}, t_{n-1}), U(x_j, t_{n-1})$ 与 $U(x_{j+1}, t_{n-1})$ 以及再下一排上节点 $(x_j, t_{n-2})$ 上的解值 $U(x_j, t_{n-2})$. 如此将这种依赖关系继续递推下去直到最下面两排为止, 容易看到: 如果过点 $P$ 向下引两根网格对角线 (图 7.9 中实线所示), 那么点 $P$ 差分方程的 $U(x_j, t_n)$ 只依赖于此两对角线和第 0 排、第 1 排交截的区间上的节点值. 从而由 (3.9) 式可知, 差分方程在点 $P$ 的解值 $U(x_j, t_n)$ 只依赖于在 $x$ 轴上为网格对角线所交截的区间 $AB$ 上的初始条件 (3.2). 仿照第一章中的定义, 称区间 $AB$ 为差分方程在点 $P$ 的依赖区间.

过点 $P$ 的这两根网格对角线 (实线) 的斜率分别为 $\pm\dfrac{\Delta t}{\Delta x}$, 而过点 $P$ 的两特征线 (虚线) 的斜率已知为 $\pm\dfrac{1}{a}$. 由假设

$$\lambda = a\frac{\Delta t}{\Delta x} > 1,$$

故有

$$\frac{\Delta t}{\Delta x} > \frac{1}{a},$$

于是过点 $P$ 的两条网格对角线落在上述决定区域 $G$ 中 (图 7.9). 因此, 对点 $P$ 来说, 其差分方程的依赖区间 $AB$ 必落在微分方程的依赖区间 $[0, l]$ 的内部.

于是, 若保持差分方程依赖区间 $AB$ 上初始条件 $\varphi$ 和 $\psi$ 的值不变, 而改变位于微分方程依赖区间内部、差分方程依赖区间外部的 $\varphi$ 和 $\psi$ 的值, 那么, 微分方程的解在点 $P$ 的值 $u(x_j, t_n)$ 就发生了变化, 但差分方程在点 $P$ 的解 $U(x_j, t_n)$ 却保持不变, 而不是相应地发生变化. 这就证明了差分方程的解 $U_j^n$ 决不会收敛于微分方程的解. 证毕.

从以上讨论可见, 对弦振动方程来说, 为保证上述差分方程的收敛性, 要求步长比

$\dfrac{\Delta t}{\Delta x}$ 满足一定的条件. 也可以证明, 在初始条件及边界条件满足一定的光滑性要求下, 只要步长比满足条件

$$\lambda = a\frac{\Delta t}{\Delta x} \leqslant 1,$$

差分方程 (3.8)—(3.10) 的解 $U_j^n$ 必收敛于弦振动方程初边值问题 (3.1)—(3.3) 的解.

类似于热传导方程显式差分格式 I, 我们还可以证明: 当 $\lambda \leqslant 1$ 时, 差分格式 (3.4)—(3.6) 是稳定的; 而当 $\lambda > 1$ 时, 该差分格式是不稳定的.

我们看到, 条件

$$\lambda = a\frac{\Delta t}{\Delta x} \leqslant 1 \tag{3.11}$$

保证了差分格式 (3.4)—(3.6) 的收敛性和稳定性. 这个条件通常称为**柯朗 – 弗里德里希斯 – 列维条件**, 简称为 **CFL 条件**.

## 习　题

1. 给定波动方程的显式差分格式:

$$U_j^{n+1} = \lambda^2 U_{j+1}^n + 2(1-\lambda^2)U_j^n + \lambda^2 U_{j-1}^n - U_j^{n-1},$$

问在 $\alpha, \beta$ 满足怎样的条件时, $U_j^n = \alpha^n \beta^j$ 是它的解?

2. 证明: 弦振动方程 $\dfrac{\partial^2 u}{\partial t^2} = a^2 \dfrac{\partial^2 u}{\partial x^2}$ 的解 $u(x,t)$ 在节点上的值

$$u_j^n = u(j\Delta x, n\Delta t)$$

是 $\lambda = 1$ 时的显式差分格式的解, 即 $u_j^n$ 满足差分方程

$$u_j^{n+1} + u_j^{n-1} = u_{j+1}^n + u_{j-1}^n.$$

3. 记

$$(\delta^2 U)_j^n = U_{j+1}^n - 2U_j^n + U_{j-1}^n,$$

求用差分格式

$$\frac{U_j^{n+1} - 2U_j^n + U_j^{n-1}}{(\Delta t)^2} = a^2 \frac{(\delta^2 U)_j^{n+1} + (\delta^2 U)_j^{n-1}}{2(\Delta x)^2}$$

来近似在节点 $(x_j, t_n)$ 处的弦振动方程 $\dfrac{\partial^2 u}{\partial t^2} = a^2 \dfrac{\partial^2 u}{\partial x^2}$ 时产生的截断误差.

4. 列出弦振动方程初边值问题

$$\begin{cases} \dfrac{\partial^2 u}{\partial t^2} = a^2 \dfrac{\partial^2 u}{\partial x^2} + f(x,t), \\ t = 0: u = \varphi(x), \dfrac{\partial u}{\partial t} = \psi(x) \quad (0 \leqslant x \leqslant \pi), \\ x = 0: u = \mu_1(t), \\ x = \pi: u = \mu_2(t) \end{cases}$$

的显式差分格式 (其中 $f(x,t)$ 是已知函数).

# 附录 特殊函数

在数学物理问题中经常会遇到一些特殊函数, 它们是某些特殊方程的解. 下面列举一部分常用的特殊函数及其重要性质.

**一、伽马函数**

称由积分

$$\Gamma(s)=\int_0^{\infty}\mathrm{e}^{-x}x^{s-1}\mathrm{d}x$$

所定义的函数为**伽马函数**. 其中变量 $s$ 可以是实的, 也可以是复的; 但为使积分收敛, 必须要求 $\mathrm{Re}\,s>0$.

伽马函数具有下列一些基本性质.

1. $\Gamma(s)$ 满足关系式

$$\Gamma(s+1)=s\Gamma(s)$$

或更普遍的关系式

$$\Gamma(s+n+1)=(s+n)(s+n-1)\cdots(s+1)s\Gamma(s)$$

(其中 $n$ 为正整数).

2. 函数 $\Gamma(s)$ 除点 $s=0$ 以及负整数外, 在全平面都是解析的. 在 $s=-n(n=0,1,2,\cdots)$ 处有单极点, 其留数为 $\dfrac{(-1)^n}{n!}$.

3. 函数 $\dfrac{1}{\Gamma(s)}$ 为整函数, $\Gamma(s)$ 不取零值.

4. 对于每个正整数 $n$, 有

$$\Gamma(n+1)=n!.$$

特别地, 有

$$\Gamma(1)=\Gamma(2)=1.$$

5. 对任何 $s$, 都有

$$\Gamma(s)\Gamma(1-s)=\frac{\pi}{\sin\pi s},$$

$$\Gamma(s)\Gamma\left(s+\frac{1}{2}\right)=\frac{\sqrt{\pi}}{2^{2s-1}}\Gamma(2s).$$

特别地, 有

$$\Gamma\left(\frac{1}{2}\right)=\sqrt{\pi},$$

$$\begin{aligned}\Gamma\left(n+\frac{1}{2}\right)&=\left(n-\frac{1}{2}\right)\left(n-\frac{3}{2}\right)\cdots\frac{1}{2}\Gamma\left(\frac{1}{2}\right)\\&=\frac{1\cdot3\cdot5\cdots(2n-1)}{2^n}\sqrt{\pi}=\frac{(2n)!\sqrt{\pi}}{4^nn!},\\\Gamma\left(-n+\frac{1}{2}\right)&=(-1)^n\frac{2^n}{1\cdot3\cdot5\cdots(2n-1)}\sqrt{\pi}\\&=(-1)^n\frac{4^nn!}{(2n)!}\sqrt{\pi}.\end{aligned}$$

**二、柱函数: 贝塞尔函数、诺伊曼函数和汉克尔 (Hankel) 函数**

称形如

$$\frac{\mathrm{d}^2y}{\mathrm{d}x^2}+\frac{1}{x}\frac{\mathrm{d}y}{\mathrm{d}x}+\left(1-\frac{\nu^2}{x^2}\right)y=0$$

或

$$\frac{1}{x}\frac{\mathrm{d}}{\mathrm{d}x}\left(x\frac{\mathrm{d}y}{\mathrm{d}x}\right)+\left(1-\frac{\nu^2}{x^2}\right)y=0$$

的方程为 $\nu$ **阶贝塞尔方程**. 当 $\nu$ 不为整数时, 此方程有两个线性无关的解:

$$J_\nu(x)=\sum_{m=0}^{\infty}(-1)^m\frac{1}{\Gamma(m+1)\Gamma(m+\nu+1)}\left(\frac{x}{2}\right)^{2m+\nu}$$

和

$$J_{-\nu}(x)=\sum_{m=0}^{\infty}(-1)^m\frac{1}{\Gamma(m+1)\Gamma(m-\nu+1)}\left(\frac{x}{2}\right)^{2m-\nu}.$$

这两个级数在整个 $x$ 轴上都是收敛的. 由这两个级数所表达的函数 $J_\nu(x)$ 及 $J_{-\nu}(x)$ 称为 $\nu$ **阶的第一类贝塞尔函数**. 当 $\nu$ 为整数时, 例如 $\nu=n$ ($n$ 是正整数), 成立

$$J_{-n}(x)=(-1)^nJ_n(x).$$

称函数

$$N_\nu(x)=\frac{J_\nu(x)\cos\pi\nu-J_{-\nu}(x)}{\sin\pi\nu}$$

为**诺伊曼函数**或 $\nu$ **阶的第二类贝塞尔函数**. 当 $\nu$ 为整数时, 它与**贝塞尔函数** $J_\nu(x)$ 构成贝塞尔方程的两个线性无关的解.

称

$$H_\nu^{(1)}(x)=J_\nu(x)+\mathrm{i}N_\nu(x)$$

及

$$H_\nu^{(2)}(x)=J_\nu(x)-\mathrm{i}N_\nu(x)$$

为**汉克尔函数**. 注意到 $N_\nu(x)$ 的表达式, 可将上面两式写为

$$H_\nu^{(1)}(x) = -\frac{1}{\mathrm{i}\sin\pi\nu}[J_\nu(x)\mathrm{e}^{-\mathrm{i}\pi\nu} - J_{-\nu}(x)],$$

$$H_\nu^{(2)}(x) = \frac{1}{\mathrm{i}\sin\pi\nu}[J_\nu(x)\mathrm{e}^{\mathrm{i}\pi\nu} - J_{-\nu}(x)].$$

1. 下标不同的贝塞尔函数之间有下列一些递推公式:

$$\frac{\mathrm{d}}{\mathrm{d}x}\left(\frac{J_\nu(x)}{x^\nu}\right) = -\frac{J_{\nu+1}(x)}{x^\nu},$$

$$\frac{\mathrm{d}}{\mathrm{d}x}(x^\nu J_\nu(x)) = x^\nu J_{\nu-1}(x),$$

$$J_{\nu+1}(x) + J_{\nu-1}(x) = \frac{2\nu}{x}J_\nu(x).$$

更一般地, 对任意给定的正整数 $p$, 成立

$$\frac{\mathrm{d}^p}{(x\mathrm{d}x)^p}\left(\frac{J_\nu(x)}{x^\nu}\right) = (-1)^p\frac{J_{p+\nu}(x)}{x^{p+\nu}},$$

$$\frac{\mathrm{d}^p}{(x\mathrm{d}x)^p}(x^\nu J_\nu(x)) = x^{\nu-p}J_{\nu-p}(x),$$

其中记号 $\frac{\mathrm{d}^p}{(x\mathrm{d}x)^p}f(x)$ 表示运算

$$\frac{\mathrm{d}^p}{(x\mathrm{d}x)^p}f(x) = \underbrace{\frac{\mathrm{d}}{x\mathrm{d}x}\left\{\cdots\left[\frac{\mathrm{d}}{x\mathrm{d}x}\left(\frac{\mathrm{d}}{x\mathrm{d}x}\right)\right]f(x)\right\}}_{\text{共 } p \text{ 次}}.$$

特别地, 有

$$J_0'(x) = -J_1(x),$$

$$\frac{\mathrm{d}}{\mathrm{d}x}(xJ_1(x)) = xJ_0(x).$$

注意到 $J_0(0) = 1$, 上式可写为

$$\int_0^x J_1(x)\mathrm{d}x = 1 - J_0(x),$$

$$\int_0^x xJ_0(x)\mathrm{d}x = xJ_1(x).$$

2. 当 $n$ 为正整数时, 贝塞尔函数 $J_{\pm\frac{2n+1}{2}}(x)$ 可用初等函数表达如下:

$$J_{\frac{2n+1}{2}}(x) = (-1)^n\sqrt{\frac{2}{\pi}}x^{\frac{2n+1}{2}}\frac{\mathrm{d}^n}{(x\mathrm{d}x)^n}\left(\frac{\sin x}{x}\right),$$

$$J_{-\frac{2n+1}{2}}(x) = \sqrt{\frac{2}{\pi}}x^{\frac{2n+1}{2}}\frac{\mathrm{d}^n}{(x\mathrm{d}x)^n}\left(\frac{\cos x}{x}\right).$$

特别地, 有

$$J_{\frac{1}{2}}(x)=\sqrt{\frac{2}{\pi x}}\sin x,$$
$$J_{-\frac{1}{2}}(x)=\sqrt{\frac{2}{\pi x}}\cos x.$$

3. 当 $\nu$ 为非整数时, 贝塞尔函数 $J_\nu(x)$ 可表达为积分形式:

$$J_\nu(x)=\frac{1}{2\pi}\int_{-\pi}^{\pi}\mathrm{e}^{-\mathrm{i}x\sin\varphi+\mathrm{i}\nu\varphi}\mathrm{d}\varphi-\frac{\sin\nu\pi}{\pi}\int_0^{\infty}\mathrm{e}^{-x\operatorname{sh}\xi-\nu\xi}\mathrm{d}\xi.$$

当 $\nu$ 等于整数 $n$ 时, 有

$$J_n(x)=\frac{1}{2\pi}\int_{-\pi}^{\pi}\mathrm{e}^{-\mathrm{i}x\sin\varphi+\mathrm{i}n\varphi}\mathrm{d}\varphi=\frac{(-\mathrm{i})^n}{2\pi}\int_{-\pi}^{\pi}\mathrm{e}^{\mathrm{i}x\cos\psi+\mathrm{i}n\psi}\mathrm{d}\psi.$$

特别地, 有

$$J_0(x)=\frac{1}{2\pi}\int_{-\pi}^{\pi}\mathrm{e}^{-\mathrm{i}x\sin\varphi}\mathrm{d}\varphi=\frac{1}{2\pi}\int_{-\pi}^{\pi}\mathrm{e}^{\mathrm{i}x\cos\psi}\mathrm{d}\psi.$$

4. 贝塞尔函数 $J_\nu(x)$ 有如下的渐近公式:

$$J_\nu(x)=\sqrt{\frac{2}{\pi x}}\cos\left(x-\frac{\pi}{2}\nu-\frac{\pi}{4}\right)+O(x^{-\frac{3}{2}}).$$

特别地, 有

$$J_0(x)\approx\sqrt{\frac{2}{\pi x}}\cos\left(x-\frac{\pi}{4}\right),$$
$$J_1(x)\approx\sqrt{\frac{2}{\pi x}}\sin\left(x-\frac{\pi}{4}\right).$$

5. 下标为整数 $n$ 的贝塞尔函数 $J_n(x)$ 满足下列的加法定理:

$$J_n(x+y)=\sum_{k=-\infty}^{\infty}J_k(x)J_{n-k}(y).$$

对零阶贝塞尔函数 $J_0(x)$ 有下述更普遍的加法公式:

$$J_0(\sqrt{x^2+y^2-2xy\cos\alpha})=J_0(x)J_0(y)+2\sum_{k=1}^{\infty}J_k(x)J_{-k}(y)\cos k\alpha.$$

6. 对任何整数 $n$ 和 $\rho>0$, 成立着傅里叶 – 贝塞尔公式:

$$f(\rho)=\int_0^{\infty}sJ_n(s\rho)\mathrm{d}s\int_0^{\infty}tf(t)J_n(st)\mathrm{d}t,$$

其中 $f(\rho)$ 是区间 $(0,\infty)$ 内的连续函数, 并满足使上式右端积分存在的条件.

含有贝塞尔函数的某些积分公式是

$$\int_0^\infty \mathrm{e}^{-z\lambda} J_0(\lambda x)\mathrm{d}\lambda = \frac{1}{\sqrt{x^2+z^2}} \quad (z>0),$$

$$\int_0^\infty J_1(\lambda x)\mathrm{e}^{-\lambda z}\mathrm{d}\lambda = \frac{1}{x}\left(1-\frac{z}{\sqrt{x^2+z^2}}\right),$$

$$\int_0^\infty J_\nu(\lambda x)\mathrm{e}^{-t\lambda^2}\lambda^{\nu+1}\mathrm{d}\lambda = \frac{1}{2t}\left(\frac{x}{2t}\right)^\nu \mathrm{e}^{-\frac{x^2}{4t}},$$

$$\int_0^\infty J_0(\lambda x)\frac{\mathrm{e}^{-\sqrt{\lambda^2-k^2}|z|}}{\sqrt{\lambda^2-k^2}}\lambda\mathrm{d}\lambda = \frac{\mathrm{e}^{\mathrm{i}k\sqrt{x^2+z^2}}}{\sqrt{x^2+z^2}},$$

$$\begin{aligned}&\int_0^\infty J_m(at)\frac{J_n(b\sqrt{t^2+x^2})}{(t^2+x^2)^{\frac{n}{2}}}t^{m+1}\mathrm{d}t\\ =&\begin{cases}\dfrac{a^m}{b^n}\left(\dfrac{\sqrt{a^2-b^2}}{x}\right)^{n-m-1} J_{n-m-1}(x\sqrt{a^2-b^2}) & (0<a<b),\\ 0 & (a>b>0).\end{cases}\end{aligned}$$

7. 贝塞尔函数 $J_\nu(x)$ 当 $\nu$ 为实数且大于 $-1$ 时有无限多个实零点, 这些零点关于坐标原点对称地分布着. 设 $k_1^{(\nu)}, k_2^{(\nu)}, \cdots$ 是方程 $J_\nu(lx)=0$ 的根, 则

$$\int_0^l xJ_\nu^2(k_i^{(\nu)}x)\mathrm{d}x = \frac{l^2}{2}J_{\nu+1}^2(k_i^{(\nu)}l),$$

而当 $k_i^{(\nu)} \neq k_j^{(\nu)}$ 时,

$$\int_0^l xJ_\nu(k_i^{(\nu)}x)J_\nu(k_j^{(\nu)}x)\mathrm{d}x = 0.$$

设 $k_1^{(\nu)}, k_2^{(\nu)}, \cdots$ 是方程

$$J_\nu(lx)=0$$

的正根, 则 $J_\nu(k_1^{(\nu)}x), J_\nu(k_2^{(\nu)}x), \cdots$ 在区间 $(0,l)$ 上构成一个完备系.

零点的渐近公式是

$$k_j^{(\nu)} \approx \frac{3\pi}{4} + \frac{\pi}{2}\nu + j\pi,$$

且 $|j|$ 越大时越精确.

8. 贝塞尔函数 $J_\nu(x)$ 和 $J_{\nu+1}(x)$ 的正零点两两相间, 即在 $J_\nu(x)$ 的两个相邻正零点之间有一个而且只有一个 $J_{\nu+1}(x)$ 的零点, 反之亦然. 对负零点也有同样的结论.

函数 $J_\nu(x)$ 的最小正零点较 $J_{\nu+1}(x)$ 的最小正零点更接近原点.

9. 贝塞尔函数 $J_\nu(x)$ 和诺伊曼函数 $N_\nu(x)$ 之间成立着关系式:

$$J_\nu(x)N_\nu'(x) - N_\nu(x)J_\nu'(x) = \frac{2}{\pi x},$$

特别地,

$$J_0(x)N_1(x) - N_0(x)J_1(x) = -\frac{2}{\pi x}.$$

10. 当 $n \geqslant 1$ 为整数时, 有

$$\begin{aligned}\pi N_n(x) = {}& 2J_n(x)\left(\log\frac{x}{2}+c\right) - \left(\frac{x}{2}\right)^{-n}\sum_{k=1}^{n-1}\frac{(n-k-1)!}{k!}\left(\frac{x}{2}\right)^{2k} - \\ & \left(\frac{x}{2}\right)^{n}\frac{1}{n!}\left(\frac{1}{n}+\frac{1}{n-1}+\cdots+1\right) - \\ & \left(\frac{x}{2}\right)^{n}\sum_{k=1}^{\infty}\frac{(-1)^k}{k!(n+k)!}\left(\frac{x}{2}\right)^{2k} \\ & \left(\frac{1}{n+k}+\frac{1}{n+k-1}+\cdots+1+\frac{1}{k}+\frac{1}{k-1}+\cdots+1\right),\end{aligned}$$

而当 $n=0$ 时, 有

$$\pi N_0(x) = 2J_0(x)\left(\log\frac{x}{2}+c\right) - 2\sum_{k=1}^{\infty}\frac{(-1)^k}{(k!)^2}\left(\frac{x}{2}\right)^{2k}\left(\frac{1}{k}+\frac{1}{k-1}+\cdots+1\right),$$

其中 $c$ 为欧拉常数 ($c = 0.577\,215\cdots$).

11. 诺伊曼函数 $N_\nu(x)$ 和汉克尔函数 $H_\nu^{(1)}(x), H_\nu^{(2)}(x)$ 分别有如下的渐近公式:

$$\begin{aligned} N_\nu(x) &\approx \sqrt{\frac{2}{\pi x}}\sin\left(x-\frac{\pi}{2}\nu-\frac{\pi}{4}\right), \\ H_\nu^{(1)}(x) &\approx \sqrt{\frac{2}{\pi x}}\mathrm{e}^{\mathrm{i}\left(x-\frac{\pi}{2}\nu-\frac{\pi}{4}\right)}, \\ H_\nu^{(2)}(x) &\approx \sqrt{\frac{2}{\pi x}}\mathrm{e}^{-\mathrm{i}\left(x-\frac{\pi}{2}\nu-\frac{\pi}{4}\right)}. \end{aligned}$$

当 $\nu$ 和 $x$ 为实数时, $N_\nu(x)$ 为实函数, $H_\nu^{(1)}(x)$ 和 $H_\nu^{(2)}(x)$ 为共轭复数. 当 $n$ 为正整数或零时, 有

$$\begin{aligned} H^{(1)}_{\frac{2n+1}{2}}(x) &= \sqrt{\frac{2}{\pi x}}\frac{\mathrm{e}^{\mathrm{i}\left(x-\frac{n+1}{2}\pi\right)}}{n!}\sum_{k=0}^{n}\binom{n}{k}(n+k)!\left(\frac{\mathrm{i}}{2x}\right)^k, \\ H^{(2)}_{\frac{2n+1}{2}}(x) &= \sqrt{\frac{2}{\pi x}}\frac{\mathrm{e}^{-\mathrm{i}\left(x-\frac{n+1}{2}\pi\right)}}{n!}\sum_{k=0}^{n}\binom{n}{k}(n+k)!\left(\frac{-\mathrm{i}}{2x}\right)^k, \end{aligned}$$

或写为

$$\begin{aligned} H^{(1)}_{\frac{2n+1}{2}}(x) &= (-1)^{n+1}\mathrm{i}\sqrt{\frac{2}{\pi}}x^{\frac{2n+1}{2}}\frac{\mathrm{d}^n}{(x\mathrm{d}x)^n}\left(\frac{\mathrm{e}^{\mathrm{i}x}}{x}\right), \\ H^{(2)}_{\frac{2n+1}{2}}(x) &= (-1)^{n}\mathrm{i}\sqrt{\frac{2}{\pi}}x^{\frac{2n+1}{2}}\frac{\mathrm{d}^n}{(x\mathrm{d}x)^n}\left(\frac{\mathrm{e}^{-\mathrm{i}x}}{x}\right). \end{aligned}$$

12. 函数 $H_\nu^{(1)}(x)$ 有积分表达式

$$H_\nu^{(1)}(x) = \frac{1}{\pi\mathrm{i}}\mathrm{e}^{-\frac{\pi\nu\mathrm{i}}{2}}\int_{-\infty}^{\infty}\mathrm{e}^{\mathrm{i}x\operatorname{ch}\xi-\nu\xi}\mathrm{d}\xi \quad (\operatorname{Re}x>0).$$

由此可得纯虚变量的汉克尔函数 $H_\nu^{(1)}(\mathrm{i}x)$ 的积分表达式

$$H_\nu^{(1)}(\mathrm{i}x) = \frac{1}{\pi\mathrm{i}}\mathrm{e}^{-\frac{\pi\nu\mathrm{i}}{2}}\int_{-\infty}^{\infty}\mathrm{e}^{-x\operatorname{ch}\xi-\nu\xi}\mathrm{d}\xi \quad (x>0).$$

13. 定义函数

$$I_\nu(x)=\mathrm{i}^{-\nu}J_\nu(\mathrm{i}x)=\mathrm{e}^{-\frac{\pi\nu\mathrm{i}}{2}}J_\nu(\mathrm{i}x),$$

它对实的 $x$ 是实的单调递增函数, 且有渐近公式

$$I_\nu(x)\approx\sqrt{\frac{1}{2\pi x}}\mathrm{e}^x.$$

称 $I_\nu(x)$ 为纯虚变量的贝塞尔函数.

由纯虚变量的汉克尔函数 $H_\nu^{(1)}(\mathrm{i}x)$ 定义的实变量的实函数

$$K_\nu(x)=\frac{1}{2}\pi\mathrm{i}\mathrm{e}^{\frac{\pi\nu\mathrm{i}}{2}}H_\nu^{(1)}(\mathrm{i}x)$$

可表示为积分形式

$$K_\nu(x)=\frac{1}{2}\int_{-\infty}^{\infty}\mathrm{e}^{-x\operatorname{ch}\xi-\nu\xi}\mathrm{d}\xi,$$

且有渐近公式

$$K_\nu(x)\approx\sqrt{\frac{\pi}{2x}}\mathrm{e}^{-x}.$$

14. 对于虚变量的函数 $I_\nu(x)$ 及 $K_\nu(x)$ 有下面的递推公式:

$$I_{\nu-1}(x)-I_{\nu+1}(x)=\frac{2\nu}{x}I_\nu(x),$$
$$I_0'(x)=I_1(x);$$
$$K_{\nu-1}(x)-K_{\nu+1}(x)=\frac{-2\nu}{x}K_\nu(x),$$
$$K_0'(x)=-K_1(x).$$

15. 在虚变量的函数 $I_\nu(x)$ 和 $K_\nu(x)$ 间成立着关系式

$$K_\nu(x)=\frac{\pi}{2}\frac{I_{-\nu}(x)-I_\nu(x)}{\sin\nu\pi}.$$

## 三、球函数

满足拉普拉斯方程

$$\Delta u=\frac{\partial^2u}{\partial x^2}+\frac{\partial^2u}{\partial y^2}+\frac{\partial^2u}{\partial z^2}=0$$

的多项式称为**调和多项式**. 下列 $2n+1$ 个 $n$ 次多项式:

$$\int_{-\pi}^{\pi}(z+\mathrm{i}x\cos t+\mathrm{i}y\sin t)^n\cos mt\mathrm{d}t\quad(m=0,1,\cdots,n),$$
$$\int_{-\pi}^{\pi}(z+\mathrm{i}x\cos t+\mathrm{i}y\sin t)^n\sin mt\mathrm{d}t\quad(m=1,2,\cdots,n)$$

都是调和多项式, 并且它们构成 $n$ 次调和多项式的最大的线性无关组.

解球体区域拉普拉斯方程时用分离变量法 $u=R(r)Y(\theta,\varphi)$ 得函数 $Y(\theta,\varphi)$ 所应满足的方程

$$\Delta_{\theta,\varphi}Y+\lambda Y=\frac{1}{\sin\theta}\frac{\partial}{\partial\theta}\left(\sin\theta\frac{\partial Y}{\partial\theta}\right)+\frac{1}{\sin^2\theta}\frac{\partial^2Y}{\partial\varphi^2}+\lambda Y=0,$$

此方程的具有二阶连续偏导数的有界解称为**球函数**.

1. $n$ 阶的互异的球函数 $Y_n^{(m)}$ 共有 $2n+1$ 个, 即

$$\frac{1}{2\pi}\cos m\varphi\int_{-\pi}^{\pi}(\cos\theta+\mathrm{i}\sin\theta\cos\tau)^n\cos m\tau\mathrm{d}\tau\quad(m=0,1,\cdots,n),$$
$$\frac{1}{2\pi}\sin m\varphi\int_{-\pi}^{\pi}(\cos\theta+\mathrm{i}\sin\theta\cos\tau)^n\cos m\tau\mathrm{d}\tau\quad(m=1,2,\cdots,n).$$

它们的线性组合

$$Y_n(\theta,\varphi)=\sum_{m=0}^{n}(A_{n,m}\cos m\varphi+B_{n,m}\sin m\varphi)P_n^{(m)}(\cos\theta)$$

也是球函数, 其中

$$P_n^{(m)}(\cos\theta)=\frac{1}{2\pi}\int_{-\pi}^{\pi}(\cos\theta+\mathrm{i}\sin\theta\cos\tau)^n\cos m\tau\mathrm{d}\tau,$$

或写为

$$P_n^{(m)}(x)=(1-x^2)^{\frac{m}{2}}\frac{\mathrm{d}^m}{\mathrm{d}x^m}P_n(x),$$

这里,

$$P_n(x)=\frac{(-1)^n}{2^n n!}\frac{\mathrm{d}^n}{\mathrm{d}x^n}[(1-x^2)^n]$$

称为**勒让德** (Legendre) **多项式**, 它是方程

$$(1-x^2)y''-2xy'+n(n+1)y=0$$

在区间 $(-1,1)$ 上的解. 而 $P_n^{(m)}(x)$ 则是方程

$$\frac{\mathrm{d}}{\mathrm{d}x}\left[(1-x^2)\frac{\mathrm{d}y}{\mathrm{d}x}\right]+\left(\lambda-\frac{m^2}{1-x^2}\right)y=0$$

在区间 $(-1,1)$ 上的有界解, 其中 $\lambda=n(n+1)$.

2. 与不同的 $\lambda$ 值相对应的球函数在球面 $\Sigma(0\leqslant\varphi\leqslant 2\pi, 0\leqslant\theta\leqslant\pi)$ 上正交, 而 $2n+1$ 个 $n$ 阶的球函数系

$$Y_n^{(0)}=P_n(\cos\theta),$$
$$Y_n^{(-1)}=P_n^{(1)}(\cos\theta)\cos\varphi,\quad Y_n^{(1)}=P_n^{(1)}(\cos\theta)\sin\varphi,$$
$$\cdots,$$
$$Y_n^{(-n)}=P_n^{(n)}(\cos\theta)\cos n\varphi,\quad Y_n^{(n)}=P_n^{(n)}(\cos\theta)\sin n\varphi$$

在此球面上也是互相正交的. 此球函数系 $\{Y_n^{(m)}\}$ 是完备的.

3. 球函数是方程

$$\Delta_{\theta,\varphi}u+\lambda u=0$$

在球面 $\Sigma$ 上 (在有界性的附加条件下) 的固有函数. 球函数系 $\{Y_n^{(m)}\}$ 是对称核积分方程

$$u(M)=\lambda\iint\limits_{\Sigma}G(M,P)u(P)\mathrm{d}S_p$$

的所有线性无关的固有函数的集合, 其中

$$G(M,M_0)=-\frac{1}{2\pi}\log\sin\frac{\gamma_{MM_0}}{2},$$

而 $\gamma_{MM_0}$ 是点 $M_0(\theta_0,\varphi_0)$ 与点 $M(\theta,\varphi)$ 之间的角距离.

读者意见反馈

为收集对教材的意见建议，进一步完善教材编写并做好服务工作，读者可将对本教材的意见建议通过如下渠道反馈至我社。

咨询电话　400-810-0598

反馈邮箱　hepsci@pub.hep.cn

通信地址　北京市朝阳区惠新东街 4 号富盛大厦 1 座

　　　　　高等教育出版社理科事业部

邮政编码　100029

防伪查询说明

用户购书后刮开封底防伪涂层，使用手机微信等软件扫描二维码，会跳转至防伪查询网页，获得所购图书详细信息。

防伪客服电话　(010) 58582300